Aufgabensammlung Numerik

Hans-Jürgen Reinhardt

Aufgabensammlung Numerik

mit mehr als 250 gelösten
Übungsaufgaben

 Springer Spektrum

Hans-Jürgen Reinhardt
Department Mathematik
Universität Siegen
Siegen, Deutschland

ISBN 978-3-662-55452-4   ISBN 978-3-662-55453-1 (eBook)
https://doi.org/10.1007/978-3-662-55453-1

Die Deutsche Nationalbibliothek verzeichnet diese Publikation in der Deutschen Nationalbibliografie; detaillier-
te bibliografische Daten sind im Internet über http://dnb.d-nb.de abrufbar.

Springer Spektrum
© Springer-Verlag GmbH Deutschland 2017

Planung: Dr. Annika Denkert

Gedruckt auf säurefreiem und chlorfrei gebleichtem Papier.

Springer Spektrum ist Teil von Springer Nature
Die eingetragene Gesellschaft ist Springer-Verlag GmbH Deutschland
Die Anschrift der Gesellschaft ist: Heidelberger Platz 3, 14197 Berlin, Germany

Vorwort

Die vorliegende Aufgabensammlung entstand während der entsprechenden Vorlesungen des Autors an der Universität Siegen in den Jahren 1989 bis 2015. Es sind Aufgaben mit ausgearbeiteten Lösungen zu allen Themen der einführenden Numerik und weiterführender Numerik-Vorlesungen wie die Numerik gewöhnlicher und partieller Differentialgleichungen zusammengestellt. Die Aufgaben sind von 1 bis 143 nummeriert. Da aber die Aufgaben meist noch unterteilt sind, finden sich hier insgesamt ca. 260 gelöste Aufgaben. Jede Aufgabe hat mit Stichworten eine Art Überschrift. Diese Stichworte sind im Index aufgelistet. Somit kann man über den Index die zu einem Stichwort zugehörigen Aufgaben finden.

Die Reihenfolge der Themen orientiert sich in etwa am Verlauf einer entsprechenden Vorlesung zur Einführung in die Numerik, Numerik gewöhnlicher Differentialgleichungen, Methode der Finiten Elemente sowie Differenzenapproximationen partieller Differentialgleichungen. Die Reihenfolge der Aufgaben orientiert sich in Kap. 1 an Stummel-Hainer [23], 1.–10., und in Kap. 2 an [18]. Wenn Hilfsergebnisse für die Aufgaben verwendet werden, ist dies mit entsprechenden Literaturhinweisen angegeben. Zu zahlreichen Aufgaben sind vorab Lösungshinweise gegeben. Je nach Kenntnisstand der Hörer können diese weggelassen oder ergänzt werden. Analoges gilt für die z. T. umfangreichen vorangestellten Erläuterungen zum Verständnis der Aufgaben. Bei einigen Aufgaben sind die Lösungen sehr umfangreich – hierbei könnten auch Teile der Lösungen als separate Aufgaben gestellt werden

Neben den Literaturhinweisen ist am Ende auch eine Liste mit Symbolen und Abkürzungen zusammengestellt. Die Bezeichnungen sind allerdings nicht immer einheitlich, was auch in der Symbolliste berücksichtigt ist. Es ist aber aus dem Zusammenhang heraus ersichtlich, was jeweils gemeint ist.

Eine Zielgruppe für diese Aufgabensammlung sind Kollegen, die als Dozenten ausgearbeitete Beispiele für ihre Vorlesungen suchen und diese vorstellen wollen. Natürlich eignen sich die ausgearbeiteten Übungsaufgaben auch für Übungen und Tutorien und – die einfachen Aufgaben – auch für Klausuren. Eine weitere Zielgruppe sind Studierende, für die die hier vorgelegte Aufgabensammlung eine Quelle für Eigenstudium, für häusliche Nacharbeitung des Vorlesungsstoffes und insbesondere für Klausurvorbereitungen ist.

Parallel zu dieser Aufgabensammlung sind noch zwei Aufgabensammlungen von jeweils vergleichbarem Umfang erstellt worden, und zwar zur eindimensionalen Analysis (s. [19]) sowie zur Analysis 2, Funktionalanalysis und Differentialgleichungen (s. [20]). Bei mehreren Aufgaben dieser Sammlung werden Ergebnisse aus [19] verwendet. Die Thematik einiger Aufgaben dieser Sammlung könnte auch zu einer Analysis 1 oder Analysis 2-Vorlesung passen. Weitere Aufgaben zur Thematik von Kap. 2 finden sich in [18]. Die Aufgaben von Abschn. 3.1 könnten auch in [20], Kap. Funktionalanalysis, stehen; umgekehrt sind Aufgaben von dort auch grundlegend für die Methode der Finiten Elemente (Abk.: FEM).

Die Aufgaben dieser Sammlung sind im Laufe des genannten Zeitraums von 26 Jahren gestellt worden. Sicherlich finden sich daher Aufgaben aus der vorliegenden Sammlung auch in Lehrbüchern, im Internet oder anderen Aufgabensammlungen. Hervorzuheben ist, dass es in diesem Buch zu allen Aufgaben ausführliche Lösungen gibt - bei einigen Aufgaben auch alternative Lösungsvorschläge. Die Standard-Lehrbücher zu den genannten Gebieten und Beispiele anderer Aufgabensammlungen sind im Literaturverzeichnis aufgeführt.

Bei der Auswahl, Zusammenstellung und Ausarbeitung und dem TeXen der Übungsaufgaben sowie der Erstellung der Grafiken haben in den genannten Jahren meine Mitarbeiter Frank Seiffarth, Mathias Charton, Reinhard Ansorge, Thorsten Raasch, Ivan Cherlenyak, Stefan Schuss und Timo Dornhöfer mitgewirkt, denen ich dafür besonders dankbar bin. Mein Dank gilt auch – und vor allem – meinen beiden Sekretärinnen, Margot Beier und Kornelia Mielke. Sie haben sich um das TeXen der Aufgaben von einer ersten Aufgabensammlung im Jahre 1994 bis zu dieser Zusammenstellung verdient gemacht.

Diese Aufgabensammlung ist mehrfach sorgfältig durchgesehen worden. Vermutlich gibt es aber kein Skript oder Buch, das völlig fehlerfrei ist. Dies gilt sicher auch für diese Aufgabensammlung. Falls Sie Fehler finden, lassen Sie es mich bitte wissen (reinhardt@ mathematik.uni-siegen.de).

Siegen im August 2017.

Inhaltsverzeichnis

Numerik, Grundlagen

1.1 Berechnung von Funktionen und Nullstellen

Aufgabe 1

▶ **Vollständige Induktion**

Zeigen Sie durch vollständige Induktion, dass

$$(1 + z)(1 + z^2)(1 + z^4) \cdots (1 + z^{2^n}) = \frac{1 - z^{2^{n+1}}}{1 - z},$$

$$n = 0, 1, 2, \ldots, \quad (1 \neq z \in \mathbb{C}).$$

Lösung

Vollständige Induktion:

I.A. *(Induktionsanfang):* Für $n = 0$ ergibt die

- linke Seite der Gleichung $1 + z$,
- und die rechte Seite auch: $\frac{1-z^2}{1-z} = \frac{(1+z)(1-z)}{1-z} = 1 + z$.

I.V. *(Induktionsvoraussetzung):* Sei für $n \in \mathbb{N}_0$

$$(1 + z)(1 + z^2) \cdots (1 + z^{2^n}) = \frac{1 - z^{2^{n+1}}}{1 - z}. \tag{$*$}$$

© Springer-Verlag GmbH Deutschland 2017
H.-J. Reinhardt, *Aufgabensammlung Numerik*, https://doi.org/10.1007/978-3-662-55453-1_1

I.S. *(Induktionsschluss):* $n \to n + 1$:

$$(1 + z)(1 + z^2) \cdots (1 + z^{2^n})(1 + z^{2^{n+1}}) \overset{(*)}{=} \frac{1 - z^{2^{n+1}}}{1 - z} (1 + z^{2^{n+1}})$$

$$= \frac{(1 - z^{2^{n+1}})(1 + z^{2^{n+1}})}{1 - z}$$

$$= \frac{1 - z^{2 \cdot 2^{n+1}}}{1 - z} = \frac{1 - z^{2^{n+2}}}{1 - z}.$$

Aufgabe 2

▶   **Zahlenfolgen**

Untersuchen Sie die angegebenen Zahlenfolgen auf Beschränktheit, Konvergenz und Divergenz, und geben Sie (bei Konvergenz) den Limes an:

a) $a_n = \dfrac{(100n + 1)^2}{25(n^2 + n + 1)}$, $n \in \mathbb{N}$;

b) $b_n = \left(\dfrac{3 + 4i}{5}\right)^n$, $n \in \mathbb{N}$.   ($i = $ imaginäre Einheit)

Lösung

a) Es gilt (binomische Formel)

$$a_n = \frac{(100n + 1)^2}{25(n^2 + n + 1)} = \frac{10000n^2 + 200n + 1}{25n^2 + 25n + 25}$$

$$= \frac{10000 + \frac{200}{n} + \frac{1}{n^2}}{25 + \frac{25}{n} + \frac{25}{n^2}} \to 400 \qquad \text{für } n \to \infty.$$

Als konvergente Folge ist $(a_n)_{n\in\mathbb{N}}$ insbesondere beschränkt.

b) Hier ist

$$b_{n+1} - b_n = \left(\frac{3 + 4i}{5}\right)^{n+1} - \left(\frac{3 + 4i}{5}\right)^n = \left(\frac{3 + 4i}{5}\right)^n \left(-\frac{2}{5} + \frac{4}{5}i\right).$$

Da $\left|\frac{3+4i}{5}\right| = 1$, ist $|b_n| = 1$ für alle $n \in \mathbb{N}$. Weiter ist

$$\left|-\frac{2}{5} + \frac{4}{5}i\right| = \sqrt{\frac{4}{25} + \frac{16}{25}} = \frac{2\sqrt{5}}{5},$$

so dass $|b_{n+1} - b_n| = \frac{2\sqrt{5}}{5}$ keine Nullfolge ist. Also kann $(b_n)_{n\in\mathbb{N}}$ nicht konvergieren. Die Folge ist somit divergent und beschränkt.

Aufgabe 3

▶ **Zahlenfolgen**

Untersuchen Sie die angegebenen Zahlenfolgen auf Beschränktheit, Konvergenz und Divergenz, und geben Sie (bei Konvergenz) den Limes an:

a) $b_0 = 0$, $b_n = \dfrac{b_{n-1}}{2} + 2$, $n \in \mathbb{N}$;

b) $c_n = i^n + (-1)^n$, $n \in \mathbb{N}$. (i = imaginäre Einheit)

Lösung

a) Induktiv sieht man, dass

$$b_n = \frac{b_0}{2^n} + \sum_{k=0}^{n-2} \frac{1}{2^k} + 2, \quad n \geq 1.$$

I.A.: Vereinbarungsgemäß ist $\sum_{k=0}^{-1} = 0$, so die Behauptung für $n = 1$ richtig ist: $b_1 = \frac{b_0}{2} + 2$.
I.V.: Die Behauptung gelte bis $n \geq 2$.
I.S.:

$$b_{n+1} = \frac{b_n}{2} + 2 = \frac{1}{2}\left(\frac{b_0}{2^n} + \sum_{k=0}^{n-2} \frac{1}{2^k} + 2 \right) + 2$$

$$= \frac{b_0}{2^{n+1}} + \sum_{k=1}^{n-1} \frac{1}{2^k} + 1 + 2 = \frac{b_0}{2^{n+1}} + \sum_{k=0}^{n-1} \frac{1}{2^k} + 2.$$

Da die geometrische Reihe konvergiert,

$$\sum_{k=0}^{n-2} \frac{1}{2^k} \to \frac{1}{1 - 1/2} = 2 \quad (n \to \infty),$$

und $b_0 = 0$, konvergiert $b_n \to 4$ ($n \to \infty$) und ist damit auch beschränkt.

b) Es ist

$$c_n = i^n + (-1)^n, \quad n \in \mathbb{N}$$
$$\Longrightarrow c_n = 0 \quad \forall n = 2(2k-1), \quad k = 1, 2, \ldots$$
$$c_n = 2 \quad \forall n = 4k, \quad k = 1, 2, \ldots$$
$$\Longrightarrow (c_n)_{n \in \mathbb{N}} \text{ divergiert;}$$
$$c_n = i - 1 \quad \forall n = 1 + 4k, \quad k = 1, 2, \ldots$$
$$c_n = -i - 1 \quad \forall n = 3 + 4k, \quad k = 1, 2, \ldots$$
$$\Longrightarrow (c_n)_{n \in \mathbb{N}} \text{ ist beschränkt: } |c_n| \leq 2.$$

Aufgabe 4

▶   **Konvergenz und Divergenz von Reihen**

Entscheiden Sie bei den folgenden Reihen, ob sie konvergieren (mit Begründung):

a) $\sum\limits_{n=1}^{\infty} \sqrt{n+9}$

b) $\sum\limits_{n=1}^{\infty} x_n$ mit $x_1 = 42$, $x_{n+1} = \dfrac{3n+9}{9n+1}\, x_n$.

Lösung

a) Diese Reihe divergiert, da die Folge $(\sqrt{n+9})_{n\in\mathbb{N}}$ keine Nullfolge ist, sondern gegen ∞ divergiert.

b) Wir wenden das Quotientenkriterium an:

$$\left|\frac{x_{n+1}}{x_n}\right| = \left|\frac{\frac{3n+9}{9n+1}x_n}{x_n}\right| = \left|\frac{3n+9}{9n+1}\right| = \frac{3+\frac{9}{n}}{9+\frac{1}{n}} \qquad \forall\, n \in \mathbb{N}\,.$$

Dies konvergiert gegen $\frac{3}{9} = \frac{1}{3} < 1$. Also konvergiert die Reihe nach dem Quotientenkriterium.

Aufgabe 5

▶   **Konvergenz von Reihen**

Entscheiden Sie bei den folgenden Reihen, ob sie konvergieren (mit Begründung):

a) $\sum\limits_{n=1}^{\infty} \left(\dfrac{3}{n}\right)^{9}$

b) $\sum\limits_{n=1}^{\infty} \left(\dfrac{n+1}{9n}\right)^{n}$

Hinweis: Sie können in a) benutzen, dass $\sum_{n=1}^{\infty} n^{-s}$ für $s > 1$ konvergiert (vgl. z. B. [24], 5.9 und 5.10).

Lösung

a) $\sum\limits_{n=1}^{\infty} \left(\dfrac{3}{n}\right)^{9} = 3^9 \sum\limits_{n=1}^{\infty} \dfrac{1}{n^9}$

Nach dem Hinweis (mit $s = 9$) konvergiert diese Reihe.

b) Anwendung des Wurzelkriteriums liefert

$$\overline{\lim}_{n\to\infty} \sqrt[n]{\left|\frac{n+1}{9n}\right|^n} = \overline{\lim}_{n\to\infty} \frac{n+1}{9n} = \overline{\lim}_{n\to\infty} \frac{1}{9} + \frac{1}{n} = \frac{1}{9} < 1 \, .$$

Also konvergiert die Reihe, sogar absolut.

Aufgabe 6

▶ **Horner-Schema**

Bestimmen Sie für die angegebenen Polynome p und Zahlen x_0 mittels des allgemeinen Horner-Schemas (vgl. z. B. [23], 1.1) die zugehörigen Polynome $p_m, \dots, p_0$ ($m = 5$ bzw. $m = 4$) und die Ableitungen $\frac{d^j p}{dx^j}(x_0)$, $0 \le j \le m+1$.

a) $x_0 = 0{,}8$, $p(x) = 32x^6 - 48x^5 + 18x^3 - 1$,
b) $x_0 = i$, $p(x) = x^5 + x^4 + 2x^3 + x + 1$ (mit $i^2 = -1$).

Lösung

a) Das Horner-Schema liefert:

32	−48	0	18	0	0	−1
32	−22,4	−17,92	3,664	2,9312	2,34496	0,875968
32	3,2	−15,36	−8,624	−3,968	−0,82944	
32	28,8	7,68	−2,48	−5,952		
32	54,4	51,2	38,48			
32	80	115,2				
32	105,6					
32						

Damit ergibt sich

$$p_5(x) = 32x^5 - 22{,}4x^4 - 17{,}92x^3 + 3{,}664x^2 + 2{,}9312x + 2{,}34496$$
$$p_4(x) = 32x^4 + 3{,}2x^3 - 15{,}36x^2 - 8{,}624x - 3{,}968$$
$$p_3(x) = 32x^3 + 28{,}8x^2 + 7{,}68x - 2{,}48$$
$$p_2(x) = 32x^2 + 54{,}4x + 51{,}2$$
$$p_1(x) = 32x + 80$$
$$p_0(x) = 32$$

sowie unter Beachtung der Fakultäten

$$p(0{,}8) = 0{,}875968, \qquad p'(0{,}8) = -0{,}82944, \qquad p''(0{,}8) = -11{,}904,$$
$$p'''(0{,}8) = 230{,}88 \,,$$

und

$$p^{(4)}(0{,}8) = 2764{,}8, \qquad p^{(5)}(0{,}8) = 12\,672, \qquad p^{(6)}(0{,}8) = 23040 \,.$$

b) Hier sieht das Horner-Schema wie folgt aus:

1	1	2	0	1	1
1	$1 + i$	$1 + i$	$i - 1$	$-i$	2
1	$1 + 2i$	$2i - 1$	-3	$-4i$	
1	$1 + 3i$	$3i - 4$	$-6 - 4i$		
1	$1 + 4i$	$4i - 8$			
1	$1 + 5i$				
1					

Die Polynome $p_4, \ldots, p_0$ lauten

$$p_4(x) = x^4 + (1 + i)x^3 + (1 + i)x^2 + (i - 1)x - i$$
$$p_3(x) = x^3 + (1 + 2i)x^2 + (2i - 1)x - 3$$
$$p_2(x) = x^2 + (1 + 3i)x + 3i - 4$$
$$p_1(x) = x + 1 + 4i$$
$$p_0(x) = 1$$

und für die Ableitungen bekommt man $p(i) = 2$, $p'(i) = -4i$, $p''(i) = -12 - 8i$, $p'''(i) = -48 + 24i$, $p^{(4)}(i) = 24 + 120i$ sowie $p^{(5)}(i) = 120$.

Aufgabe 7

▶ **Asymptotische Entwicklung**

Die Gammafunktion Γ besitzt die asymptotische Entwicklung

$$\ln(\Gamma(x)) \sim \left(x - \frac{1}{2}\right) \ln(x) - x + \frac{1}{2} \ln(2\pi) + \sum_{k=1}^{\infty} \frac{B_{2k}}{2k(2k - 1)x^{2k-1}} \quad (x \to \infty) \,,$$

mit den Bernoullischen Zahlen B_{2k}, $k = 0, 1, 2, \ldots$ als Koeffizienten.

i) Beweisen Sie die Divergenz dieser Reihenentwicklung für jedes $x > 0$ mit Hilfe der folgenden Abschätzung der Bernoullischen Zahlen

$$|B_{2k}| \geq \frac{2(2k)!}{(2\pi)^{2k}}, \qquad k = 1, 2, 3, \dots .$$

ii) Verifizieren Sie die Abschätzung aus i) für $k = 1, 2, 3$. Die ersten Bernoulli-Zahlen sind $B_0 = 1$, $B_1 = -\frac{1}{2}$, $B_2 = \frac{1}{6}$, $B_4 = -\frac{1}{30}$, $B_6 = \frac{1}{42}$, $B_8 = -\frac{1}{30}$, $B_{2j+1} = 0$, $j \geq 1$.

Hinweise: Die Definition einer asymptotischen Entwicklung findet man z. B. in [23], 1.3. Der Zusammenhang der Bernoulli-Zahlen mit den Bernoulli-Polynomen ist (vgl. Aufg. 10 oder [7], 71.):

$$B_n = B_n(0), \qquad n \geq 0, \qquad B_0(1) = B_0, \qquad B_1(1) = -B_1, \qquad B_n = B_n(1),$$

für $n \geq 2$.

Lösung

i) Eine Reihe $\sum\limits_{k=1}^{\infty} a_k$ divergiert, wenn $a_k \not\to 0$ für $k \to \infty$. Hier ist $(x > 0)$

$$
\begin{aligned}
|a_k| &= \frac{|B_{2k}|}{2k(2k-1)x^{2k-1}} \geq \frac{2(2k)!}{2k(2k-1)x^{2k-1}(2\pi)^{2k}} \\
&= \frac{2(2k-2)!}{x^{2k-1}(2\pi)^{2k}} = \underbrace{\frac{1}{2\pi^2 x}}_{=:C} \underbrace{\frac{(2k-2)!}{(2\pi x)^{2k-2}}}_{=:b_k} ,
\end{aligned}
\tag{1.1}
$$

wobei $b_k > 0 \,\forall\, k$. Für $x > 0$ konvergiert die Folge $(b_k)_{k \in \mathbb{N}}$ nicht gegen 0, da sie für alle $k \geq k_0(x)$ mit einem $k_0 \in \mathbb{N}$ monoton steigt:

$$\frac{b_{k+1}}{b_k} = \frac{(2k)!(2\pi x)^{2k-2}}{(2\pi x)^{2k}(2k-2)!} = \frac{2k(2k-1)}{(2\pi x)^2} \geq \frac{2k}{(2\pi x)^2} > 1$$

für $k \geq \left\lfloor \dfrac{(2\pi x)^2}{2} \right\rfloor + 1 =: k_0$, mit der Gauß-Klammer $\lfloor \cdot \rfloor$.

Es folgt $b_k \not\to 0$ und somit $C b_k \not\to 0$, und auf Grund der obigen Abschätzung (1.1) schließlich $a_k \not\to 0$ – jeweils für $k \to \infty$.

ii) Für $k = 1$ hat man

$$|B_{2k}| = |B_2| = \frac{1}{6} \geq \frac{1}{9} = \frac{1}{3^2} \geq \frac{1}{\pi^2} = \frac{2 \cdot 2!}{(2\pi)^2} = \frac{2(2k)!}{(2\pi)^{2k}} ;$$

für $k = 2$ ergibt sich (unter Berücksichtigung von $\pi^4 \approx 97{,}41 \geq 90$)

$$|B_{2k}| = |B_4| = \frac{1}{30} = \frac{3}{90} \geq \frac{3}{\pi^4} = \frac{48}{16\pi^4} = \frac{2 \cdot 4!}{(2\pi)^4} = \frac{2(2k)!}{(2\pi)^{2k}} ,$$

und für $k = 3$ gilt schließlich (beachte $2\pi^6 \approx 1922{,}78 \geq 1890$)

$$|B_{2k}| = |B_6| = \frac{1}{42} = \frac{45}{1890} \geq \frac{45}{2\pi^6} = \frac{2 \cdot 6!}{(2\pi)^6} = \frac{2(2k)!}{(2\pi)^{2k}}.$$

Aufgabe 8

▶   **Kettenbruchentwicklung**

Zeigen Sie, dass der n-te Partialbruch

$$s_n = b_0 + \frac{a_1}{b_1+}\ \frac{a_2}{b_2+}\ \frac{a_3}{b_3+}\ \cdots\ \frac{a_n}{b_n}$$

einer Kettenbruchentwicklung auch durch die folgende Rechenvorschrift erhalten werden kann (s. [23], 1.4):

$$s_n = \frac{A_n}{B_n}, \qquad A_0 = b_0, \qquad A_1 = a_1 + b_0 b_1\,,$$

$$B_0 = 1, \qquad B_1 = b_1\,,$$

$$A_k = b_k A_{k-1} + a_k A_{k-2}\,; \qquad B_k = b_k B_{k-1} + a_k B_{k-2}\,, \qquad k = 2, \ldots, n\,.$$

Hinweis: Der Partialbruch s_n lässt sich rekursiv berechnen durch

$$b'_n = b_n, \qquad b'_k = b_k + a_{k+1}/b'_{k+1}, \qquad k = n-1, \ldots, 1, 0\,,$$

so dass $s_n = b'_0$. Zeigen Sie zuerst durch vollständige Induktion die Formel

$$\frac{A_n}{B_n} = \frac{A_{n-j-1} + (a_{n-j}/b'_{n-j})A_{n-j-2}}{B_{n-j-1} + (a_{n-j}/b'_{n-j})B_{n-j-2}}\,, j = 0, 1, \ldots, n-2\,. \tag{1.2}$$

Lösung

I.A.: Für $j = 0$ ist (1.2) offenbar richtig, denn es gilt $b'_n = b_n$ und

$$A_n = b_n A_{n-1} + a_n A_{n-2} \qquad \text{sowie} \qquad B_n = b_n B_{n-1} + a_n B_{n-2}\,.$$

I.V.: Angenommen, (1.2) gilt bis $j - 1(< n - 2)$.

I.S.: Dann folgt für j:

$$\frac{A_n}{B_n} \overset{\text{I.V.}}{=} \frac{A_{n-j} + (a_{n-j+1}/b'_{n-j+1})A_{n-j-1}}{B_{n-j} + (a_{n-j+1}/b'_{n-j+1})B_{n-j-1}}$$

$$\overset{\text{Def.}}{=} \frac{b_{n-j}A_{n-j-1} + a_{n-j}A_{n-j-2} + (a_{n-j+1}/b'_{n-j+1})A_{n-j-1}}{b_{n-j}B_{n-j-1} + a_{n-j}B_{n-j-2} + (a_{n-j+1}/b'_{n-j+1})B_{n-j-1}}$$

$$= \frac{b'_{n-j}A_{n-j-1} + a_{n-j}A_{n-j-2}}{b'_{n-j}B_{n-j-1} + a_{n-j}B_{n-j-2}} = \frac{A_{n-j-1} + (a_{n-j}/b'_{n-j})A_{n-j-2}}{B_{n-j-1} + (a_{n-j}/b'_{n-j})B_{n-j-2}}.$$

Dies beweist Formel (1.2).

Für $j = n - 2$ liefert die Formel (1.2) dann

$$\frac{A_n}{B_n} = \frac{A_1 + (a_2/b'_2)A_0}{B_1 + (a_2/b'_2)B_0} \overset{\text{Def.}}{=} \frac{a_1 + b_0 \overbrace{b_1 + (a_2/b'_2)}^{b'_1} b_0}{\underbrace{b_1 + (a_2/b'_2)}_{b'_1}}$$

$$= (a_1/b'_1) + b_0 = b'_0.$$

Wegen $s_n = b'_0$ folgt schließlich die Behauptung.

Aufgabe 9

▶ **Kettenbruchentwicklung**

Die Kettenbruchentwicklung der Zahl $\pi/4$ lautet

$$\frac{\pi}{4} = b_0 + \frac{a_1}{b_1+} \frac{a_2}{b_2+} \frac{a_3}{b_3+} \cdots = \frac{1}{1+} \frac{1^2}{3+} \frac{2^2}{5+} \frac{3^2}{7+} \frac{4^2}{9+} \cdots.$$

Bestimmen Sie mit Hilfe der folgenden Rekursionsformeln Zähler A_k und Nenner B_k sowie die Partialbrüche A_k/B_k (s. [23], 1.4, bzw. Aufg. 8) dieser Entwicklung von $\pi/4$ für $k = 1, \ldots, 5$,

$$A_0 = b_0, \qquad A_1 = b_1 b_0 + a_1, \qquad A_k = b_k A_{k-1} + a_k A_{k-2}, \qquad k \geq 2,$$

$$B_0 = 1, \qquad B_1 = b_1, \qquad B_k = b_k B_{k-1} + a_k B_{k-2}, \qquad k \geq 2.$$

Lösung

$$
\left.
\begin{aligned}
A_0 &= b_0 = 0 \\
B_0 &= 1
\end{aligned}
\right\}
\implies \frac{A_0}{B_0} = 0
$$

$$
\left.
\begin{aligned}
A_1 &= b_1 b_0 + a_1 = 1 \cdot 0 + 1 = 1 \\
B_1 &= b_1 = 1
\end{aligned}
\right\}
\implies \frac{A_1}{B_1} = 1
$$

$$
\left.
\begin{aligned}
A_2 &= b_2 A_1 + a_2 A_0 = 3 \cdot 1 + 1^2 \cdot 0 = 3 \\
B_2 &= b_2 B_1 + a_2 B_0 = 3 \cdot 1 + 1^2 \cdot 1 = 4
\end{aligned}
\right\}
\implies \frac{A_2}{B_2} = \frac{3}{4}
$$

$$
\left.
\begin{aligned}
A_3 &= b_3 A_2 + a_3 A_1 = 5 \cdot 3 + 2^2 \cdot 1 = 19 \\
B_3 &= b_3 B_2 + a_3 B_1 = 5 \cdot 4 + 2^2 \cdot 1 = 24
\end{aligned}
\right\}
\implies \frac{A_3}{B_3} = \frac{19}{24}
$$

$$
\left.
\begin{aligned}
A_4 &= b_4 A_3 + a_4 A_2 = 7 \cdot 19 + 3^2 \cdot 3 = 160 \\
B_4 &= b_4 B_3 + a_4 B_2 = 7 \cdot 24 + 3^2 \cdot 4 = 204
\end{aligned}
\right\}
\implies \frac{A_4}{B_4} = \frac{160}{204}
$$

$$
\left.
\begin{aligned}
A_5 &= b_5 A_4 + a_5 A_3 = 9 \cdot 160 + 4^2 \cdot 19 = 1744 \\
B_5 &= b_5 B_4 + a_5 B_3 = 9 \cdot 204 + 4^2 \cdot 24 = 2220
\end{aligned}
\right\}
\implies \frac{A_5}{B_5} = \frac{1744}{2220}
$$

Aufgabe 10

▶   **Bernoullische Polynome**

Die Folge der Bernoullischen Polynome B_j wird mit $B_0(t) = 1$, $t \in \mathbb{R}$, durch die folgenden beiden Gleichungen eindeutig bestimmt

$$
\frac{dB_j}{dt}(t) = j B_{j-1}(t)\,, \ t \in \mathbb{R}\,, \qquad \int_0^1 B_j(t)\,dt = 0,\, j = 1, 2, 3, \ldots \,.
$$

Damit ist $B_j(t)$ ein Polynom j-ten Grades und aus der ersten Gleichung folgt sofort die Beziehung

$$
\frac{d^k B_j}{dt^k}(t) = j(j-1)\ldots(j-k+1)B_{j-k}(t)\,, \qquad k = 0, \ldots, j\,.
$$

Zeigen Sie:

a)

$$
B_j(s+t) = \sum_{k=0}^{j} \binom{j}{k} t^k B_{j-k}(s)\,, \quad s,t \in \mathbb{R}\,, \quad j = 0, 1, 2, \ldots \,.
$$

Hinweis: Benutzen Sie die Taylor-Formel.

b)
$$B_{j+1}(t+1) - B_{j+1}(t) = (j+1)t^j , \qquad t \in \mathbb{R} , \qquad j = 0, 1, 2, \dots .$$

Hinweis: Integrieren Sie über $[0,1]$ und benutzen Sie a).

Lösung

a) Da $B_j(t)$ ein Polynom j-ten Grades ist, bekommt man mit der Taylor-Formel und der obigen Beziehung für die k-te Ableitung von $B_j(t)$, $k = 0, \dots, j$,

$$B_j(s+t) = \sum_{k=0}^{j} \frac{B_j^{(k)}(s)}{k!} t^k = \sum_{k=0}^{j} \frac{j(j-1)\cdots(j-k+1)B_{j-k}(s)}{k!} t^k$$

$$= \sum_{k=0}^{j} \frac{j!}{k!(j-k)!} B_{j-k}(s) t^k = \sum_{k=0}^{j} \binom{j}{k} t^k B_{j-k}(s) ,$$

wobei für $j = 0$ vereinbarungsgemäß $0^0 = 1$ gesetzt wird.

b) Auf Grund der beiden Gleichungen, durch die die Bernoullischen Polynome eindeutig bestimmt sind, gilt für $j = 1, 2, 3, \dots$

$$0 = \int_0^1 B_j(t)\,dt = \left[\frac{1}{j+1} B_{j+1}(t) \right]_0^1 = \frac{1}{j+1}(B_{j+1}(1) - B_{j+1}(0))$$

$$\Longleftrightarrow B_{j+1}(1) - B_{j+1}(0) = 0 , \qquad j = 1, 2, 3, \dots$$
$$\Longleftrightarrow B_j(1) - B_j(0) = 0 , \qquad j = 2, 3, 4, \dots \qquad (1.3)$$

Ferner gilt

$$B_1'(t) = B_0(t) = 1 \Longrightarrow B_1(t) = t + c$$

sowie

$$\int_0^1 B_1(t)\,dt = \left[\frac{1}{2}t^2 + ct + d \right]_0^1 = 0$$

$$\Longleftrightarrow \frac{1}{2} + c = 0 \Longleftrightarrow c = -\frac{1}{2} ,$$

so dass

$$B_1(t) = t - \frac{1}{2} . \qquad (1.4)$$

Damit folgt

$$
\begin{aligned}
B_{j+1}(t+1) - B_{j+1}(t) \overset{\text{a)}}{=}\; & \sum_{k=0}^{j+1} \binom{j+1}{k} t^k [B_{j+1-k}(1) - B_{j+1-k}(0)] \\
= & \sum_{k=0}^{j-1} \binom{j+1}{k} t^k \underbrace{[B_{j+1-k}(1) - B_{j+1-k}(0)]}_{=0 \text{ wegen } (1.3)} \\
& + (j+1)t^j \underbrace{(B_1(1) - B_1(0))}_{=1 \text{ wegen } (1.4)} + t^{j+1} \underbrace{(B_0(1) - B_0(0))}_{=0} \\
= & \; (j+1)t^j \; .
\end{aligned}
$$

Alternative (und kürzere) Lösung zu b): Es gilt

$$
\begin{aligned}
B_{j+1}(t+1) - B_{j+1}(t) \overset{\text{Hauptsatz}}{=}\; & \int_t^{t+1} \frac{d B_{j+1}}{dx}(x)\, dx \\
\overset{\text{Subst.}}{=}\; & \int_0^1 \frac{d B_{j+1}}{ds}(t+s)\, ds \\
\overset{\text{Vor.}}{=}\; & \int_0^1 (j+1) B_j(s+t)\, ds \\
\overset{\text{a)}}{=}\; & (j+1) \int_0^1 \left(\sum_{k=0}^{j} \binom{j}{k} t^k B_{j-k}(s) \right) ds \\
= & \; (j+1) \sum_{k=0}^{j} \binom{j}{k} t^k \underbrace{\int_0^1 B_{j-k}(s)\, ds}_{= \begin{cases} 0\,,\ k \neq j \\ 1\,,\ k = j \end{cases}} \\
= & \; (j+1)t^j
\end{aligned}
$$

Aufgabe 11

▶ **Tschebyscheff-Polynome**

Für die Funktionen

$$T_k(x) = \cos(k \arccos(x)), \quad -1 \le x \le 1, \quad k = 0, 1, 2, \dots$$

beweisen Sie die Rekursionsformel

$$T_{k+1}(x) = 2x T_k(x) - T_{k-1}(x), \quad k = 1, 2, \dots,$$

und zeigen Sie durch vollständige Induktion, dass T_k ein Polynom von Grad k in der Variablen x ist.
  Beweisen Sie ferner die Orthogonalitätsrelation

$$\int_{-1}^{+1} T_j(x) T_k(x) \frac{dx}{\sqrt{1-x^2}} = 0, \quad j \ne k, \quad j, k = 0, 1, 2, \dots,$$

und bestimmen Sie die Funktionswerte

$$\cdot \quad T_k(-1) \text{ und } T_k(1), \quad k = 0, 1, 2, \dots .$$

Hinweis zur Orthogonalitätsrelation: Verwenden Sie Variablensubstitution mit $x(t) = \cos(t)$.

Lösung

i) Rekursionsformel: $T_{k+1}(x) = 2x T_k(x) - T_{k-1}(x)$, $k = 1, 2, \dots$
   Mit dem Additionstheorem $\cos(x+y) = \cos(x)\cos(y) - \sin(x)\sin(y)$ und der Abkürzung $y := \arccos(x)$ gelten die folgenden Äquivalenzumformungen:

$$T_{k+1}(x) = 2x T_k(x) - T_{k-1}(x)$$
$$\Longleftrightarrow \cos((k+1)\arccos(x)) = 2x \cos(k \arccos(x)) - \cos((k-1)\arccos(x))$$
$$\Longleftrightarrow \cos(ky)x - \sin(ky)\sin(y) = 2x\cos(ky) - \cos(ky)x - \sin(ky)\sin(y)$$
$$\Longleftrightarrow 2x\cos(ky) = 2x\cos(ky)$$

ii) T_k ist Polynom vom Grad k.
   Beweis durch vollständige Induktion über k:
   I.A. $k = 0, 1$: Es gilt $T_0(x) = 1$ und $T_1(x) = x$; für $k = 0, 1$ ist die Behauptung also richtig.
   I.V.: Die Behauptung gelte bis $k \ge 1$.

I.S. $k \to k + 1$: Mit i) und der Induktionsvoraussetzung gilt für $k \geq 1$

$$T_{k+1}(x) = 2x \underbrace{T_k(x)}_{\text{Grad}=k} - \underbrace{T_{k-1}(x)}_{\text{Grad}=k-1}$$
$$\underbrace{\phantom{T_{k+1}(x) = 2x T_k(x) - T_{k-1}(x)}}_{\text{Grad}=k+1}$$

und somit ist T_{k+1} ein Polynom vom Grad $k + 1$.

iii) Orthogonalitätsrelation:

$$\int\limits_{-1}^{1} T_j(x)T_k(x)\frac{1}{\sqrt{1-x^2}}\,dx = \int\limits_{-1}^{1} \cos(j \arccos(x)) \cos(k \arccos(x))\frac{1}{\sqrt{1-x^2}}\,dx$$

(Substitution: $x(t) = \cos(t)$, $dx = -\sin(t)\,dt$)

$$= -\int\limits_{\pi}^{0} \cos(jt)\cos(kt)\,dt = \int\limits_{0}^{\pi} \cos(jt)\cos(kt)\,dt$$

$$= \frac{1}{2}\int\limits_{0}^{\pi} \cos((j-k)t) + \cos((j+k)t)\,dt$$

$$= \frac{1}{2}\left[\frac{\sin((j-k)t)}{j-k} + \frac{\sin((j+k)t)}{j+k}\right]_0^{\pi} = 0\,,\ j \neq k\,.$$

iv) Es gilt

$$T_k(-1) = \cos(k \arccos(-1)) = \cos(k\pi) = (-1)^k$$

sowie

$$T_k(1) = \cos(k \arccos(1)) = \cos(0) = 1\,,\ k = 0, 1, 2, \dots\,.$$

Aufgabe 12

▶   **Landausche Symbole**

Gegeben seien zwei Funktionen $h, g : \mathbb{R} \to \mathbb{R}$. Zeigen Sie für die Landauschen Symbole $O(\cdot)$ bzw. $o(\cdot)$ (vgl. z. B. [23], 1.3) folgende Implikationen:

a) $h(x) = O\big(|x - x_0|^2\big)\,(x \to x_0) \implies h(x) = o(|x - x_0|)\,(x \to x_0)$

b) $g(x) = o(|x - x_0|)\,(x \to x_0) \implies g(x) = O(|x - x_0|)\,(x \to x_0)$

Lösung

a) Sei $h(x) = O(|x - x_0|^2)(x \to x_0)$

$$\iff \exists C \geq 0,\ \delta > 0\ \forall x : |x - x_0| \leq \delta \implies |h(x)| \leq C|x - x_0|^2 .$$

Sei $\varepsilon > 0$ beliebig, $\hat{\delta} = \min(\delta, \varepsilon/C)$. Dann ist

$$|h(x)| \leq C|x - x_0|^2 \leq \varepsilon |x - x_0|\ \forall x : |x - x_0| \leq \hat{\delta}$$
$$\implies h(x) = o(|x - x_0|)\,(x \to x_0) .$$

b) Sei $g(x) = o(|x - x_0|)(x \to x_0)$

$$\iff \forall \varepsilon > 0 \exists \delta > 0\ \forall x : |x - x_0| \leq \delta \implies |h(x)| \leq \varepsilon |x - x_0| .$$

Wähle $\varepsilon = 1$.

$$\implies |h(x)| \leq |x - x_0|\ \forall x : |x - x_0| \leq \delta \implies h(x) = O(|x - x_0|)(x \to x_0) .$$

Aufgabe 13

▶   **Nullstellen, iterative Verfahren**

Im abgeschlossenen Intervall $G = \left[\frac{\pi}{6}, \frac{\pi}{3}\right]$ sei die Funktion g definiert durch $g(x) = \cot(x)\,,\ x \in G$.

a) Beweisen Sie: Die Funktion $f(x) = x - g(x)$ besitzt in G genau eine Nullstelle z.
   Die Näherung $x_0 = \frac{\pi}{4}$ genügt der Fehlerabschätzung $0{,}04 < \left|\frac{\pi}{4} - z\right| < 0{,}10$.
b) Zeigen Sie, dass für keinen Anfangswert $x_0 \neq z$, $x_0 \in G$, das Iterationsverfahren $x_{t+1} = g(x_t)$ gegen z konvergiert, also z ein abstoßender Fixpunkt von g ist.

Lösung

a) Es gilt

$$f'(x) = 1 - g'(x) = 1 - \frac{-\sin^2(x) - \cos^2(x)}{\sin^2(x)} = 1 + \frac{1}{\sin^2(x)} .$$

Wegen $\sin(x) > 0 \forall x \in G$ folgt $f'(x) > 1 > 0\ \forall x \in G$, d. h. f ist in G streng monoton steigend.
Außerdem ist $f(\pi/6) \approx -1{,}208 < 0$ und $f(\pi/3) \approx 0{,}47 > 0$, womit insgesamt folgt, dass f in G genau eine Nullstelle besitzt.

Ferner gilt:

$$\max_{x \in G} |f'(x)| = \max_{x \in G} f'(x) =: m_1 = 1 + \frac{1}{\sin^2(\pi/6)} = 5$$

$$\min_{x \in G} |f'(x)| = \min_{x \in G} f'(x) =: m_0 = 1 + \frac{1}{\sin^2(\pi/3)} = \frac{7}{3}$$

Also hat man

$$5 \geq |f'(x)| \geq \frac{7}{3} \quad \forall x \in G \ ,$$

und mit dem Mittelwertsatz folgt

$$5 \geq \left| \frac{f(x) - f(y)}{x - y} \right| \geq \frac{7}{3} \quad \forall x, y \in G \quad \text{mit } x \neq y \ .$$

Da z Nullstelle von f ist, bekommt man für $x = \dfrac{\pi}{4}$ und $y = z$ insbesondere

$$5 \geq \left| \frac{f(\pi/4)}{\frac{\pi}{4} - z} \right| \geq \frac{7}{3} \iff \frac{1}{5} |f(\pi/4)| \leq \left| \frac{\pi}{4} - z \right| \leq \frac{3}{7} |f(\pi/4)| \ .$$

Wegen $f(\pi/4) \approx -0{,}2146$ folgt schließlich

$$0{,}04 < \frac{1}{5} |f(\pi/4)| \leq \left| \frac{\pi}{4} - z \right| \leq \frac{3}{7} |f(\pi/4)| < 0{,}1 \ .$$

b) Wegen

$$|g'(x)| = \frac{1}{\sin^2(x)} \geq \frac{1}{\sin^2(\pi/3)} = \frac{4}{3} \quad \forall x \in G$$

gilt mit dem Mittelwertsatz für $\xi \in (x_t, z)$, $x_t \in G$, dass

$$\left| \frac{g(x_t) - g(z)}{x_t - z} \right| = |g'(\xi)| \geq \frac{4}{3} \ .$$

Außerdem hat man

$$\left| \frac{g(x) - g(y)}{x - y} \right| = |g'(\eta)| \geq |g'(\pi/2)| = 1 \quad \forall x, y, \eta(\neq \pm n\pi) \in \mathbb{R} \ .$$

Wir führen nun den Beweis der Behauptung indirekt. Angenommen es gibt einen Anfangswert $x_0 \neq z$, $x_0 \in G$, so dass die Folge $x_{t+1} = g(x_t)$ gegen den Fixpunkt

$z \in G$ konvergiert. Der Fixpunkt liegt nach a) im Innern von G, so dass $x_t \in G \ \forall t \geq t_0$ für ein $t_0 \in \mathbb{N}$. Da z Fixpunkt von g ist, folgt daraus induktiv

$$|x_{t+1} - z| \geq \frac{4}{3}|x_t - z| \geq \ldots \geq \left(\frac{4}{3}\right)^{t-t_0+1} |x_{t_0} - z|,$$

$$t = t_0, t_0 + 1, t_0 + 2, \ldots.$$

Hierbei ist $x_{t_0} \neq z$, da (siehe oben)

$$|x_{t_0} - z| = |g(x_{t_0-1}) - g(z)| \geq |x_{t_0-1} - z| \geq \ldots \geq |x_0 - z| > 0.$$

Deshalb gilt

$$\lim_{t \to \infty} |x_{t+1} - z| = \infty,$$

im Widerspruch zur Annahme $x_t \to z \ (t \to \infty)$.

Aufgabe 14

▶ **Fixpunktiteration**

Eine Fixpunktiteration $x^{(t+1)} = f(x^{(t)})$ sei definiert durch

$$f(x) = 1 + \frac{1}{x} + \frac{1}{x^2} \ (x > 0)$$

a) Verifizieren Sie für $f : [\frac{7}{4}, 2] \to \mathbb{R}$ die Voraussetzungen des Banachschen Fixpunktsatzes. Wie groß ist die Kontraktionskonstante q?

b) Geben Sie für $x^{(0)} = 1,8$ mit Hilfe des Banachschen Fixpunktsatzes eine Fehlerschranke für $|x^{(20)} - x^*|$ an ($x^* =$ Fixpunkt). Auf wie viele Stellen hinter dem Komma ist $x^{(20)}$ korrekt?

Lösung

a) Es ist $f(x) = \dfrac{x^2 + x + 1}{x^2}$ und $f'(x) = -\dfrac{1}{x^2} - \dfrac{2}{x^3}, x > 0$.

Die Funktion ist monoton fallend, wie man an der Ableitung erkennt, und es gilt:

$$f(2) = 1,75 \text{ und } f(1,75) = 1 + \frac{4}{7} + \frac{16}{49} = 1 + \frac{44}{49} < 2$$

Damit wird das Interval $[\frac{7}{4}, 2]$ in sich abgebildet, und $|f'|$ ist monoton fallend. Da $|f'(1,75)| = \dfrac{16}{49}\left(1 + \dfrac{8}{7}\right) = \dfrac{240}{343} < 1$ ist, gilt mit $q = \dfrac{240}{343}$ der Banachsche Fixpunktsatz.

b) Auf dem Rechner mit der Mantissenlänge 10 ergibt sich der Näherungswert

$$x^{(20)} \approx 1{,}8392842$$

Als Fehlerschranke ergibt sich ($x^* = $ Fixpunkt, vgl. z. B. [23], 2.2.1)

$$\left| x^{(20)} - x^* \right| \leq \left(\frac{240}{343} \right)^{20} \cdot \frac{1}{\frac{103}{343}} \cdot \left| x^{(1)} - x^{(0)} \right|$$

Da $x^{(1)} = 1{,}864197531$ ist, berechnet sich die Fehlerschranke aus dem Ausdruck

$$\left| x^{(20)} - x^* \right| \leq \left(\frac{240}{343} \right)^{20} \cdot \frac{343}{103} \cdot 0{,}064197531 \approx 1{,}69167 \cdot 10^{-4}$$

Es sind also mindestens 3 Dezimalstellen korrekt.

Aufgabe 15

▶ **Iterationsverfahren**

Ein Iterationsverfahren zur Bestimmung einer Folge von Näherungen x_t, $t = 0, 1, 2, \ldots$, für eine Zahl z heißt von *p-ter Ordnung* mit $p \geq 1$, wenn die Beziehung gilt

$$|x_{t+1} - z| \leq \gamma |x_t - z|^p, \quad t = 0, 1, 2, \ldots$$

Beweisen Sie für $p > 1$ die Darstellung

$$|x_t - z| \leq \gamma^{-\frac{1}{p-1}} \left(\gamma^{\frac{1}{p-1}} |x_0 - z| \right)^{(p^t)}, \quad t = 1, 2, \ldots$$

Lösung

Der Beweis erfolgt durch Induktion über t:

I.A.: $t = 1$:

$$|x_1 - z| \leq \gamma |x_0 - z|^p$$
$$= \gamma^{-\frac{1}{p-1}} \gamma^{\frac{p}{p-1}} |x_0 - z|^p$$
$$= \gamma^{-\frac{1}{p-1}} \left(\gamma^{\frac{1}{p-1}} |x_0 - z| \right)^p$$

I.V.: Die Behauptung gelte bis t.

I.S.: $t \to t + 1$: Nach I.V. folgt

$$|x_{t+1} - z| \le \gamma |x_t - z|^p$$

$$\overset{\text{I.V.}}{\le} \gamma \left(\gamma^{-\frac{1}{p-1}} \left(\gamma^{\frac{1}{p-1}} |x_0 - z| \right)^{(p^t)} \right)^p$$

$$= \gamma^{-\frac{p}{p-1}+1} \left(\gamma^{\frac{1}{p-1}} |x_0 - z| \right)^{(p^{t+1})}$$

$$= \gamma^{-\frac{1}{p-1}} \left(\gamma^{\frac{1}{p-1}} |x_0 - z| \right)^{(p^{t+1})}.$$

Aufgabe 16

▶ **Kontraktion**

Sei $F \in C^1(J)$, $J = [a, b]$ mit $0 < m \le F'(x) \le M < 1 \; \forall x \in J$.
Ferner besitze $f(x) = x - F(x)$ eine Nullstelle $\xi \in J$.
Zeigen Sie:

a) F ist eine Kontraktion von J in sich.
b) Für $x_0 \in J, x_0 \ne \xi$ und $x_{k+1} = F(x_k), k = 0, 1, 2, \ldots$ gilt

$$\frac{x_{k+1} - \xi}{x_k - \xi} \to F'(\xi) \quad (k \to \infty)$$

Hinweis zu b): Hier ist auch zu zeigen, dass $x_k \ne \xi \quad \forall k \in \mathbb{N}$.

Lösung

a) Es gilt mit $q := M$ und $x_1, x_2 \in J$ beliebig die Abschätzung ($\zeta \in (x_1, x_2)$ Zwischenstelle nach dem MWS):

$$|F(x_1) - F(x_2)| \overset{\text{MWS}}{=} F'(\zeta)|x_1 - x_2| \le M|x_1 - x_2| = q|x_1 - x_2|,$$

woraus unmittelbar die Kontraktionseigenschaft folgt.
Zum Beweis der Selbstabbildungseigenschaft ist wegen der aus $F'(x) > 0$ folgenden Monotonie von F nur noch

$$F(b) \le b, \; F(a) \ge a$$

zu zeigen. Nach dem Mittelwertsatz gibt es Punkte $\zeta_1, \zeta_2 \in J$ mit

$$F(b) = F(\xi) + (b - \xi)F'(\zeta_1)$$
$$F(a) = F(\xi) + (a - \xi)F'(\zeta_2)$$

Es folgt:

$$F(b) \leq b \iff \underbrace{F(\xi)}_{=\xi} +(b-\xi)F'(\zeta_1) - b \leq 0$$

$$\iff \underbrace{(\xi-b)}_{\leq 0}\underbrace{(1-F'(\zeta_1))}_{\geq 0} \leq 0$$

und

$$F(a) \geq a \iff \underbrace{F(\xi)}_{=\xi} +(a-\xi)F'(\zeta_2) - a \geq 0$$

$$\iff \underbrace{(\xi-a)}_{\geq 0}\underbrace{(1-F'(\zeta_1))}_{\geq 0} \geq 0$$

b) Wir zeigen zunächst induktiv, dass $x_k \neq \xi \; \forall k \in \mathbb{N} \cup \{0\}$:
I.A.: $k = 0$: Gilt nach Voraussetzung.
I.V.: Die Behauptung gelte bis $k \geq 0$.
I.S.: $k \to k+1$: Es gilt nach dem MWS

$$x_{k+1} - \xi = F(x_k) - F(\xi) = \underbrace{F'(\zeta)}_{\neq 0} \underbrace{(x_k - \xi)}_{\neq 0 \text{ nach I.V.}} \neq 0$$

Nach dem Banachschen Fixpunktsatz, dessen Voraussetzungen in a) gezeigt wurden, gilt $x_k \to \xi \, (k \to \infty)$. Weiter existieren nach dem MWS Zwischenstellen ζ_k, $k \in \mathbb{N} \cup \{0\}$ zwischen ξ und x_k, so dass

$$\frac{x_{k+1} - \xi}{x_k - \xi} = \frac{F(x_k) - \xi}{x_k - \xi} = F'(\zeta_k) \, .$$

Die Behauptung folgt nun unmittelbar, da zum einen (wegen $x_k \to \xi$) auch $\zeta_k \to \xi$ gilt, und zum anderen $F'(\cdot)$ eine stetige Funktion ist.

Aufgabe 17

▶   **Newton-Verfahren**

Für welche (zulässigen) positiven Startwerte konvergiert das Newton-Verfahren für die Funktion

$$f(x) = xe^{-x}, \quad x \in \mathbb{R} ?$$

Beweisen Sie Ihre Behauptung, und geben Sie die zugehörige Iterationsvorschrift an.

Lösung

Die erste Ableitung der gegebenen Funktion f lautet

$$f'(x) = e^{-x} + x(-e^{-x}) = (1-x)e^{-x}$$

und hat die einzige Nullstelle bei $x = 1$, so dass $\mathbb{R}^+ \setminus \{1\}$ die Menge der zulässigen positiven Startwerte darstellt.

Die einzige Nullstelle der Funktion f ist offenbar bei $x = 0$ zu finden, und die Iterationsvorschrift für das Newton-Verfahren lautet in unserem Fall

$$\begin{aligned}
x_{k+1} &= x_k - \frac{x_k e^{-x_k}}{e^{-x_k}(1-x_k)} \\
&= x_k - \frac{x_k}{1-x_k} \\
&= x_k + \frac{x_k}{x_k - 1} \\
&= \frac{x_k^2}{x_k - 1}
\end{aligned}$$

Wir unterscheiden nun zwei Fälle:

1. Fall: $x_0 > 1$
In diesem Fall folgt wegen

$$x_{k+1} = x_k + \underbrace{\frac{\overbrace{x_k}^{>1}}{x_k - 1}}_{>0} > x_k + 1$$

induktiv, dass $x_k > (k+1) \; \forall k \in \mathbb{N} \cup \{0\}$ ist. Die Folge des Newton-Verfahrens kann also nicht gegen 0 konvergieren, sondern divergiert bestimmt gegen ∞.

2. Fall: $x_0 < 1$

Ist $x_0 < 1$, so folgt aus

$$x_{k+1} = \frac{\overbrace{x_k^2}^{>0}}{\underbrace{x_k - 1}_{<0}} < 0 \quad , k \in \mathbb{N} \cup \{0\},$$

dass $x_k < 0 \; \forall k \in \mathbb{N}$. Darüberhinaus liefert der für alle $k \in \mathbb{N}$ gültige Zusammenhang

$$x_{k+1} = x_k + \frac{\overbrace{x_k}^{<0}}{\underbrace{x_k - 1}_{<0}} > x_k$$

streng monotones Wachstum der Folge $(x_k)_{k \in \mathbb{N}}$. Als nach oben beschränkte und monoton wachsende Folge konvergiert $(x_k)_{k \in \mathbb{N}}$ somit gegen ein $\overline{x} \leq 0$. Geht man in der Rekursionsgleichung des Newtonverfahrens auf beiden Seiten zum Grenzwert über, so erhält man

$$\overline{x} = \overline{x} + \frac{\overline{x}}{\overline{x} - 1} \implies \frac{\overline{x}}{\overline{x} - 1} = 0 \implies \overline{x} = 0 \, .$$

Man hat somit für positive Startwerte $x_0 < 1$ die Konvergenz des Newton-Verfahrens gegen die Nullstelle von f gezeigt.

Aufgabe 18

▶ **Newton-Verfahren**

Die Funktion $\ln(x)$ soll an der Stelle $x = a > 0$ näherungsweise berechnet werden. Dies kann beispielsweise mit dem Newton-Verfahren zur Bestimmung einer Nullstelle der Funktion

$$f(x) = e^x - a$$

geschehen. Geben Sie die zugehörige Iterationsvorschrift an. Geben Sie für $a = 1$ ein geeignetes Intervall für den Startwert x_0 an, so dass mit Hilfe der Kriterien aus [23], 2.3, gesichert quadratische Konvergenz vorliegt. Berechnen Sie schließlich das das größte Intervall $K_\rho(z)$ um die zu $a = 1$ gehörige Nullstelle z, für das gesichert quadratische Konvergenz vorliegt.

Lösung

a) Hier gilt $f'(x) = e^x$, $f''(x) = e^x$, so dass man für die Iterationsvorschrift erhält

$$x_{n+1} = x_n - \frac{e^{x_n} - a}{e^{x_n}} = x_n - 1 + ae^{-x_n}, \; n = 0, 1, 2, \ldots.$$

Wenn die Voraussetzungen des Konvergenzsates für das Newton-Verfahren erfüllt sind, d. h.

$$|f'(x)| \geq m > 0, \; |f''(x)| \leq M, \; x \in G = \text{offenes Intervall um Nullstelle}$$
$$\frac{M}{2m}|x_0 - z| < 1,$$

dann konvergiert das Verfahren quadratisch gegen die einzige Nullstelle z in $K_\rho(z) \subset G$, wobei $\rho : \frac{M}{2m}\rho =: q < 1$ (vgl. z. B. [23], 2.3).
Für den Spezialfall $a = 1$ ist die Nullstelle $z = 0$. Wählt man z. B. $\rho = 1{,}1$ – um evtl. $x_0 = 1$ als Startwert zuzulassen – dann sind mit

$$e^\rho \approx 3{,}005 =: M, \; e^{-\rho} \approx 0{,}332 =: m$$

die ersten beiden Voraussetzungen erfüllt. Für das Startintervall um z mit Radius $\rho_0 = |x_0 - z|$ muss allerdings gelten

$$\frac{M}{2m}\rho_0 < 1 \iff 4{,}526\,\rho_0 < 1 \iff \rho_0 < \frac{1}{4{,}526} \approx 0{,}22.$$

b) Das größtmögliche $\rho_0 = \rho^*$ erfüllt (wegen $M = e^{\rho^*}, m = e^{-\rho^*}$) die Bedingung

$$(q :=)\frac{M}{2m}\rho^* = \frac{1}{2}e^{2\rho^*}\rho^* < 1 \iff \rho^* e^{2\rho^*} < 2.$$

Die Funktion $\psi(\rho) = \rho e^{2\rho}$, $\rho > 0$, ist streng monoton wachsend und hat bei $\rho = \rho^* = 0{,}6$ den Wert $\approx 1{,}99$. (Dann ist allerdings $q \approx 0{,}99$!).

Bemerkung: Für $a = 1$ und Startwert $x_0 = 1$ sind die ersten vier Iterierten $x_1, \ldots, x_4$, in Aufg. 5.2 von [16] berechnet worden. Sie zeigen in der Tat in jedem Schritt eine Verdoppelung der exakten Nachkommastellen im Vergleich zum tatsächlichen Wert $0 = \ln(1)$, obwohl x_0 nicht im zulässigen Startintervall liegt – was nicht ausschließt, dass das Verfahren für $x_0 = 1$ trotzdem konvergiert.

Aufgabe 19

▶   **Newton-Verfahren**

Leiten Sie für $f(x) = x^2 - \frac{\alpha}{x}$ ($\alpha \neq 0$) das Newton-Verfahren zur Berechnung von $\sqrt[3]{\alpha}$ her. Geben Sie für $\alpha = 1$ ein geeignetes Intervall für die Startnäherung x_0 an.

Lösung

Hier ist

$$f(x) = x^2 - \frac{\alpha}{x}\ , \ f'(x) = 2x + \frac{\alpha}{x^2}\ , \ f''(x) = 2 - \frac{2\alpha}{x^3}\ .$$

a) Für das Newtonverfahren zur Bestimmung von $f(z) = 0$ erhält man

$$
\begin{aligned}
x_{t+1} = x_t - \frac{f(x_t)}{f'(x_t)} &= x_t - \frac{x_t^2 - \frac{\alpha}{x_t}}{2x_t + \frac{\alpha}{x_t^2}} \\
&= x_t - \frac{x_t^3 - \alpha}{2x_t^2 + \alpha/x_t} = \frac{2x_t^3 + \alpha - x_t^3 + \alpha}{2x_t^2 + \alpha/x_t} \\
&= \frac{x_t^3 + 2\alpha}{2x_t^2 + \alpha/x_t} = \frac{1}{2}\frac{x_t^3 + \frac{1}{2}\alpha + \frac{3}{2}\alpha}{x_t^2 + \frac{\alpha}{2x_t}} \\
&= \frac{1}{2}\left(x_t + \frac{\frac{3}{2}\alpha}{x_t^2 + \frac{\alpha}{2x_t}} \right)\ .
\end{aligned}
$$

b) Für $\alpha = 1$, $[a,b] = \left[\frac{1}{2}, \frac{3}{2}\right]$ erhält man

$$\min_{x \in [a,b]} |f'(x)| = f'(1) = 3 \ (=: m)\ ,$$

da $f''(1) = 0$ und $f'''(1) = 6$ positiv ist. Ausserdem ist

$$|f''(x)| \leq \max\left\{ \left|f''\left(\frac{1}{2}\right)\right|\ , \ \left|f''\left(\frac{3}{2}\right)\right| \right\} = 14 \ (:= M)\ ,$$

da $f'''(x) = 6\frac{\alpha}{x^4} \geq 0$, $x \in [a,b]$. Also ist f'' monoton wachsend. Die Forderung an den Startwert x_0 lautet (vgl. z. B. [23], 2.3)

$$1 > q := \frac{M}{2m}|x_0 - z| = \frac{7}{3}|x_0 - 1|\ , \ \text{also } x_0 \in \left(1 - \frac{3}{7}\ , \ 1 + \frac{3}{7}\right)\ .$$

Aufgabe 20

▶ **Konvergenzbeschleunigung**

Zur Konvergenzbeschleunigung eines linear konvergenten Fixpunktverfahrens im $\mathbb{R}^1$

$$x_{i+1} := \phi(x_i), \quad x_0 \text{ vorgegeben}, \ x^* \text{ Fixpunkt},$$

kann man die sogenannte Δ^2-*Methode von Aitken* verwenden. Dabei wird zu der Folge $(x_i)_{i \in \mathbb{N}}$ die transformierte Folge $(\bar{x}_i)_{i \in \mathbb{N}}$ durch

$$\bar{x}_i := x_i - \frac{(\Delta x_i)^2}{\Delta^2 x_i}$$

berechnet, wobei $\Delta(=\Delta^1)$ der Differenzenoperator $\Delta x_i := x_{i+1} - x_i$ ist und $\Delta^j x_i$, $j \in \mathbb{N}$, $j \geq 2$ rekursiv durch

$$\Delta^j x_i = \Delta^{j-1} x_{i+1} - \Delta^{j-1} x_i$$

definiert werden ($\Delta^j x_i$ heißen *j-te vorwärtsgenommene Differenzen*).

Zeigen Sie: Gilt für die Folge $(x_i)_{i \in \mathbb{N}}$, dass $x_i \neq x^*$, $i \in \mathbb{N}$, und dass

$$x_{i+1} - x^* = (\kappa + \delta_i)(x_i - x^*), \tag{1.5}$$

wobei $|\kappa| < 1$ und $(\delta_i)_{i \in \mathbb{N}}$ eine Nullfolge ist, $\lim_{i \to \infty} \delta_i = 0$, so existiert die Folge $(\bar{x}_i)_{i \in \mathbb{N}}$ für hinreichend große i und hat die Eigenschaft

$$\lim_{i \to \infty} \frac{\bar{x}_i - x^*}{x_i - x^*} = 0.$$

Hinweise: Stellen Sie zunächst $\Delta^2 x_i$ mit Hilfe von κ und δ_i aus (1.5) dar und zeigen Sie, dass $\Delta^2 x_i \neq 0$ für alle hinreichend großen i. Verwenden Sie dann noch einmal (1.5), um $(\Delta x_i)^2$ darzustellen.

Lösung

Für die Existenz der Folge $(\bar{x}_i)_{i \in \mathbb{N}}$ für hinreichend große i ist notwendig und hinreichend, dass der Nenner in der Berechnungsvorschrift (also $\Delta^2 x_i$) für alle $i > i_0 \in \mathbb{N}$ nicht verschwindet. Um dies einzusehen, schreibt man zunächst folgende Darstellung für $\Delta^2 x_i$ hin:

$$
\begin{aligned}
\Delta^2 x_i &= \Delta x_{i+1} - \Delta x_i \\
&= x_{i+2} - x_{i+1} - (x_{i+1} - x_i) \\
&= x_{i+2} - 2x_{i+1} + x_i \\
&= (x_{i+2} - x^*) - 2(x_{i+1} - x^*) + (x_i - x^*) \\
&\stackrel{(1.5)}{=} ((\kappa + \delta_{i+1})(\kappa + \delta_i) - 2(\kappa + \delta_i) + 1)(x_i - x^*)
\end{aligned}
\tag{1.6}
$$

Es ist $x_i - x^* \neq 0$, so dass nur noch der vordere Term betrachtet werden muss. Offenbar ist $\kappa = 1 - \xi$ mit $0 < \xi < 2$. Wählt man nun $\varepsilon = \frac{\xi^2}{16}$ ($\Longrightarrow \varepsilon < \frac{2\xi}{16} = \frac{\xi}{8}$) und dazu i_0 so, dass für alle $i > i_0$ gilt $|\delta_i| < \varepsilon$ (was wegen $\lim\limits_{i \to \infty} \delta_i = 0$ möglich ist), so folgt für diesen Term im Falle $i > i_0$:

$$(\kappa + \delta_{i+1})(\kappa + \delta_i) - 2(\kappa + \delta_i) + 1 = \kappa^2 + (\delta_{i+1} + \delta_i - 2)\kappa + \delta_{i+1}\delta_i - 2\delta_i + 1$$

$$= \left(\kappa + \frac{\delta_{i+1} + \delta_i - 2}{2}\right)^2 + \delta_{i+1}\delta_i + 1 - 2\delta_i - \left(\frac{\delta_{i+1} + \delta_i - 2}{2}\right)^2$$

$$= \left(1 - \xi + \frac{\delta_{i+1} + \delta_i}{2} - 1\right)^2 + \delta_{i+1}\delta_i + 1 - 2\delta_i - \left(1 - \frac{\delta_{i+1} + \delta_i}{2}\right)^2$$

$$\geq \left(\xi - \frac{2\varepsilon}{2}\right)^2 - \varepsilon^2 + 1 - 2\varepsilon - \left(1 + \frac{2\varepsilon}{2}\right)^2$$

$$= \xi^2 - 2\xi\varepsilon + \varepsilon^2 - \varepsilon^2 + 1 - 2\varepsilon - 1 - 2\varepsilon - \varepsilon^2$$

$$= \xi^2 - \underbrace{2\xi\varepsilon}_{<\frac{\xi^2}{4}} - \underbrace{4\varepsilon}_{=\frac{\xi^2}{4}} - \underbrace{\varepsilon^2}_{<\frac{\xi^2}{64}}$$

$$\geq \frac{31}{64}\xi^2 > 0$$

Damit ist gezeigt, dass $\Delta^2 x_i \neq 0$ für alle $i > i_0$ bleibt.

Um die Konvergenzbeschleunigungsaussage beweisen zu können, verwenden wir nun neben der Darstellung (1.6) die analog gewonnene Aussage

$$
\begin{aligned}
(\Delta x_i)^2 &= (x_{i+1} - x_i)^2 \\
&= ((x_{i+1} - x^*) - (x_i - x^*))^2 \\
&= ((\kappa + \delta_i) - 1)^2 (x_i - x^*)^2
\end{aligned}
\tag{1.7}
$$

Damit hat man nun nach Definition von $\bar{x}_i$:

$$\frac{\bar{x}_i - x^*}{x_i - x^*} = \frac{x_i - \frac{(\Delta x_i)^2}{\Delta^2 x_i} - x^*}{x_i - x^*} \overset{(1.6),(1.7)}{=} \frac{x_i - \frac{((\kappa + \delta_i) - 1)^2 (x_i - x^*)^2}{(\kappa + \delta_{i+1})(\kappa + \delta_i) - 2(\kappa + \delta_i) + 1)(x_i - x^*)} - x^*}{x_i - x^*}$$

$$= 1 - \frac{((\kappa + \delta_i) - 1)^2}{(\kappa + \delta_{i+1})(\kappa + \delta_i) - 2(\kappa + \delta_i) + 1}$$

$$\to 1 - \frac{(\kappa - 1)^2}{\underbrace{\kappa^2 - 2\kappa + 1}_{=(\kappa-1)^2}} = 0 \quad (i \to \infty).$$

1.2 Interpolation, Numerische Differentiation, Numerische Integration

Aufgabe 21

▶   **Dividierte Differenzen**

Seien $x_0, \ldots, x_m$ äquidistante Punkte der Gestalt $x_j = x_0 + jh$, $j = 0, \ldots, m$, mit $h \neq 0$. Dann sind für beliebige Zahlen $y_0, \ldots, y_m$ die *vorwärtsgenommenen Differenzen* $\Delta^k y_j$ erklärt durch die Vorschrift

$$\Delta^0 y_j := y_j \, ; \quad \Delta^k y_j := \Delta^{k-1} y_{j+1} - \Delta^{k-1} y_j \, , \quad j = 0, \ldots, m-k \, , \ k = 1, \ldots, m \, .$$

Beweisen Sie durch einen Induktionsschluss, dass für die dividierten Differenzen gilt:

i)

$$y[x_j, \ldots, x_{j+k}] = \frac{1}{k! h^k} \Delta^k y_j \, , \quad j = 0, \ldots, m-k \, , \ k = 0, \ldots, m \, ,$$

sowie

ii)

$$\Delta^k y_j = \sum_{t=0}^{k} (-1)^{k-t} \binom{k}{t} y_{j+t} \, .$$

Bemerkungen: Die *dividierten Differenzen* sind wie folgt erklärt (vgl. [23], 3.1.2):

$$y[x_j] = y_j \, , \quad j = 0, \ldots, m \, ,$$
$$y[x_j, \ldots, x_{j+k}] = \frac{1}{x_j - x_{j+k}} \left(y[x_j, \ldots, x_{j+k-1}] - y[x_{j+1}, \ldots, x_{j+k}] \right) ,$$
$$\text{für } j = 0, \ldots, m-k \, , \quad k = 0, \ldots, m \, .$$

Zusammen mit den Ausführungen in [23], 3.2.3, ist damit gezeigt, dass sich die dividierten Differenzen für äquidistante Punkte sowohl mit den vorwärtsgenommenen als auch mit den rückwärtsgenommenen Differenzen darstellen lassen.

Lösung

Beide Behauptungen werden durch vollständige Induktion bewiesen.

i) I.A.: $k = 0$:

$$y[x_j] = y_j = \frac{1}{0! h^0} \Delta^0 y_j$$

I.V.: Die Beziehung gelte bis $k \geq 0$.
I.S.: $k \to k + 1$:

$$y[x_j, \ldots, x_{j+k+1}] \overset{\text{Def.}}{=} \frac{1}{x_j - x_{j+k+1}} \left(y[x_j, \ldots, x_{j+k}] - y[x_{j+1}, \ldots, x_{j+k+1}] \right)$$

$$\overset{\text{I.V.}}{=} \frac{1}{x_j - x_{j+k+1}} \left(\frac{1}{k!h^k} \Delta^k y_j - \frac{1}{k!h^k} \Delta^k y_{j+1} \right)$$

$$= \frac{1}{-(k+1)h} \frac{-1}{k!h^k} \left(\Delta^k y_{j+1} - \Delta^k y_j \right)$$

$$= \frac{1}{(k+1)!h^{k+1}} \Delta^{k+1} y_j$$

ii) I.A.: $k = 0$:

$$\Delta^0 y_j = y_j = \sum_{t=0}^{0} (-1)^{0-t} \binom{0}{t} y_{j+t}$$

I.V.: Die Behauptung gelte bis k.
I.S.: $k \to k + 1$:

$$\Delta^{k+1} y_j = \Delta^k y_{j+1} - \Delta^k y_j$$

$$\overset{\text{I.V.}}{=} \sum_{t=0}^{k} (-1)^{k-t} \binom{k}{t} y_{j+t+1} - \sum_{t=0}^{k} (-1)^{k-t} \binom{k}{t} y_{j+t}$$

$$= \sum_{t=1}^{k+1} (-1)^{k-t+1} \binom{k}{t-1} y_{j+t} - (-1) \sum_{t=0}^{k} (-1)^{k-t+1} \binom{k}{t} y_{j+t}$$

$$= (-1)^0 \binom{k}{k} y_{j+k+1} + \sum_{t=1}^{k} (-1)^{k-t+1} \binom{k}{t-1} y_{j+t}$$

$$+ \sum_{t=1}^{k} (-1)^{k-t+1} \binom{k}{t} y_{j+t} + (-1)^{k+1} \binom{k}{0} y_j$$

$$= (-1)^{k+1} \binom{k}{0} y_j + \sum_{t=1}^{k} (-1)^{k-t+1} \binom{k+1}{t} y_{j+t} + (-1)^0 \binom{k}{k} y_{j+k+1}$$

$$= \sum_{t=0}^{k+1} (-1)^{(k+1)-t} \binom{k+1}{t} y_{j+t}$$

Aufgabe 22

▶ **Gleichmäßige Konvergenz**

Sei $[a, b] \subseteq \mathbb{R}$ ein Intervall, $f : [a, b] \to \mathbb{R}$ unendlich oft differenzierbar und $M \in \mathbb{R}^+$ eine Konstante mit $\left| f^{(i)}(x) \right| \leq M$ für alle $i \in \mathbb{N} \cup \{0\}$ und alle $x \in [a, b]$. Zu jedem $n \in \mathbb{N}$ seien Stützstellen $a \leq x_0^{(n)} < x_1^{(n)} < \cdots < x_n^{(n)} \leq b$ und das f in diesen Punkten interpolierende Polynom p_n höchstens n-ten Grades gegeben.

Konvergiert die Funktionenfolge $(p_n)_{n \in \mathbb{N}}$ gegen f gleichmäßig auf $[a, b]$? Beweisen Sie Ihre Behauptung!

Hinweise: $(p_n)_{n \in \mathbb{N}}$ heißt *gleichmäßig konvergent* gegen $f \in C[a, b]$, wenn

$$\lim_{n \to \infty} \max_{x \in [a,b]} |p_n(x) - f(x)| = 0 \, .$$

Sie können die Restgliedabschätzung für $f - p_n$ z. B. aus Stummel-Hainer [23], 3.2.2, oder Plato [15], 1.5, verwenden.

Lösung

Für das Restglied $R_n(x) := f(x) - p_n(x)$ gilt die Abschätzung (s. Hinweis)

$$|R_n(x)| \leq |(x - x_0^{(n)}) \cdots (x - x_n^{(n)})| \frac{1}{(n+1)!} \max_{z \in [a,b]} |f^{(n+1)}(z)| \, .$$

Daraus folgt

$$|R_n(x)| \leq M \frac{(b-a)^{n+1}}{(n+1)!} \to 0 \quad (n \to \infty) \, ,$$

und somit die gleichmäßige Konvergenz von $(p_n)_{n \in \mathbb{N}}$ gegen f.

Aufgabe 23

▶ **Interpolationspolynom**

Gegeben seien die Stützstellen $x_j = 2j, j = 0, \ldots, 4$ und Werte $y_j = \exp(x_j), j = 0, \ldots, 4$. Berechnen Sie mit Hilfe des Differenzenschemas die dividierten Differenzen $y_{0,\ldots,l} = y[x_0, \ldots, x_l], l = 0, \ldots 4$, (vgl. Aufg. 21) und daraus in Analogie zum Horner-Schema mit Hilfe der Rechenvorschrift

$$a_4' = y_{0,\ldots,4}, \quad a_l' = y_{0,\ldots,l} + (x - x_l) a_{l+1}', l = 3, \ldots, 0 \, ,$$

das Interpolationspolynom $p_{0,\ldots,4}(x)(= a_0')$.

Lösung

Die exakten dividierten Differenzen lauten angeordnet nach dem Differenzenschema (vgl. [23], 3.1.2):

$$
\begin{array}{ccccc}
0 & 2 & 4 & 6 & 8 \\
1 & e^2 & e^4 & e^6 & e^8 \\
\frac{e^2-1}{2} & \frac{e^4-e^2}{2} & \frac{e^6-e^4}{2} & \frac{e^8-e^6}{2} & \\
\frac{e^4-2e^2+1}{8} & \frac{e^6-2e^4+e^2}{8} & \frac{e^8-2e^6+e^4}{8} & & \\
\frac{e^6-3e^4+3e^2-1}{48} & \frac{e^8-3e^6+3e^4-e^2}{48} & & & \\
\frac{e^8-4e^6+6e^4-4e^2+1}{384} & & & &
\end{array}
$$

Berechnung und Rundung auf zwei Dezimalen führt auf:

$$
\begin{array}{ccccc}
0 & 2 & 4 & 6 & 8 \\
1 & 7{,}39 & 54{,}60 & 403{,}43 & 2980{,}96 \\
3{,}19 & 23{,}60 & 174{,}42 & 1288{,}76 & \\
5{,}10 & 37{,}70 & 278{,}59 & & \\
5{,}43 & 40{,}15 & & & \\
4{,}34 & & & &
\end{array}
$$

Es folgt:

$$
a_4' = \frac{e^8-4e^6+6e^4-4e^2+1}{384}
$$

$$
a_3' = \frac{e^6-3e^4+3e^2-1}{48} + (x-6)\frac{e^8-4e^6+6e^4-4e^2+1}{384}
$$

$$
a_2' = \frac{e^4-2e^2+1}{8} + (x-4)\left(\frac{e^6-3e^4+3e^2-1}{48} + (x-6)\frac{e^8-4e^6+6e^4-4e^2+1}{384}\right)
$$

Abb. 1.1 Die Funktion $\exp(x)$ und das Interpolationspolynom auf $[-1,8]$

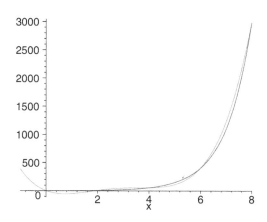

Abb. 1.2 Die Funktion $\exp(x)$ und das Interpolationspolynom auf $[-1,6]$

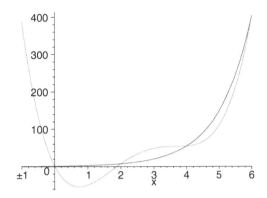

Abb. 1.3 Die Funktion $\exp(x)$ und das Interpolationspolynom auf $[0,4]$

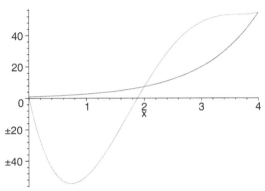

$$a_1' = \frac{e^2 - 1}{2} + (x - 2)\left(\frac{e^4 - 2e^2 + 1}{8} + (x - 4)\right.$$

$$\left.\cdot\left(\frac{e^6 - 3e^4 + 3e^2 - 1}{48} + (x - 6)\frac{e^8 - 4e^6 + 6e^4 - 4e^2 + 1}{384}\right)\right)$$

$$a_0' = 1 + x\left(\frac{e^2 - 1}{2} + (x - 2)\left(\frac{e^4 - 2e^2 + 1}{8} + (x - 4)\right.\right.$$

$$\left.\left.\cdot\left(\frac{e^6 - 3e^4 + 3e^2 - 1}{48} + (x - 6)\frac{e^8 - 4e^6 + 6e^4 - 4e^2 + 1}{384}\right)\right)\right)$$

$$= 1 + \frac{e^2 - 1}{2}x + \frac{e^4 - 2e^2 + 1}{8}x(x - 2) + \frac{e^6 - 3e^4 + 3e^2 - 1}{48}x(x - 2)(x - 4)$$

$$+ \frac{e^8 - 4e^6 + 6e^4 - 4e^2 + 1}{384}x(x - 2)(x - 4)(x - 6)$$

Benutzt man die gerundeten Werte, so erhält man:

$a_4' = 4{,}34$

$a_3' = 5{,}43 + 4{,}34(x - 6)$

$a_2' = 5{,}10 + (x - 4)(5{,}43 + 4{,}34(x - 6))$

$a_1' = 3{,}19 + (x - 2)(5{,}10 + (x - 4)(5{,}43 + 4{,}34(x - 6)))$

$a_0' = 1 + x(3{,}19 + (x - 2)(5{,}10 + (x - 4)(5{,}43 + 4{,}34(x - 6))))$

$\quad = 1 + 3{,}19x + 5{,}10x(x - 2) + 5{,}43x(x - 2)(x - 4) + 4{,}34x(x - 2)(x - 4)(x - 6)$

Die Abb. 1.1 bis 1.3 zeigen jeweils die Exponentialfunktion und das berechnete Interpolationspolynom für verschiedene Intervalle.

Aufgabe 24

▶ **Interpolationspolynome**

Seien paarweise verschiedene Stützstellen $x_0, \ldots, x_m \in \mathbb{R}$ ($m \geq 1$) gegeben. Zeigen Sie: Die Koeffizienten $a_0, \ldots, a_m$ des Interpolationspolynoms

$$p_{0,\ldots,m}(x) = \sum_{j=0}^{m} a_j x^j$$

hängen stetig von den (Stütz-)Werten $y_0, \ldots, y_m$ ab.

Hinweis: Benutzen Sie die Lagrange-Darstellung des Interpolationspolynoms.

Lösung

Für paarweise verschiedene Stützstellen $x_0, \ldots, x_m$ ($m \geq 1$) hat das Interpolationspolynom durch die Punkte $(x_k, y_k), k = 0, \ldots, m$, die Darstellung $p(x) = \sum_{k=0}^{m} y_k L_k(x)$ mit den Lagrange-Polynomen

$$L_k(x) = \prod_{l=0, l \neq k}^{m} \frac{x - x_l}{x_k - x_l}, \quad x \in \mathbb{K}, \quad k = 0, \ldots, m.$$

Wir schreiben

$$p(x) = \sum_{j=0}^{m} a_j x^j \quad \text{und}$$

$$L_k(x) = \sum_{j=0}^{m} a_j^{(k)} x^j, \quad k = 0, \ldots, m,$$

und zeigen, dass die Abbildung

$$A : \{y_k\}_{k=0,\ldots,m} \mapsto \{a_k\}_{k=0,\ldots,m}$$

linear und stetig ist.

i) **Linearität**

Seien $\gamma \in \mathbb{R}$, $\{y_k\}$, $\{\tilde{y}_k\} \in \mathbb{R}^{m+1}$. Dann hat das Interpolationspolynom zu den Stützwerten $y_k + \gamma \tilde{y}_k$, $k = 0, \ldots, m$, die Darstellung

$$q(x) = \sum_{k=0}^{m}(y_k + \gamma \tilde{y}_k)L_k(x) = \sum_{k=0}^{m} y_k \sum_{j=0}^{m} a_j^{(k)} x^j + \gamma \sum_{k=0}^{m} \tilde{y}_k \sum_{j=0}^{m} a_j^{(k)} x^j$$

$$= \sum_{j=0}^{m} \sum_{k=0}^{m}(y_k + \gamma \tilde{y}_k)a_j^{(k)} x^j = \sum_{j=0}^{m} \beta_j x^j$$

$$\text{mit } \beta_j = \sum_{k=0}^{m}(y_k + \gamma y_k)a_j^k = \sum_{k=0}^{m} y_k a_j^{(k)} + \gamma \sum_{k=0}^{m} \tilde{y}_k a_j^{(k)} \, .$$

Damit ergeben sich die Koeffizienten von q aus einer Linearkombination der entsprechenden Koeffizienten für $\{y_k\}_k$ und $\{\tilde{y}_k\}_k$.

ii) **Stetigkeit**

Lineare Abbildungen zwischen endlichdimensionalen Räumen sind bekanntlich immer beschränkt und damit stetig.

Bemerkungen:

1) Die Stetigkeit sieht man auch an der expliziten Darstellung von A mit Hilfe der Koeffizienten der Lagrange-Polynome,

$$\left(A\{y_k\}_k\right)_j = \sum_{k=0}^{m} y_k a_j^{(k)} \, , \quad j = 0, \ldots, m \, .$$

2) Die Abbildung ist außerdem injektiv und als Abbildung zwischen Räumen gleicher Dimension auch bijektiv. Die Umkehrabbildung ist wieder linear und stetig.

Aufgabe 25

▶   **Leibniz-Regel für die dividierten Differenzen**

Es seien zwei Funktionen $f, g : [a, b] \to \mathbb{R}$ und $m + 1$ paarweise verschiedene Zahlen $x_0 < \ldots < x_m$, $x_k \in [a, b]$, $k = 0, \ldots, m$ gegeben. Beweisen Sie die sogenannte *Leibniz-Regel* für die dividierten Differenzen:

$$(f \cdot g)[x_0, \ldots, x_m] = \sum_{i=0}^{m} f[x_0, \ldots, x_i] \cdot g[x_i, \ldots, x_m]$$

Hinweis: Für eine Funktion $f : [a, b] \to \mathbb{R}$ und paarweise verschiedene Zahlen $x_0, \ldots, x_m \in [a, b]$ sind die dividierten Differenzen $f[x_0, \ldots, x_m]$ wie in Aufgabe 21 erklärt, wobei hier $y_j = f(x_j)$ (vgl. auch [23], 3.1, 3.2).

Lösung

Sei mit der bekannten Konvention $\prod_{k=r}^{s} b_k := 1$, falls $r > s$ („leeres Produkt"),

$$P(x) := p_{0,\ldots,m}^{f}(x) = \sum_{i=0}^{m} f[x_0, \ldots, x_i] \prod_{k=0}^{i-1} (x - x_k)$$

das eindeutig bestimmte Interpolationspolynom zu f in der Newtonschen Darstellung. Bei der Darstellung des entsprechenden Interpolationspolynoms $Q(x)$ zu g nutzt man die Symmetrieeigenschaft der Interpolationspolynome bzw. der dividierten Differenzen aus; es gilt daher:

$$\begin{aligned}
Q(x) := p_{0,\ldots,m}^{g}(x) &= p_{m,\ldots,0}^{g}(x) \\
&= \sum_{j=0}^{m} g[x_m, \ldots, x_{m-j}] \prod_{l=0}^{j-1} (x - x_{m-l}) \\
&= \sum_{j=0}^{m} g[x_{m-j}, \ldots, x_m] \prod_{l=m-j+1}^{m} (x - x_l) \\
&= \sum_{j=0}^{m} g[x_j, \ldots, x_m] \prod_{l=j+1}^{m} (x - x_l)
\end{aligned}$$

Offenbar hat man weiter

$$(P \cdot Q)(x) = \sum_{i,j=0}^{m} \underbrace{\left(f[x_0, \ldots, x_i] g[x_j, \ldots, x_m] \prod_{k=0}^{i-1}(x - x_k) \prod_{l=j+1}^{m}(x - x_l) \right)}_{=:a_{i,j}(x)}$$

$$= \underbrace{\sum_{0 \le i \le j \le m} a_{i,j}(x)}_{=:R(x)} + \underbrace{\sum_{0 \le j < i \le m} a_{i,j}(x)}_{=:S(x)} \, .$$

Man stellt ferner fest, dass $a_{i,j}(x_\nu) = 0$ für $i > j$, $\nu = 0, \ldots, m$ gilt, und damit $S(x_\nu) = 0$ ist. Man hat nämlich

$$\prod_{k=0}^{i-1}(x - x_k) \prod_{l=j+1}^{m}(x - x_l) = \prod_{k=0}^{j}(x - x_k) \prod_{k=j+1}^{i-1}(x - x_k) \prod_{l=j+1}^{m}(x - x_l)$$

$$= \prod_{k=0}^{m}(x - x_k) \underbrace{\prod_{k=j+1}^{i-1}(x - x_k)}_{i-j-1 \text{ Faktoren}} = 0 \quad \text{für } x = x_\nu \text{ und alle } \nu = 0, \ldots, m \, .$$

Daher folgt mittels

$$R(x_\nu) = (P \cdot Q)(x_\nu) - \underbrace{S(x_\nu)}_{=0} = (f \cdot g)(x_\nu), \quad \nu = 0, \ldots, m,$$

dass das Polynom R die Funktion $f \cdot g$ an den vorgegebenen Stützstellen interpoliert. Darüberhinaus hat man

$$\operatorname{grad}(R) \le \max\{\operatorname{grad}(a_{i,j}(x)) \mid 0 \le i \le j \le m\}$$

$$= \max\{i + (m - j) \mid 0 \le i \le j \le m\} = m$$

Der Leitkoeffizient (d. h. der Koeffizient vor der höchsten Potenz von x) von R ist $\sum_{i=0}^{m} f[x_0, \ldots, x_i] \, g[x_i, \ldots, x_m]$.

Als Polynom höchstens m-ten Grades, das $f \cdot g$ bei x_ν, $\nu = 0, \ldots, m$ interpoliert, muss R andererseits das eindeutig bestimmte Interpolationspolynom $p_{0,\ldots,m}^{f \cdot g}$ von $f \cdot g$ sein. Dieses besitzt die Newtonsche Darstellung

$$\sum_{i=0}^{m} (f \cdot g)[x_0, \ldots, x_i] \prod_{k=0}^{i-1}(x - x_k)$$

und hat den Leitkoeffizienten $(f \cdot g)[x_0, \ldots, x_m]$.

Da beide Polynome übereinstimmen, muss dies auch für die Leitkoeffizienten gelten, was die Behauptung beweist.

Aufgabe 26

▶   **Differenzenquotienten höherer Genauigkeit**

Zeigen Sie, dass die Ableitungen des Interpolationspolynoms durch 4 Stützstellen (zur Approximation der entsprechenden Ableitungen mit höherer Genauigkeit) unter Verwendung der angegebenen Stützstellen folgende Darstellungen haben (Abk.: $f_j = f(x_j)$, $x_j = x_0 + jh$)

a) $p'_{0,1,2,3}(x_0) = \dfrac{1}{6h}(2f_3 - 9f_2 + 18f_1 - 11f_0)$

b) $p''_{0,1,2,3}(x_0) = \dfrac{1}{h^2}(-f_3 + 4f_2 - 5f_1 + 2f_0)$

c) $p'''_{0,1,2,3}(x_0) = \dfrac{1}{h^3}(f_3 - 3f_2 + 3f_1 - f_0)$

Was ergibt sich für $p^{(4)}_{0,1,2,3}$?

Hinweis: Verwenden Sie die Newtonsche Darstellung des Interpolationspolynoms und differenzieren Sie. Sie können außerdem das Ergebnis von Aufgabe 21 verwenden.

Lösung

Die Newtonsche Darstellung des Interpolationspolynomys lautet:

$$p_{0,1,2,3}(x) = f[x_0] + f[x_0, x_1](x - x_0) + f[x_0, x_1, x_2](x - x_0)(x - x_1)$$
$$+ f[x_0, x_1, x_2, x_3](x - x_0)(x - x_1)(x - x_2).$$

Man differenziert und erhält für die Ableitungen:

$$p'_{0,1,2,3}(x) = f[x_0, x_1] + f[x_0, x_1, x_2](2x - (x_1 + x_0))$$
$$+ f[x_0, x_1, x_2, x_3]((x - x_1)(x - x_2) + (x - x_0)(2x - (x_1 + x_2)))$$
$$p''_{0,1,2,3}(x) = 2(f[x_0, x_1, x_2] + f[x_0, x_1, x_2, x_3](3x - (x_0 + x_1 + x_2)))$$
$$p'''_{0,1,2,3}(x) = 6f[x_0, x_1, x_2, x_3]$$
$$p^{(4)}_{0,1,2,3} = 0$$

Auswertung an der Stelle x_0 ergibt unter Berücksichtigung der Formel (vgl. Aufgabe 21)

$$f[x_0, \ldots, x_k] = \frac{1}{k!h^k} \sum_{t=0}^{k} (-1)^{k-t} \binom{k}{t} f_t$$

die Ergebnisse

$$p'_{0,1,2,3}(x_0) = f[x_0, x_1] + f[x_0, x_1, x_2] \underbrace{(x_0 - x_1)}_{=-h} + f[x_0, x_1, x_2, x_3] \underbrace{(x_0 - x_1)(x_0 - x_2)}_{=2h^2}$$

$$= \frac{1}{h}(-f_0 + f_1) + \frac{1}{2h^2}(f_0 - 2f_1 + f_2)(-h)$$

$$+ \frac{1}{6h^3}(-f_0 + 3f_1 - 3f_2 + f_3) \cdot 2h^2$$

$$= \frac{1}{6h}(2f_3 - 9f_2 + 18f_1 - 11f_0)$$

und

$$p''_{0,1,2,3}(x_0) = 2(f[x_0, x_1, x_2] + f[x_0, x_1, x_2, x_3] \underbrace{(2x_0 - (x_1 + x_2)))}_{=-3h}$$

$$= 2\left(\frac{1}{2h^2}(f_0 - 2f_1 + f_2) + \frac{1}{6h^3}(-f_0 + 3f_1 - 3f_2 + f_3)(-3h) \right)$$

$$= \frac{1}{h^2}(-f_3 + 4f_2 - 5f_1 + 2f_0)$$

sowie

$$p'''_{0,1,2,3}(x_0) = 6f[x_0, x_1, x_2, x_3] = \frac{1}{h^3}(-f_0 + 3f_1 - 3f_2 + f_3) .$$

Aufgabe 27

▶   **Differenzenquotienten höherer Ordnung**

Die Differenzenquotienten höherer Ordnung sind definiert durch ($x_j = x_0 + jh$, $x_{j\pm 1/2} = \frac{1}{2}(x_j + x_{j\pm 1})$, $f_j = f(x_j)$, $j = 0, \pm\frac{1}{2}, \pm 1, \pm\frac{3}{2}, \pm 2, \ldots$)

$$D^0 f_j = f_j ,$$

$$D^s f_j = \frac{1}{h}\left(D^{s-1} f_{j+1/2} - D^{s-1} f_{j-1/2}\right) \qquad \text{(„zentraler Diff.quot.")} ,$$

$$D^s f_{j-1/2} = \frac{1}{h}\left(D^{s-1} f_j - D^{s-1} f_{j-1}\right) \qquad \text{(„rückwärtsgen. Diff.quot.")} ,$$

$$D^s f_{j+1/2} = \frac{1}{h}\left(D^{s-1} f_{j+1} - D^{s-1} f_j\right) \qquad \text{(„vorwärtsgen. Diff.quot.")} ,$$

$$s = 1, \ldots, m .$$

Zeigen Sie, dass mit den Interpolationspolynomen $p_{0,\ldots,m}$ folgende Beziehungen bestehen,

$$D^s f_\nu = \frac{d^s}{dx^s} p_{\nu - s/2, \ldots, \nu, \ldots, \nu + s/2} , s = 1, \ldots, m ,$$

für $\nu = j$, $j \pm 1/2$.

Hinweis: Verwenden Sie vollständige Induktion über s sowie die Rekursionsformel für die dividierten Differenzen und $y[x_j, \ldots, x_{j+\ell}] = \frac{1}{\ell!} \frac{d^\ell}{dx^\ell} p_{j,\ldots,j+\ell}$ (s. z. B. [23], 3.1.2).

Lösung

I.A.: $s = 1$:

Man hat einerseits

$$D^1 f_\nu = \frac{1}{h}\left(D^0 f_{\nu+1/2} - D^0 f_{\nu-1/2}\right) = \frac{1}{h}\left(f(x_{\nu+1/2}) - f(x_{\nu-1/2})\right)$$

und andererseits

$$\frac{d^1}{dx^1} p_{\nu-1/2,\nu+1/2} = y[x_{\nu-1/2}, x_{\nu+1/2}] = \frac{y[x_{\nu-1/2}] - y[x_{\nu+1/2}]}{x_{\nu-1/2} - x_{\nu+1/2}}$$

$$= \frac{1}{-h}\left(f(x_{\nu-1/2}) - f(x_{\nu+1/2})\right) = \frac{1}{h}\left(f(x_{\nu+1/2}) - f(x_{\nu-1/2})\right).$$

Also gilt

$$D^1 f_\nu = \frac{d^1}{dx^1} p_{\nu-1/2,\nu+1/2}.$$

I.V.: Die Behauptung gelte bis s.

I.S.: $s \to s+1$: Für $\nu = j,\ j \pm 1/2$ gilt

$$D^{s+1} f_\nu = \frac{1}{h}\left(D^s f_{\nu+1/2} - D^s f_{\nu-1/2}\right)$$

$$\stackrel{\text{I.V.}}{=} \frac{1}{h}\left(\frac{d^s}{dx^s} p_{\nu+1/2-s/2,\ldots,\nu+1/2+s/2} - \frac{d^s}{dx^s} p_{\nu-1/2-s/2,\ldots,\nu-1/2+s/2}\right)$$

$$= \frac{1}{h}\left(s!\left(y[x_{\nu+1/2-s/2}, \ldots, x_{\nu+1/2+s/2}] - y[x_{\nu-1/2-s/2}, \ldots, x_{\nu-1/2+s/2}]\right)\right)$$

$$= s!(s+1)\, y[x_{\nu-1/2-s/2}, \ldots, x_{\nu+1/2+s/2}]$$

$$= \frac{d^{s+1}}{dx^{s+1}} p_{\nu-\frac{s+1}{2},\ldots,\nu+\frac{s+1}{2}}.$$

Aufgabe 28

▶ **Dividierte Differenzen**

Für $f \in C^3[a,b]$, $h := b-a$, zeigen Sie, dass

i) $f[a,b,a,b] = \dfrac{1}{h}(f[a,b,b] - f[a,b,a])$,

ii) $f[a,b,a] + f[a,b,b] = \dfrac{1}{h}\left(f'(b) - f'(a)\right)$.

Hinweis: Verwenden Sie die Integraldarstellung der „dividierten Differenzen" und partielle Integration.

Nach der Integraldarstellung der dividierten Differenzen gilt (vgl. z. B. [23], 3.1.2)

$$
f[a,b,a,b] = \int_0^1 \int_0^{t_1} \int_0^{t_2} f'''(a + t_1(b-a) + t_2(a-b) + t_3(b-a))\, dt_3\, dt_2\, dt_1
$$

$$
= \int_0^1 \int_0^{t_1} \int_0^{t_2} f'''(a + ht_1 - ht_2 + ht_3)\, dt_3\, dt_2\, dt_1 \ ,
$$

$$
f[a,b,b] = \int_0^1 \int_0^{t_1} f''(a + t_1(b-a) + t_2(b-b))\, dt_2\, dt_1
$$

$$
= \int_0^1 \int_0^{t_1} f''(a + ht_1)\, dt_2\, dt_1
$$

und

$$
f[a,b,a] = \int_0^1 \int_0^{t_1} f''(a + t_1(b-a) + t_2(a-b))\, dt_2\, dt_1
$$

$$
= \int_0^1 \int_0^{t_1} f''(a + ht_1 - ht_2))\, dt_2\, dt_1 \ .
$$

Zu i)

$$
f[a,b,a,b] = \frac{1}{h} \int_0^1 \int_0^{t_1} \left[f''(a + ht_1 - ht_2 + ht_3) \right]_{t_3=0}^{t_2} dt_2\, dt_1
$$

$$
= \frac{1}{h} \left(\int_0^1 \int_0^{t_1} f''(a + ht_1)\, dt_2\, dt_1 - \int_0^1 \int_0^{t_1} f''(a + ht_1 - ht_2)\, dt_2\, dt_1 \right)
$$

$$
= \frac{1}{h}(f[a,b,b] - f[a,b,a])
$$

Zu ii)

$$f[a,b,a]+f[a,b,b] = \frac{1}{-h}\int_0^1 \left[f'(a+ht_1-ht_2)\right]_{t_2=0}^{t_1} dt_1 + \int_0^1 t_1 f''(a+ht_1)\, dt_1$$

$$\stackrel{\text{p.I.}}{=} \frac{1}{-h}\int_0^1 \left(f'(a)-f'(a+ht_1)\right)dt_1 + \frac{1}{h}\left[t_1 f'(a+ht_1)\right]_{t_1=0}^1$$

$$-\frac{1}{h}\int_0^1 f'(a+ht_1)\, dt_1$$

$$= -\frac{f'(a)}{h} + \frac{1}{h^2}(f(b)-f(a)) + \frac{f'(b)}{h} - \frac{1}{h^2}(f(b)-f(a))$$

$$= \frac{1}{h}\left(f'(b)-f'(a)\right)$$

Aufgabe 29

▶ **Spezielle Interpolationsaufgabe**

Lösen Sie für x_1, $x_2 \in [a,b]$ und eine Funktion $f : [a,b] \to \mathbb{R}$ sowie $f_i = f(x_i)$, $i = 1,2$, die Interpolationsaufgabe

$$p(x_i) = f_i, \quad i = 1,2,$$

für ein Polynom der Gestalt $p(x) = a_0 + a_1 x^3$, und geben Sie eine Bedingung für die eindeutige Lösbarkeit dieser Aufgabe an.

Lösung

Setzt man den gegebenen Term für p in die Interpolationsbedingungen ein, so erhält man das Gleichungssystem:

$$a_0 + a_1 x_1^3 = f_1$$
$$a_0 + a_1 x_2^3 = f_2$$

Die Lösbarkeitsbedingung, die zugleich die Eindeutigkeit sichert, ist offenbar

$$\begin{vmatrix} 1 & x_1^3 \\ 1 & x_2^3 \end{vmatrix} \neq 0 \iff x_2^3 - x_1^3 \neq 0 \iff x_1 \neq x_2.$$

Setzt man dies voraus, dann führt Subtraktion der zweiten von der ersten Gleichung und anschließende Division durch $x_1^3 - x_2^3$ auf

$$a_1 = \frac{f_1 - f_2}{x_1^3 - x_2^3}$$

und daraus folgend durch Einsetzen in die erste Gleichung

$$
\begin{aligned}
a_0 &= f_1 - a_1 x_1^3 \\
&= f_1 - \frac{f_1 - f_2}{x_1^3 - x_2^3} x_1^3 \\
&= \frac{f_1(x_1^3 - x_2^3) - (f_1 - f_2)x_1^3}{x_1^3 - x_2^3} \\
&= \frac{f_2 x_1^3 - f_1 x_2^3}{x_1^3 - x_2^3} \, .
\end{aligned}
$$

Aufgabe 30

▶   **Interpolationspolynome**

Das Interpolationspolynom $p = p_{j,\dots,j+\ell}$ kann bekanntlich nach folgendem Schema berechnet werden kann (vgl. z. B. [23], 3.1.2),

$$p_j(x) = y_j \, , \quad j = 0, \dots, m \, ,$$

$$p_{j,\dots,j+\ell}(x) = \frac{1}{x_j - x_{j+\ell}} \big((x - x_{j+\ell}) p_{j,\dots,j+\ell-1}(x) - (x - x_j) p_{j+1,\dots,j+\ell}(x) \big) \, ,$$

$$j = 0, \dots, m - \ell \, , \, \ell = 1, \dots, m \, .$$

Zeigen Sie, dass die Ableitungen die Darstellung haben,

$$
\begin{aligned}
\frac{d^k p}{dx^k}(x) = \frac{1}{x_j - x_{j+\ell}} \bigg(& \Big(k \frac{d^{k-1}}{dx^{k-1}} p_{j,\dots,j+\ell-1}(x) + (x - x_{j+\ell}) \frac{d^k}{dx^k} p_{j,\dots,j+\ell-1}(x) \Big) \\
& - \Big(k \frac{d^{k-1}}{dx^{k-1}} p_{j+1,\dots,j+\ell}(x) + (x - x_j) \frac{d^k}{dx^k} p_{j+1,\dots,j+\ell}(x) \Big) \bigg) \, , \quad k = 1, 2, \dots
\end{aligned}
$$

Hinweis: Benutzen Sie vollständige Induktion (über k).

Lösung

I.A. $k = 1$:

$$\frac{dp}{dx}(x) = p'_{j,\dots,j+\ell}(x)$$

$$= \frac{1}{x_j - x_{j+\ell}}\left((x - x_{j+\ell})p'_{j,\dots,j+\ell-1}(x) + p_{j,\dots,j+\ell-1}(x)\right.$$

$$\left. -(x - x_j)p'_{j+1,\dots,j+\ell}(x) - p_{j+1,\dots,j+\ell}(x)\right)$$

$$= \frac{1}{x_j - x_{j+\ell}}\left(1 \cdot \frac{d^0}{dx^0}p_{j,\dots,j+\ell-1}(x)\right.$$

$$+ (x - x_{j+\ell})\frac{d^1}{dx^1}p_{j,\dots,j+\ell-1}(x)$$

$$\left. -\left(1 \cdot \frac{d^0}{dx^0}p_{j+1,\dots,j+\ell}(x) + (x - x_j)\frac{d^1}{dx^1}p_{j+1,\dots,j+\ell}(x)\right)\right)$$

I.V.: Die Behauptung gelte bis k.

I.S. $k \to k + 1$:

$$\frac{d^{k+1}p}{dx^{k+1}}(x) = \left(\frac{d^k p}{dx^k}\right)'$$

$$\overset{\text{I.V.}}{=} \frac{1}{x_j - x_{j+\ell}}\left(k\frac{d^k}{dx^k}p_{j,\dots,j+\ell-1}(x)+\right.$$

$$(x - x_{j+\ell})\frac{d^{k+1}}{dx^{k+1}}p_{j,\dots,j+\ell-1}(x) + \frac{d^k}{dx^k}p_{j,\dots,j+\ell-1}(x)$$

$$-\left(k\frac{d^k}{dx^k}p_{j+1,\dots,j+\ell}(x)+\right.$$

$$\left.\left. +(x - x_j)\frac{d^{k+1}}{dx^{k+1}}p_{j+1,\dots,j+\ell}(x) + \frac{d^k}{dx^k}p_{j+1,\dots,j+\ell}(x)\right)\right)$$

$$= \frac{1}{x_j - x_{j+\ell}}\left((k + 1)\frac{d^k}{dx^k}p_{j,\dots,j+\ell-1}(x)+\right.$$

$$+ (x - x_{j+\ell})\frac{d^{k+1}}{dx^{k+1}}p_{j,\dots,j+\ell-1}(x)$$

$$\left. -\left((k + 1)\frac{d^k}{dx^k}p_{j+1,\dots,j+\ell}(x) + (x - x_j)\frac{d^{k+1}}{dx^{k+1}}p_{j+1,\dots,j+\ell}(x)\right)\right)$$

Aufgabe 31

▶ **Interpolationsfehler**

Sei $f \in C^3[a,b]$ und p das quadratische Interpolationspolynom durch die Punkte $(x_i, f(x_i))$, $i = 0, 1, 2$, wobei die äquidistanten Stützstellen x_i durch $a \leq x_0 = -h < x_1 = 0 < x_2 = h \leq b$, $h > 0$ gegeben sind. Zeigen Sie für den maximalen Interpolationsfehler die Abschätzung

$$\max_{x \in [x_0, x_2]} |f(x) - p(x)| \leq \frac{M\sqrt{3}}{27} h^3 \,,$$

wobei

$$M := \max_{x \in [x_0, x_2]} |f^{(3)}(x)| \,.$$

Hinweis: Sie können für das Restglied $R = f - p$ die folgende Darstellung verwenden (vgl. z. B. [23], 3.2.2)

$$R(x) = \frac{(x - x_0)(x - x_1)(x - x_2)}{3!} f^{(3)}(\zeta) \text{ mit } \zeta \in [x_0, x_2] \,.$$

Lösung

Wir betrachten das Polynom

$$P(x) := (x - x_0)(x - x_1)(x - x_2) = (x + h)x(x - h) = x(x^2 - h^2) = x^3 - h^2 x \,.$$

Es gilt

$$P'(x) = 0 \iff 3x^2 - h^2 = 0 \iff x = \pm \frac{h}{\sqrt{3}} =: x^*_{1,2} \,,$$

und folglich hat P bei $x^*_{1,2}$ wegen $P''(x^*_{1,2}) = 6x^*_{1,2} \neq 0$ lokale Extremstellen. Es handelt sich hierbei aufgrund von $P(x_0) = P(x_2) = 0$ auch um die globalen Extrema der Funktion in $[-h, h]$. Für die Funktionswerte hat man:

$$P(x^*_1) = -\frac{2\sqrt{3}h^3}{9} = -P(x^*_2)$$

Nun folgt leicht die behauptete Restgliedabschätzung (s. Hinweis), denn es gilt:

$$\max_{x \in [x_0, x_2]} |f(x) - p(x)| = \max_{x \in [x_0, x_2]} |R(x)|$$

$$\leq \max_{x \in [x_0, x_2]} |P(x)| \frac{M}{3!} = \frac{2\sqrt{3}h^3}{9} \frac{M}{6} = \frac{M\sqrt{3}}{27} h^3$$

Aufgabe 32

▶   **Quadratische Interpolation**

Für eine Funktion $f \in C^3[a,b]$ ist ein quadratisches Polynom p gesucht, das die Hermitesche Interpolationsaufgabe

$$p(a) = f(a), \; p'(a) = f'(a), \; p(b) = f(b), \qquad\qquad (*)$$

erfüllt. Setzt man $x_0 = a$, $x_1 = a$, $x_2 = b$, $r_0 = 2$, $r_1 = 1 (m = r_0 + r_1 - 1 = 2)$, dann ergibt sich für p bekanntlich die Darstellung (vgl. z. B. [23], 3.2)

$$p(x) = p(a) + (x - x_0) f[x_0, x_1] + (x - x_0)(x - x_1) f[x_0, x_1, x_2]$$

mit dem Restglied

$$R(x) = R_2(x) = \frac{(x - x_0)(x - x_1)(x - x_2)}{3!} f^{(3)}(\xi), \quad \xi \in (a,b).$$

i) Zeigen Sie, dass man für p auch die folgende Darstellung erhält,

$$p(x) = f(a) + (x - a) f'(a)$$
$$+ (x - a)^2 \left[\frac{f(b) - f(a)}{(b - a)^2} - \frac{f'(a)}{b - a} \right], \quad x \in [a,b],$$

und prüfen Sie dafür $(*)$ nach.

ii) Leiten Sie aus der allgemeinen Restglieddarstellung die folgende Fehlerabschätzung her:

$$|R_2(x)| \leq \frac{2}{81} (b - a)^3 \max_{s \in [a,b]} |f^{(3)}(s)|, \; x \in [a,b].$$

Lösung

i) Für die gegebene Hermitesche Interpolationsaufgabe wählen wir die Bezeichnungen (siehe oben)

$$x_0 = a, \qquad x_1 = a, \qquad x_2 = b, \qquad h = b - a, \qquad I = [a,b],$$
$$m = r_0 + r_1 - 1 = 2 + 1 - 1 = 2.$$

Das gesuchte Polynom hat die Darstellung (Hermitesches Interpolationspolynom)

$$p(x) = p(x_0) + (x - x_0) f[x_0, x_1] + (x - x_0)(x - x_1) f[x_0, x_1, x_2]$$

mit einem Restglied

$$R(x) = R_2(x) = \frac{(x - x_0)(x - x_1)(x - x_2)}{3!} f^{(3)}(\xi), \quad \xi \in I.$$

Hierbei ist (Integraldarstellung der „dividierten Differenzen")

$$f[x_0, x_1] = \int_0^1 f'\big(x_0 + \tau_1 \underbrace{(x_1 - x_0)}_{=0}\big)d\tau_1 = \int_0^1 f'(a)d\tau_1 = f'(a),$$

$$f[x_0, x_1, x_2] = \int_0^1 \int_0^{\tau_1} f''\big(x_0 + \tau_1 \underbrace{(x_1 - x_0)}_{=0} + \tau_2 \underbrace{(x_2 - x_1)}_{h}\big)d\tau_2\,d\tau_1$$

$$= \int_0^1 \int_0^{\tau_1} f''(a + \tau_2 h)d\tau_2\,d\tau_1\,,$$

wobei man für eine Stammfunktion von $f''(a + \tau_2 h)$ hat $\frac{1}{h}f'(a + \tau_2 h)$. Also ist

$$\int_0^{\tau_1} f''(a + \tau_2 h)d\tau_2 = \frac{1}{h}\big[f'(a + \tau_1 h) - f'(a)\big]$$

und

$$f[x_0, x_1, x_2] = \frac{1}{h}\int_0^1 \big[f'(a + \tau_1 h) - f'(a)\big]d\tau_1$$

$$= \frac{1}{h^2}(f(b) - f(a)) - \frac{1}{h}f'(a)\,.$$

Für das Interpolationspolynom p erhält man also

$$p(x) = f(a) + (x - a)f'(a)$$
$$+ (x - a)^2\Big[\frac{1}{h^2}(f(b) - f(a)) - \frac{1}{h}f'(a)\Big], \quad x \in I\,.$$

Dieses quadratische Polynom erfüllt die Interpolationsaufgabe, denn

$$p(a) = f(a)\,,$$
$$p(b) = f(a) + hf'(a) + (f(b) - f(a)) - hf'(a) = f(b)\,,$$
$$p'(x) = f'(a) + 2(x - a)\Big[\frac{1}{h^2}(f(b) - f(a)) - \frac{1}{h}f'(a)\Big],$$
$$p'(a) = f'(a)\,.$$

ii) Für das Restglied hat man zunächst offenbar die Abschätzung

$$|R_2(x)| \leq \frac{|(x - a)^2(x - b)|}{3!}\max_{s \in I}\big|f^{(3)}(s)\big| \leq \frac{h^3}{3!}\max_{s \in I}\big|f^{(3)}(s)\big|, \quad x \in I\,.$$

Analysiert man die Funktion $g(x) := |(x - x_0)(x - x_1)(x - x_2)| = (x - a)^2(b - x)$ auf Extrema, so sieht man, dass ein Maximum bei $x^* = \frac{1}{3}(2b + a)$ vorliegt, und dass $g(x^*) = \frac{4}{27}(b - a)^3$ ist. Das Maximum bei x^* ist auch ein globales Maximum in $[a, b]$, da am Rand gilt $g(a) = g(b) = 0$. Für die Fehlerabschätzung erhält man dann also

$$|R(x)| \leq \frac{1}{3!} g(x^*) \max_{s \in I} |f^{(3)}(s)| = \frac{2}{81}(b - a)^3 \max_{s \in I} |f^{(3)}(s)|.$$

Aufgabe 33

▶   **Interpolationspolynom und Quadraturformel**

Berechnen Sie für die Funktion $f(x) = 2^x$ mithilfe der Newtonschen Darstellung das Interpolationspolynom $p_{0,1,2}$ für $x_0 = 0, x_1 = 1, x_2 = 1/2$. Im Anschluß daran berechnen Sie die Quadraturformel $Q(f) = \int_{-1}^{2} p_{0,1,2}(x)\,dx$ sowie den exakten Wert des Integrals $\int_{-1}^{2} 2^x\,dx$.

Lösung

Nach der Newtonschen Interpolationsformel ist

$$\begin{aligned}
p_{0,1,2}(x) &= f[x_0] + (x - x_0)f[x_0, x_1] + (x - x_0)(x - x_1)f[x_0, x_1, x_2] \\
&= f[0] + xf[0,1] + x(x - 1)f[0,1,1/2].
\end{aligned}$$

Das Differenzenschema zur Berechnung dividierten Differenzen, i. e. der Koeffizienten dieses Polynoms, liefert (vgl. z. B. [23], 3.1.2)

$$\begin{array}{cccc}
0 & 1 & & \frac{1}{2} \\
1 & 2 & & \sqrt{2} \\
 & 1 & 2(2 - \sqrt{2}) & \\
 & \underbrace{2(4 - 2\sqrt{2} - 1)}_{6 - 4\sqrt{2}} & &
\end{array}$$

Es folgt

$$\begin{aligned}
p_{0,1,2}(x) &= 1 + x + x(x - 1)(6 - 4\sqrt{2}) \\
&= (6 - 4\sqrt{2})x^2 + (4\sqrt{2} - 5)x + 1
\end{aligned}$$

Für die Quadraturformel erhält man

$$Q(f) = \int_{-1}^{2} \left[\left(6 - 4\sqrt{2} \right) x^2 + \left(4\sqrt{2} - 5 \right) x + 1 \right] dx$$

$$= (6 - 4\sqrt{2}) \underbrace{\frac{1}{3} x^3 \Big|_{-1}^{2}}_{3} + (4\sqrt{2} - 5) \underbrace{\frac{1}{2} x^2 \Big|_{-1}^{2}}_{3/2} + \underbrace{x \Big|_{-1}^{2}}_{3}$$

$$= 18 - 7{,}5 + 3 + \sqrt{2}(-12 + 6)$$

$$= 13{,}5 - 6\sqrt{2} \approx 5{,}0147$$

und für das Integral

$$\int_{-1}^{2} 2^x \, dx = \frac{1}{\ln(2)} \, 2^x \Big|_{-1}^{2} = \frac{1}{\ln(2)} \left(4 - \frac{1}{2} \right) \approx 5{,}049 \, .$$

Aufgabe 34

▶   **Simpsonsche Formel, Keplersche Fassregel**

Die Simpsonsche Formel heißt auch „Keplersche Fassregel". Geben Sie eine Näherungsformel für den Inhalt V eines Fasses an, in die die Höhe h, der Durchmesser D in halber Höhe und der Durchmesser d an den Enden des Fasses eingeht.

Hinweis:
• Verwenden Sie die Formel zur Berechnung des Volumens eines Rotationskörpers (Cavalierisches Prinzip):

$$V = \pi \int_{0}^{h} f^2(x) \, dx \, .$$

Für die „rotierende Funktion" verwenden Sie ein geeignetes quadratisches Interpolationspolynom.
• Für die Herleitung einer Näherungsformel können Sie entweder die Simpson-Formel verwenden, oder das Quadrat des quadratischen Polynoms wird exakt integriert.

Lösung

Ein Fass der Höhe h entsteht durch Rotation einer stetigen Funktion $f : [0, h] \to \mathbb{R}$ um die x-Achse. Das Volumen V eines solchen Rotationskörpers berechnet sich wie im Hinweis angegeben. Approximiert man dieses Integral mit Hilfe der Simpsonformel und wählt für $f : [0, h] \to \mathbb{R}$ das Interpolationspolynom 2. Grades mit

$$f(0) = d/2, \quad f(h/2) = D/2, \quad f(h) = d/2\,,$$

so erhält man

$$V \approx \pi \frac{h}{6} \left(f^2(0) + 4 f^2\left(\frac{h}{2}\right) + f^2(h) \right)$$

$$\overset{\text{Vor.}}{=} \frac{\pi h}{6} \left(\left(\frac{d}{2}\right)^2 + 4\left(\frac{D}{2}\right)^2 + \left(\frac{d}{2}\right)^2 \right)$$

$$= \frac{\pi h}{12} \left(d^2 + 2D^2 \right).$$

Alternative Lösung (durch Bestimmung des quadratischen Interpolationspolynoms, d. h. parabolische Krümmung der Fassdauben, und exakte Berechnung des Integrals): Für das Interpolationspolynom erhält man mit $x_0 = 0$, $x_1 = h/2$, $x_2 = h$, $f_0 = f(0) = d/2$, $f_1 = f(h/2) = D/2$, $f_2 = f(h) = d/2$

$$f(x) = p_{0,1,2}(x) = f_0 + (x - x_0) f[x_0, x_1] + (x - x_0)(x - x_1) f[x_0, x_1, x_2]$$

$$= \frac{d}{2} + \frac{1}{h}(D - d)x + \frac{2}{h^2}(d - D)x\left(x - \frac{h}{2}\right)$$

$$= \frac{d}{2} + 2(D - d)\frac{x}{h} - 2(D - d)\frac{x^2}{h^2}$$

$$= \frac{d}{2} + 2(D - d)\frac{x}{h}\left(1 - \frac{x}{h}\right),$$

da hier $f_1 - f_0 = (D - d)/2$, $f_0 - 2f_1 + f_2 = d - D$. Für das Quadrat des Interpolationspolynoms ergibt sich daher (mit $z := x/h$)

$$f^2(x) = \frac{d^2}{4} + 2d(D - d)\frac{x}{h}\left(1 - \frac{x}{h}\right) + 4(D - d)^2 \left(\frac{x}{h}\right)^2 \left(1 - \frac{x}{h}\right)^2$$

$$= \frac{d^2}{4} + 2d(D - d)z - 2d(D - d)z^2 + 4(D - d)^2 z^2 (1 - 2z + z^2)$$

$$= \frac{d^2}{4} + 2d(D - d)z + [4(D - d)^2 - 2d(D - d)]z^2 - 4(D - d)^2 (2z^3 - z^4)$$

$$= \frac{d^2}{4} + 2d(D - d)z + 2(D - d)(2D - 3d)z^2 - 8(D - d)^2 z^3 + 4(D - d)^2 z^4.$$

Für die Berechnung des Integrals hat man

$$\int_0^h z^\nu \, dx = \int_0^h \left(\frac{x}{h}\right)^\nu dx = \frac{1}{h^\nu} \int_0^h x^\nu \, dx = \frac{1}{(\nu + 1)h^\nu} \, x^{\nu+1} \bigg|_0^h = \frac{1}{\nu + 1} h\,, \quad \nu \in \mathbb{N}\,,$$

so dass

$$\int_0^h f^2(x)\,dx = \frac{d^2}{4}h + d(D-d)h + 2(D-d)(2D-3d)\frac{1}{3}h$$

$$-\frac{8}{4}(D-d)^2h + \frac{4}{5}(D-d)^2h$$

$$= \frac{h}{60}\big(15d^2 + 60d(D-d) + 40(D-d)(2D-3d)$$

$$-120(D-d)^2 + 48(D-d)^2\big)$$

$$= \frac{h}{60}\big(15d^2 + 60dD - 60d^2 + 40(2D^2 - 3dD - 2dD + 3d^2)$$

$$-72(d^2 - 2dD + D^2)\big)$$

$$= \frac{h}{60}\big((15 - 60 + 120 - 72)d^2 + (60 - 200 + 144)dD + (80 - 72)D^2\big)$$

$$= \frac{h}{60}\big(3d^2 + 4dD + 8D^2\big).$$

Multiplikation mit π ergibt den exakten Wert des Volumens des (parabolischen) Rotationskörpers.

Aufgabe 35

▶   **Spezielle Quadraturformel**

Zeigen Sie, dass für eine hinreichend oft differenzierbare Funktion $g : [a,b] \to \mathbb{R}$ (mit $h := b - a$) gilt

$$\int_a^b g(s)\,ds = h\left(\frac{1}{4}g(a) + \frac{3}{4}g\left(a + \frac{2}{3}h\right)\right) + \begin{cases} O(h^3), & \text{für } g \in C^2[a,b], \\ O(h^4), & \text{für } g \in C^3[a,b]. \end{cases}$$

Hinweis: Wählen Sie speziell $x_0 = a$, $x_1 = a + \frac{2}{3}h$, $z_0 = 0$, $z_1 = \frac{2}{3}$, $m = 1$ bzw. für $m = 2$ noch $x_2 = x_1$, $z_2 = z_1$ in der allgemeinen Darstellung von Quadraturformeln, und benutzen Sie die allgemeine Fehlerabschätzung aus [23], 4.1.1.

Bemerkung: Die obige Quadraturformel ist eine sog. „Radau-Formel" (auch „Radau-Legendre-Formel", s. z. B. [4], § 41).

Lösung

i) Hier sei zunächst $x_0 = a$, $x_1 = a + \frac{2}{3}h$, $z_0 = 0$, $z_1 = \frac{2}{3}$, $m = 1$. Dann erhält man

$$\beta_0 = 1, \quad \beta_1 = \int_0^1 z\,dz = \frac{1}{2}, \quad \beta_2 = \int_0^1 z\left(z - \frac{2}{3}\right)dz = 0,$$

$$g[x_0, x_1] = \frac{g(a + \frac{2}{3}h) - g(a)}{(2/3)h}.$$

Für die Quadraturformel erhält man

$$Q(g) = (b - a)g(a) + \frac{1}{2}(b - a)^2 g[x_0, x_1]$$

$$= h\left\{g(a) + \frac{3}{2 \cdot 2}\left(g\left(a + \frac{2}{3}h\right) - g(a)\right)\right\}$$

$$= h\left\{\frac{1}{4}g(a) + \frac{3}{4}g\left(a + \frac{2}{3}h\right)\right\}.$$

Die Fehlerabschätzung lautet für diesen Fall

$$|E(g)| \leq \frac{(b - a)^3}{2!}\int_0^1\left|z\left(z - \frac{2}{3}\right)\right|dz \max |g''| \leq h^3 \frac{4}{81} \max |g''|$$

da

$$\int_0^1\left|z\left(z - \frac{2}{3}\right)\right|dz = -\int_0^{2/3} z\left(z - \frac{2}{3}\right)dz + \int_{2/3}^1 z\left(z - \frac{2}{3}\right)dz$$

$$= -\left\{\frac{1}{3}z^3\Big|_0^{2/3} - \frac{1}{3}z^2\Big|_0^{2/3}\right\} + \left\{\frac{1}{3}z^3\Big|_{2/3}^1 - \frac{1}{3}z^2\Big|_{2/3}^1\right\}$$

$$= -\left\{\frac{1}{3}\frac{8}{27} - \frac{1}{3}\frac{4}{9}\right\} + \left\{\frac{1}{3}\left(1 - \frac{8}{27}\right) - \frac{1}{3}\left(1 - \frac{4}{9}\right)\right\}$$

$$= -\left\{\frac{8}{81} - \frac{12}{81}\right\} + \frac{1}{3}\left\{\frac{19}{27} - \frac{15}{27}\right\} = \frac{4}{81} + \frac{4}{81} = \frac{8}{81}.$$

ii) Wegen $\beta_2 = 0$ ist sogar $\int_a^b g(s)\,ds = Q(g) + O(h^4)$, falls $g \in C^3$. Man nehme $m = 2$, $x_2 = x_1$: Mit $\beta_3 = \frac{1}{36}$ folgt dann aus der allgemeinen Fehlerabschätzung, dass

$$|E(g)| \leq \frac{h^4}{3!}\int_0^1\left|z\left(z - \frac{2}{3}\right)^2\right|dz \max |g'''| = \frac{h^4}{3!}|\beta_3| \max |g'''|.$$

Aufgabe 36

▶   **Quadraturfehler summierter Quadraturformeln**

a) Sei $f : [0,2\pi] \ni x \mapsto \sin(x)$, und das Integral $\int\limits_{0}^{2\pi} f(x)dx$ werde durch die summierte Sehnentrapez- und die summierte Simpsonformel approximiert. Wie klein muss die Schrittweite h jeweils gewählt werden, um mit Hilfe der jeweiligen Restgliedabschätzungen sichern zu können, dass der Quadraturfehler weniger als 10^{-5} beträgt?

b) Wie in a), nur mit der Funktion $g : [0,2\pi] \ni x \mapsto \exp(x)$.

Hinweis: Sie können die Restgliedabschätzungen aus [23], 4.2., verwenden.

Lösung

a) Die Restgliedabschätzung für die summierte Sehnentrapezformel lautet (s. Hinweis)

$$|E(f)| \leq (b-a)\frac{h^2}{12} \max_{x\in[a,b]} |f''(x)|\,,$$

und für die summierte Simpsonformel gilt

$$|E(f)| \leq (b-a)\frac{h^4}{2880} \max_{x\in[a,b]} |f^{(4)}(x)|\,.$$

Für die zweite Ableitung der gegebenen Funktion f gilt offenbar

$$|f''(x)| = |-\sin(x)| \leq 1 \quad \forall\, x \in [0,2\pi]$$

und die vierte Ableitung erfüllt ebenfalls

$$|f^{(4)}(x)| = |\sin(x)| \leq 1 \quad \forall\, x \in [0,2\pi]\quad.$$

Damit wird die geforderte Bedingung

$$|E(f)| \leq 10^{-5}$$

im Falle der summierten Sehnentrapezformel sicher dann erfüllt, wenn

$$2\pi\frac{h^2}{12} \leq 10^{-5} \Longleftrightarrow h \leq \sqrt{\frac{10^{-5}\cdot 6}{\pi}}$$

$$\Longleftrightarrow h \leq 0{,}00437 \Longleftarrow N \geq 1438$$

gilt, und im Falle der summierten Simpsonformel ist

$$2\pi\frac{h^4}{2880} \leq 10^{-5} \Longleftrightarrow h \leq \sqrt[4]{\frac{10^{-5}\cdot 1440}{\pi}}$$

$$\Longleftrightarrow h \leq 0{,}26020 \Longleftarrow N \geq 25$$

hinreichend für die geforderte Approximationsgüte.

b) Wir gehen in analoger Weise zur Lösung der ersten Teilaufgabe vor:
Für die zweite Ableitung der gegebenen Funktion g gilt offenbar

$$|g''(x)| = |\exp(x)| \le \exp(2\pi) \quad \forall\, x \in [0, 2\pi]$$

und die vierte Ableitung erfüllt ebenfalls

$$|g^{(4)}(x)| = |\exp(x)| \le \exp(2\pi) \quad \forall\, x \in [0, 2\pi]\,.$$

Damit wird die geforderte Bedingung

$$|E(f)| \le 10^{-5}$$

im Falle der summierten Sehnentrapezformel sicher dann erfüllt, wenn

$$2\pi \frac{h^2}{12} \exp(2\pi) \le 10^{-5} \iff h \le \sqrt{\frac{10^{-5} \cdot 6}{\pi}} \cdot \frac{1}{\exp(\pi)}$$

$$\iff h \le \frac{0{,}00437}{\exp(\pi)} = 0{,}000189$$

$$\impliedby N \ge 33271$$

gilt, und im Falle der summierten Simpsonformel ist

$$2\pi \frac{h^4}{2880} \exp(2\pi) \le 10^{-5} \iff h \le \sqrt[4]{\frac{10^{-5} \cdot 1440}{\pi}} \cdot \frac{1}{\exp\left(\frac{\pi}{2}\right)}$$

$$\iff h \le 0{,}26020 \cdot \frac{1}{\exp\left(\frac{\pi}{2}\right)} = 0{,}0541$$

$$\impliedby N \ge 117$$

hinreichend für die geforderte Approximationsgüte.

Aufgabe 37

▶   **Summierte Sehnentrapezformel**

Zeigen Sie: Die summierte Sehnentrapezformel S mit $x_j = jh$, $j = 0, \ldots, n$, $h = \frac{2\pi}{n}$, liefert für $n + 1$ äquidistante Stützstellen mit $n \ge 2$ die exakten Integrale

$$\int_0^{2\pi} \cos(x)\,dx \quad \text{und} \quad \int_0^{2\pi} \sin(x)\,dx\,.$$

Hinweis: Neben einem elementaren Beweis ist auch die Verwendung der Euler-MacLaurinschen Summenformel möglich.

Lösung

Offenbar sind die Werte beider Integrale gleich null.

Ist $f \in C^{2m}(-\infty, \infty)$ und periodisch (mit Periode $p = b-a$), dann gilt $f^{(\mu)}(a) = f^{(\mu)}(b)$, $\mu = 0, \ldots, 2m$. Für die Euler-MacLaurinsche Summenformel erhält man deshalb die summierte Sehnentrapezformel $S(f)$ mit einem Fehler $E(f)$, der sich abschätzen lässt durch

$$\left| E(f) \right| \leq (b - a)\, \frac{C_m}{(2m)!}\, h^{2m} \max_{a \leq x \leq b} \left| f^{(2m)}(x) \right|, C_m = |B_{2m}|\, ;$$

hierbei ist noch $h = \frac{b-a}{n}$ und die äquidistanten Stützstellen seien $x_j = a + jh$, $j = 0, \ldots, n$.

Ist f beliebig oft differenzierbar – wie sin und cos – und $h < 1$, dann erhält man für festes n im Limes $m \to \infty$, dass $E(f) = 0$ und damit für das Integral $J(f) = S_n(f)$. Man beachte hierbei, dass

$$\frac{|B_{2m}|}{(2m)!} \to 0 \; (m \to \infty)$$

(siehe hierzu z. B. [7], 71.), und dass für sin und cos

$$\max_{a \leq x \leq b} |f^{(2m)}(x)| \leq 1$$

gilt. Damit ist die Behauptung im Fall $b - a = 2\pi$ für $n \geq 7$ bewiesen, weil dann $h = 2\pi/n < 1$ bleibt.

Es gilt sogar $2^{2m}(2^{2m} - 1)\frac{|B_{2m}|}{(2m)!} \to 0 \; (m \to \infty)$ (s. [7], 71.), so dass es ausreicht $h^{2m}/(2^{2m}(2^{2m}-1)) \leq 1$ zu zeigen. Dies ist für alle $n \geq 3$ erfüllt, weil dann $\pi/n \leq \pi/3$ gilt und induktiv $(\pi/3)^{2m} + 1 \leq 2^{2m}$ gezeigt werden kann. Der Fall $n = 2$ ist trivial, weil dann die Sehnentrapezformel $S(\sin) = \pi(\sin(0) + \sin(\pi)) = 0$ ist. Für cos wird analog argumentiert.

Bem: Für $(b - a)$-periodische Funktionen f und $x_0 = a$, $x_n = b$ erhält man für die summierte Sehnentrapezformel $S(f) = \frac{b-a}{n} \sum_{k=0}^{n-1} f(x_k)$, d. h. das arithmetische Mittel der Werte $f(x_k)$.

Elementarer Beweis ohne Verwendung der Euler-MacLaurin-Formel:

Mit Hilfe der für $\nu, \mu \in \mathbb{N}$ gültigen trigonometrischen Beziehungen (beachte $\frac{n}{2}h = \pi$, $nh = 2\pi$)

$$\sin\left(\left(\nu + \frac{n}{2}\right)h\right) = \sin(\nu h + \pi) = \sin(\nu h)\underbrace{\cos(\pi)}_{=-1} + \cos(\nu h)\underbrace{\sin(\pi)}_{=0} = -\sin(\nu h)$$

und

$$\sin\left(\left(\left(\frac{n+1}{2}-\mu\right)+\frac{n-1}{2}\right)h\right)=\sin((n-\mu)h)$$

$$=\sin(-\mu h+2\pi)=\sin(-\mu h)=-\sin(\mu h)$$

erhält man:

$$S(\sin)=h\left(\frac{\sin(x_0)}{2}+\sum_{\nu=1}^{n-1}\sin(x_\nu)+\frac{\sin(x_n)}{2}\right)$$

$$=h\left(\underbrace{\frac{\sin(0)}{2}}_{=0}+\sum_{\nu=1}^{n-1}\sin(\nu h)+\underbrace{\frac{\sin(2\pi)}{2}}_{=0}\right)$$

$$=h\sum_{\nu=1}^{n-1}\sin(\nu h)$$

$$=\begin{cases}h\left(\sum_{\nu=1}^{\frac{n}{2}-1}\sin(\nu h)+\underbrace{\sin(\pi)}_{=0}+\sum_{\nu=\frac{n}{2}+1}^{n-1}\sin(\nu h)\right)&n\text{ gerade}\\[2em]h\left(\sum_{\nu=1}^{\frac{n-1}{2}}\sin(\nu h)+\sum_{\nu=\frac{n+1}{2}}^{n-1}\sin(\nu h)\right)&n\text{ ungerade}\end{cases}$$

$$=\begin{cases}h\left(\sum_{\nu=1}^{\frac{n}{2}-1}\sin(\nu h)+\sum_{\nu=1}^{\frac{n}{2}-1}\sin\left((\nu+\frac{n}{2})h\right)\right)&n\text{ gerade}\\[2em]h\left(\sum_{\nu=1}^{\frac{n-1}{2}}\sin(\nu h)+\sum_{\nu=1}^{\frac{n-1}{2}}\sin\left((\nu+\frac{n-1}{2})h\right)\right)&n\text{ ungerade}\end{cases}$$

$$=\begin{cases}h\left(\sum_{\nu=1}^{\frac{n}{2}-1}\sin(\nu h)+\sum_{\nu=1}^{\frac{n}{2}-1}\sin\left((\nu+\frac{n}{2})h\right)\right)&n\text{ gerade}\\[2em]h\left(\sum_{\nu=1}^{\frac{n-1}{2}}\sin(\nu h)+\sum_{\mu=1}^{\frac{n-1}{2}}\sin\left(((\frac{n+1}{2}-\mu)+\frac{n-1}{2})h\right)\right)&n\text{ ungerade}\end{cases}$$

$$=\begin{cases}h\left(\sum_{\nu=1}^{\frac{n}{2}-1}\sin(\nu h)-\sum_{\nu=1}^{\frac{n}{2}-1}\sin(\nu h)\right)&n\text{ gerade}\\[2em]h\left(\sum_{\nu=1}^{\frac{n-1}{2}}\sin(\nu h)-\sum_{\mu=1}^{\frac{n-1}{2}}\sin(\mu h)\right)&n\text{ ungerade}\end{cases}$$

$$=0$$

$$=\int_0^{2\pi}\sin(x)\,dx$$

Ein entsprechender elementarer Beweis lässt sich auch für den Kosinus hinschreiben.

Aufgabe 38

▶   **Romberg-Integration**

Sei $f : [a, b] \to \mathbb{R}$, $h_0 > 0$ eine positive Schrittweite und $N_0 \in \mathbb{N} : h_0 N_0 = b - a$. Ausgehend von der Euler-MacLaurinschen Summenformel

$$Q(f) = S(f) + \sum_{l=1}^{m-1} h^{2l} c_{l-1}, f \in C^{2m}(a, b),$$

mit den Bezeichnungen

$$S_j(f) = h_j \left(\frac{1}{2} f(a) + \sum_{v=1}^{N_j-1} f(a + v h_j) + \frac{1}{2} f(b) \right)$$

für die summierte Sehnentrapezformel für die Schrittweite h_j,

$$c_{l-1} = \frac{B_{2l}}{(2l)!} \left(f^{(2l-1)}(a) - f^{(2l-1)}(b) \right)$$

$$B_{2l} (= B_{2l}(0)) = \text{Bernoulli-Zahlen}$$

$$x_k = a + kh, \quad k = 0, \dots, N, \quad h = \frac{b-a}{N},$$

erhält man durch fortgesetzte Halbierung der Gitterweiten $h = h_j = \frac{h_0}{2^j}$, $N_j = 2^j N_0$ den Algorithmus der *Romberg-Integration*:

$$S_j^{(0)} = S_j(f)$$
$$S_j^{(k+1)} = \frac{1}{4^{k+1} - 1} \left(4^{k+1} S_{j+1}^{(k)} - S_j^{(k)} \right), \quad k = 0, \dots, m-2, \quad j = 0, 1, 2, \dots$$

Zeigen Sie:

a) Es besteht der Zusammenhang

$$S_{j+1}(f) = \frac{1}{2} (S_j(f) + T_j(f))$$

wobei

$$T_j(f) = h_j \sum_{l=1}^{N_j} f \left(a + \left(l - \frac{1}{2} \right) h_j \right)$$

die summierte Tangententrapezformel für h_j bezeichnet.

b) Es gilt

$$\int_a^b f(x)\,dx = S_j^{(k)} + \sum_{l=k}^{m-2} c_l^{(k)} h_j^{2(l+1)} + E_j^{(k)}(f), \quad k = 0,\ldots,m-1,$$

und folgende Abschätzung des Restterms

$$E_j^{(k)}(f) = O\left(h_j^{2m}\right),$$

wobei die Zahlen $c_l^{(k)}$ rekursiv erklärt sind durch

$$c_l^{(0)} = c_l, \; l = 0,\ldots,m-2$$

$$c_l^{(k+1)} = \frac{1 - 4^{k-l}}{1 - 4^{k+1}} c_l^{(k)}, \; l = k,\ldots,m-2, \; k = 0,1,\ldots,m-2.$$

Hinweise zu b):
i)   Verwenden Sie vollständige Induktion über k.
ii) Nach der bekannten Konvention ist $\sum\limits_{l=m-1}^{m-2} \alpha_l = 0, \alpha_l \in \mathbb{R}$.

Lösung

a) Offenbar gilt für die zu h_j gehörigen Stützstellen $x_l^{(j)} := a + l h_j, l = 0,\ldots,N_j$, der Zusammenhang

$$x_l^{(j)} = x_{2l}^{(j+1)} \quad \text{und} \quad a + \left(l - \frac{1}{2}\right) h_j = x_{2l-1}^{(j+1)},$$

$$l = 0,\ldots,N_j, \quad j = 0,1,2,\ldots .$$

Damit folgt für $j \in \mathbb{N} \cup \{0\}$:

$$\frac{1}{2}\left(S_j(f) + T_j(f)\right)$$

$$= \frac{1}{2}\left(h_j \left(\frac{1}{2} f(x_0^{(j)}) + \sum_{l=1}^{N_j-1} f(x_l^{(j)}) + \frac{1}{2} f(x_{N_j}^{(j)}) \right) \right.$$

$$\left. + h_j \sum_{l=1}^{N_j} f\left(a + \left(l - \frac{1}{2}\right) h_j \right) \right)$$

$$= h_{j+1}\left(\frac{1}{2} f(x_0^{(j+1)}) + \sum_{l=1}^{N_j-1} f(x_{2l}^{(j+1)}) + \frac{1}{2} f(x_{N_{j+1}}^{(j+1)}) + \sum_{l=1}^{N_j} f(x_{2l-1}^{(j+1)}) \right)$$

$$= h_{j+1} \left(\frac{1}{2} f(x_0^{(j+1)}) + \sum_{l=1}^{N_{j+1}-1} f(x_l^{(j+1)}) + \frac{1}{2} f(x_{N_{j+1}}^{(j+1)}) \right)$$

$$= S_{j+1}(f)$$

b) Wie im Hinweis angegeben, verwenden wir vollständige Induktion über k:

I.A. $k = 0$:

Für $k = 0$ handelt es sich bei $S_j^{(k)} + \sum_{l=k}^{m-2} c_l^{(k)} h_j^{2(l+1)}$ um die bekannte Formel von Euler-MacLaurin zur Schrittweite h_j (vgl. z. B. [23], 4.2). Bekanntlich gilt in diesem Fall $E_j^{(0)}(f) = O(h_j^{2m})$, so dass der Induktionsanfang bewiesen ist.

I.V.: Die Behauptung gelte bis k.

I.S. $k \to k+1$: Es gilt

$$S_j^{(k+1)} = \frac{1}{4^{k+1} - 1} \left(4^{k+1} S_{j+1}^{(k)} - S_j^{(k)} \right)$$

$$\overset{\text{I.V.}}{=} \frac{1}{4^{k+1} - 1} \left(4^{k+1} \left(\int_a^b f(x)\, dx - \sum_{l=k}^{m-2} c_l^{(k)} h_{j+1}^{2(l+1)} - E_{j+1}^{(k)} \right) \right.$$

$$\left. - \left(\int_a^b f(x)\, dx - \sum_{l=k}^{m-2} c_l^{(k)} h_j^{2(l+1)} - E_j^{(k)} \right) \right)$$

$$= \int_a^b f(x) - \frac{1}{4^{k+1} - 1} \left(\sum_{l=k}^{m-2} \underbrace{\frac{4^{k+1}}{2^{2(l+1)}}}_{4^{k-l}} c_l^{(k)} h_j^{2(l+1)} - \sum_{l=k}^{m-2} c_l^{(k)} h_j^{2(l+1)} \right)$$

$$- \frac{1}{4^{k+1} - 1} \left(4^{k+1} E_{j+1}^{(k)} - E_j^{(k)} \right)$$

$$= \int_a^b f(x)\, dx - \sum_{l=k}^{m-2} \underbrace{\frac{4^{k-l} - 1}{4^{k+1} - 1} c_l^{(k)}}_{=c_l^{(k+1)}} h_j^{2(l+1)} - \underbrace{\frac{1}{4^{k+1} - 1} \left(4^{k+1} E_{j+1}^{(k)} - E_j^{(k)} \right)}_{=:E_j^{(k+1)}}$$

Daraus folgt:

$$\int_a^b f(x)\, dx = S_j^{(k+1)} + \sum_{l=k}^{m-2} c_l^{(k+1)} h_j^{2(l+1)} + E_j^{(k+1)}$$

mit

$$E_j^{(k+1)} = \underbrace{\frac{4^{k+1}}{4^{k+1} - 1} E_{j+1}^{(k)}}_{=O(h_{j+1}^{2m})} - \underbrace{\frac{1}{4^{k+1} - 1} E_j^{(k)}}_{=O(h_j^{2m})} = O(h_j^{2m})$$

Aufgabe 39

▶   **Romberg-Integration, iterative lineare Interpolation**

Sei $N_0 \in \mathbb{N}$, $h_0 = (b-a)/N_0 > 0$ eine positive Schrittweite, $h_j = \frac{h_0}{2^j}$, $j = 0, 1, \ldots$, und $S_j^{(k)}$ die Quadraturformeln der Romberg-Integration zur näherungsweisen Berechnung des Integrals $\int\limits_a^b f(x)\,dx$, $f \in C^{2m}(I)$, $[a, b] \subset I$:

$$S_j^{(0)} = S_j(f)$$

$$S_j^{(k+1)} = \frac{1}{4^{k+1} - 1}\left(4^{k+1} S_{j+1}^{(k)} - S_j^{(k)}\right), \quad k = 0, \ldots, m-2, \quad j = 0, 1, 2, \ldots$$

Hierbei bezeichnet

$$S_j(f) = h_j \left(\frac{1}{2} f(a) + \sum_{\nu=1}^{N_j - 1} f(a + \nu h_j) + \frac{1}{2} f(b) \right)$$

die summierte Sehnentrapezformel für die Schrittweite h_j.

Zeigen Sie: Nimmt man im Schema der iterativen linearen Interpolation (vgl. z. B. [23], Abschn. 3.1.2)

$$x_j = h_j^2, \quad h_j = \frac{h_0}{2^j}, \quad y_j = S_j^{(0)}, \quad j = 0, 1, 2, \ldots,$$

dann gilt für die zugehörigen Interpolationspolynome $p_{j,\ldots,j+k}$:

$$p_{j,\ldots,j+k}(0) = S_j^{(k)}, \quad k = 0, \ldots, m-1, \quad j = 0, 1, 2, \ldots,$$

wobei $S_j^{(k)}$ die Integralapproximationen der Romberg-Integration bezeichnen.

Hinweis: Verwenden Sie vollständige Induktion über k.

Bemerkung: Man bezeichnet den gefundenen Zusammenhang auch als „Interpolation (oder Extrapolation) auf Null".

Lösung

Wie im Hinweis angegeben, verwendet man vollständige Induktion über k bei beliebigem, aber festem $j \in \mathbb{N} \cup \{0\}$:

I.A. $k = 0$: Es gilt laut Aufgabenstellung:

$$p_{j,\ldots,j+0}(0) = p_j(0) = y_j = S_j^{(0)}.$$

I.V.: Die Behauptung gelte bis k.

I.S. $k \to k+1$: Man hat im Schema der iterativen linearen Interpolation mit den angegebenen x_j, h_j, y_j

$$p_{j,\ldots,j+k+1}(x)\big|_{x=0} = \frac{(x - x_{j+k+1})p_{j,\ldots,j+k}(x) - (x - x_j)p_{j+1,\ldots,j+k+1}(x)}{x_j - x_{j+k+1}}\bigg|_{x=0}$$

$$\overset{x=0}{=} \frac{x_j\, p_{j+1,\ldots,j+k+1}(0) - x_{j+k+1}\, p_{j,\ldots,j+k}(0)}{x_j - x_{j+k+1}}$$

$$\overset{\text{I.V.}}{=} \frac{h_j^2 S_{j+1}^{(k)} - h_{j+k+1}^2 S_j^{(k)}}{h_j^2 - h_{j+k+1}^2}$$

$$= \frac{\left(\frac{h_0}{2^j}\right)^2 S_{j+1}^{(k)} - \left(\frac{h_0}{2^{j+k+1}}\right)^2 S_j^{(k)}}{\left(\frac{h_0}{2^j}\right)^2 - \left(\frac{h_0}{2^{j+k+1}}\right)^2} \cdot \frac{\left(\frac{2^{j+k+1}}{h_0}\right)^2}{\left(\frac{2^{j+k+1}}{h_0}\right)^2}$$

$$= \frac{4^{k+1} S_{j+1}^{(k)} - S_j^{(k)}}{4^{k+1} - 1}$$

$$= S_j^{(k+1)},$$

womit alles bewiesen ist.

1.3 Numerische lineare Algebra

Aufgabe 40

▶ **Natürliche Matrixnorm**

Zeigen Sie, dass für eine $m \times n$-Matrix A zu gegebenen Normen $\|\cdot\|_{\mathbb{K}^n}, \|\cdot\|_{\mathbb{K}^m}$ die „natürliche Matrixnorm"

$$\|A\|_{\text{nat}} = \sup_{0 \neq x \in \mathbb{K}^n} \frac{\|Ax\|_{\mathbb{K}^m}}{\|x\|_{\mathbb{K}^n}}$$

die Verträglichkeitsbedingung sowie die Normeigenschaften erfüllt.

Hinweis: Zeigen Sie zuerst auch, dass das Supremum existiert und endlich bleibt.

Lösung

Aus der Definition sieht man leicht, dass

$$\|A\|_{\text{nat}} = \sup_{\|x\|=1} \|Ax\|.$$

Da $\|\cdot\|$ und A stetige Abbildungen sind, ist auch $\phi(x) := \|Ax\|$ eine stetige Abbildung und als solche auf kompakten Teilmengen beschränkt. Damit ist

$$0 < \|A\|_{\mathrm{nat}} = \sup_{\|x\|=1} \|Ax\| < \infty \,.$$

Für die Abbildung $\|\cdot\|_{\mathrm{nat}}$ gilt $(x \neq 0)$:

$$\|Ax\| = \frac{\|Ax\|}{\|x\|}\,\|x\| \leq \left(\sup_{y\neq 0} \frac{\|Ay\|}{\|y\|}\right) \|x\| = \|A\|_{\mathrm{nat}}\,\|x\| \,.$$

Diese Ungleichung gilt natürlich auch für $x = 0$. Damit ist die Verträglichkeitsbedingung gezeigt.

Wir zeigen nun die Normeigenschaften (vgl. z. B. [23], 5.1).

(N1) $\|A\|_{\mathrm{nat}} \geq 0$ ist klar.

(N2) Definitheit: Sei $\|A\|_{\mathrm{nat}} = 0$, d. h. $\sup_{\|y\|=1} \|Ay\| = 0$. Für die Einheitsvektoren $e^{(k)} \in \mathbb{K}^n$, $k = 1, \ldots, n$, bzw. für $v^{(k)} := e^{(k)}/\|e^{(k)}\|$ gilt dann $\|v^{(k)}\| = 1$ und

$$\|Av^{(k)}\| \leq \sup_{\|y\|=1} \|Ay\| = 0, \; k = 1, \ldots, n \,.$$
$$\Longrightarrow \|Ae^{(k)}\| = \|e^{(k)}\|\|Av^{(k)}\| = 0, \; k = 1, \ldots, n \,.$$

Wegen der Definitheit der Norm in $\mathbb{K}^n$ muss deshalb $Ae^{(k)} = 0, k = 1, \ldots, n$, sein; damit sind alle Spalten von A null, und deshalb ist A die Nullmatrix.

(N3) Homogenität: Der Fall $\lambda = 0$ ist trivial. Für $\lambda \neq 0$ gilt (Homogenität der Norm in $\mathbb{K}^m$)

$$\|\lambda Ay\| = |\lambda|\|Ay\| \; \forall y : \|y\| = 1 \tag{1.8}$$

$$\Longrightarrow \|\lambda Ay\| \overset{(1.8)}{\leq} |\lambda| \sup_{\|y\|=1} \|Ay\| = |\lambda|\|A\|_{\mathrm{nat}} \; \forall y : \|y\| = 1 \tag{1.9}$$

$$\Longrightarrow \sup_{\|y\|=1} \|\lambda Ay\| = \|\lambda A\|_{\mathrm{nat}} \overset{(1.9)}{\leq} |\lambda|\|A\|_{\mathrm{nat}} \tag{1.10}$$

Außerdem folgt aus (1.8)

$$|\lambda|\|Ay\| \overset{(1.8)}{\leq} \sup_{\|y\|=1} \|\lambda Ay\| = \|\lambda A\|_{\mathrm{nat}} \; \forall y : \|y\| = 1$$

und daraus (nach Division durch $|\lambda|$)

$$\|A\|_{\mathrm{nat}} = \sup_{\|y\|=1} \|Ay\| \stackrel{(1.10)}{\leq} \frac{1}{|\lambda|} \|\lambda A\|_{\mathrm{nat}}.$$

Insgesamt folgt deshalb $\|\lambda A\|_{\mathrm{nat}} = |\lambda| \|A\|_{\mathrm{nat}}$.

(N4) Dreiecksungleichung: Wegen der Dreiecksungleichung in $\mathbb{K}^m$ gilt

$$\|(A+B)y\| \leq \|Ay\| + \|By\| \tag{1.11}$$

für alle $y \in \mathbb{K}^n : \|y\| = 1$, und beliebige $m \times n$ Matrizen A, B.

$$\implies \|(A+B)y\| \stackrel{(1.11)}{\leq} \sup_{\|y\|=1} \|Ay\| + \sup_{\|y\|=1} \|By\| \;\forall y : \|y\| = 1$$
$$= \|A\|_{\mathrm{nat}} + \|B\|_{\mathrm{nat}},$$

und daher

$$\|A+B\|_{\mathrm{nat}} = \sup_{\|y\|=1} \|(A+B)y\| \leq \|A\|_{\mathrm{nat}} + \|B\|_{\mathrm{nat}}.$$

Aufgabe 41

► **Matrixnormen**

Zeigen Sie:

a) Die *maximale Spaltensumme* einer Matrix $A \in \mathbb{K}^{m \times n}$,

$$\|A\|_1 = \max_{j=1,\dots,n} \sum_{i=1}^{m} |a_{i,j}|,$$

ist die natürliche Matrixnorm zur Norm

$$\|x\|_1 = \sum_{j=1}^{n} |x_j|$$

in $\mathbb{K}^n$ und (entsprechend) in $\mathbb{K}^m$.

b) Die *Gesamtnorm*

$$\|A\|_G = \sqrt{mn} \max_{1 \leq i \leq m} \max_{1 \leq j \leq n} |a_{i,j}|$$

ist eine Norm auf $\mathbb{K}^{m \times n}$, die für $m = n$ submultiplikativ ist.

Lösung

a) (i)

$$\|Ax\|_1 = \sum_{i=1}^{m} \left| \sum_{j=1}^{n} a_{i,j} x_j \right| \le \sum_{i=1}^{m} \sum_{j=1}^{n} |a_{i,j}| |x_j|$$

$$= \sum_{j=1}^{n} \sum_{i=1}^{m} |a_{i,j}| |x_j| \le \underbrace{\max_{1 \le j \le n} \sum_{i=1}^{m} |a_{i,j}|}_{= \|A\|_1} \underbrace{\sum_{j=1}^{n} |x_j|}_{\|x\|_1},$$

d. h. $\|A\|_1$ ist verträglich.

(ii) Nach (i) ist $\sup_{\|x\|_1 = 1} \|Ax\|_1 \le \|A\|_1$.

Falls $\|A\|_1 > 0 \Rightarrow \exists \ell \in \{1, \dots, n\} : \|A\|_1 = \sum_{i=1}^{m} |a_{i,\ell}|$.

Setze $z := (\delta_{1,\ell}, \dots, \delta_{n,\ell})$; dann ist $\|z\|_1 = 1$, und $Az = (a_{1,\ell}, \dots, a_{m,\ell})^\top$ ist die ℓ-te Spalte von A, für die gilt $\|Az\|_1 = \sum_{i=1}^{m} |a_{i,\ell}| = \|A\|_1$. D. h. das Supremum in der Definition der natürlichen Matrixnorm wird für das angegebene z angenommen.

b) Wir zeigen nacheinander die drei bzw. vier Normeigenschaften. Seien dazu $A, B \in \mathbb{K}^{m \times n}$, $\lambda \in \mathbb{K}$ beliebig. Es ist immer $\|A\|_G \ge 0$.

Definitheit:

$$\|A\|_G = 0 \iff \sqrt{mn} \max_{1 \le i \le m} \max_{1 \le j \le n} |a_{i,j}| = 0$$

$$\iff \max_{1 \le i \le m} \max_{1 \le j \le n} |a_{i,j}| = 0$$

$$\iff |a_{i,j}| = 0, 1 \le i \le m, 1 \le j \le n$$

$$\iff a_{i,j} = 0, 1 \le i \le m, 1 \le j \le n$$

$$\iff A = 0$$

Homogenität: Man beachtet

$$\max_{1 \le k \le N} \mu |x_k| = \begin{cases} \mu \max_{1 \le k \le N} |x_k| & \mu \ge 0 \\ \mu \min_{1 \le k \le N} |x_k| & \mu < 0 \end{cases},$$

$$x_k \in \mathbb{K}, \quad k = 1, \dots, N, \quad N \in \mathbb{N}, \quad \mu \in \mathbb{R},$$

und erhält so für beliebiges $\lambda \in \mathbb{K}$:

$$\|(\lambda A)\|_G = \sqrt{mn} \max_{1 \leq i \leq m} \max_{1 \leq j \leq n} |\lambda a_{i,j}|$$

$$= \sqrt{mn} \max_{1 \leq i \leq m} \max_{1 \leq j \leq n} |\lambda| |a_{i,j}|$$

$$= |\lambda| \sqrt{mn} \max_{1 \leq i \leq m} \max_{1 \leq j \leq n} |a_{i,j}|$$

$$= |\lambda| \|A\|_G \quad .$$

Dreiecksungleichung: Es ist mit Hilfe der Additivität der Bildung des Maximums leicht einzusehen, dass

$$\|A + B\|_G = \sqrt{mn} \max_{1 \leq i \leq m} \max_{1 \leq j \leq n} |a_{i,j} + b_{i,j}|$$

$$\leq \sqrt{mn} \max_{1 \leq i \leq m} \max_{1 \leq j \leq n} (|a_{i,j}| + |b_{i,j}|)$$

$$= \sqrt{mn} (\max_{1 \leq i \leq m} \max_{1 \leq j \leq n} |a_{i,j}| + \max_{1 \leq i \leq m} \max_{1 \leq j \leq n} |b_{i,j}|)$$

$$= \|A\|_G + \|B\|_G$$

Damit sind die Normeigenschaften gezeigt.

Sei nun $m = n$. Mit den Abkürzungen

$$\overline{a} = \max_{1 \leq i,j \leq m} |a_{i,j}|, \overline{b} = \max_{1 \leq i,j \leq m} |b_{i,j}|$$

erhält man

$$\|A B\|_G = m \max_{1 \leq i,j \leq m} \left| \sum_{k=1}^{m} a_{i,k} b_{k,j} \right|$$

$$\leq m \max_{1 \leq i,j \leq m} \sum_{k=1}^{m} |a_{i,k}| |b_{k,j}|$$

$$\leq m \max_{1 \leq i,j \leq m} \overline{a} \sum_{k=1}^{m} |b_{k,j}|$$

$$= m\overline{a} \max_{1 \leq j \leq m} \sum_{k=1}^{m} |b_{k,j}|$$

$$\leq m\overline{a} \max_{1 \leq j \leq m} m\overline{b}$$

$$= m\overline{a} \cdot m\overline{b}$$

$$= \|A\|_G \|B\|_G ;$$

das heißt, die Norm $\|.\|_G$ ist im Fall $n = m$ submultiplikativ.

Aufgabe 42

▶ **Äquivalenz von Matrixnormen**

Zeigen Sie:

i) Eine beliebige Norm auf $\mathbb{K}^{m \times n}$ ist äquivalent zur Gesamtnorm;
ii) die Konvergenz in $\mathbb{K}^{m \times n}$ bezüglich einer beliebigen Norm $\|\cdot\|$ ist äquivalent zur komponentenweisen Konvergenz.

Bemerkung: Damit sind alle Normen auf $\mathbb{K}^{m \times n}$ zueinander äquivalent.

Lösung

i) Wir zeigen zunächst die Äquivalenz einer beliebigen Norm $\|\cdot\|$ zur Gesamtnorm (vgl. Aufg. 41), müssen also beweisen, dass

$$\exists\, \gamma_0, \gamma_1 > 0 \; \forall A \in \mathbb{K}^{m \times n} \quad \gamma_0 \|A\|_G \leq \|A\| \leq \gamma_1 \|A\|_G$$

gilt. Dazu führen wir die Bezeichnungen

$$E^{(i,j)} = (\delta_{i,k} \cdot \delta_{j,l})_{1 \leq k \leq m, 1 \leq l \leq n}, \quad 1 \leq i \leq m, \quad 1 \leq j \leq n$$

$$\delta_{r,s} = \begin{cases} 1 & r = s \\ 0 & r \neq s \end{cases}$$

$$\bar{e} = \max_{1 \leq i \leq m} \max_{1 \leq j \leq n} \|E^{(i,j)}\|$$

ein und erhalten damit

$$\|A\| = \left\| \sum_{i=1}^{m} \sum_{j=1}^{n} a_{i,j} E^{(i,j)} \right\|$$

$$\leq \sum_{i=1}^{m} \sum_{j=1}^{n} |a_{i,j}| \|E^{(i,j)}\|$$

$$\leq \bar{e} \sum_{i=1}^{m} \sum_{j=1}^{n} |a_{i,j}|$$

$$\leq \bar{e}\, m\, n \max_{1 \leq i \leq m} \max_{1 \leq j \leq n} |a_{i,j}|$$

$$= \underbrace{\bar{e} \sqrt{mn}}_{=: \gamma_1} \|A\|_G,$$

also die rechte Ungleichung.

Die linke Ungleichung $\gamma_0 \|A\|_G \leq \|A\|$ lautet äquivalent:

$$\left\| \frac{A}{\|A\|_G} \right\| \geq \gamma_0 > 0 \,.$$

Wegen

$$\left\| \frac{A}{\|A\|_G} \right\|_G = \frac{\|A\|_G}{\|A\|_G} = 1$$

reicht es also, zu beweisen, dass

$$\forall B \in \mathbb{K}^{m \times n} : \|B\|_G = 1 \quad \Longrightarrow \quad \|B\| \geq \gamma_0 > 0 \,.$$

Da die Menge

$$M := \{ \|B\| \mid \|B\|_G = 1 \}$$

nach unten durch 0 beschränkt und offenbar auch nichtleer ist (zum Beispiel gilt für die Matrix B mit $b_{i,j} = \frac{1}{\sqrt{mn}}, 1 \leq i \leq m, 1 \leq j \leq n$, dass $\|B\|_G = 1$ ist), existiert

$$\gamma := \inf M$$

und es reicht, $\gamma > 0$ zu zeigen (definiere dann $\gamma_0 := \gamma$).
γ lässt sich als Infimum von M durch eine Folge in M approximieren, mit anderen Worten:

$$\exists (C^{(k)}) \in \mathbb{K}^{m \times n}, \|C^{(k)}\|_G = 1 : \quad \lim_{k \to \infty} \|C^{(k)}\| = \gamma \,.$$

Die Komponentenfolgen sind wegen

$$0 \leq \sqrt{mn} |c_{i,j}^{(k)}| \leq \|C^{(k)}\|_G = 1 \quad \Longrightarrow \quad 0 \leq |c_{i,j}^{(k)}| \leq \frac{1}{\sqrt{mn}}$$

beschränkt. Nach dem Satz von Bolzano-Weierstraß findet man folglich sukzessive $\mathbb{N} \supset \mathbb{N}_{1,1} \supset \mathbb{N}_{1,2} \supset \ldots \supset \mathbb{N}_{m,n}$, so dass

$$c_{i,j}^{(k)} \to c_{i,j}, k \in \mathbb{N}_{i,j}, 1 \leq i \leq m, 1 \leq j \leq n$$

gilt. Klarerweise folgt mit $\mathbb{N}' := \mathbb{N}_{m,n}$ auch

$$c_{i,j}^{(k)} \to c_{i,j}, k \in \mathbb{N}', 1 \leq i \leq m, 1 \leq j \leq n \,.$$

Die Matrix $C := (c_{i,j})_{1 \leq i \leq m, 1 \leq j \leq n}$ der komponentenweisen Grenzwerte erfüllt

$$
\begin{aligned}
\|C\|_G &= \sqrt{mn} \max_{1 \leq i \leq m} \max_{1 \leq j \leq n} |c_{i,j}| \\
&= \sqrt{mn} \max_{1 \leq i \leq m} \max_{1 \leq j \leq n} |\lim_{k \in \mathbb{N}'} c_{i,j}^{(k)}| \\
&= \lim_{k \in \mathbb{N}'} \sqrt{mn} \max_{1 \leq i \leq m} \max_{1 \leq j \leq n} |c_{i,j}^{(k)}| \\
&= \lim_{k \in \mathbb{N}'} \|C^{(k)}\|_G \\
&= 1,
\end{aligned}
$$

woraus mit Hilfe der Definitheit der Gesamtnorm zunächst $C \neq 0$ und dann mit Hilfe der Definitheit der Norm $\| \cdot \|$ auch $\|C\| > 0$ folgt.
Schließlich folgt aus

$$
\begin{aligned}
\left| \|C^{(k)}\| - \|C\| \right| &\leq \|C^{(k)} - C\| \\
&= \left\| \sum_{i=1}^{m} \sum_{j=1}^{n} (c_{i,j}^{(k)} - c_{i,j}) E^{(i,j)} \right\| \\
&\leq \sum_{i=1}^{m} \sum_{j=1}^{n} \underbrace{|(c_{i,j}^{(k)} - c_{i,j})|}_{\to 0} \|E^{(i,j)}\| \to 0 \quad (k \in \mathbb{N}'),
\end{aligned}
$$

dass

$$
\|C^{(k)}\| \to \|C\| > 0 \quad (k \in \mathbb{N}')
$$

gelten muss. Aus der Tatsache, dass jede Teilfolge einer konvergenten Folge gegen den eindeutig bestimmten Grenzwert dieser Folge konvergieren muss, folgt nun

$$
\gamma = \|C\| > 0
$$

und somit die noch ausstehende Ungleichung zur Normäquivalenz.

ii) Weiter ist die Konvergenz in $\mathbb{K}^{m \times n}$ bezüglich einer beliebigen Norm nach dem eben Bewiesenen äquivalent zur Konvergenz bezüglich der Gesamtnorm und die Konvergenz bezüglich dieser Norm (im Wesentlichen handelt es sich um die Maximumnorm) ist äquivalent zur komponentenweisen Konvergenz, denn:
Sei $A^{(k)}$ konvergent gegen A bezüglich einer beliebigen Norm $\| \cdot \|$ und nach dem eben Bewiesenen gelte

$$
\gamma_0 \|B\| \leq \|B\|_G \leq \gamma_1 \|B\|.
$$

Die Konvergenzaussage bedeutet nichts anderes als

$$\|A^{(k)} - A\| \to 0 \quad (k \to \infty)$$
$$\implies |a_{i,j}^{(k)} - a_{i,j}| \le \|A^{(k)} - A\|_G \le \gamma_1 \|A^{(k)} - A\| \to 0 \quad (k \to \infty),$$
$$i = 1, \ldots m, j = 1, \ldots, n \quad .$$

Ist umgekehrt $A^{(k)}$ komponentenweise konvergent gegen A, so folgt für eine beliebige Norm $\| \cdot \|$:

$$\|A^{(k)} - A\| \le \frac{1}{\gamma_0} \|A^{(k)} - A\|_G$$
$$\le \frac{\sqrt{mn}}{\gamma_0} \max_{1 \le i \le m} \max_{1 \le j \le n} |a_{i,j}^{(k)} - a_{i,j}| \to 0 \quad (k \to \infty).$$

Aufgabe 43

▶ **Äquivalenz von Matrixnormen**

Zeigen Sie unter Verwendung des Satzes über die Äquivalenz aller Normen auf $\mathbb{K}^N$, dass alle Normen auf $\mathbb{K}^{m \times n}$ äquivalent sind.

Hinweis: Hiermit hat man eine alternative Lösung für Aufg. 42, i).

Lösung

Sei $N = m \cdot n$. Offenbar sind $\mathbb{K}^{m \times n}$ und $\mathbb{K}^N$ dann isomorphe Vektorräume, denn man rechnet leicht nach, dass

$$\Phi : \mathbb{K}^{m \times n} \ni (a_{i,j})_{1 \le i \le m, 1 \le j \le n}$$
$$\mapsto (a_{1,1}, \ldots, a_{1,n}, a_{2,1}, \ldots, a_{2,n}, \ldots, a_{m,1}, \ldots, a_{m,n}) \in \mathbb{K}^N$$

ein Isomorphismus (d. h. eine bijektive lineare Abbildung) zwischen $\mathbb{K}^{m \times n}$ und $\mathbb{K}^N$ ist.

Nun gilt der folgende **Hilfsatz:**

Seien U,V zwei isomorphe Vektorräume und

$$\Phi : U \mapsto V$$

ein entsprechender Isomorphismus. Weiter sei $\| \cdot \|^U$ eine Norm auf U. Dann wird durch

$$\| \cdot \|^V : \|v\|^V = \|\Phi^{-1}(v)\|^U$$

eine Norm auf V erklärt.

Beweis

Man hat

$$\|v\|^V = 0 \iff \|\Phi^{-1}(v)\|^U = 0 \iff \Phi^{-1}(v) = 0 \iff v = 0$$

und somit die Definitheit.

Aus

$$\|\lambda v\|^V = \|\Phi^{-1}(\lambda v)\|^U = \|\lambda \Phi^{-1}(v)\|^U = |\lambda| \|\Phi^{-1}(v)\|^U = |\lambda| \|v\|^V$$

folgt die Homogenität, und die Dreiecksungleichung sieht man mittels

$$\begin{aligned}
\|v_1 + v_2\|^V &= \|\Phi^{-1}(v_1 + v_2)\|^U = \|\Phi^{-1}(v_1) + \Phi^{-1}(v_2)\|^U \\
&\leq \|\Phi^{-1}(v_1)\|^U + \|\Phi^{-1}(v_2)\|^U = \|v_1\|^V + \|v_2\|^V
\end{aligned}$$

ein. Dies beendet den Beweis des Hilfssatzes.

Seien jetzt $U := \mathbb{K}^{m \times n}$, $V := \mathbb{K}^N$ und Φ der oben erklärte Isomorphismus zwischen U und V. Weiter seinen zwei beliebige Normen $\|\cdot\|_1^U$ und $\|\cdot\|_2^U$ auf U gegeben. Nach dem Hilfssatz existieren dazu Normen $\|\cdot\|_1^V$ und $\|\cdot\|_2^V$ auf V, die durch

$$\|v\|_1^V := \|\Phi^{-1}(v)\|_1^U \quad \text{bzw.} \quad \|v\|_2^V := \|\Phi^{-1}(v)\|_2^U$$

erklärt sind. Da alle Normen auf dem endlichdimenionalen Raum V äquivalent sind, existieren Konstanten

$$\gamma_0, \gamma_1 > 0,$$

so dass für alle $v \in V$

$$\gamma_0 \|v\|_1^V \leq \|v\|_2^V \leq \gamma_1 \|v\|_1^V$$

richtig ist. Es folgt für alle $u \in U$:

$$\begin{aligned}
\gamma_0 \|u\|_1^U &= \gamma_0 \|\Phi^{-1}(\Phi(u))\|_1^U = \gamma_0 \|\Phi(u)\|_1^V \\
&\leq \|\Phi(u)\|_2^V \, (= \|\Phi^{-1}(\Phi(u))\|_2^U = \|u\|_2^U) \\
&\leq \gamma_1 \|\Phi(u)\|_1^V = \gamma_1 \|\Phi^{-1}(\Phi(u))\|_1^U = \gamma_1 \|u\|_1^U
\end{aligned}$$

und somit die Äquivalenz aller Normen auf $U = \mathbb{K}^{m \times n}$.

Aufgabe 44

▶ **Normen mit positiv definiten Matrizen**

Es sei $A \in \mathbb{K}^{n \times n}$ eine positiv definite Matrix[1]

a) Zeigen Sie, dass durch

$$\langle x, y \rangle_A := \langle Ax, y \rangle \qquad \text{bzw. } \|x\|_A := \sqrt{\langle Ax, x \rangle}$$

ein Skalarprodukt bzw. die zugehörige Vektornorm in $\mathbb{K}^n$ definiert wird (wobei $\langle \cdot, \cdot \rangle$ das euklidische Skalarprodukt bezeichnet).

b) Bestimmen Sie für

$$A = \begin{pmatrix} \dfrac{9}{5} & -\dfrac{8}{5} \\ -\dfrac{8}{5} & \dfrac{21}{5} \end{pmatrix}$$

die abgeschlossene Einheitskreisscheibe $E := \{x \in \mathbb{R}^2 \mid \|x\|_A \leq 1\}$ und zeichnen Sie diese.

Lösung

a) Wir zeigen, dass durch $\langle x, y \rangle_A := \langle Ax, y \rangle$ ein Skalarprodukt auf $\mathbb{K}^n$ definiert wird. Die Normeigenschaften von $\|x\|_A$ ergeben sich dann aus den Eigenschaften eines Skalarprodukts.
Wegen der positiven Definitheit von A gilt

$$\langle x, x \rangle_A = \langle Ax, x \rangle > 0, \quad x \neq 0 \quad \text{und}$$
$$\langle x, x \rangle_A = 0 \iff \langle Ax, x \rangle = 0 \iff x = 0.$$

Weiter ist $\langle \cdot, \cdot \rangle_A$ wegen

$$\langle x, y \rangle_A = \langle Ax, y \rangle \overset{A \text{ herm.}}{=} \langle x, Ay \rangle = \overline{\langle Ay, x \rangle} = \overline{\langle y, x \rangle_A}$$

hermitesch und wegen

$$\langle \lambda x_1 + \mu x_2, y \rangle_A = \langle A(\lambda x_1 + \mu x_2), y \rangle = \langle \lambda Ax_1 + \mu Ax_2, y \rangle$$
$$= \lambda \langle Ax_1, y \rangle + \mu \langle Ax_2, y \rangle = \lambda \langle x_1, y \rangle_A + \mu \langle x_2, y \rangle_A,$$

---

[1] Per Definitionem sind positiv definite Matrizen auch hermitesch (für $\mathbb{K} = \mathbb{C}$) bzw. symmetrisch (für $\mathbb{K} = \mathbb{R}$), vgl. z. B. [23], 5.4.2.

linear im ersten Argument, wobei x, x_1, x_2, $y \in \mathbb{K}^n$, λ, $\mu \in \mathbb{K}$ beliebig sind. Insgesamt ist also $\langle \cdot, \cdot \rangle_A$ ein Skalarprodukt. Daher definiert auch

$$\sqrt{\langle x, x \rangle_A} = \sqrt{\langle Ax, x \rangle}$$

eine Norm auf $\mathbb{K}^n$, was in a) zu zeigen war.

b) Die Bedingung $\langle Ax, x \rangle \leq 1$ ist mit $x = (x_1, x_2)^\top$ äquivalent zu

$$\frac{1}{5}\left\langle \begin{pmatrix} 9 & -8 \\ -8 & 21 \end{pmatrix}(x_1, x_2)^\top, (x_1, x_2)^\top \right\rangle \leq 1$$

$$\iff \left\langle \begin{pmatrix} 9x_1 - 8x_2 \\ -8x_1 + 21x_2 \end{pmatrix}, \begin{pmatrix} x_1 \\ x_2 \end{pmatrix} \right\rangle \leq 5$$

$$\iff 9x_1^2 - 16x_1 x_2 + 21x_2^2 \leq 5$$

$$\iff x_2^2 - \frac{16}{21}x_1 x_2 + \frac{9}{21}x_1^2 \leq \frac{5}{21} \qquad (*)$$

$$\iff \left(x_2 - \frac{8}{21}x_1\right)^2 - \frac{64}{441}x_1^2 + \frac{189}{441}x_1^2 \leq \frac{5}{21}$$

$$\iff \left| x_2 - \frac{8}{21}x_1 \right| \leq \sqrt{\frac{5}{21} - \frac{125}{441}x_1^2} = \frac{\sqrt{105 - 125x_1^2}}{21} =: \sqrt{D(x_1)}, D(x_1) \geq 0$$

$$\iff \frac{8}{21}x_1 - \sqrt{D(x_1)} \leq x_2 \leq \frac{8}{21}x_1 + \sqrt{D(x_1)},$$

wobei die Bedingung $D(x_1) \geq 0$ auf

$$125\, x_1^2 \leq 105 \iff x_1^2 \leq \frac{21}{25} \iff |x_1| \leq \frac{\sqrt{21}}{5}$$

führt.

Setzt man in $(*)$ das Gleichheitszeichen für den Rand des entsprechenden Gebiets, dann lässt sich $(*)$ schreiben als

$$\frac{x_1^2}{\alpha^2} + \frac{(x_2 - \eta x_1)^2}{\beta^2} = 1 \iff \frac{v_a^2}{\alpha^2} + \frac{v_b^2}{\beta^2} = 1, \qquad (**)$$

wobei $v_a = x_1$, $v_b = x_2 - \eta x_1$, $\eta = 8/21$, $\alpha = \frac{\sqrt{21}}{5}$, $\beta = \sqrt{\frac{5}{21}}$.

Die Rücktransformation $v = (v_a, v_b)^\top \mapsto x = (x_1, x_2)^\top$ erfolgt über die Formeln $x_1 = v_a$, $x_2 = \eta v_a + v_b$. Dies entspricht einer Transformation des rechtwinkligen x_1/x_2-Koordinatensystems in ein schiefwinkliges Koordinatensystem mit den Basisvektoren $a = (1, \eta)^\top$, $b = (0, 1)^\top$.

Die Gleichung $(**)$ ist die Gleichung einer Ellipse im schiefwinkligen Koordinatensystem. Schreibt man die Koordinaten der Ellipse wie üblich als

Abb. 1.4 Die Einheitskreis-
scheibe für die gegebene Norm

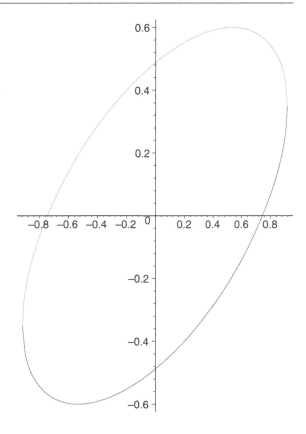

$v_a = \alpha \cos(t)$, $v_b = \beta \sin(t)$, $t \in [0, 2\pi]$, dann lässt sich mit Hilfe der Rück-transformationsformeln die Ellipse (**) im x_1/x_2-Koordinatensystem darstellen. Die Abb. 1.4 zeigt das gesuchte Gebiet.

Aufgabe 45

▶ **Skalarprodukt, Orthogonalsystem**

Sei N eine natürliche Zahl und E der Vektorraum aller reell- bzw. komplexwertigen Funktionen auf der äquidistanten Punktmenge

$$G_N = \left\{ x \in \mathbb{R} \,\middle|\, x = x_j = -\pi + \frac{2\pi}{N} j \,,\ j = 1, \ldots, N \right\} .$$

Zeigen Sie:

a) Durch die Vorschriften

$$(u, v) = \sum_{j=1}^{N} u(x_j)\overline{v(x_j)}, \qquad \|u\| = \left(\sum_{j=1}^{N} |u(x_j)|^2\right)^{1/2},$$

wird ein Skalarprodukt und die zugehörige Norm für E definiert.

b) Für jedes m mit $2m + 1 \leq N$ bilden die Funktionen $v_k(x) = e^{ikx}$, $x \in G_N$, $k = 0, \pm 1, \ldots, \pm m$, ein Orthogonalsystem in E mit der Orthogonalitätsrelation

$$(v_j, v_k) = \sum_{t=1}^{N} e^{i(j-k)x_t} = N\delta_{jk}, j, k = 0, \pm 1, \ldots, \pm m.$$

Lösung

a) Zu zeigen: Für alle $\lambda, \mu \in \mathbb{K}$ und alle beliebigen Vektoren $u, v, w \in E$ gilt

(i) $(\lambda u + \mu v, w) = \lambda(u, w) + \mu(v, w)$

(ii) $(u, v) = \overline{(v, u)}$

(iii) $(u, u) \geq 0$

(iv) $(u, u) = 0 \iff u = 0$.

Zu (i)

$$(\lambda u + \mu v, w) = \sum_{j=1}^{N}(\lambda u + \mu v)(x_j)\overline{w(x_j)}$$

$$= \sum_{j=1}^{N}(\lambda u)(x_j)\overline{w(x_j)} + \sum_{j=1}^{N}(\mu v)(x_j)\overline{w(x_j)}$$

$$= \lambda\sum_{j=1}^{N} u(x_j)\overline{w(x_j)} + \mu\sum_{j=1}^{N} v(x_j)\overline{w(x_j)}$$

$$= \lambda(u, w) + \mu(v, w)$$

Zu (ii)

$$(u, v) = \sum_{j=1}^{N} u(x_j)\overline{v(x_j)} = \sum_{j=1}^{N} \overline{v(x_j)}u(x_j) = \sum_{j=1}^{N} \overline{v(x_j)\overline{u(x_j)}}$$

$$= \overline{\sum_{j=1}^{N} v(x_j)\overline{u(x_j)}} = \overline{(v, u)}$$

Zu (iii)

$$(u, u) = \sum_{j=1}^{N} u(x_j)\overline{u(x_j)} = \sum_{j=1}^{N} \underbrace{|u(x_j)|^2}_{\geq 0} \geq 0$$

Zu (iv)

$$(u, u) = \sum_{j=1}^{N} \underbrace{|u(x_j)|^2}_{\geq 0} = 0 \iff u(x_j) = 0, \ j = 1, \ldots, N \iff u = 0$$

Außerdem gilt für $u \in E$

$$\|u\| = \left(\sum_{j=1}^{N} |u(x_j)|^2 \right)^{1/2} = \left(\sum_{j=1}^{N} u(x_j)\overline{u(x_j)} \right)^{1/2} = \sqrt{(u, u)} \, ,$$

so dass mit $\| \cdot \|$ eine Norm gegeben ist.

b) Fall $j = k$: $(v_j, v_j) = \sum_{t=1}^{N} e^0 = N$

Fall $j \neq k$: Wegen $j, k = 0, \pm 1, \ldots, \pm m$ und $2m + 1 \leq N$ gilt

$$|j - k| \leq 2m < N \, .$$

Deshalb ist $(j - k)/N \notin \mathbb{Z}$, und somit gilt für

$$z := \exp(2\pi i (j - k)/N) = \cos(2\pi(j - k)/N) + i \sin(2\pi(j - k)/N)$$

die Ungleichheit $z \neq 1$ sowie die Gleichung

$$z^N = \cos(2\pi(j - k)) + i \underbrace{\sin(2\pi(j - k))}_{=0} = 1 \, .$$

Damit hat man

$$(v_j, v_k) = \sum_{t=1}^{N} e^{i(j-k)(-\pi + \frac{2\pi}{N}t)} = \sum_{t=1}^{N} e^{-i(j-k)\pi} e^{i(j-k)\frac{2\pi}{N}t}$$

$$= (-1)^{j-k} \sum_{t=1}^{N} z^t = (-1)^{j-k} z \frac{1 - z^N}{1 - z} = 0 \, .$$

Aufgabe 46

▶ **Legendre-Polynome**

Berechnen Sie die Legendre-Polynome p_3 und p_4 mit Hilfe des Gram-Schmidtschen Orthogonalisierungsverfahrens bzgl. des Skalarprodukts $(p,q) = \int_{-1}^{1} p(x)q(x)dx$, wobei $p_0(x) = 1, p_1(x) = x, p_2(x) = x^2 - 1/3, \ x \in [-1,1]$.

Lösung

Gegeben sind $p_0(x) = 1, \ p_1(x) = x, \ p_2(x) = x^2 - \frac{1}{3}$.

Gesucht: $p_3(x)$ und $p_4(x)$ mit Hilfe des Gram-Schmidtschen Orthogonalisierungsverfahrens (vgl. z. B. [23], 7.4.1)

$$p_3(x) = x^3 - \sum_{k=0}^{2} \frac{(x^3, p_k)}{\|p_k(x)\|^2} p_k(x)$$

$$= x^3 - \frac{(x^3, p_0)}{\|p_0(x)\|^2} p_0(x) - \frac{(x^3, p_1)}{\|p_1(x)\|^2} p_1(x) - \frac{(x^3, p_2)}{\|p_2(x)\|^2} p_2(x)$$

$$= x^3 - \frac{\int_{-1}^{1} x^3 \cdot 1 \, d_1}{\int_{-1}^{1} 1^2 \cdot dx} \cdot 1 - \frac{\int_{-1}^{1} x^3 \cdot x \, dx}{\int_{-1}^{1} x^2 \cdot dx} \cdot x - \frac{\int_{-1}^{1} x^3 (x^2 - \frac{1}{3}) \, dx}{\int_{-1}^{1} (x^2 - \frac{1}{3})^2 dx} \cdot \left(x^2 - \frac{1}{3} \right)$$

$$= x^3 - \frac{\frac{1}{4}x^4 \big|_{-1}^{1}}{x \big|_{-1}^{1}} - \frac{\frac{1}{5} \cdot x^5 \big|_{-1}^{1}}{\frac{1}{3}x^3 \big|_{-1}^{1}} \cdot x - \frac{\int_{-1}^{1} (x^5 - \frac{1}{3}x^3) dx}{\int_{-1}^{1} (x^4 - \frac{2}{3}x^2 + \frac{1}{9}) \, dx} \left(x^2 - \frac{1}{3} \right)$$

$$= x^3 - \frac{0}{2} - \frac{\frac{2}{5}}{\frac{2}{3}}x - \frac{\frac{1}{6}x^6 - \frac{1}{12}x^4 \big|_{-1}^{1}}{\frac{1}{5}x^5 - \frac{2}{9}x^3 + \frac{1}{9}x \big|_{-1}^{1}} \left(x^2 - \frac{1}{3} \right)$$

$$= x^3 - \frac{3}{5}x - \frac{0}{\frac{8}{45}} \left(x^2 - \frac{1}{3} \right)$$

$$= x^3 - \frac{3}{5}x$$

$$p_4(x) = x^4 - \sum_{k=0}^{3} \frac{(x^4, p_k)}{\|p_k(x)\|^2} p_k(x)$$

$$= x^4 - \frac{(x^4, p_0)}{\|p_0\|^2} p_0(x) - \frac{(x^4, p_1)}{\|p_1\|^2} p_1(x) - \frac{(x^4, p_2)}{\|p_2\|^2} p_2(x) - \frac{(x^4, p_3)}{\|p_3\|^2} p_3(x)$$

$$= x^4 - \frac{\int_{-1}^{1} x^4 \, dx}{\int_{-1}^{1} 1 \, dx} - \frac{\int_{-1}^{1} x^4 x \, dx}{\int_{-1}^{1} x^2 \, dx} x - \frac{\int_{-1}^{1} x^4 (x^2 - \frac{1}{3}) \, dx}{\int_{-1}^{1} (x^2 - \frac{1}{3})^2 \, dx} \left(x^2 - \frac{1}{3} \right)$$

$$- \frac{\int_{-1}^{1} x^4 (x^3 - \frac{3}{5}x) \, dx}{\int_{-1}^{1} (x^3 - \frac{3}{5}x)^2 \, dx} \left(x^3 - \frac{3}{5}x \right)$$

$$= x^4 - \frac{\frac{1}{5} x^5 \big|_{-1}^{1}}{x \big|_{-1}^{1}} - \frac{\frac{1}{6} x^6 \big|_{-1}^{1}}{\frac{1}{3} x^3 \big|_{-1}^{1}} x - \frac{\int_{-1}^{1} (x^6 - \frac{1}{3}x^4) \, dx}{\int_{-1}^{1} (x^4 - \frac{2}{3}x^2 + \frac{1}{9}) \, dx} \left(x^2 - \frac{1}{3} \right)$$

$$- \frac{\int_{-1}^{1} (x^7 - \frac{3}{5}x^5) \, dx}{\int_{-1}^{1} (x^6 - \frac{6}{5}x^4 + \frac{9}{25}x^2) \, dx} \left(x^3 - \frac{3}{5}x \right)$$

$$= x^4 - \frac{\frac{2}{5}}{2} - \frac{0}{\frac{2}{3}} x - \frac{\frac{1}{7}x^7 - \frac{1}{15}x^5 \big|_{-1}^{1}}{\frac{1}{5}x^5 - \frac{2}{9}x^3 + \frac{1}{9}x \big|_{-1}^{1}} \left(x^2 - \frac{1}{3} \right)$$

$$- \frac{\frac{1}{8}x^8 - \frac{3}{30}x^6 \big|_{-1}^{1}}{\frac{1}{7}x^7 - \frac{6}{25}x^5 + \frac{9}{75}x^3 \big|_{-1}^{1}} \left(x^3 - \frac{3}{5} \right)$$

$$= x^4 - \frac{1}{5} - \frac{\frac{16}{105}}{\frac{8}{45}} \left(x^2 - \frac{1}{3} \right) - \frac{0}{\frac{2}{7} - \frac{12}{25} + \frac{18}{75}} \left(x^3 - \frac{3}{5} \right)$$

$$= x^4 - \frac{1}{5} - \frac{90}{105} \left(x^2 - \frac{1}{3} \right) - 0$$

$$= x^4 - \frac{1}{5} - \frac{90}{105} x^2 + \frac{30}{105} = x^4 - \frac{90}{105} x^2 - \frac{21}{105} + \frac{30}{105}$$

$$= x^4 - \frac{90}{105} x^2 + \frac{9}{105}$$

$$= x^4 - \frac{6}{7} x^2 + \frac{3}{35}$$

Aufgabe 47

▶   **Vertauschungsmatrix**

Zeigen Sie mit Hilfe des Determinanten-Entwicklungssatzes, dass man für die folgende
$n \times n$-Matrix

$$
V = \begin{pmatrix}
1 & & & & & & & & & 0 \\
& \ddots & & & & & & & & \\
& & 1 & & & & & & & \\
& & & 0 & & 1 & & & & \\
& & & & 1 & & & & & \\
& & & & & \ddots & & & & \\
& & & & & & 1 & & & \\
& & & 1 & & 0 & & & & \\
& & & & & & 1 & & & \\
& & & & & & & \ddots & & \\
0 & & & & & & & & & 1
\end{pmatrix}
\begin{matrix} \\ \\ \\ i \\ \\ \\ \\ k \\ \\ \\ \\ \end{matrix}
$$

$$
\qquad\qquad\qquad i \qquad\qquad k
$$

als Determinante det $V = -1$ erhält, falls $i \neq k$, $i, k \in \{1, \ldots, n\}$, ist.

Bemerkung: VA vertauscht die i-te mit der k-ten Zeile einer Matrix A.

Lösung

Wir bezeichnen die $(n - 1 + i) \times (n - 1 + i)$-Untermatrix von V ab Spalte und Zeile i
mit B (o. B. d. A. sei $k > i$)

$$
B = \begin{pmatrix}
0 & \cdots & \overset{k'}{1} & & & 0 \\
& 1 & & & & \\
& & \ddots & & & \\
& & & 1 & & \\
1 & & 0 & & 0 & \\
& & & 1 & & \\
& & & & \ddots & \\
0 & & & & & 1
\end{pmatrix}
\begin{matrix} \\ \\ \\ \\ k' \\ \\ \\ \\ \end{matrix}
$$

Nach dem Determinanten-Entwicklungssatz gilt det V = det B. In der 1. Zeile und
Spalte $k' = k - i + 1$ von B steht dann eine 1; entsprechend in Spalte 1 und Zeile k'.

Entwickelt man nach der 1. Zeile und k'-ten Spalte und bezeichnet die entsprechende Untermatrix mit $B_{k',1}$, dann ergibt sich $\det B = (-1)^{k'+1} \det B_{k',1}$, wobei

$$
B_{k',1} = \begin{pmatrix}
0 & \cdots & 0 & 1 & \cdots & & 0 \\
1 & & & & & & \\
& 1 & & & & & \\
& & \ddots & & & & \\
& & & & 0 & 1 & \\
& & & & & \ddots & \\
0 & & & & & & 1
\end{pmatrix}
$$

Die $(n-2+i) \times (n-2+i)$-Matrix $B_{k',1}$ enthält in der 1. Zeile eine 1 in Spalte $k'-1$. Entwickelt man schließlich $B_{k',1}$ nach der 1. Zeile und $(k'-1)$-ten Spalte, dann erhält man $\det B_{k',1} = (-1)^{k'-1+1} \det E = (-1)^{k'}$. Insgesamt ergibt sich

$$
\det V = \det B = (-1)^{k'+1} \det B_{k',1} = (-1)^{2k'+1} = -1 .
$$

Aufgabe 48

▶ **Vandermondesche Determinante**

Gegeben seien Punkte $x_j \in \mathbb{K}$, $j = 1, \ldots, n$, $\mathbb{K} = \mathbb{R}$ oder $\mathbb{K} = \mathbb{C}$. Zeigen Sie (durch vollständige Induktion über n) die folgende Darstellung der *Vandermondeschen Determinante* $\det\left(x_j^{k-1}\right)_{j,k=1,\ldots,n}$:

$$
\det\left(x_j^{k-1}\right)_{j,k=1,\ldots,n} = \prod_{\substack{j,k=1 \\ j<k}}^{n} (x_k - x_j) .
$$

Hinweis: Benutzen Sie den Determinanten-Entwicklungssatz.

Lösung

Beweis durch Induktion über n:

I.A. $n = 1$: $\det(1) = 1 = \prod_{\substack{j,k=1 \\ j<k}}^{1} (x_k - x_j)$ (= „leeres Produkt").

I.V.: Die Behauptung gelte bis n.

I.S. $n \to n + 1$: Mit Hilfe der Rechenregeln für Determinanten bekommt man

$$\det(x_j^{k-1})_{j,k=1,\ldots,n+1} = \begin{vmatrix} 1 & x_1 & x_1^2 & \cdots & x_1^n \\ 1 & x_2 & x_2^2 & \cdots & x_2^n \\ \vdots & \vdots & \vdots & & \vdots \\ 1 & x_{n+1} & x_{n+1}^2 & \cdots & x_{n+1}^n \end{vmatrix}$$

(Subtrahiere $x_1 * j$-te Spalte von $(j+1)$-ter Spalte, $j = n, \ldots, 1$:)

$$= \begin{vmatrix} 1 & x_1 - x_1 & x_1^2 - x_1^2 & \cdots & x_1^n - x_1^n \\ 1 & x_2 - x_1 & x_2^2 - x_1 x_2 & \cdots & x_2^n - x_1 x_2^{n-1} \\ \vdots & \vdots & \vdots & & \vdots \\ 1 & x_{n+1} - x_1 & x_{n+1}^2 - x_1 x_{n+1} & \cdots & x_{n+1}^n - x_1 x_{n+1}^{n-1} \end{vmatrix}$$

$$= \begin{vmatrix} 1 & 0 & 0 & \cdots & 0 \\ 1 & x_2 - x_1 & x_2(x_2 - x_1) & \cdots & x_2^{n-1}(x_2 - x_1) \\ \vdots & \vdots & \vdots & & \vdots \\ 1 & x_{n+1} - x_1 & x_{n+1}(x_{n+1} - x_1) & \cdots & x_{n+1}^{n-1}(x_{n+1} - x_1) \end{vmatrix}$$

(Anwendung des Determinanten-Entwicklungssatzes und in Unterdeterminante Vielfaches der j-ten Zeile als Faktor vorziehen, $j = 1, \ldots, n$:)

$$= (x_2 - x_1) \cdots (x_{n+1} - x_1) \begin{vmatrix} 1 & x_2 & x_2^2 & \cdots & x_2^{n-1} \\ 1 & x_3 & x_3^2 & \cdots & x_3^{n-1} \\ \vdots & \vdots & \vdots & & \vdots \\ 1 & x_{n+1} & x_{n+1}^2 & \cdots & x_{n+1}^{n-1} \end{vmatrix}$$

$$\overset{\text{I.V.}}{=} (x_2 - x_1) \cdots (x_{n+1} - x_1) \prod_{\substack{j,k=1 \\ j<k}}^{n} (x_{k+1} - x_{j+1})$$

$$= (x_2 - x_1) \cdots (x_{n+1} - x_1) \prod_{\substack{j,k=2 \\ j<k}}^{n+1} (x_k - x_j) = \prod_{\substack{j,k=1 \\ j<k}}^{n+1} (x_k - x_j) \, .$$

Aufgabe 49

► **Konditionszahl einer Matrix**

Sei $\| \cdot \|$ eine Norm auf dem $\mathbb{K}^n$, A eine quadratische $n \times n$-Matrix. Zeigen Sie: Für jede invertierbare Matrix A gilt für die *Konditionszahl* bzgl. der natürlichen Matrixnorm, dass

$$\kappa(A) := \|A\|_{\text{nat}} \|A^{-1}\|_{\text{nat}} = \frac{\sup \{ \|Ax\| \mid \|x\| = 1 \}}{\inf \{ \|Ax\| \mid \|x\| = 1 \}} \, .$$

Lösung

Sei A eine invertierbare $n \times n$-Matrix. Dann ist auf Grund der Injektivität mit $x \neq 0$ auch $Ax \neq 0$. Wir zeigen zunächst:

$$\sup_{x' \neq 0} \frac{\|A^{-1}x'\|}{\|x'\|} = \left(\inf_{y' \neq 0} \frac{\|Ay'\|}{\|y'\|} \right)^{-1}.$$

Sei zunächst $x \in \mathbb{K}^n, x \neq 0$ beliebig und $y = A^{-1}x$ also $Ay = x$. Dann gilt:

$$\frac{\|Ay\|}{\|y\|} = \frac{\|x\|}{\|A^{-1}x\|} = \frac{1}{\frac{\|A^{-1}x\|}{\|x\|}} \geq \frac{1}{\sup_{x' \neq 0} \frac{\|A^{-1}x'\|}{\|x'\|}} \quad \Rightarrow \quad \inf_{y' \neq 0} \frac{\|Ay'\|}{\|y'\|} \geq \frac{1}{\sup_{x' \neq 0} \frac{\|A^{-1}x'\|}{\|x'\|}}$$

und

$$\frac{\|A^{-1}x\|}{\|x\|} = \frac{\|y\|}{\|Ay\|} = \frac{1}{\frac{\|Ay\|}{\|y\|}} \leq \frac{1}{\inf_{y' \neq 0} \frac{\|Ay'\|}{\|y'\|}} \quad \Rightarrow \quad \sup_{x' \neq 0} \frac{\|A^{-1}x'\|}{\|x'\|} \leq \frac{1}{\inf_{y' \neq 0} \frac{\|Ay'\|}{\|y'\|}}.$$

Also gilt:

$$\sup_{x' \neq 0} \frac{\|A^{-1}x'\|}{\|x'\|} = \left(\inf_{y' \neq 0} \frac{\|Ay'\|}{\|y'\|} \right)^{-1}.$$

Wir zeigen nun, dass

$$\sup_{x' \neq 0} \frac{\|Ax'\|}{\|x'\|} = \sup_{\|x'\|=1} \|Ax'\|$$

und

$$\inf_{x' \neq 0} \frac{\|Ax'\|}{\|x'\|} = \inf_{\|x'\|=1} \|Ax'\|.$$

Es gilt auf Grund der Homogenität der Norm und der Linearität von A für $x \in \mathbb{K}^n$ mit $x \neq 0$:

$$\frac{\|Ax\|}{\|x\|} = \left\| A\left(\frac{x}{\|x\|} \right) \right\| \leq \sup_{\|x'\|=1} \|Ax'\| \quad \Rightarrow \quad \sup_{x' \neq 0} \frac{\|Ax'\|}{\|x'\|} \leq \sup_{\|x'\|=1} \|Ax'\|.$$

Und für $x \in \mathbb{K}^n$ mit $\|x\| = 1$ gilt

$$\|Ax\| = \left\| A\left(\frac{x}{\|x\|} \right) \right\| = \frac{\|Ax\|}{\|x\|} \leq \sup_{x' \neq 0} \frac{\|Ax'\|}{\|x'\|} \quad \Rightarrow \quad \sup_{\|x'\|=1} \|Ax'\| \leq \sup_{x' \neq 0} \frac{\|Ax'\|}{\|x'\|},$$

und somit die Gleichheit

$$\sup_{x' \neq 0} \frac{\|Ax'\|}{\|x'\|} = \sup_{\|x'\|=1} \|Ax'\| \,.$$

Analog zeigt man die Gleichheit für die Infima.

Nach dem oben Bewiesenen folgt dann aber auch sofort

$$\|A\|_{\text{nat}} = \sup\{\|Ax\| \mid \|x\| = 1\}$$

und

$$\|A^{-1}\|_{\text{nat}} = \frac{1}{\inf\{\|Ax\| \mid \|x\| = 1\}}$$

und damit die Behauptung über die Darstellung der Konditionszahl $\kappa(A)$.

Aufgabe 50

▶   **Konditionszahlen einer Matrix**

Zeigen Sie, dass für die *Konditionszahl* $\kappa(A) := \|A\|\,\|A^{-1}\|$ einer regulären Matrix $A \in \mathbb{K}^{n \times n}$ bzgl. der verwendeten Matrixnorm gilt:

a) $\kappa(A) \geq 1$,
b) $\kappa(AB) \leq \kappa(A)\kappa(B)$,
c) $\kappa(cA) = \kappa(A)$ für alle $c \in \mathbb{R} \setminus \{0\}$,
d) $\kappa_2(A) \leq \kappa_G(A) \leq n^2\kappa_\infty(A)$.

Hierbei bezeichnen die Indizes $2, \infty$ die folgenden zugrundeliegenden Matrixnormen: Quadratsummennorm, max. Zeilensumme.

Weiter bezeichnet man mit

$$\|A\|_G := n \cdot \max_{i,k} |a_{i,k}| \,.$$

die sogenannte *Gesamtnorm.*

Lösung

Im Folgenden verwenden wir für die Einheitsmatrix E die Beziehung

$$1 \leq \|E\|, \tag{$*$}$$

die für eine beliebige Matrixnorm aus $\|E\| \cdot \|E\| \geq \|E\,E\| = \|E\|$ nach Division durch $\|E\|$ folgt.

Für eine beliebige zugrundeliegende Matrixnorm gelten die folgenden Beziehungen.

a)

$$\kappa(A) \;=\; \|A\| \cdot \|A^{-1}\| \ge \|AA^{-1}\| = \|E\| \overset{(*)}{\ge} 1$$

b)

$$
\begin{aligned}
\kappa(AB) &= \|AB\| \cdot \|(AB)^{-1}\| = \|AB\| \cdot \|B^{-1}A^{-1}\| \\
&\le \|A\| \cdot \|B\| \cdot \|B^{-1}\| \cdot \|A^{-1}\| \\
&= \|A\| \cdot \|A^{-1}\| \cdot \|B\| \cdot \|B^{-1}\| \\
&= \kappa(A) \cdot \kappa(B)
\end{aligned}
$$

c) Wegen

$$(cA) \cdot \left(\frac{1}{c} A^{-1} \right) = c \, \frac{1}{c} \, A \, A^{-1} = E \;,\, c \ne 0$$

gilt

$$(cA)^{-1} = \frac{1}{c} \, A^{-1} \;.$$

$$\implies \kappa(cA) = \|cA\| \cdot \|(cA)^{-1}\| = \|cA\| \cdot \|\frac{1}{c} A^{-1}\|$$

$$= |c| \cdot \|A\| \cdot \left| \frac{1}{c} \right| \|A^{-1}\|$$

$$= \|A\| \cdot \|A^{-1}\| = \kappa(A) \;,\, c \ne 0$$

d) Für die angegebenen Matrixnormen gilt die Ungleichungskette

$$0 \le \|A\|_2 = \left(\sum_{i,j=1}^{n} |a_{i,j}|^2 \right)^{\frac{1}{2}} \le \left(n^2 \cdot \max_{1 \le i,j \le n} |a_{i,j}|^2 \right)^{\frac{1}{2}}$$

$$= n \cdot \max_{1 \le i,j \le n} |a_{i,j}| = \|A\|_G \quad (= n \cdot |a_{k\ell}| \text{ für gewisse } \ell, k)$$

$$\le n \cdot \sum_{j=1}^{n} |a_{k,j}| \le n \cdot \max_{1 \le i \le n} \sum_{j=1}^{n} |a_{i,j}| = n \cdot \|A\|_\infty \,,$$

woraus unmittelbar folgt, dass

$$
\begin{aligned}
\kappa_2(A) &= \|A\|_2 \|A^{-1}\|_2 \le \|A\|_G \|A^{-1}\|_G \\
&= \kappa_G(A) \le n \|A\|_\infty \, n \|A^{-1}\|_\infty = n^2 \kappa_\infty(A) \;.
\end{aligned}
$$

Aufgabe 51

▶   **Konditionszahl eines 2 × 2-Gleichungssystems**

Gegeben sei das 2 × 2-Gleichungssystem

$$\begin{array}{ll} x + 10y = 11 \\ 10x + 101y = 111 \end{array} \quad \text{bzw.} \quad \begin{array}{l} 11,1 \\ 111 \end{array}$$

Berechnen Sie Lösungen x bzw. $\tilde{x}$ für beide Fälle. Schätzen Sie den relativen Fehler $\|(x, y) - (\tilde{x}, \tilde{y})\|_\infty / \|(x, y)\|_\infty$ mit Hilfe der Konditionszahl $\kappa_\infty(A) = \|A\|_\infty \|A^{-1}\|_\infty$ und dem relativen Datenfehler $\|f - \tilde{f}\|_\infty / \|f\|_\infty$ ab.

Hinweis: Durch die Lösung $x^{(k)}$ von $Ax^{(k)} = e^{(k)}$, $e^{(k)} = k$-ter Einheitsvektor, erhält man die k-te Spalte der Inversen A^{-1}.

Lösung

Rechte Seite: $f = (11, 111)^\top$

$$\begin{array}{ll} x + 10y = 11 \\ 10x + 101y = 111 \end{array}, \quad A = \begin{pmatrix} 1 & 10 \\ 10 & 101 \end{pmatrix}, \ \det A = 1$$

Für die Lösung (x, y) erhält man nach der Cramerschen Regel

$$x = \frac{\det \begin{pmatrix} 11 & 10 \\ 111 & 101 \end{pmatrix}}{\det A} = \frac{1111 - 1110}{1} = 1$$

$$y = \frac{\det \begin{pmatrix} 1 & 11 \\ 10 & 111 \end{pmatrix}}{\det A} = 111 - 110 = 1$$

Neue rechte Seite: $\tilde{f} = (11{,}1, 111)^\top$

$$\tilde{x} = \frac{11{,}1 \cdot 101 - 1110}{1} = 1121{,}1 - 1110 = 11{,}1,$$

$$\tilde{y} = 111 - 111 = 0.$$

Spalten von A^{-1} :

$$x^{(1)} : x = \frac{\det \begin{pmatrix} 1 & 10 \\ 0 & 101 \end{pmatrix}}{\det A} = 101, \qquad y = \frac{\det \begin{pmatrix} 1 & 1 \\ 10 & 0 \end{pmatrix}}{\det A} = -10$$

$$x^{(2)} : x = \frac{\det\begin{pmatrix} 0 & 10 \\ 1 & 101 \end{pmatrix}}{\det A} = -10, \qquad y = \frac{\det\begin{pmatrix} 1 & 0 \\ 10 & 1 \end{pmatrix}}{\det A} = 1$$

$$\implies \quad A^{-1} = \begin{pmatrix} 101 & -10 \\ -10 & 1 \end{pmatrix}, \ \|A^{-1}\|_\infty = 111.$$

Für die Konditionszahl ergibt sich wegen $\|A\|_\infty = 111$, dass $\kappa_\infty(A) = 111^2 = 12321$.
Zur Fehlerabschätzung (vgl. z. B. [23], 6.1.4):

$$\text{rel. Fehler} = \underbrace{\frac{\|(x,y) - (\tilde{x}, \tilde{y})\|_\infty}{\|(x,y)\|_\infty}}_{=10,1 \approx 1000\%} \leq \kappa_\infty(A) \frac{\|f - \tilde{f}\|_\infty}{\|f\|_\infty} = 12321 \cdot \underbrace{\frac{0,1}{111}}_{\approx 0,001 = 0,1\%} = 11,1 \quad .$$

Aufgabe 52

▶   **Gaußsches Eliminationsverfahren**

Berechnen Sie mit Hilfe des Gaußschen Eliminationsverfahrens den Wert der Determinante der folgenden Matrix

$$\begin{pmatrix} 5 & 7 & 6 & 5 \\ 7 & 10 & 8 & 7 \\ 6 & 8 & 10 & 9 \\ 5 & 7 & 9 & 10 \end{pmatrix}.$$

Lösung

Für die gegebene Matrix vollzieht sich die Vorwärtselimination des Gaußschen Eliminationsverfahrens in folgenden Schritten (vgl. z. B. [23], 6.1):

$$\begin{pmatrix} 5 & 7 & 6 & 5 \\ 7 & 10 & 8 & 7 \\ 6 & 8 & 10 & 9 \\ 5 & 7 & 9 & 10 \end{pmatrix} \rightarrow \begin{pmatrix} 5 & 7 & 6 & 5 \\ 0 & 1/5 & -2/5 & 0 \\ 0 & -2/5 & 14/5 & 3 \\ 0 & 0 & 3 & 5 \end{pmatrix}$$

$$\rightarrow \begin{pmatrix} 5 & 7 & 6 & 5 \\ 0 & 1/5 & -2/5 & 0 \\ 0 & 0 & 2 & 3 \\ 0 & 0 & 3 & 5 \end{pmatrix} \rightarrow \begin{pmatrix} 5 & 7 & 6 & 5 \\ 0 & 1/5 & -2/5 & 0 \\ 0 & 0 & 2 & 3 \\ 0 & 0 & 0 & 1/2 \end{pmatrix}.$$

Da keine Zeilenvertauschungen notwendig sind, gilt für die Determinante

$$
\begin{vmatrix}
5 & 7 & 6 & 5 \\
7 & 10 & 8 & 7 \\
6 & 8 & 10 & 9 \\
5 & 7 & 9 & 10
\end{vmatrix}
= 5\frac{1}{5}\,2\frac{1}{2} = 1 \, .
$$

Aufgabe 53

▶ **Gaußsches Eliminationsverfahren, Hilbert-Matrix**

Berechnen Sie mit Hilfe des Gaußschen Eliminationsverfahrens den Wert der Determinante der 4×4-Hilbertschen Matrix

$$
H = \begin{pmatrix}
1 & \dfrac{1}{2} & \dfrac{1}{3} & \dfrac{1}{4} \\[2mm]
\dfrac{1}{2} & \dfrac{1}{3} & \dfrac{1}{4} & \dfrac{1}{5} \\[2mm]
\dfrac{1}{3} & \dfrac{1}{4} & \dfrac{1}{5} & \dfrac{1}{6} \\[2mm]
\dfrac{1}{4} & \dfrac{1}{5} & \dfrac{1}{6} & \dfrac{1}{7}
\end{pmatrix}
$$

sowie die Lösung x des Gleichungssystems $Hx = r$, wobei die j-te Komponente von r gleich der Summe der j-ten Zeile von H ist. Berechnen Sie die Determinante exakt und führen Sie die Elimination mit auf 4 Stellen gerundeten Dezimalzahlen durch (per Hand und mit Taschenrechner oder z. B. mit Matlab oder einem anderen Computerprogramm). Wenn Sie Matlab oder ein anderes Computerprogramm benutzen, führen Sie die Rechnung auch mit 3,4,...,7 Dezimalstellen durch.

Lösung

Rechnet man exakt, dann ergibt das Gaußsche Eliminationsverfahren (vgl. z. B. [23], 6.1)

$$
\overbrace{\begin{pmatrix}
1 & \dfrac{1}{2} & \dfrac{1}{3} & \dfrac{1}{4} \\[2mm]
\dfrac{1}{2} & \dfrac{1}{3} & \dfrac{1}{4} & \dfrac{1}{5} \\[2mm]
\dfrac{1}{3} & \dfrac{1}{4} & \dfrac{1}{5} & \dfrac{1}{6} \\[2mm]
\dfrac{1}{4} & \dfrac{1}{5} & \dfrac{1}{6} & \dfrac{1}{7}
\end{pmatrix}}^{H =: A_1}
\xrightarrow[\substack{m_{21}=1/2 \\ m_{31}=1/3 \\ m_{41}=1/4}]{}
\overbrace{\begin{pmatrix}
1 & \dfrac{1}{2} & \dfrac{1}{3} & \dfrac{1}{4} \\[2mm]
0 & \dfrac{1}{12} & \dfrac{1}{12} & \dfrac{3}{40} \\[2mm]
0 & \dfrac{1}{12} & \dfrac{4}{45} & \dfrac{1}{12} \\[2mm]
0 & \dfrac{3}{40} & \dfrac{1}{12} & \dfrac{9}{112}
\end{pmatrix}}^{=: A_2}
$$

$$\xrightarrow[\substack{m_{42}=\frac{3\cdot 12}{40}=\frac{9}{10}}]{m_{32}=1}}
\begin{pmatrix}
1 & \dfrac{1}{2} & \dfrac{1}{3} & \dfrac{1}{4} \\[2mm]
0 & \dfrac{1}{12} & \dfrac{1}{12} & \dfrac{3}{40} \\[2mm]
0 & 0 & \dfrac{1}{180} & \dfrac{1}{120} \\[2mm]
0 & 0 & \dfrac{1}{120} & \dfrac{9}{700}
\end{pmatrix}
\rightarrow
\overbrace{
\begin{pmatrix}
1 & \dfrac{1}{2} & \dfrac{1}{3} & \dfrac{1}{4} \\[2mm]
0 & \dfrac{1}{12} & \dfrac{1}{12} & \dfrac{3}{40} \\[2mm]
0 & 0 & \dfrac{1}{120} & \dfrac{9}{700} \\[2mm]
0 & 0 & \dfrac{1}{180} & \dfrac{1}{120}
\end{pmatrix}
}^{=:A_3}$$

$$\xrightarrow[m_{43}=\frac{2}{3}]{}
\begin{pmatrix}
1 & \dfrac{1}{2} & \dfrac{1}{3} & \dfrac{1}{4} \\[2mm]
0 & \dfrac{1}{12} & \dfrac{1}{12} & \dfrac{3}{40} \\[2mm]
0 & 0 & \dfrac{1}{120} & \dfrac{9}{700} \\[2mm]
0 & 0 & 0 & \dfrac{-1}{120\cdot 35}
\end{pmatrix}.$$

Für die Determinante erhält man also

$$\det H = (-1)\cdot 1 \cdot \frac{1}{12}\cdot \frac{1}{120}\cdot \frac{-1}{120\cdot 35}$$
$$= \frac{1}{12^3\cdot 10^2\cdot 35} = \frac{1}{6048000} = 1{,}653\cdot 10^{-7}$$

Die exakte Lösung zur rechten Seite r ist offenbar $(1,1,1,1)^\top$. Nach Opfer [14], Aufg. 5.11, erhält man bei 4-stelliger Zahlendarstellung das System

$$\begin{pmatrix}
1 & 0{,}5 & 0{,}3333 & 0{,}25 \\
0{,}5 & 0{,}3333 & 0{,}25 & 0{,}2 \\
0{,}3333 & 0{,}25 & 0{,}2 & 0{,}1667 \\
0{,}25 & 0{,}2 & 0{,}1667 & 0{,}1429
\end{pmatrix}
\begin{pmatrix}
x_1 \\ x_2 \\ x_3 \\ x_4
\end{pmatrix}
=
\begin{pmatrix}
2{,}0833 \\ 1{,}2833 \\ 0{,}95 \\ 0{,}7595
\end{pmatrix},$$

das bei genauer Rechnung die Lösung

$$x = (1{,}0185\,,\,0{,}7832\,,\,1{,}5355\,,\,0{,}6457)^\top$$

besitzt. Für das durch Rundungen leicht veränderte System erhält man also eine Lösung, die weit von der Lösung des unveränderten Systems abweicht (s. [14]). Durch die sehr kleine Determinante ist das System nahe an einer singulären Matrix. Korrespondierend stellt man fest, dass das System schlecht konditioniert ist – die exakte Konditionszahl von H beträgt $1{,}5514\cdot 10^4$.

Mit der MATLAB Symbolic Math Toolbox kann man das Gleichungssystem mit vorgegebenen Nachkommastellen lösen. Es ist allerdings unklar, wie genau dabei die Division usw. durchgeführt werden. Hier die Ergebnisse für verschiedene Werte von Nachkommastellen:

Dez.Stellen	Lösung			
3	(1,060	0,269	2,860	−0,255)
4	(1,0020	0,9761	1,0610	0,9581)
5	(0,99893	1,01030	0,97756	1,01360)
6	(0,999755	1,002690	0,983603	1,004130)

Aufgabe 54

▶ **Hilbertsche Matrix**

Berechnen Sie mit Hilfe des Gaußschen Eliminationsverfahrens die Determinante sowie die Inverse der folgenden 3×3-Hilbertschen Matrix,

$$\begin{pmatrix} 1 & \dfrac{1}{2} & \dfrac{1}{3} \\[2mm] \dfrac{1}{2} & \dfrac{1}{3} & \dfrac{1}{4} \\[2mm] \dfrac{1}{3} & \dfrac{1}{4} & \dfrac{1}{5} \end{pmatrix}$$

Hinweis: Durch die Lösung $x^{(k)}$ von $Ax^{(k)} = e^{(k)}$, $e^{(k)} = k$-ter Einheitsvektor, erhält man die k-te Spalte der Inversen A^{-1}.

Lösung
Elimination der erweiterten Matrix liefert

$$\left(\begin{array}{ccc|ccc} 1 & \dfrac{1}{2} & \dfrac{1}{3} & 1 & 0 & 0 \\[2mm] \dfrac{1}{2} & \dfrac{1}{3} & \dfrac{1}{4} & 0 & 1 & 0 \\[2mm] \dfrac{1}{3} & \dfrac{1}{4} & \dfrac{1}{5} & 0 & 0 & 1 \end{array}\right) \xrightarrow[m_{31}=1/3]{m_{21}=1/2} \left(\begin{array}{ccc|ccc} 1 & \dfrac{1}{2} & \dfrac{1}{3} & 1 & 0 & 0 \\[2mm] 0 & \dfrac{1}{12} & \dfrac{1}{12} & -\dfrac{1}{2} & 1 & 0 \\[2mm] 0 & \dfrac{1}{12} & \dfrac{4}{45} & -\dfrac{1}{3} & 0 & 1 \end{array}\right)$$

$$\xrightarrow{m_{32}=1} \left(\begin{array}{ccc|ccc} 1 & \dfrac{1}{2} & \dfrac{1}{3} & 1 & 0 & 0 \\[2mm] 0 & \dfrac{1}{12} & \dfrac{1}{12} & -\dfrac{1}{2} & 1 & 0 \\[2mm] 0 & 0 & \dfrac{1}{180} & \dfrac{1}{6} & -1 & 1 \end{array}\right)$$

Da hier keine Zeilenvertauschung vorgenommen wurde, erhält man für die Determinante $\frac{1}{12} \cdot \frac{1}{180} = 4{,}62963 \cdot 10^{-4}$.

Spalten von A^{-1}:

$$k = 1 : x_3^{(1)} = 30, \, x_2^{(1)} = 12\left(-\frac{1}{12} x_3^{(1)} - \frac{1}{2}\right) = -30 - 6 = -36$$

$$x_1^{(1)} = -\frac{1}{2} x_2^{(1)} - \frac{1}{3} x_3^{(1)} + 1 = 18 - 10 + 1 = 9$$

$$k = 2 : x_3^{(2)} = -180, \, x_2^{(2)} = 12\left(-\frac{1}{12} x_3^{(2)} + 1\right) = 180 + 12 = 192$$

$$x_1^{(2)} = -\frac{1}{2} x_2^{(2)} - \frac{1}{3} x_3^{(2)} = -96 + 60 = -36$$

$$k = 3 : x_3^{(3)} = 180, \, x_2^{(3)} = 12\left(-\frac{1}{12}\right) x_3^{(3)} = -180$$

$$x_1^{(3)} = -\frac{1}{2} x_2^{(3)} - \frac{1}{3} x_3^{(3)} = 90 - 60 = 30 \, .$$

Also

$$A^{-1} = \begin{pmatrix} 9 & -36 & 30 \\ -36 & 192 & -180 \\ 30 & -180 & 180 \end{pmatrix}$$

Probe (nicht gefordert!):

$$A A^{-1} = \begin{pmatrix} 1 & \frac{1}{2} & \frac{1}{3} \\ \frac{1}{2} & \frac{1}{3} & \frac{1}{4} \\ \frac{1}{3} & \frac{1}{4} & \frac{1}{5} \end{pmatrix} \begin{pmatrix} 9 & -36 & 30 \\ -36 & 192 & -180 \\ 30 & -180 & 180 \end{pmatrix} = \begin{pmatrix} 1 & 0 & 0 \\ 0 & 1 & 0 \\ 0 & 0 & 1 \end{pmatrix}$$

Aufgabe 55

▶ **Gaußsches Eliminationsverfahren, reduzierte Matrizen**

Beim Gaußschen Eliminationsverfahren ohne Zeilenvertauschung ergeben sich die reduzierten Matrizen $A_t = (a_{jk}^t)_{j,k=t,\ldots,n}$ durch die Formeln

$$a_{jk}^1 = a_{jk}, \, a_{jk}^{t+1} = a_{jk}^t - \frac{a_{jt}^t a_{tk}^t}{a_{tt}^t}, \, j, k = t + 1, \ldots, n \, , \, t = 1, \ldots, n - 1 \, .$$

Zeigen Sie: Ist $A_t = (a_{jk}^t)_{j,k=t,\ldots,n}$ symmetrisch bzw. hermitesch, so ist auch $A_{t+1} = (a_{jk}^{t+1})_{j,k=t+1,\ldots,n}$ symmetrisch bzw. hermitesch.

Lösung

Es ist

$$A_t^* = \left(\overline{a_{kj}^t}\right), \ A_{t+1}^* = \left(\overline{a_{kj}^{t+1}}\right)$$

Z. z.: $\overline{a_{kj}^{t+1}} = a_{jk}^{t+1}$

$$\overline{a_{kj}^{t+1}} \underset{\text{s.o.}}{=} \overline{a_{kj}^t} - \overline{\left(\frac{a_{kt}^t \, a_{tj}^t}{a_{tt}^t}\right)} \underset{a_{tt}^t \text{reell}}{=} \overline{a_{kj}^t} - \frac{\overline{a_{tj}^t} \ \overline{a_{kt}^t}}{a_{tt}^t}$$

$$\underset{\text{Vor.}}{=} a_{jk}^t - \frac{a_{jt}^t a_{tk}^t}{a_{tt}^t} = a_{jk}^{t+1} \, .$$

Aufgabe 56

▶   **M-Matrix**

Eine $n \times n$-Matrix $A = (a_{jk})$ heißt *M-Matrix*, wenn

$(M1)$ $a_{jk} \leq 0$, $\quad j \neq k$, $\ j,k = 1,\dots,n$;

$(M2)$ A regulär;

$(M3)$ $A^{-1} \geq 0$, d.h. $A^{-1} = \left(a_{jk}^{(-1)}\right)$ erfüllt $a_{jk}^{(-1)} \geq 0 \, \forall j, k$.

Zeigen Sie:

Jede obere bzw. untere Dreiecksmatrix $C = (c_{jk})$ ist d. u. n. d. eine M-Matrix, wenn

$$c_{jj} > 0, \quad c_{jk} \leq 0, \quad j \neq k, \ j,k = 1,\dots,n \, .$$

Hinweis: Sie können benutzen, dass die Diagonalelemente einer M-Matrix positiv sind (vgl. z. B. [23], 6.2.2).

Lösung

Sei C o.B.d.A. eine obere Dreiecksmatrix. Für untere Dreiecksmatrizen ist der Beweis analog durchzuführen.

„$\Longrightarrow$": Ist C eine M-Matrix, so folgt zum einen mit dem Hinweis die Positivität $c_{jj} > 0$, $j = 1,\dots,n$, und zum anderen ist die Ungleichung $c_{jk} \leq 0$, $j \neq k$, $j,k = 1,\dots,n$, identisch mit der Bedingung $(M1)$.

„$\Longleftarrow$": C erfülle umgekehrt die beiden angegebenen Bedingungen. Die zweite Bedingung ist wieder identisch mit $(M1)$. Die Eigenschaft $(M2)$ wird mit Hilfe der ersten

Bedingung gezeigt: Es gilt nämlich

$$\det C = \prod_{j=1}^{n} \underbrace{c_{jj}}_{>0} > 0 \, ,$$

also insbesondere $\det C \neq 0$, d. h. C ist regulär.

Eigenschaft $(M\,3)$ sieht man schließlich wie folgt: Sei $Cx = y$ mit einem beliebigen Vektor $y \geq 0$. Dann zeigt sich durch vollständige Induktion, dass $x \geq 0$, d. h. $x_j \geq 0$, $j = 1, \dots, n$, gilt:

I.A. $j = n$: $x_n = y_n / c_{nn} \geq 0$

I.V.: Es gelte $x_j \geq 0$ für $j = n, \dots, n - k$, wobei $k \leq n - 2$.

I.S.: Es ist

$$x_{n-(k+1)} = \frac{1}{\underbrace{c_{n-(k+1),n-(k+1)}}_{>0}} \left(y_{n-(k+1)} - \sum_{m=n-k}^{n} \underbrace{c_{n-(k+1),m}}_{\leq 0} \underbrace{x_m}_{\geq 0 \text{ n. I.V.}} \right) \geq 0 \, .$$

Mit den Einheitsvektoren $y = e^{(j)}$, $j = 1, \dots, n$, folgt $C^{-1} \geq 0$.

Aufgabe 57

▶   **Überbestimmtes Gleichungssystem**

Lösen Sie das überbestimmte Gleichungssystem:

$$x_1 = b_1$$
$$x_1 + x_2 = b_2$$
$$x_2 = b_3,$$

das heißt, minimieren Sie $\| Ax - b \|_2$ mit den Bezeichnungen

$$A = \begin{pmatrix} 1 & 0 \\ 1 & 1 \\ 0 & 1 \end{pmatrix} \quad , \quad b = \begin{pmatrix} b_1 \\ b_2 \\ b_3 \end{pmatrix} \, .$$

Wählen Sie

$$\text{i) } b = (1, 2, 3)^{\top} \quad \text{und } \text{ii) } b = (1, 4, 6)^{\top} \, .$$

Hinweise: Es gibt drei Möglichkeiten der Lösung eines überbestimmten Gleichungssystems: Mit dem Orthogonalisierungsverfahren (s. z. B. [23], 7.2), durch Lösen der Normalgleichung $A^*Az = A^*b$ oder durch Minimieren von $\rho(x) := \|Ax - b\|_2^2$ mit Methoden der Analysis 2.

$\langle \cdot, \cdot \rangle$ bezeichne das euklidische Skalarprodukt und $\| \cdot \|_2$ die euklidische Norm.

Lösung

Wir demonstrieren die drei verschiedenen Wege zur Lösung des überbestimmten Gleichungssystems nur für den Fall i) für $b = (1, 2, 3)^\top$; für $b = (1, 4, 6)^\top$ geben wir nur die Lösung an.

Orthogonalisierung: Es ist

$$v_1 = a_1 = \begin{pmatrix} 1 \\ 1 \\ 0 \end{pmatrix}, \|v_1\|_2 = \sqrt{2}, w_1 = \frac{1}{\sqrt{2}} v_1$$

und

$$v_2 = a_2 - \langle a_2, w_1 \rangle w_1 = \begin{pmatrix} 0 \\ 1 \\ 1 \end{pmatrix} - \frac{1}{2} \begin{pmatrix} 1 \\ 1 \\ 0 \end{pmatrix} = \frac{1}{2} \begin{pmatrix} -1 \\ 1 \\ 2 \end{pmatrix},$$

also

$$\|v_2\|_2 = \frac{\sqrt{6}}{2} \implies w_2 = \frac{1}{\sqrt{6}} \begin{pmatrix} -1 \\ 1 \\ 2 \end{pmatrix}$$

Es folgt:

$$z_2 = \frac{\langle b, w_2 \rangle}{\|v_2\|_2} = \frac{2}{\sqrt{6}} \frac{1}{\sqrt{6}} (-1 + 2 + 6) = \frac{7}{3}$$

sowie

$$z_1 = \frac{1}{\|v_1\|_2} (\langle b, w_1 \rangle - z_2 \langle a_2, w_1 \rangle)$$

$$= \frac{1}{\sqrt{2}} \left(\frac{1}{\sqrt{2}} (1 + 2) - \frac{7}{3} \frac{1}{\sqrt{2}} \right) = \frac{1}{2} \left(1 + 2 - \frac{7}{3} \right) = \frac{1}{3}.$$

Bestimmung stationärer Punkte des Zielfunktionals: Es soll

$$\rho(x) := \|Ax - b\|_2^2$$

$$= \sum_{k=1}^{3} ((Ax)_k - b_k)^2$$

$$= (x_1 - 1)^2 + (x_1 + x_2 - 2)^2 + (x_2 - 3)^2$$

$$= 2x_1^2 + 2x_2^2 + 2x_1 x_2 - 6x_1 - 10x_2 + 14$$

minimiert werden. Die partiellen Ableitungen nach x_1 bzw. x_2 lauten:

$$\frac{\partial \rho}{\partial x_1} = 4x_1 + 2x_2 - 6$$

$$\frac{\partial \rho}{\partial x_2} = 4x_2 + 2x_1 - 10$$

Ein stationärer Punkt $z = (z_1, z_2)^\top$ ist Nullstelle des Gradienten, d. h.

$$4z_1 + 2z_2 = 6$$

$$2z_1 + 4z_2 = 10$$

Es folgt $z_2 = 3 - 2z_1$. Eingesetzt in die zweite Gleichung ergibt sich

$$2z_1 + 12 - 8z_1 = 10 \implies 6z_1 = 2 \implies z_1 = \frac{1}{3} \implies z_2 = \frac{7}{3}.$$

Die Hesse-Matrix H der zweiten Ableitungen lautet:

$$H = \begin{pmatrix} 4 & 2 \\ 2 & 4 \end{pmatrix}$$

Sie ist wegen (für $x \neq 0$)

$$\langle Hx, x \rangle = \langle (4x_1 + 2x_2, 2x_1 + 4x_2)^\top, (x_1, x_2)^\top \rangle$$

$$= 4x_1^2 + 2x_1 x_2 + 2x_1 x_2 + 4x_2^2$$

$$= 4(x_1^2 + x_1 x_2 + x_2^2)$$

$$\geq 4(x_1^2 - |x_1 x_2| + x_2^2)$$

$$\geq \begin{cases} 4(x_1^2 - 2|x_1 x_2| + x_2^2) = 4(|x_1| - |x_2|)^2 &, \quad |x_1| \neq |x_2| \\ 4x_1^2 &, \quad |x_1| = |x_2| \end{cases}$$

$$> 0$$

positiv definit, es liegt also tatsächlich ein Minimum vor.

Lösung der Normalgleichung: Die gesuchte Lösung z erfüllt die Normalgleichung $A^*Az = A^*b$.

Es gilt:

$$A^*A = \begin{pmatrix} 2 & 1 \\ 1 & 2 \end{pmatrix} \text{ und } A^*b = \begin{pmatrix} 3 \\ 5 \end{pmatrix}.$$

Die Inverse lautet:

$$(A^*A)^{-1} = \begin{pmatrix} \frac{2}{3} & -\frac{1}{3} \\ -\frac{1}{3} & \frac{2}{3} \end{pmatrix}$$

Damit hat man

$$z = (A^*A)^{-1}A^*b = \begin{pmatrix} \frac{2}{3} & -\frac{1}{3} \\ -\frac{1}{3} & \frac{2}{3} \end{pmatrix}\begin{pmatrix} 3 \\ 5 \end{pmatrix} = \begin{pmatrix} \frac{1}{3} \\ \frac{7}{3} \end{pmatrix}.$$

Lösung für $b = (1,4,6)^\top$**:** $(z_1, z_2) = (-1/2, 3)$

Aufgabe 58

▶   **Ausgleichsgerade**

Zu den Messwerten

x_i	0	1	2	3	4
y_i	0,5	0,5	2	3,5	3

soll eine Gerade $g(x) = \alpha + \beta x$ so bestimmt werden, dass

$$\sum_{i=1}^{5} |y_i - g(x_i)|^2 \ (=: \rho(\alpha, \beta))$$

minimal wird – d. h. man berechne die optimalen Parameter α und β nach der Methode der kleinsten Fehlerquadrate.

Hinweis: Sie können die Aufgabe entweder mit Hilfe des Orthogonalisierungsverfahrens ([23], 7.2) oder durch Lösung der Normalgleichung oder durch Minimierung von $\rho(\alpha, \beta)$ (z. B. Nullsetzen von grad ρ) lösen. Bei Letzterem müssen Sie sich noch vergewissern, dass tatsächlich ein Minimum vorliegt.

Lösung

Hier wird das Orthogonalisierungsverfahren verwendet. Es bezeichnen wieder $\langle \cdot, \cdot \rangle$ bzw. $\| \cdot \|_2$ das euklidische Skalarprodukt bzw. die euklidische Norm. Die zugehörige Matrix ist

$$A = \begin{pmatrix} 1 & x_1 \\ 1 & x_2 \\ 1 & x_3 \\ 1 & x_4 \\ 1 & x_5 \end{pmatrix} = \begin{pmatrix} 1 & 0 \\ 1 & 1 \\ 1 & 2 \\ 1 & 3 \\ 1 & 4 \end{pmatrix}$$

Es soll gelten

$$\sum_{i=1}^{5} |y_i - g(x_i)|^2 = \min_{\lambda_1, \lambda_2} \sum_{i=1}^{5} \left| y_i - \sum_{k=1}^{2} \lambda_k x_i^{k-1} \right|^2, \quad \lambda_1 = \alpha, \ \lambda_2 = \beta .$$

i) Orthogonalisierung von $a_k = (x_1^{k-1}, \ldots, x_5^{k-1})$, $k = 1, 2$:

$$v_1 = a_1 = (1, 1, 1, 1, 1), \ \|v_1\|_2 = \sqrt{5} \Longrightarrow w_1 = \frac{1}{\sqrt{5}}(1, 1, 1, 1, 1),$$

$$v_2 = a_2 - \langle a_2, w_1 \rangle w_1 = (0, 1, 2, 3, 4) - (2, 2, 2, 2, 2) = (-2, -1, 0, 1, 2) ,$$

$$\|v_2\|_2 = \sqrt{10} \Longrightarrow w_2 = \frac{1}{\sqrt{10}}(-2, -1, 0, 1, 2) .$$

ii) Rekursive Berechnung von α, β: Hier ist $y = (0{,}5\,, 0{,}5\,, 2\,, 3{,}5\,, 3)$, und man erhält

$$\beta = \frac{1}{\|v_2\|_2} \langle y, w_2 \rangle = \frac{1}{\sqrt{10}} \frac{1}{\sqrt{10}} (-1 - 0{,}5 + 3{,}5 + 6) = \frac{8}{10} ,$$

$$\alpha = \frac{1}{\|v_1\|_2} (\langle y, w_1 \rangle - \beta \langle a_2, w_1 \rangle) = \frac{1}{\sqrt{5}} \left(\frac{1}{\sqrt{5}} \frac{19}{2} - \frac{8}{10} 10 \frac{1}{\sqrt{5}} \right)$$

$$= \frac{1}{\sqrt{5}} \left(\frac{19}{2} - 8 \right) = \frac{1}{\sqrt{5}\sqrt{5}} 1{,}5 = \frac{3}{2 \cdot 5} = \frac{3}{10}$$

Die gesuchte Gerade ist also $g(x) = \dfrac{8}{10} x + \dfrac{3}{10}$.

Aufgabe 59

▶   **Methode der kleinsten Fehlerquadrate, Ausgleichsgerade**

Gegeben sei die Wertetabelle

i	0	1	2	$\cdots$	n
x_i	0	h	$2h$	$\cdots$	nh
y_i	y_0	y_1	y_2	$\cdots$	y_n

mit $\mathbb{R} \ni h > 0$ und $n \in \mathbb{N}$. Rechnen Sie nach, dass

$$\beta = \frac{6}{n(n+1)(n+2)h} \sum_{i=0}^{n} (2i - n) y_i$$

die Steigung der nach der Methode der kleinsten Fehlerquadrate ermittelten Ausgleichs-gerade (d. h. die Gerade $g : g(x) = \alpha + \beta x$, die $\sum_{i=0}^{n} (g(x_i) - y_i)^2$ minimiert) zu den gegebenen Daten ist.

Lösung

Es ist das überbestimmte Gleichungssystem $Az = y$ mit den Bezeichnungen

$$A = \begin{pmatrix} 1 & x_0 \\ 1 & x_1 \\ \vdots & \vdots \\ 1 & x_n \end{pmatrix} = \begin{pmatrix} 1 & 0 \cdot h \\ 1 & 1 \cdot h \\ \vdots & \vdots \\ 1 & n \cdot h \end{pmatrix}, z = \begin{pmatrix} \alpha \\ \beta \end{pmatrix}, y = \begin{pmatrix} y_0 \\ y_1 \\ \vdots \\ y_n \end{pmatrix}$$

zu lösen. Das heißt, es ist $\rho(z) = \| Az - y \|_2^2$ zu minimieren.

Lösung mit Hilfe der Normalgleichung: Es gilt $z = (A^*A)^{-1} A^* y$. Man rechnet aus:

$$A^*A = \begin{pmatrix} n+1 & \frac{n(n+1)h}{2} \\ \frac{n(n+1)h}{2} & \frac{n(n+1)(2n+1)h^2}{6} \end{pmatrix} .$$

Die Inverse ergibt sich zu

$$(A^*A)^{-1} = \begin{pmatrix} \frac{4n+2}{(n+1)(n+2)} & -\frac{6}{h(n+1)(n+2)} \\ -\frac{6}{h(n+1)(n+2)} & \frac{12}{n(n+1)(n+2)h^2} \end{pmatrix}$$

und mit

$$A^*y = \begin{pmatrix} \sum\limits_{i=0}^{n} y_i \\ \sum\limits_{i=0}^{n} ihy_i \end{pmatrix}$$

folgt schließlich:

$$(A^*A)^{-1}A^*y$$

$$= \begin{pmatrix} \frac{4n+2}{(n+1)(n+2)} & -\frac{6}{h(n+1)(n+2)} \\ -\frac{6}{h(n+1)(n+2)} & \frac{12}{n(n+1)(n+2)h^2} \end{pmatrix} \begin{pmatrix} \sum\limits_{i=0}^{n} y_i \\ \sum\limits_{i=0}^{n} ihy_i \end{pmatrix}$$

$$= \begin{pmatrix} \frac{4n+2}{(n+1)(n+2)} \sum\limits_{i=0}^{n} y_i - \frac{6}{h(n+1)(n+2)} \sum\limits_{i=0}^{n} ihy_i \\ -\frac{6}{h(n+1)(n+2)} \sum\limits_{i=0}^{n} y_i + \frac{12}{h^2 n(n+1)(n+2)} \sum\limits_{i=0}^{n} ihy_i \end{pmatrix}$$

$$= \begin{pmatrix} \frac{2}{(n+1)(n+2)} \sum\limits_{i=0}^{n} (2n - 3i + 1) y_i \\ \frac{6}{hn(n+1)(n+2)} \sum\limits_{i=0}^{n} (2i - n) y_i \end{pmatrix}$$

Die zweite Kompenente ist das gesuchte β.

Bestimmung stationärer Punkte des Zielfunktionals: (alternative Lösungsmethode)
Hier ist $\rho(z) = \rho(\alpha, \beta) = \sum\limits_{i=0}^{n} (\alpha + ih\beta - y_i)^2$ das zu minimierende Zielfunktional.
Dazu bestimmt man nun die partiellen Ableitungen von ρ und erhält

$$\frac{\partial \rho}{\partial \alpha} = \sum\limits_{i=0}^{n} 2(\alpha + ih\beta - y_i)$$

$$\frac{\partial \rho}{\partial \beta} = \sum\limits_{i=0}^{n} 2ih(\alpha + ih\beta - y_i)$$

Bei einem stationären Punkt verschwinden diese Ableitungen, was unter Berücksichtigung der Summenformeln

$$\sum\limits_{i=0}^{n} i = \frac{n(n+1)}{2} \quad \text{und} \quad \sum\limits_{i=0}^{n} i^2 = \frac{n(n+1)(2n+1)}{6}$$

auf das lineare Gleichungssystem

$$(n + 1)\alpha + \frac{n(n + 1)}{2}h\beta = \sum_{i=0}^{n} y_i \tag{1.12}$$

$$\frac{n(n + 1)}{2}h\alpha + \frac{n(n + 1)(2n + 1)}{6}h^2\beta = \sum_{i=0}^{n} i h y_i \tag{1.13}$$

führt. Aus (1.12) folgt

$$(n + 1)\alpha = \sum_{i=0}^{n} y_i - \frac{n(n + 1)}{2}h\beta \tag{1.14}$$

und (1.14) in (1.13) ergibt:

$$\frac{nh}{2}\left(\sum_{i=0}^{n} y_i - \frac{n(n + 1)}{2}h\beta\right) + \frac{n(n + 1)(2n + 1)}{6}h^2\beta = \sum_{i=0}^{n} i h y_i$$

$$\Longleftrightarrow \beta\left(\frac{n(n + 1)(2n + 1)h^2}{6} - \frac{n^2(n + 1)h^2}{4}\right) = \sum_{i=0}^{n} i h y_i - \frac{nh}{2}\sum_{i=0}^{n} y_i$$

$$\Longleftrightarrow \beta\left(n(n + 1)h\left(\frac{2n + 1}{3} - \frac{n}{2}\right)\right) = \sum_{i=0}^{n}(2i - n)y_i$$

$$\Longleftrightarrow \beta\left(n(n + 1)h\frac{n + 2}{6}\right) = \sum_{i=0}^{n}(2i - n)y_i$$

$$\Longleftrightarrow \beta = \frac{6}{n(n + 1)(n + 2)h}\sum_{i=0}^{n}(2i - n)y_i,$$

womit die gewünschte Darstellung von β bewiesen ist (das zugehörige α ermittelt man nun leicht durch Einsetzen in (1.14)). Die Hesse-Matrix der zweiten partiellen Ableitungen von ρ lautet

$$H = \begin{pmatrix} 2(n + 1) & n(n + 1)h \\ n(n + 1)h & \frac{n(n+1)(2n+1)h^2}{3} \end{pmatrix}.$$

Sie ist positiv definit, da $2(n + 1) > 0$ und

$$\det(H) = \frac{2(n + 1)^2 n(2n + 1)h^2}{3} - \frac{3n^2(n + 1)^2 h^2}{3}$$

$$= \frac{1}{3}n(n + 1)^2 h^2(4n + 2 - 3n)$$

$$= \frac{1}{3}n(n + 1)^2 h^2(n + 2) > 0$$

gilt. Somit liegt in der Tat ein Minimum vor und der Beweis ist abgeschlossen.

Aufgabe 60

▶ **Abstand von einer Geraden**

Der Abstand eines Punktes (x_i, y_i) von einer Geraden $G = \{(x, y) : y = \alpha + \beta x\}$ ist definiert durch

$$d_i = \min_{(x,y) \in G} ((x_i - x)^2 + (y_i - y)^2)^{\frac{1}{2}} \quad .$$

a) Beweisen Sie die Identität

$$d_i = \frac{1}{1 + \beta^2} \left\| \begin{pmatrix} \beta^2 & -\beta \\ -\beta & 1 \end{pmatrix} \begin{pmatrix} x_i \\ y_i - \alpha \end{pmatrix} \right\|_2 .$$

b) Sind n Punkte $\{(x_i, y_i)\}$ gegeben, dann ist $d = \left(\sum_{i=1}^{n} d_i^2 \right)^{\frac{1}{2}}$ der Abstand aller Punkte von der Geraden G. Bestimmen Sie den Abstand der vier Punkte $(0,1)$, $(3,2)$, $(4,6)$, $(7,4)$ von der Ausgleichsgeraden $G : G(x) = \alpha + \beta x = \frac{3}{2} + \frac{1}{2}x$. Zeigen Sie dann, dass sich für $\alpha = 1$ und $\beta = 0{,}7$ ein kleinerer Abstand ergibt.

c) Bestimmen Sie geeignete Parameter (α, β), so dass der Abstand der zugehörigen Ausgleichsgeraden zu den in b) gegebenen 4 Punkten minimal wird.

Lösung

Zu a): Wegen $d_i \geq 0$ gilt

$$d_i^2 = \left(\min_{(x,y) \in G} ((x_i - x)^2 + (y_i - y)^2)^{\frac{1}{2}} \right)^2$$

$$= \min_{(x,y) \in G} ((x_i - x)^2 + (y_i - y)^2)$$

$$\stackrel{(x,y) \in G}{=} \min_{x \in \mathbb{R}} ((x_i - x)^2 + ((y_i - \alpha) - \beta x)^2)$$

$$= \min_{x \in \mathbb{R}} \underbrace{((1 + \beta^2)x^2 - 2(x_i + \beta(y_i - \alpha))x + x_i^2 + (y_i - \alpha)^2)}_{=:f(x)}$$

$$= f(x^*)$$

Gesucht ist also ein x^*, so dass $f(x^*) = \min_{x \in \mathbb{R}} f(x)$.

Die Funktion f ist auf ganz $\mathbb{R}$ beliebig oft differenzierbar und besitzt die Ableitungen

$$f'(x) = 2(1 + \beta^2)x - 2(x_i + \beta(y_i - \alpha)),$$
$$f''(x) = 2(1 + \beta^2).$$

Die erste Ableitung verschwindet genau dann (bei $x = x^*$), wenn

$$2(1 + \beta^2)x^* - 2(x_i + \beta(y_i - \alpha)) = 0$$

$$\Longleftrightarrow x^* = \frac{x_i + \beta(y_i - \alpha)}{(1 + \beta^2)}$$

Da die zweite Ableitung positiv ist, liegt bei x^* in der Tat ein Minimum vor.
Der Funktionswert bei $x = x^*$ lässt sich wie folgt berechnen:

$$f(x^*) = (1 + \beta^2)\left(\frac{x_i + \beta(y_i - \alpha)}{(1 + \beta^2)}\right)^2 - 2(x_i + \beta(y_i - \alpha))\frac{x_i + \beta(y_i - \alpha)}{(1 + \beta^2)}$$
$$+ x_i^2 + (y_i - \alpha)^2$$
$$= \frac{-(x_i + \beta(y_i - \alpha))^2}{1 + \beta^2} + \frac{(1 + \beta^2)(x_i^2 + (y_i - \alpha)^2)}{1 + \beta^2}$$
$$= \frac{-2x_i\beta(y_i - \alpha) + (y_i - \alpha)^2 + \beta^2 x_i^2}{1 + \beta^2}$$
$$= \frac{(\beta x_i - (y_i - \alpha))^2}{1 + \beta^2}$$
$$= \frac{\beta^2(\beta x_i - (y_i - \alpha))^2 + ((y_i - \alpha) - \beta x_i)^2}{(1 + \beta^2)^2}$$
$$= \frac{1}{(1 + \beta^2)^2}\left((\beta^2 x_i - \beta(y_i - \alpha))^2 + ((y_i - \alpha) - \beta x_i)^2\right)$$
$$= \frac{1}{(1 + \beta^2)^2}\left\|\begin{pmatrix} \beta^2 & -\beta \\ -\beta & 1 \end{pmatrix}\begin{pmatrix} x_i \\ y_i - \alpha \end{pmatrix}\right\|_2^2$$

Daraus gewinnt man leicht

$$d_i = \sqrt{f(x^*)} = \frac{1}{1 + \beta^2}\left\|\begin{pmatrix} \beta^2 & -\beta \\ -\beta & 1 \end{pmatrix}\begin{pmatrix} x_i \\ y_i - \alpha \end{pmatrix}\right\|_2,$$

was zu beweisen war.

Zu b): Man setzt die in a) bewiesene Identität für d_i^2 ein, um den Abstand d zu bestimmen:

$$d = (d_1^2 + d_2^2 + d_3^2 + d_4^2)^{\frac{1}{2}}$$

$$= \frac{1}{\sqrt{1 + \left(\frac{1}{2}\right)^2}}$$

$$\cdot \sqrt{\left(1 - \frac{3}{2}\right)^2 + \left(\frac{1}{2}\cdot 3 - \left(2 - \frac{3}{2}\right)\right)^2 + \left(\frac{1}{2}\cdot 4 - \left(6 - \frac{3}{2}\right)\right)^2 + \left(\frac{1}{2}\cdot 7 - \left(4 - \frac{3}{2}\right)\right)^2}$$

$$= \frac{2}{\sqrt{5}} \sqrt{\frac{1}{4} + \frac{4}{4} + \frac{25}{4} + \frac{4}{4}}$$

$$= \frac{2}{\sqrt{5}} \cdot \sqrt{\frac{17}{2}} = 2\sqrt{\frac{17}{10}} \approx 2{,}61$$

Bei Wahl von $\alpha = 1$, $\beta = \frac{7}{10}$ ergibt sich

$$d = (d_1^2 + d_2^2 + d_3^2 + d_4^2)^{\frac{1}{2}}$$

$$= \frac{1}{\sqrt{1 + \left(\frac{7}{10}\right)^2}}$$

$$\cdot \sqrt{(1-1)^2 + \left(\frac{7}{10} \cdot 3 - (2-1)\right)^2 + \left(\frac{7}{10} \cdot 4 - (6-1)\right)^2 + \left(\frac{7}{10} \cdot 7 - (4-1)\right)^2}$$

$$= \frac{10}{\sqrt{149}} \sqrt{\frac{121}{100} + \frac{484}{100} + \frac{361}{100}}$$

$$= \sqrt{\frac{966}{149}} \approx 2{,}55,$$

also ein geringerer Abstand der Punkte von der (neuen) Geraden $\tilde{G}(x) = 1 + \frac{7}{10} x$ (s. Abb. 1.5).

Zu c): Möchte man in a) die Gerade mit dem kleinsten Abstand d von den vier gegebenen Punkten bestimmen, so geht man wie folgt vor. Rechnet man die Quadrate in der Darstellung von d_i nach der 2. binomischen Formel aus, dann erhält man

$$d_i^2 = \frac{1}{1 + \beta^2} (\beta x_i - y_i + \alpha)^2 \ \forall \, i \, .$$

Also hat man ein Minimum der Funktion

$$F(\alpha, \beta) := \sum_{i=1}^{4} \frac{(\beta x_i - y_i + \alpha)^2}{1 + \beta^2}$$

zu finden. Dazu bestimmt man zunächst den Gradienten zu

$$\frac{\partial F}{\partial \alpha}(\alpha, \beta) = \sum_{i=1}^{4} \frac{2(\beta x_i - y_i + \alpha)}{1 + \beta^2}$$

$$= \frac{2}{1 + \beta^2} \left(\sum_{i=1}^{4} -y_i + 4\alpha + \beta \sum_{i=1}^{4} x_i \right)$$

$$= \frac{2(4\alpha + 14\beta - 13)}{1 + \beta^2}$$

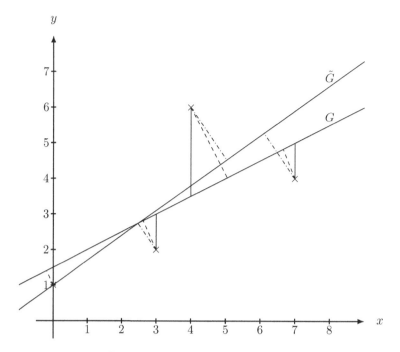

Abb. 1.5 Abstand zu G und $\tilde{G}$

und

$$\frac{\partial F}{\partial \beta}(\alpha, \beta) = \sum_{i=1}^{4} \frac{2x_i(\beta x_i - y_i + \alpha)(1 + \beta^2) - (\beta x_i - y_i + \alpha)^2 2\beta}{(1 + \beta^2)^2}$$

$$= \sum_{i=1}^{4} \frac{(\beta x_i - y_i + \alpha)(2x_i(1 + \beta^2) - 2\beta(\beta x_i - y_i + \alpha))}{(1 + \beta^2)^2}$$

$$= 2 \sum_{i=1}^{4} \frac{(\beta x_i - y_i + \alpha)(x_i + \beta y_i - \alpha \beta)}{(1 + \beta^2)^2}$$

$$= \frac{2}{(1 + \beta^2)^2} \sum_{i=1}^{4} (\beta x_i^2 - x_i y_i + \alpha x_i + \beta^2 x_i y_i - \beta y_i^2 + \alpha \beta y_i - \alpha \beta^2 x_i + \alpha \beta y_i - \alpha^2 \beta)$$

$$= \frac{2}{(1 + \beta^2)^2} \left(\beta \sum_{i=1}^{4}(x_i^2 - y_i^2) - \sum_{i=1}^{4} x_i y_i + \alpha \sum_{i=1}^{4} x_i + \beta^2 \sum_{i=1}^{4} x_i y_i + \alpha \beta \sum_{i=1}^{4} y_i \right.$$

$$\left. - \alpha \beta^2 \sum_{i=1}^{4} x_i + \alpha \beta \sum_{i=1}^{4} y_i - 4\alpha^2 \beta \right)$$

$$= \frac{-2}{(1 + \beta^2)^2} \left(58 - 14\alpha - 17\beta - 26\alpha\beta + 4\alpha^2\beta - 58\beta^2 + 14\alpha\beta^2\right).$$

Der Gradient verschwindet genau dann, wenn

$$4\alpha + 14\beta - 13 = 0 \tag{1.15}$$

$$4\alpha^2\beta + 14\alpha\beta^2 - 58\beta^2 - 26\alpha\beta - 14\alpha - 17\beta + 58 = 0. \tag{1.16}$$

(1.16) ist äquivalent zu

$$\alpha\beta \underbrace{(4\alpha + 14\beta - 13)}_{=0 \text{ nach } (1.15)} - 13\alpha\beta - 58\beta^2 - 14\alpha - 17\beta + 58 = 0$$

$$\implies -13\alpha\beta - 58\beta^2 - 14\alpha - 17\beta + 58 = 0 \tag{1.17}$$

Man setzt nun die aus (1.15) gewonnene Beziehung

$$\alpha = \frac{13 - 14\beta}{4} \tag{1.18}$$

in Gleichung (1.17) ein und erhält so

$$\frac{-13(13 - 14\beta)\beta}{4} - 58\beta^2 - \frac{7}{2}(13 - 14\beta) - 17\beta + 58 = 0$$

$$\implies -\frac{25}{2}\beta^2 - \frac{41}{4}\beta + \frac{25}{2} = 0$$

$$\implies \beta^2 + \frac{41}{50}\beta - 1 = 0$$

Man löst diese quadratische Gleichung in β auf und rechnet aus:

$$\beta_{1,2} = -\frac{41}{100} \pm \sqrt{\frac{1681 + 10000}{10000}} = \frac{-41 \pm \sqrt{11681}}{100} \approx \begin{cases} 0{,}671 \\ -1{,}491 \end{cases}$$

Die zugehörigen Werte von α sind nach (1.18):

$$\alpha_{1,2} = \frac{13 - 14\frac{-41\pm\sqrt{11681}}{100}}{4} = \frac{650 - 7(-41 \pm \sqrt{11681})}{200} \approx \begin{cases} 0{,}902 \\ 8{,}468 \end{cases}.$$

Man berechnet nun die zweiten Ableitungen:

$$\frac{\partial^2 F}{\partial \alpha^2} = \frac{8}{1 + \beta^2}$$

$$\frac{\partial^2 F}{\partial \beta \partial \alpha} = \frac{\partial^2 F}{\partial \alpha \partial \beta} \qquad \text{(Satz von Schwarz)}$$

$$= \frac{2}{(1 + \beta^2)^2}(14 + 26\beta - 8\alpha\beta - 14\beta^2)$$

$$\frac{\partial^2 F}{\partial \beta^2} = -2\big((-17 - 26\alpha + 4\alpha^2 - 116\beta + 28\alpha\beta)(1 + \beta^2)^2$$

$$-4\beta(58 - 14\alpha - 17\beta - 26\alpha\beta + 4\alpha^2\beta - 58\beta^2 + 14\alpha\beta^2)(1 + \beta^2)\big) \cdot \frac{1}{(1 + \beta^2)^4}$$

$$= -2\big((-17 - 26\alpha + 4\alpha^2 - 116\beta + 28\alpha\beta)(1 + \beta^2)$$

$$-4\beta(58 - 14\alpha - 17\beta - 26\alpha\beta + 4\alpha^2\beta - 58\beta^2 + 14\alpha\beta^2)\big) \cdot \frac{1}{(1 + \beta^2)^3}$$

$$= -2\frac{-17 - 26\alpha + 4\alpha^2 - 348\beta + 51\beta^2 + 116\beta^3 + 84\alpha\beta + 78\alpha\beta^2 - 28\alpha\beta^3 - 12\alpha^2\beta^2}{(1 + \beta^2)^3}$$

Daraus ergeben sich folgenden Hesse-Matrizen:

$$H_F(\alpha_1, \beta_1) \approx \begin{pmatrix} 5{,}517 & 19{,}311 \\ 19{,}311 & 93{,}292 \end{pmatrix}$$

und

$$H_F(\alpha_2, \beta_2) \approx \begin{pmatrix} 2{,}483 & 8{,}689 \\ 8{,}689 & 25{,}208 \end{pmatrix}$$

$H_F(\alpha_1, \beta_1)$ ist offenbar positiv definit, da die Determinante und das linke obere Matrixelement positiv sind.

Mit demselben Kriterium erkennt man, dass $H_F(\alpha_2, \beta_2)$ nicht positiv definit ist, da die Determinante offensichtlich kleiner als 0 wird.

Man hat also bei (α_1, β_1) ein lokales Minimum von F gefunden. Die Gerade mit dem minimalen Abstand zu den 4 gegebenen Punkten ist also $\hat{G}(x) = 0{,}902 + 0{,}671\,x$. Der Abstand der vier Punkte zu der zugehörigen Geraden beträgt, wie man leicht nachrechnet: $\sqrt{F(\alpha_1, \beta_1)} \approx 2{,}523$.

Aufgabe 61

► **Diskrete harmonische Analyse**

Bestimmen Sie das trigonometrische Ausgleichspolynom

$$p(x) = \frac{1}{2}\gamma_1 + \gamma_2 \sin(x) + \gamma_3 \cos(x)$$

a) zu den Werten

$$y_j = 1\,,\ j = 1, 2,\ y_3 = 0,\ y_j = -1,\ j = 4, 5, 6\,,$$

und äquidistanten Punkten $x_j = -\pi + \frac{j}{3}\pi\,,\ j = 1, \ldots, 6\,,$

b) und zu den Werten

$$y_j = 1\,,\ j = 1,2,3\,,\ y_j = -1\,,\ j = 4,5,6\,,$$

und äquidistanten Punkten $x_j = -\pi + \frac{j}{3}\pi,\ j = 1,\dots,6$.

Lösung

(durch die diskreten Eulerschen Formeln)

a) Wir haben die Wertetabelle

x_i	$-\frac{2}{3}\pi$	$\frac{1}{3}\pi$	0	$\frac{1}{3}\pi$	$\frac{2}{3}\pi$	π
y_i	1	1	0	-1	-1	-1

Weiter sind die $x_j = -\pi + \frac{j}{3}\pi,\ j = 1,\dots,6$, als äquidistante Punkte gegeben, so dass wir die Lösungen mit den diskreten Eulerschen Formeln berechnen können, die für äquidistante Punkte der Form $x_j = -\pi + 2\pi j/N,\ j = 1,\dots,N$ gelten (vgl. z. B. [23], 7.3.3). Setzt man $N = 6$ – da wir hier 6 Punkte haben – so erhält man die gesuchten Koeffizienten durch die Formeln

$$\gamma_k = \frac{2}{N}(p,u_k) = \frac{2}{N}(y,u_k) = \frac{2}{N}\sum_{j=1}^{N} y_j u_k(x_j)\,, \quad k = 1,2,3\,,$$

mit dem diskreten Skalarprodukt $(\cdot,\cdot)$ aus Aufg. 45, wobei noch

$$u_1 = 1\,,\ u_2(x) = \sin(x)\,,\ u_3(x) = \cos(x)\,.$$

Damit folgt:

$$\gamma_1 = \frac{1}{3}\,(y_1 + y_2 + y_3 + y_4 + y_5 + y_6) = -\frac{1}{3}$$

$$\gamma_2 = \frac{1}{3}\left(y_1 \sin\left(-\frac{2}{3}\pi\right) + y_2 \sin\left(-\frac{1}{3}\pi\right) + y_3 \sin(0)\right.$$
$$\left. + y_4 \sin\left(\frac{1}{3}\pi\right) + y_5 \sin\left(\frac{2}{3}\pi\right) + y_6 \sin(\pi)\right)$$
$$= \frac{1}{3}\left(-\frac{1}{2}\sqrt{3} - \frac{1}{2}\sqrt{3} - \frac{1}{2}\sqrt{3} - \frac{1}{2}\sqrt{3}\right) = -\frac{2}{\sqrt{3}}$$

$$\gamma_3 = \frac{1}{3}\left(y_1 \cos\left(-\frac{2}{3}\pi\right) + y_2 \cos\left(-\frac{1}{3}\pi\right) + y_3 \cos(0)\right.$$
$$\left. + y_4 \cos\left(\frac{1}{3}\pi\right) + y_5 \cos\left(\frac{2}{3}\pi\right) + y_6 \cos(\pi)\right) = \frac{1}{3}\,.$$

Ergebnis: Das trigonometrische Ausgleichspolynom

$$p(x) = -\frac{1}{6} - \frac{2}{\sqrt{3}}\sin(x) + \frac{1}{3}\cos(x)$$

hat minimalen Abstand zu den gegebenen 6 Punkten.

b) Gesucht ist

$$p(x) = \frac{1}{2}\gamma_1 + \gamma_2 \sin(x) + \gamma_3 \cos(x),$$

wobei sich die γ_k wieder aus den diskreten Eulerschen Formeln ergeben,

$$\gamma_k = \frac{2}{N}\sum_{j=1}^{N} y_j u_k(x_j), k = 1,\ldots,n.$$

Hier ist

$$N = 6, n = 3, u_1 = 1, u_2(x) = \sin(x), u_3(x) = \cos(x),$$

und die Wertetabelle ist gegeben durch

x_i	$-\frac{2}{3}\pi$	$\frac{1}{3}\pi$	0	$\frac{1}{3}\pi$	$\frac{2}{3}\pi$	π
y_i	1	1	1	-1	-1	-1

Man erhält

$$\gamma_1 = \frac{2}{6}\sum_{j=1}^{6} y_j \underbrace{u_1(x_j)}_{=1} = \frac{1}{3}(3-3) = 0$$

$$\gamma_2 = \frac{1}{3}\sum_{j=1}^{6} y_j \sin(x_j) = \frac{1}{3}\sum_{j=1}^{3}\left\{\sin\left(\pi\left(-1+\frac{j}{3}\right)\right) - \sin\left(\frac{j}{3}\pi\right)\right\}$$

$$= \frac{-1}{3}\sum_{j=1}^{3}\left\{\sin\left(\pi\left(1-\frac{j}{3}\right)\right) + \sin\left(\frac{j}{3}\pi\right)\right\}$$

$$= -\frac{1}{3}\left\{0 + 2\sin\left(\frac{\pi}{3}\right) + 2\sin\left(\frac{2\pi}{3}\right) + 0\right\}$$

$$= -\frac{2}{3}\cdot 2\overbrace{\sin\left(\frac{\pi}{2}\right)}^{1}\cos\left(\frac{\pi}{6}\right) = -\frac{4}{3}\frac{\sqrt{3}}{2} = -\frac{2}{\sqrt{3}}(= -1{,}1547)$$

$$\gamma_3 = \frac{1}{3}\sum_{j=1}^{6} y_j \cos(x_j) = \frac{1}{3}\sum_{j=1}^{3}\left\{\cos\left(\pi\left(-1+\frac{j}{3}\right)\right) - \cos\left(\frac{j}{3}\pi\right)\right\}$$

$$= \frac{1}{3}\sum_{j=1}^{3}\left\{\cos\left(\pi\left(1-\frac{j}{3}\right)\right) - \cos\left(\frac{j}{3}\pi\right)\right\} = \frac{1}{3}\{\underbrace{\cos(0)}_{1} - \underbrace{\cos(\pi)}_{-1}\}$$

$$= \frac{2}{3}$$

$$\Rightarrow p(x) = -\frac{2}{\sqrt{3}}\sin(x) + \frac{2}{3}\cos(x)$$

Aufgabe 62

▶ **Diskrete harmonische Analyse, Vandermondesche Determinante**

Gegeben seien Funktionen $u_1(x) = 1$, $u_{2\ell}(x) = \sin(\ell x)$, $u_{2\ell+1}(x) = \cos(\ell x)$, $\ell = 1, \ldots, m$, $x \in G := (-\pi, \pi]$, sowie $v_k(x) = e^{ikx}$, $x \in G$, $k = 0, \pm 1, \ldots, \pm m$. Bekanntlich gilt dann

$$\sin(\ell x) = \frac{1}{2i}\left(e^{i\ell x} - e^{-i\ell x}\right), \cos(\ell x) = \frac{1}{2}\left(e^{i\ell x} + e^{-i\ell x}\right).$$

Zeigen Sie für Punkte

$$x_1, \ldots, x_n \in (-\pi, \pi], \text{ mit } z_j := e^{ix_j}, \ j = 1, \ldots, n, \text{ dass}$$

$$\det\left(z_j^{k-1}\right)_{j,k=1,\ldots,n} \neq 0 \iff \det\left(u_k(x_j)\right)_{j,k=1,\ldots,n} \neq 0.$$

Bemerkung: Die x_j sind genau dann paarweise verschieden, wenn dies auch für die z_j gilt. Über die Darstellung der Vandermondeschen Determinante $\det\left(z_j^{k-1}\right)_{j,k}$ aus Aufg. 48 sieht man, dass diese für paarweise verschiedene x_j nicht verschwindet, und damit auch $\det\left(u_k(x_j)\right)_{j,k} \neq 0$ ist.

Lösung

Mit $n = 2m + 1$ erhält man nach den Rechenregeln für Determinanten bei elementaren Zeilen- oder Spaltenoperationen für die Vandermondesche Determinante die folgenden Äquivalenzen:

$$\begin{vmatrix} 1 & z_1 & z_1^2 & \cdots & z_1^{n-1} \\ \vdots & \vdots & \vdots & & \vdots \\ 1 & z_n & z_n^2 & \cdots & z_n^{n-1} \end{vmatrix} \neq 0$$

(Division der j−ten Zeile durch $z_j^m (\neq 0)$ für jedes $j = 1, \ldots, n$:)

$$\iff \begin{vmatrix} z_1^{-m} & \cdots & 1 & \cdots & z_1^m \\ \vdots & & \vdots & & \vdots \\ z_n^{-m} & \cdots & 1 & \cdots & z_n^m \end{vmatrix} \neq 0$$

(Subtrahiere die $(n - j + 1)$-te Spalte von der j-ten Spalte, $j = 1, \ldots, m$, und multipliziere die Spalten $m + 2, \ldots, n$ mit 2:)

$$\iff \begin{vmatrix} z_1^{-m} - z_1^m & z_1^{-m+1} - z_1^{m-1} & \cdots & 1 & 2z_1 & \cdots & 2z_1^m \\ \vdots & \vdots & & \vdots & \vdots & & \vdots \\ z_n^{-m} - z_n^m & z_n^{-m+1} - z_n^{m-1} & \cdots & 1 & 2z_n & \cdots & 2z_n^m \end{vmatrix} \neq 0$$

(Addiere die j-te Spalte zur $(n-j+1)$-ten Spalte, $j=1,\ldots,m$; anschließende Spaltenvertauschung:)

$$\Longleftrightarrow \quad \begin{vmatrix} 1 & z_1^1 - z_1^{-1} & z_1^1 + z_1^{-1} & z_1^2 - z_1^{-2} & \ldots & z_1^m - z_1^{-m} & z_1^m + z_1^{-m} \\ \vdots & \vdots & \vdots & \vdots & \ldots & \vdots & \vdots \\ \vdots & \vdots & \vdots & \vdots & \ldots & \vdots & \vdots \\ 1 & z_n^1 - z_n^{-1} & z_n^1 + z_n^{-1} & z_n^2 - z_n^{-2} & \ldots & z_n^m - z_n^{-m} & z_n^m + z_n^{-m} \end{vmatrix} \neq 0$$

(Dividiere alle Spalten mit geradem Index durch $2i$, was $\sin(kx_j)$ ergibt, und alle Spalten mit ungeradem Index ≥ 3 durch 2, was $\cos(kx_j)$ ergibt:)

$$\Longleftrightarrow \quad \Big| \; u_k(x_j) \; \Big|_{j,k=1,\ldots,n} \neq 0$$

Aufgabe 63

▶   **Nilpotente Matrizen**

Zeigen Sie, dass für eine untere $n \times n$-Dreiecksmatrix

$$B = \begin{pmatrix} 0 & & & \ldots & 0 \\ b_{2,1} & 0 & & \ldots & 0 \\ b_{3,1} & b_{3,2} & 0 & \ldots & 0 \\ & & \cdots\cdots\cdots & & \\ b_{n,1} & & \ldots & b_{n,n-1} & 0 \end{pmatrix}$$

gilt: $B^n = 0$.

Hinweis: Beweisen Sie induktiv (über t), dass für B^{t+1} eine Nebendiagonale mehr Null wird, als bei B^t, das heißt für $B^t = \left(b_{j,k}^{(t)} \right)$ gilt:

$$b_{j,k}^{(t)} = 0, k \geq j - t + 1, j = 1,\ldots,n, t = 1,\ldots,n.$$

Lösung

Sei $B^t =: \left(b_{j,k}^{(t)} \right)$. Wir beweisen induktiv für $t = 1,\ldots,n$:

$$b_{j,k}^{(t)} = 0, k \geq j - t + 1, j = 1,\ldots,n.$$

I.A.: $t = 1$: Klar, da B nach Voraussetzung untere Dreiecksmatrix ist.

I.V.: Die Behauptung gelte bis $t \geq 1$.

I.S.: $t \to t + 1 (\leq n)$:

Seien $j, k \in \{1, \ldots n\}$ und $k \geq j - (t + 1) + 1 = j - t$ beliebig. Dann gilt wegen $B^{t+1} = B^t B$:

$$b_{j,k}^{(t+1)} = \sum_{l=1}^{n} \underbrace{b_{j,l}^{(t)}}_{=0, \text{ falls } l \geq j-t+1 \text{ n. I.V.}} \cdot \underbrace{b_{l,k}^{(1)}}_{=0, \text{ falls } l \leq k}$$

Ist also $l \leq k$, so verschwindet der zweite Faktor; ist $l \geq k + 1$, so folgt nach Voraussetzung $l \geq j - t + 1$ und damit verschwindet der erste Faktor. Es verschwindet also jeder Summand in obiger Summe und somit folgt die Behauptung.

Aufgabe 64

▶   **Spektralradius**

Sei $A \in \mathbb{K}^{n,n}$ eine quadratische Matrix und $\rho(A) := \max\{|\lambda_i|, \ i = 1, \ldots, n\}$, der *Spektralradius* von A; λ_i seien die Eigenwerte von A.

Zeigen Sie: Für eine symmetrische bzw. hermitesche Matrix $A \in \mathbb{K}^{n,n}$ ist der Spektralradius die natürliche Matrixnorm zur euklidischen Norm $\| \cdot \|_2$, d. h.

$$(\|A\|_{2,\text{nat}} :=) \sup_{x \neq 0} \frac{\|Ax\|_2}{\|x\|_2} = \rho(A) .$$

Hinweis: Sie können verwenden, dass es für symmetrische bzw. hermitesche Matrizen ein Orthonormalsystem $\{w_1, \ldots, w_n\}$ von Eigenvektoren zu reellen Eigenwerten $\lambda_1, \ldots, \lambda_n$ gibt, und dass $|\lambda| \leq \|A\|$ für alle Eigenwerte λ von A und jede verträgliche Matrixnorm gilt (vgl. z. B. Plato [15], 4.7.2).

Bemerkung: Für allgemeine Matrizen $A \in \mathbb{K}^{n,m}$ ist die *Spektralnorm* $\|A\|_S := \sqrt{\rho(A^* A)}$ die natürliche Matrixnorm zur euklidischen Norm in $\mathbb{K}^m$ und $\mathbb{K}^n$ (vgl. z. B. [4], 2.).

Lösung

Seien λ_i und w_i, $i = 1, \ldots, n$, die Eigenwerte bzw. Eigenvektoren von A.

$$\Longrightarrow \lambda_i \in \mathbb{R} \text{ und } \|Ax\|_2^2 = \sum_{i=1}^{n} \lambda_i^2 |\langle x, w_i \rangle|^2 \text{ und } \|x\|_2^2 = \sum_i |\langle x, w_i \rangle|$$

$$\overset{x \neq 0}{\Longrightarrow} \frac{\|Ax\|_2^2}{\|x\|_2^2} = \frac{\sum_i \lambda_i^2 |\langle x, w_i \rangle|^2}{\sum_i |\langle x, w_i \rangle|^2} \leq \max_i |\lambda_i|^2$$

$$\Longrightarrow \sup_{x \neq 0} \frac{\|Ax\|_2}{\|x\|_2} = \|A\|_{2,\text{nat}} \leq \max_i |\lambda_i| .$$

Außerdem gilt immer (für jede verträgliche Matrixnorm, s. Hinweis), dass

$$|\lambda| \leq \|A\| \quad \text{für alle Eigenwerte } \lambda \text{ von } A,$$

woraus die Behauptung folgt.

Aufgabe 65

▶   **Konvergenz von Gesamt- und Einzelschrittverfahren**

Es werde die Aufgabenstellung $Ax = b$, $A \in \mathbb{R}^{n,n}$, $x, b \in \mathbb{R}^n$ betrachtet. Zeigen Sie:

a) Das Jacobi-Verfahren (oder Gesamtschrittverfahren), aber nicht das Gauß-Seidel-Verfahren (oder Einzelschrittverfahren), konvergiert für

$$A = \begin{pmatrix} 1 & -2 & 2 \\ -1 & 1 & -1 \\ -2 & -2 & 1 \end{pmatrix}.$$

b) Das Gauß-Seidel-Verfahren, aber nicht das Jacobi-Verfahren, konvergiert für

$$A = \frac{1}{2} \begin{pmatrix} 2 & 1 & 1 \\ -2 & 2 & -2 \\ -1 & 1 & 2 \end{pmatrix}.$$

Lösung

Vorbemerkung: Falls alle Diagonalelemente $a_{j,j} \neq 0$ sind, ist die Lösung von $Ax = b$ mit den Bezeichnungen

$$D := \operatorname{diag}(a_{j,j})_{j=1,\dots,n}, c := D^{-1}b, B := -D^{-1}(A - D)$$

wegen

$$\begin{aligned} Ax = b &\Longleftrightarrow D^{-1}Ax = D^{-1}b \\ &\Longleftrightarrow (E + D^{-1}(A - D))x = c \\ &\Longleftrightarrow (E - B)x = c \end{aligned}$$

äquivalent zur Lösung der Gleichung

$$x - Bx = c \ .$$

Hierfür hat man das Ergebnis, dass das Jacobi-Verfahren genau dann konvergiert, wenn die Potenzen der Matrix B eine Nullfolge bilden (vgl. z. B. [23], 8.1.1). Dies ist darüberhinaus äquivalent dazu, dass der Spektralradius

$$\rho(B) =: \max\{|\lambda_i| \; : \; \lambda_i \text{ Eigenwerte von } B\}$$

kleiner als eins ist (vgl. z. B. [15], 10.2, und die folgende Aufg. 66).

Weiter ist das Gauß-Seidel-Verfahren äquivalent einem Jacobi-Verfahren mit der Iterationsmatrix

$$C = (E - L)^{-1} R$$

mit der Zerlegung

$$B = L + R,$$

wobei L eine (echte) untere Dreiecksmatrix und R eine obere Dreiecksmatrix ist (vgl. z. B. [23], 8.2.1).

Zur Lösung der Aufgabe sind also die Iterationsmatrizen B bzw. C des Jacobi- bzw. Gauß-Seidel-Verfahrens zu bestimmen und daraufhin zu untersuchen, ob ihre Potenzen eine Nullfolge bilden bzw. deren Spektralradius kleiner als eins ist.

Zu a):
Hier ist $D = E$ und folglich

$$B = -D^{-1}(A - D) = E - A = \begin{pmatrix} 0 & 2 & -2 \\ 1 & 0 & 1 \\ 2 & 2 & 0 \end{pmatrix}.$$

Wegen

$$B^2 = \begin{pmatrix} 0 & 2 & -2 \\ 1 & 0 & 1 \\ 2 & 2 & 0 \end{pmatrix} \begin{pmatrix} 0 & 2 & -2 \\ 1 & 0 & 1 \\ 2 & 2 & 0 \end{pmatrix} = \begin{pmatrix} -2 & -4 & 2 \\ 2 & 4 & -2 \\ 2 & 4 & -2 \end{pmatrix}$$

$$B^3 = B\, B^2 = \begin{pmatrix} 0 & 2 & -2 \\ 1 & 0 & 1 \\ 2 & 2 & 0 \end{pmatrix} \begin{pmatrix} -2 & -4 & 2 \\ 2 & 4 & -2 \\ 2 & 4 & -2 \end{pmatrix} = 0$$

hat man $B^t = 0, t \geq 3$ (B ist nilpotent vom Grade 3) und folglich trivialerweise $B^t \to 0 \quad (t \to \infty)$, mithin die Konvergenz des Jacobi-Verfahrens.

Die zum Gauß-Seidel-Verfahren gehörige Iterationsmatrix C errechnet man mit Hilfe der Zerlegung

$$B = \begin{pmatrix} 0 & 2 & -2 \\ 1 & 0 & 1 \\ 2 & 2 & 0 \end{pmatrix} = \underbrace{\begin{pmatrix} 0 & 0 & 0 \\ 1 & 0 & 0 \\ 2 & 2 & 0 \end{pmatrix}}_{=:L} + \underbrace{\begin{pmatrix} 0 & 2 & -2 \\ 0 & 0 & 1 \\ 0 & 0 & 0 \end{pmatrix}}_{=:R}$$

zu

$$C = (E - L)^{-1} R$$

$$= \begin{pmatrix} 1 & 0 & 0 \\ -1 & 1 & 0 \\ -2 & -2 & 1 \end{pmatrix}^{-1} \begin{pmatrix} 0 & 2 & -2 \\ 0 & 0 & 1 \\ 0 & 0 & 0 \end{pmatrix}$$

$$= \begin{pmatrix} 1 & 0 & 0 \\ 1 & 1 & 0 \\ 4 & 2 & 1 \end{pmatrix} \begin{pmatrix} 0 & 2 & -2 \\ 0 & 0 & 1 \\ 0 & 0 & 0 \end{pmatrix} = \begin{pmatrix} 0 & 2 & -2 \\ 0 & 2 & -1 \\ 0 & 8 & -6 \end{pmatrix}.$$

Wäre nun $C^t \to 0$ $(t \to \infty)$ richtig, so würde in jeder beliebigen Norm $\| \cdot \|$ auf $\mathbb{R}^{3,3}$ gelten:

$$\|C^t\| \to 0 \quad (t \to \infty).$$

Andererseits gilt für jede verträgliche Matrixnorm $\| \cdot \|$ auf $\mathbb{R}^{3,3}$ und einen beliebigen Eigenwert λ von C ($\Longrightarrow \lambda^t$ ist Eigenwert von C^t) die Abschätzung

$$\|C^t\| \geq |\lambda^t| = |\lambda|^t$$

Ist also (mindestens) einer der Eigenwerte von C betragsmäßig größer als 1, so kann $\|C^t\|$ nicht gegen 0 konvergieren.

Zur Berechnung der Eigenwerte setzt man $\det(C - \lambda E) = 0$, d. h.

$$\begin{vmatrix} -\lambda & 2 & -2 \\ 0 & 2 - \lambda & -1 \\ 0 & 8 & -6 - \lambda \end{vmatrix} = 0$$

$$\Longleftrightarrow (-\lambda)[(2 - \lambda)(-6 - \lambda) + 8] = 0 \quad \text{(Entw. nach der 1. Spalte)}$$

$$\Longleftrightarrow \lambda = 0 \vee \lambda^2 + 4\lambda - 4 = 0$$

$$\Longleftrightarrow \lambda = 0 \vee \lambda = -2 \pm 2\sqrt{2}$$

Wegen $|-2 - 2\sqrt{2}| = 2(1 + \sqrt{2}) > 1$ konvergiert folglich das Gauß-Seidel-Verfahren nicht.

Zu b):

Man hat für die vorgegebene Matrix A, dass

$$D = E .$$

Mithin lautet die Iterationsmatrix zum Jacobi-Verfahren

$$B = -D^{-1}(A - D) = E - A = \frac{1}{2}\begin{pmatrix} 0 & -1 & -1 \\ 2 & 0 & 2 \\ 1 & -1 & 0 \end{pmatrix}$$

Man berechnet die Eigenwerte von B mit Hilfe der Gleichung $\det(B - \lambda E) = 0$, und entwickelt nach der 1. Spalte:

$$\left(\frac{1}{2}\right)^3 \begin{vmatrix} -2\lambda & -1 & -1 \\ 2 & -2\lambda & 2 \\ 1 & -1 & -2\lambda \end{vmatrix} = 0$$

$$\Longleftrightarrow -2\lambda(4\lambda^2 + 2) + (-4\lambda - 2) - (-2 + 2\lambda) = 0$$

$$\Longleftrightarrow -8\lambda^3 - 4\lambda - 4\lambda - 2 + 2 - 2\lambda = 0$$

$$\Longleftrightarrow -8\lambda^3 - 10\lambda = 0$$

$$\Longleftrightarrow \lambda = 0 \vee \lambda = \pm\frac{i}{2}\sqrt{5}$$

Da $\left|\frac{i}{2}\sqrt{5}\right| = \frac{\sqrt{5}}{2} > 1$, folgt mit analoger Argumentation wie in a), dass das Jacobi-Verfahren nicht konvergiert.

Die Iterationsmatrix C zum Gauß-Seidel-Verfahren ergibt sich mit den Bezeichnungen

$$B = \frac{1}{2}\begin{pmatrix} 0 & -1 & -1 \\ 2 & 0 & 2 \\ 1 & -1 & 0 \end{pmatrix} = \underbrace{\frac{1}{2}\begin{pmatrix} 0 & 0 & 0 \\ 2 & 0 & 0 \\ 1 & -1 & 0 \end{pmatrix}}_{L:=} + \underbrace{\frac{1}{2}\begin{pmatrix} 0 & -1 & -1 \\ 0 & 0 & 2 \\ 0 & 0 & 0 \end{pmatrix}}_{R:=}$$

wie folgt

$$C = (E - L)^{-1} R$$

$$= \begin{pmatrix} 1 & 0 & 0 \\ -1 & 1 & 0 \\ -\frac{1}{2} & \frac{1}{2} & 1 \end{pmatrix}^{-1} \begin{pmatrix} 0 & -\frac{1}{2} & -\frac{1}{2} \\ 0 & 0 & 1 \\ 0 & 0 & 0 \end{pmatrix}$$

$$= \begin{pmatrix} 1 & 0 & 0 \\ 1 & 1 & 0 \\ 0 & -\frac{1}{2} & 1 \end{pmatrix} \begin{pmatrix} 0 & -\frac{1}{2} & -\frac{1}{2} \\ 0 & 0 & 1 \\ 0 & 0 & 0 \end{pmatrix}$$

$$= \frac{1}{2} \begin{pmatrix} 0 & -1 & -1 \\ 0 & -1 & 1 \\ 0 & 0 & -1 \end{pmatrix}.$$

Zur Bestimmung der Eigenwerte berechnet man $\det(C - \lambda E) = (-\lambda)(\frac{1}{2} + \lambda)^2$ und erhält $\lambda_1 = 0$, $\lambda_{2,3} = -\frac{1}{2}$. Also konvergiert das Gauß-Seidel-Verfahren (siehe Vorbemerkung).

Aufgabe 66

▶ **Divergenz des Gesamtschrittverfahrens**

Zeigen Sie: Für eine reelle quadratische Matrix $B \in \mathbb{R}^{n,n}$ mit regulärem $E - B$ konvergiert das Gesamtschrittverfahren $x^{(t+1)} = Bx^{(t)} + c$, $t = 0, 1, 2, \ldots$, für einen beliebigen Startvektor $x^{(0)}$ und jedes c <u>nicht</u>, wenn $\rho(B) \geq 1$.

Hinweise: Der Spektralradius ist definiert durch $\rho(B) := \max |\lambda(B)|$ (vgl. auch Aufg. 64). Zur Konvergenz des Gesamtschrittverfahrens vgl. auch die Vorbemerkungen zur Lösung von Aufg. 65.

Lösung

Es ist zu zeigen, dass es für $\rho(B) \geq 1$ einen Startvektor $x^{(0)}$ und ein c gibt, so dass das Gesamtschrittverfahren nicht konvergiert. Der Beweis wird indirekt geführt.

Sei $x^{(0)} = w$ ein Eigenvektor von B zum Eigenwert $\lambda : |\lambda| \geq 1$ und $c = 0$. (Eigenvektoren sind per definitionen immer ungleich null.)

$$\Longrightarrow x^{(t)} = B^t x^{(0)} = \lambda^t w.$$

Angenommen $x^{(t)}$ konvergiert gegen $(E - B)^{-1} c = 0$, d. h. $x^{(t+1)} \to 0$ ($t \to \infty$)

$$\Longrightarrow \|x^{(t+1)}\| = |\lambda|^t \|w\| \geq \|w\| > 0 \quad \text{(Widerspruch zur Konv.)}$$

Damit ist die Behauptung bewiesen.

1.4   Nichtlineare Gleichungssysteme und Eigenwertaufgaben bei Matrizen

Aufgabe 67

▶   **Quadratwurzeln positiv definiter Matrizen**

Gegeben sei die Matrix

$$A = \begin{pmatrix} 20 & -4 \\ -4 & 20 \end{pmatrix}.$$

Zeigen Sie, dass sie positiv definit ist, bestimmen Sie deren Eigenwerte und die exakten Quadratwurzeln.

Hinweise:
1) (Zur positiven Definitheit) Mit Hilfe der Eigenwerte einer symm. Matrix A gilt

$$\lambda_{\min} \le \frac{\langle Ax, x \rangle}{\|x\|_2^2} \le \lambda_{\max}.$$

2) Es gibt 4 (exakte) Quadratwurzeln von A.

Lösung

a) *Eigenwerte von A:*

$$\det(A - \lambda E) = 0 \iff (20 - \lambda)^2 - 16 = 0 = \lambda^2 - 40\lambda + 384$$
$$\implies \lambda_1 = 20 + 4 = 24,\ \lambda_2 = 20 - 4 = 16$$

Wegen Hinweis 1) gilt

$$16 \le \frac{\langle Ax, x \rangle}{\|x\|_2^2} \le 24 \quad \forall\, x \in \mathbb{R}^2,\, x \ne 0,$$

insbesondere

$$\langle Ax, x \rangle > 0 \quad \forall\, x \in \mathbb{R}^2,\, x \ne 0.$$

Da A symmetrisch ist, folgt die positive Definitheit von A.

b) *Exakte Quadratwurzeln:*
   Ansatz

$$W = \begin{pmatrix} a & b \\ c & d \end{pmatrix}:$$

$$W^2 = A \iff \begin{pmatrix} a^2 + bc & b(a+d) \\ c(a+d) & bc + d^2 \end{pmatrix} = \begin{pmatrix} 20 & -4 \\ -4 & 20 \end{pmatrix}$$

Daraus ergibt sich

$$0 \neq b(a+d) = c(a+d) \implies b = c$$

und

$$a^2 + bc = d^2 + bc \implies a = \pm d \,,\, a + d \neq 0 \implies a = d$$

Neuer Ansatz $\quad W = \begin{pmatrix} a & b \\ b & a \end{pmatrix}:$

$$W^2 = A \iff a^2 + b^2 = 20 \,,\, 2ab = -4$$
$$\implies (a+b)^2 = 16 \,,\, (a-b)^2 = 24 = 4 \cdot 6$$

Es gibt also vier mögliche Quadratwurzeln:

$$
\begin{aligned}
W^{(1)}:&\quad a+b = 4\,, &\quad a-b = 2\sqrt{6} &\implies a = 2 + \sqrt{6}\,, &\quad b = 2 - \sqrt{6} \\
W^{(2)}:&\quad a+b = 4\,, &\quad a-b = -2\sqrt{6} &\implies a = 2 - \sqrt{6}\,, &\quad b = 2 + \sqrt{6} \\
W^{(3)}:&\quad a+b = -4\,, &\quad a-b = 2\sqrt{6} &\implies a = -2 + \sqrt{6}\,, &\quad b = -2 - \sqrt{6} \\
W^{(4)}:&\quad a+b = -4\,, &\quad a-b = -2\sqrt{6} &\implies a = -2 - \sqrt{6}\,, &\quad b = -2 + \sqrt{6}
\end{aligned}
$$

Aufgabe 68

▶ **Gesamtschrittverfahren für Quadratwurzeln**

Für eine positiv definite Matrix $A \in \mathbb{K}^{n,n}$ hat das Gesamtschrittverfahren zur Berechnung der Quadratwurzel W von A, d.h. $W^2 = A$, die Gestalt $X_t = \frac{1}{2}(X_{t-1}^2 + B)$, $t = 1, 2, \ldots$, wobei $B = E - \sigma A$ und $0 < \sigma < 1/\lambda_{\max}$, $\lambda_{\max} = $ max. Eigenwert von A. Mit einem Limes $Z = \lim_{t \to \infty} X_t$ – zu einem geeigneten X_0 – erhält man dann Wurzeln durch $W^\pm = \pm \frac{1}{\sqrt{\sigma}}(E - Z)$. Als Näherungen für die Quadratwurzeln W erhält man damit $W_t^\pm = \pm(E - X_t)/\sqrt{\sigma}$, $t = 1, 2, \ldots$

Bekanntlich gelten für das Gesamtschrittverfahren die a-priori Fehlerabschätzungen

$$\|Z - X_t\|_\infty \le \frac{q^t}{1-q} \|X_1 - X_0\|_\infty, \quad t = 1, 2, \dots,$$

wobei $q = \|B\|_\infty, Z = E - \sqrt{\sigma}W$.

Berechnen Sie für das obige Gesamtschrittverfahren X_1 und X_2 mit A aus Aufg. 67 und $X_0 = 0$, $\sigma = 1/25$. Vergleichen Sie außerdem die Differenz $W - W_2^\pm$ mit der Schranke der entsprechenden a-priori Fehlerabschätzung (bzgl. $\|\cdot\|_\infty$).

Hinweis: Wählen Sie geeignete Quadraturwurzeln in der Fehlerabschätzung.

Lösung

a) *Gesamtschrittverfahren für $t = 1, 2$: $X_0 = 0$*

$$X_1 = \frac{1}{2} B = \frac{1}{2}(E - \sigma A) = \frac{1}{2}\left(\begin{pmatrix} 1 & 0 \\ 0 & 1 \end{pmatrix} - \frac{1}{25}\begin{pmatrix} 20 & -4 \\ -4 & 20 \end{pmatrix} \right)$$

$$\Longrightarrow X_1 = \begin{pmatrix} \dfrac{1}{10} & \dfrac{2}{25} \\ \dfrac{2}{25} & \dfrac{1}{10} \end{pmatrix}, \quad B = \begin{pmatrix} \dfrac{1}{5} & \dfrac{4}{25} \\ \dfrac{4}{25} & \dfrac{1}{5} \end{pmatrix}$$

Es sei darauf hingewiesen, dass $1/\lambda_{max} = 1/24 > 1/25 = \sigma > 0$. Weiter ist

$$X_2 = \frac{1}{2}(X_1^2 + B)$$

$$= \frac{1}{2}\left(\begin{pmatrix} \dfrac{1}{100} + \dfrac{4}{625} & 2\dfrac{2}{250} \\ 2\dfrac{2}{250} & \dfrac{41}{2500} \end{pmatrix} + \begin{pmatrix} \dfrac{1}{5} & \dfrac{4}{25} \\ \dfrac{4}{25} & \dfrac{1}{5} \end{pmatrix} \right)$$

$$= \frac{1}{5000}\begin{pmatrix} 541 & 440 \\ 440 & 541 \end{pmatrix}$$

$$= \begin{pmatrix} 0{,}1082 & 0{,}088 \\ 0{,}088 & 0{,}1082 \end{pmatrix}$$

und

$$W_2^\pm = \pm 5(E - X_2)$$

$$= \pm 5 \begin{pmatrix} 0{,}8918 & -0{,}088 \\ -0{,}088 & 0{,}8918 \end{pmatrix}$$

$$= \pm \begin{pmatrix} 4{,}459 & -0{,}44 \\ -0{,}44 & 4{,}459 \end{pmatrix}$$

b) Es gilt für $W = W^+$:

$$\|W - W_2^+\|_\infty = \left\| \frac{1}{\sqrt{\sigma}}(E - Z) - \frac{1}{\sqrt{\sigma}}(E - X_2) \right\|_\infty = 5\,\|Z - X_2\|_\infty$$

(entspr. für W^-). Ein Vergleich zeigt:
W_2^+ approximiert $W^{(1)}$ mit $\|W^{(1)} - W_2^+\|_\infty = 0{,}019$;
W_2^- approximiert $W^{(4)}$ mit $\|W^{(4)} - W_2^-\|_\infty = 0{,}019$.
Für das entsprechende $Z = E - \sqrt{\sigma}\,W^+$ erhält man also nach der theoretischen a-priori Fehlerabschätzung

$$0{,}019 = \|W^{(1)} - W_2^+\|_\infty = 5\,\|Z - X_2\|_\infty$$

$$\leq 5\,\frac{q^2}{1-q}\|X_1 - X_0\|_\infty = 5\,\frac{0{,}1296}{0{,}64}\|X_1\|_\infty$$

$$= 5 \cdot 0{,}2025\,\frac{1}{2}\|B\|_\infty = 0{,}18225$$

Das Gleiche erhält man für $W^{(4)} - W_2^-$, wobei dann $Z = E + \sqrt{\sigma}\,W^-$ (wegen $W^- = -W^+$ und $W_2^- = -W_2^+$).

Aufgabe 69

▶ **Fixpunktiteration**

Gegeben sei für $x = (x_1, x_2) \in \mathbb{R}^2$ die Fixpunktgleichung

$$x = F(x)$$

mit der auf $G = [1 - \delta, 1 + \delta]^2, 0 < \delta \leq 1$ definierten Funktion

$$F(x) = \begin{pmatrix} F_1(x) \\ F_2(x) \end{pmatrix} := \begin{pmatrix} 1 - hx_1x_2^2 \\ 1 + 2hx_1^2x_2 \end{pmatrix}, h > 0 \ .$$

Geben Sie eine Bedingung für h in Abhängigkeit von δ an, so dass für jeden Startvektor $x^0 \in G$ die Fixpunktiteration $x^t = F(x^{t-1})$, $t = 1, 2, \ldots$ konvergiert. Was liefert das Iterationsverfahren für $\delta = 1, h = 0{,}5$ und $x^0 = (1, 1)$?

Lösung
Wir müssen h so wählen, dass F eine kontrahierende Abbildung von G in sich darstellt. Hinreichend für die Kontraktionsbedingung ist

$$\|F'\|_\infty = \left\| \left(\frac{\partial F_i}{\partial x_j} \right)_{i,j=1,2} \right\|_\infty \leq q < 1 \ .$$

Berechnung der Funktionalmatrix liefert

$$F'(x) = \begin{pmatrix} -hx_2^2 & -2x_1x_2h \\ 4hx_1x_2 & 2hx_1^2 \end{pmatrix}$$

Aus

$$|-hx_2^2| + |-2x_1x_2h| = hx_2^2 + 2x_1x_2h \le h((1+\delta)^2 + 2(1+\delta)^2) = 3h(1+\delta)^2$$

und

$$|4hx_1x_2| + |2hx_1^2| = 4hx_1x_2 + 2hx_1^2 \le 6h(1+\delta)^2$$

folgt

$$\|F'\|_\infty \le 6h(1+\delta)^2 \,.$$

Ist nun

$$h < \frac{1}{6(1+\delta)^2} \,, \tag{1.19}$$

so folgt mit $q := 6h\,(1+\delta)^2$, dass

$$\|F'\|_\infty \le q < 1 \quad .$$

Weitere Bedingungen an h ergeben sich aus der geforderten Eigenschaft, dass G durch F in sich abgebildet wird.

Trivialerweise gelten die Beziehungen

$$F_1(x) \le 1 < 1 + \delta \quad \text{und} \quad F_2(x) \ge 1 > 1 - \delta \,.$$

Aus den beiden anderen erforderlichen Beziehungen ergeben sich zwei weitere Bedingungen an h wie folgt:

$$
\begin{aligned}
F_1(x) &\ge 1 - \delta \\
&\Longleftrightarrow \quad 1 - hx_1x_2^2 \ge 1 - \delta \\
&\Longleftarrow \quad 1 - h(1+\delta)^3 \ge 1 - \delta \\
&\Longleftrightarrow \quad h \le \frac{\delta^{\,'}}{(1+\delta)^3}
\end{aligned}
\tag{1.20}
$$

und

$$
\begin{aligned}
F_2(x) &\le 1 + \delta \\
&\Longleftrightarrow 1 + 2hx_1^2x_2 \le 1 + \delta \\
&\Longleftarrow 1 + 2h(1+\delta)^3 \le 1 + \delta \\
&\Longleftrightarrow h \le \frac{\delta}{2(1+\delta)^3}
\end{aligned}
\tag{1.21}
$$

Die Zusammenfassung der Bedingungen (1.19), (1.20) und (1.21) ergibt als Forderung an h:

$$h \leq \min\left(\frac{1}{6(1+\delta)^2}, \frac{\delta}{2(1+\delta)^3}\right).$$

Im Fall $\delta = 1$, $h = 0{,}5$ und $x^0 = (1, 1)$ ergibt sich der Dreier-Zyklus

$$x^1 = (1/2, 2)$$
$$x^2 = (0, 3/2)$$
$$x^3 = (1, 1) = x^0 \quad \text{usw.,}$$

also eine spezielle Form der Divergenz.

Aufgabe 70

▶ **Fixpunktgleichung und Kontraktion**

Gesucht ist eine positive Lösung des nichtlinearen Gleichungssystems

$$
\begin{array}{rcll}
2x_1 + x_2 &=& 1 + x_1^2 & \\
x_{i-1} + 2x_i + x_{i+1} &=& 1 + x_i^2 & (i = 2, \ldots, n-1) \ . \\
x_{n-1} + 2x_n &=& 1 + x_n^2 &
\end{array}
$$

a) Zeigen Sie, dass jeder Fixpunkt der durch

$$y_1 = 1 + \sqrt{x_2}, \, y_i = 1 + \sqrt{x_{i-1} + x_{i+1}}(i = 2, \ldots, n-1), \, y_n = 1 + \sqrt{x_{n-1}}$$

definierten Abbildung $y = \Phi(x)$ eine solche Lösung liefert.

b) Zeigen Sie weiter, dass $\Phi(Q) \subset Q$ für den Quader

$$Q = \{x \in \mathbb{R}^n \mid x_1, \ldots, x_n \in [2,4]\},$$

und finden Sie eine Kontraktionskonstante für Φ.

Bem.: Es gibt einfache Lösungen des Gleichungssystems wie z. B. $x^* = (1,0,0,1,0,0,\ldots)^\top \notin Q$, die hier nicht betrachtet werden sollen.

Lösung

Zu a): Wir zeigen zunächst, dass jeder Fixpunkt von Φ eine positive Lösung des gegebenen Gleichungssystems liefert. Sei dazu $\Phi(x) = x$.

i) Positivität:

Klar, da $x = \Phi(x)$ und $\Phi(x) \geq 1 \quad \forall x \in D(\Phi)$ (= Definitionsbereich von Φ)

ii) x löst das Gleichungssystem, denn aus $x = \Phi(x)$ folgt

$$
\begin{aligned}
x_1 &= 1 + \sqrt{x_2} \\
x_i &= 1 + \sqrt{x_{i-1} + x_{i+1}} \quad (i = 2, \ldots, n-1) \\
x_n &= 1 + \sqrt{x_{n-1}}.
\end{aligned}
$$

$$
\Longrightarrow \quad
\begin{aligned}
(x_1 - 1)^2 &= x_2 \\
(x_i - 1)^2 &= x_{i-1} + x_{i+1} \quad (i = 2, \ldots, n-1) \\
(x_n - 1)^2 &= x_{n-1}
\end{aligned}
$$

$$
\Longrightarrow \quad
\begin{aligned}
x_1^2 + 1 &= x_2 + 2x_1 \\
x_i^2 + 1 &= x_{i-1} + x_{i+1} + 2x_i \, (i = 2, \ldots, n-1) \\
x_n^2 + 1 &= x_{n-1} + 2x_n
\end{aligned}
$$

$\Longrightarrow$ Behauptung

Zu b): Wir zeigen nun $\Phi(Q) \subset Q$, d.h. $\forall x \in Q \Rightarrow \Phi(x) \in Q$.
Sei also $x \in Q$ beliebig.

$$
\begin{aligned}
\Longrightarrow \quad & x_i \in [2,4], \, i = 1, \ldots, n \\
\Longrightarrow \quad y_1 &= 1 + \underbrace{\sqrt{x_2}}_{\in [\sqrt{2},2]} \in [1 + \sqrt{2}, 3] \subset [2,4] \\
y_i &= 1 + \underbrace{\sqrt{x_{i-1} + x_{i+1}}}_{\in [2, \sqrt{8}]} \in [3, 1 + \sqrt{8}] \subset [2,4], \, i = 2, \ldots, n-1, \\
y_n &= 1 + \underbrace{\sqrt{x_{n-1}}}_{\in [\sqrt{2},2]} \in [1 + \sqrt{2}, 3] \subset [2,4]
\end{aligned}
$$

Zum Finden einer Kontraktionskonstante wenden wir z. B. [23], Satz 9.1.(16), (MWS für vektorwertige Funktionen) an. Als Vektornorm auf $\mathbb{R}^n$ verwenden wir die Maximumnorm mit der maximalen Zeilensumme als verträglicher Matrizennorm (beide mit $\|\cdot\|_\infty$ bezeichnet). Man prüft leicht nach, dass alle Voraussetzungen des Satzes erfüllt sind, denn Q ist konvex und die partiellen Ableitungen erster Ordnung von Φ existieren und sind stetig und beschränkt. Die Funktionenmatrix hat die Gestalt:

$$
\Phi'(x) =
\begin{pmatrix}
0 & \frac{1}{2\sqrt{x_2}} & 0 & & \cdots & & 0 \\
\frac{1}{2\sqrt{x_1 + x_3}} & 0 & \frac{1}{2\sqrt{x_1 + x_3}} & 0 & \cdots & & 0 \\
& & \ddots & & & & \\
0 & & \cdots & 0 & \frac{1}{2\sqrt{x_{n-2} + x_n}} & 0 & \frac{1}{2\sqrt{x_{n-2} + x_n}} \\
0 & & \cdots & & 0 & \frac{1}{2\sqrt{x_{n-1}}} & 0
\end{pmatrix}
$$

$$\Longrightarrow$$

$$\|\Phi'(x)\|_\infty = \max\left(\frac{1}{2\sqrt{x_2}}, \frac{1}{\sqrt{x_1 + x_3}}, \cdots, \frac{1}{\sqrt{x_{n-2} + x_n}}, \frac{1}{2\sqrt{x_{n-1}}}\right)$$

$$\leq \max\left(\frac{1}{2\sqrt{2}}, \frac{1}{2}, \cdots, \frac{1}{2}, \frac{1}{2\sqrt{2}}\right) = \frac{1}{2}$$

$$\Longrightarrow \quad \sup_{x \in Q} \|\Phi'(x)\|_\infty \leq \frac{1}{2}$$

$$\overset{\text{Satz}}{\Longrightarrow} \quad \|\Phi(\bar{x}) - \Phi(\bar{y})\|_\infty \leq \sup_{x \in Q} \|\Phi'(x)\|_\infty \|\bar{x} - \bar{y}\|_\infty \leq \frac{1}{2} \|\bar{x} - \bar{y}\|_\infty$$

$$\Longrightarrow \quad \frac{1}{2} \text{ ist eine mögliche Kontraktionskonstante.}$$

Aufgabe 71

▶ **Newton-Verfahren für entartete Nullstellen**

Sei $f \in C^3([a, b])$ und $x^* \in (a, b)$ eine Nullstelle der Ordnung $r = 2$, d. h. $f^{(\nu)}(x^*) = 0$, $\nu = 0, 1$, $f^{(2)}(x^*) \neq 0$. Weiter sei $f'' \neq 0$ auf $[a, b]$. Zeigen Sie: Das modifizierte Newton-Verfahren

$$x^{(k+1)} = x^{(k)} - r\frac{f(x^{(k)})}{f'(x^{(k)})}, \quad k = 0, 1, 2, \dots,$$

konvergiert bei geeigneter Wahl von $x^{(0)}$ (mindestens) quadratisch gegen x^*.

Lösung

Mit $\phi(x) := x - r\dfrac{f(x)}{f'(x)}$, $r = 2$, hat das modifizierte Newton-Verfahren die Form eines Gesamtschrittverfahrens,

$$x^{(k+1)} = \phi(x^{(k)}), \quad k = 0, 1, 2, \dots.$$

Für die erste und zweite Ableitung von ϕ ergibt sich

$$\phi'(x) = 1 - r\frac{f'(x)^2 - f(x)f''(x)}{f'(x)^2}$$

$$= 1 - r + r\frac{f(x)f''(x)}{f'(x)^2}, \quad x \neq x^*$$

$$\phi''(x) = \frac{r}{f'(x)^4}\left(f'(x)^2(f'f'' + ff''')(x) - 2ff'(f'')^2(x)\right)$$

$$= r\left(\frac{f''}{f'} + \frac{ff^{(3)}}{f'^2} - 2\frac{ff''^2}{f'^3}\right).$$

Mit Hilfe der Regel von l'Hospital sieht man, dass

$$\lim_{x \to x^*} \frac{f(x)}{f'(x)^2} = \lim_{x \to x^*} \frac{f'(x)}{2f'f''(x)} = \frac{1}{2f''(x^*)}$$

und

$$\lim_{x \to x^*} \frac{f(x)}{f'(x)} = \lim_{x \to x^*} \frac{f'(x)}{f''(x)} = 0.$$

Also erhält man für ϕ bzw. ϕ' $(r = 2)$

$$\lim_{x \to x^*} \phi(x) = x^* - r \lim_{x \to x^*} \frac{f(x)}{f'(x)} = x^*,$$

$$\phi'(x^*) = 1 - r + r \lim_{x \to x^*} \frac{f f''}{(f')^2} = 1 - r + \frac{r}{2} = 0.$$

Für ϕ'' sieht man, dass

$$\begin{aligned}
\lim_{x \to x^*} \left(\frac{f''}{f'} - 2\frac{f(f'')^2}{(f')^3} \right) &= f''(x^*) \lim_{x \to x^*} \frac{(f')^2 - 2ff''}{(f')^3} \\
&= f''(x^*) \lim_{x \to x^*} \frac{2f'f'' - 2(ff''' + f'f'')}{3(f')^2 f''} \\
&= f''(x^*) \lim_{x \to x^*} \frac{-2ff'''}{3(f')^2 f''} = -\frac{2(f''f''')(x^*)}{3f''(x^*)} \lim_{x \to x^*} \frac{f}{(f')^2} \\
&= -\frac{1}{3} \frac{f^{(3)}(x^*)}{f^{(2)}(x^*)},
\end{aligned}$$

also

$$\lim_{x \to x^*} \phi''(x) = -\frac{r}{3} \frac{f^{(3)}(x^*)}{f^{(2)}(x^*)} + r f^{(3)}(x^*) \lim_{x \to x^*} \frac{f}{(f')^2} = \frac{r}{6} \frac{f^{(3)}(x^*)}{f^{(2)}(x^*)} (=: \xi).$$

Setzt man für den Fehler $\varepsilon^{(k)} := x^{(k)} - x^*$, dann ergibt sich aus der Taylorformel

$$\begin{aligned}
\varepsilon^{(k+1)} = x^{(k+1)} - x^* &= \phi(x^{(k)}) - \phi(x^*) \\
&= \phi(x^* + \varepsilon^{(k)}) - \phi(x^*) \\
&= \phi(x^*) + \varepsilon^{(k)} \phi'(x^*) + \frac{1}{2}\varepsilon^{(k)2} \phi''(x^* + \Theta_k \varepsilon^{(k)}) - \phi(x^*) \\
&= \frac{1}{2}\varepsilon^{(k)2} \phi''(x^* + \Theta_k \varepsilon^{(k)})
\end{aligned}$$

mit $0 < \Theta_k < 1$. Setzt man noch

$$M := \max_{x \in [x^* - \delta,\, x^* + \delta]} |\phi''(x)|$$

für eine (geeignete) δ–Umgebung von x^* und fordert von $x^{(0)} \in [x^* - \delta, \ x^* + \delta]$ noch, dass $\rho_0 := \frac{M}{2} |x^{(0)} - x^*| \leq q < 1$, dann erfüllt die Folge $\rho_k := \frac{M}{2} |\varepsilon^{(k)}|$ die Abschätzungen

$$\rho_{k+1} \leq \rho_k^2 \ , \rho_k \leq \rho_0^{(2^k)} \ ,$$

und es gelten die Fehlerabschätzungen

$$|\varepsilon^{(k)}| \leq \frac{2}{M} \rho_0^{(2^k)} \leq \frac{2}{M} q^{(2^k)} \ , \ k = 0, 1, 2, \ldots .$$

Bemerkung: Man erhält

$$\lim_{k \to \infty} \frac{\varepsilon^{(k+1)}}{\varepsilon^{(k)2}} = \frac{1}{2} \phi''(x^*) \ .$$

Ist noch $\phi''(x^*) = 0$ (im Falle von $f^{(3)}(x^*) = 0$), so ergibt sich sogar eine höhere Konvergenzgeschwindigkeit (evtl. kubisch oder mehr).

Aufgabe 72

▶   **Inverse von Matrizen, Funktionalmatrix**

Sei $A \in \mathbb{K}^{n,n}$ regulär und $\| \cdot \|$ eine submultiplikative Matrixnorm auf $\mathbb{K}^{n,n}$, d. h. $\|AB\| \leq \|A\| \|B\|$.

a) Zeigen Sie, dass mit $\rho := 1/\|A^{-1}\|$ für jedes

$$X \in K_\rho(A) = \{Y \in \mathbb{K}^{n,n} : \|A - Y\| < \rho\}$$

die Inverse X^{-1} existiert.

b) Nach a) ist durch $f(X) = X^{-1} - A$ eine Abbildung $f : K_\rho(A) \to \mathbb{K}^{n,n}$ definiert. Beweisen Sie: f ist stetig partiell differenzierbar mit der Ableitung

$$f'(X)H = -X^{-1} H X^{-1} \ , X \in K_\rho(A).$$

Lösung

a) Es ist

$$\|A^{-1}(X - A)\| \leq \|A^{-1}\| \|X - A\| = \frac{1}{\rho} \|X - A\| < 1 \forall X \in K_\rho(A) \ .$$

Mit Hilfe der Neumannschen Reihe sieht man, dass

$$A^{-1} X = \left(E + A^{-1}(X - A) \right)^{-1}$$

existiert. Damit existiert auch X^{-1}.

b) Es genügt

$$\frac{\|f(X + H) - f(X) - TH\|}{\|H\|} \to 0 \text{ für } \|H\| \to 0$$

nachzuweisen, wobei die lineare Abbildung $T : \mathbb{K}^{n,n} \to \mathbb{K}^{n,n}$ durch $TH = -X^{-1}HX^{-1}$ für $X \in K_\rho(A)$ definiert ist; dann ist $T = f'(X)$. Man rechnet aus, dass

$$\begin{aligned}
f(X + H) - f(X) - TH &= (X + H)^{-1} - X^{-1} + X^{-1}HX^{-1} \\
&= X^{-1}\left(X(X + H)^{-1} - E + HX^{-1}\right) \\
&= X^{-1}\left[(E + HX^{-1})^{-1} - E + HX^{-1}\right].
\end{aligned}$$

Wir betrachten die letzte Beziehung für hinreichend kleines H, nämlich $\|H\| < 1/\|X^{-1}\|$ gilt, dann gilt (Neumannsche Reihe)

$$(E + HX^{-1})^{-1} = \sum_{t=0}^{\infty}(-1)^t H^t (X^{-1})^t$$

und

$$\|(E + HX^{-1})^{-1}\| \leq \frac{1}{1 - \|H\|\|X^{-1}\|}.$$

Daraus erhält man die folgende Darstellung für die obige Klammer $[-]$:

$$(E + HX^{-1})^{-1} - E + HX^{-1} = H^2(X^{-1})^2(E + HX^{-1})^{-1},$$

denn

$$\begin{aligned}
(E + HX^{-1})^{-1} &= \sum_{t=0}^{\infty} \ldots = E - HX^{-1} + H^2(X^{-1})^2 \sum_{t=0}^{\infty}(-1)^t H^t (X^{-1})^t \\
&= E - HX^{-1} + H^2(X^{-1})^2(E + HX^{-1})^{-1}.
\end{aligned}$$

Zusammen folgen die Abschätzungen

$$\begin{aligned}
\|f(X + H) &- f(X) + X^{-1}HX^{-1}\| \\
&\leq \|X^{-1}\| \|(E + HX^{-1})^{-1} - E + HX^{-1}\| \\
&\leq \|H\|^2\|X^{-1}\|^3 \frac{1}{1 - \|H\|\|X^{-1}\|}
\end{aligned}$$

für $\|H\| < 1/\|X^{-1}\|$, also

$$\begin{aligned}
\frac{\|f(X + H) - f(X) + X^{-1}HX^{-1}\|}{\|H\|} & \\
\leq \|H\| \|X^{-1}\|^3 \frac{1}{1 - \|H\|\|X^{-1}\|} &\to 0 \text{ für } \|H\| \to 0.
\end{aligned}$$

Damit ist die Behauptung bewiesen.

Aufgabe 73

▶   **Brouwerscher Fixpunktsatz**

Beweisen Sie den Brouwerschen Fixpunktsatz für $n = 1$. Zeigen Sie also: Ist $[a, b] \subset \mathbb{R}$ ein kompaktes Intervall, $a < b$, und $F : [a, b] \to \mathbb{R}$ stetig mit $F([a, b]) \subset [a, b]$, so besitzt F einen Fixpunkt $x^* \in [a, b]$.

Lösung

Sei $F_0 := \{x \in [a, b] \mid x \leq F(x)\}$ und $F_1 := \{x \in [a, b] \mid x \geq F(x)\}$. Wegen der Stetigkeit von F sind F_0, F_1 abgeschlossen und offenbar gilt $F_0 \cup F_1 = [a, b]$. Wir zeigen, dass $F_0 \cap F_1 \neq \emptyset$, was dann die Existenz eines Fixpunktes beweist.

Angenommen $F_0 \cap F_1 = \emptyset$, dann ist $|x, F_1| > 0 \, \forall x \in F_0$. Da $|\cdot, F_1|$ stetig und F_0 abgeschlossen ist, existiert

$$x_0 \in F_0 : |x_0, F_1| = \min_{x \in F_0} |x, F_1| > 0 \, .$$

Analog existiert $x_1 \in F_1$ mit $|x_0, F_1| = |x_0 - x_1|$. Indirekt wird klar, dass für $\hat{x} = \frac{1}{2}(x_0 + x_1)$ gilt

$$\hat{x} \notin F_0 \text{ und } \hat{x} \notin F_1 \, .$$

Wegen der Konvexität von $[a, b]$ ist aber $\hat{x} \in [a, b]$, im Widerspruch zu $F_0 \cup F_1 = [a, b]$.

Alternative Lösung: Setze $G(x) := F(x) - x$, dann ist $G : [a, b] \to \mathbb{R}$ stetig, und es gilt $G(a) = F(a) - a \geq 0$ sowie $G(b) \leq 0$. Nach dem Zwischenwertsatz existiert ein $x^* \in [a, b]$ mit $G(x^*) = 0$, d. h. $F(x^*) = x^*$.

Aufgabe 74

▶   **Rayleigh-Quotient**

Sei $A \in \mathbb{R}^{n,n}$ und die durch den Rayleigh-Quotienten definierte Abbildung sei

$$f : \mathbb{R}^n \setminus \{0\} \to \mathbb{R} \, , \qquad x \longmapsto \frac{\langle Ax, x \rangle}{\|x\|_2^2} \ (=: \rho_A(x)) \, .$$

Zeigen Sie:

a) Für $\hat{x} \in \mathbb{R}^n \setminus \{0\}$ ist $\nabla f(\hat{x}) = 0$ genau dann, wenn $\hat{x}$ Eigenvektor der Matrix $\frac{1}{2}(A + A^*)$ zum Eigenwert $f(\hat{x})$ ist. ($A^* = A^\top = $ adjungierte bzw. transponierte Matrix.)

b) Ist A symmetrisch mit den Eigenwerten $\lambda_1 \geq \lambda_2 \geq \cdots \geq \lambda_n$, so gilt

$$\lambda_1 = \max_{x \neq 0} f(x) \quad \text{und} \quad \lambda_n = \min_{x \neq 0} f(x) .$$

c) Für $y \in \mathbb{R}^n \setminus \{0\}$ gilt

$$\inf_{\sigma \in \mathbb{R}} \| Ay - \sigma y \|_2 = \| Ay - f(y)y \|_2 .$$

Lösung

a) Für die partiellen Ableitungen von

$$f(x) = \frac{\sum_{k,j=1}^n a_{kj} x_j x_k}{\sum_{k=1}^n x_k^2} \quad , \ x \neq 0 ,$$

erhält man nach der Quotientenregel

$$\frac{\partial f}{\partial x_\ell}(x) = \frac{1}{\|x\|_2^4}\left(\|x\|_2^2\left(\sum_{j:j\neq\ell} a_{\ell j}\, x_j + 2a_{\ell\ell}\, x_\ell + \sum_{k:k\neq\ell} a_{k\ell}\, x_k \right) - 2x_\ell \sum_{k,j} a_{kj}\, x_j x_k \right)$$

$$= \frac{1}{\|x\|_2^2}\left(\sum_j a_{\ell j} x_j + \sum_k a_{k\ell} x_k \right) - 2x_\ell \frac{\langle Ax, x \rangle}{\|x\|_2^4}$$

$$= \frac{1}{\|x\|_2^2}\left((Ax)_\ell + (A^\top x)_\ell \right) - 2x_\ell \frac{\rho_A(x)}{\|x\|_2^2}$$

Damit ist (für $\hat{x} \neq 0$)

$$\frac{\partial f}{\partial x_\ell}(\hat{x}) \qquad = 0 \forall \ell$$

$$\Longleftrightarrow \quad \frac{1}{2}\left((A + A^\top)\hat{x} \right)_\ell = \hat{x}_\ell\, \rho_A(\hat{x}) \forall \ell$$

$$\Longleftrightarrow \quad \frac{1}{2}(A + A^\top)\hat{x} \quad = \rho_A(\hat{x})\, \hat{x} .$$

b) Bekanntlich gilt für symmetrische Matrizen, dass (vgl. z. B. Hinweis zu Aufg. 67)

$$\lambda_n \leq \rho_A(x) \leq \lambda_1 \forall\, 0 \neq x \in \mathbb{R}^n .$$

Da für die zugehörigen Eigenvektoren w_1 bzw. w_n

$$\lambda_1 = \rho_A(w_1) \quad \text{bzw.} \quad \lambda_n = \rho_A(w_n)$$

gilt, ist die Behauptung gezeigt.

c) Setzt man für $0 \neq y \in \mathbb{R}^n$

$$\phi(\sigma) := \|Ay - \sigma y\|_2^2 = \sum_j \left(\sum_k a_{jk} y_k - \sigma y_j \right)^2 ,$$

dann erhält man für die erste und zweite Ableitung

$$\frac{d\phi}{d\sigma}(\sigma) = \sum_j \left(\sum_k a_{jk} y_k - \sigma y_j \right)(-2y_j)$$

$$= -2 \langle Ay - \sigma y , y \rangle ,$$

$$\frac{d^2\phi}{d\sigma^2}(\sigma) = -2 \sum_j -y_j^2 = 2 \sum_j y_j^2 > 0 .$$

Damit wird

$$\frac{d\phi}{d\sigma}(\hat{\sigma}) = 0 \iff \langle Ay, y \rangle = \hat{\sigma}\|y\|^2$$

$$\iff f(y) = \hat{\sigma} .$$

Da $\phi'' > 0$, hat ϕ also bei $\hat{\sigma} = f(y)$ ein Minimum.

Aufgabe 75

▶   **Eigenwertnäherungen**

Es sei $A \in \mathbb{K}^{n,n}$, $\mathbb{K} = \mathbb{R}$ oder $\mathbb{K} = \mathbb{C}$, eine symmetrische bzw. hermitesche Matrix mit den Eigenwerten $\lambda_1, \lambda_2, \ldots, \lambda_n$. Für eine Zahl $\mu \in \mathbb{R}$ und einen Vektor $x \in \mathbb{K}^n$, $x \neq 0$, sei $d := Ax - \mu x$.

a) Zeigen Sie die Abschätzung

$$\min_{1 \le j \le n} |\mu - \lambda_j| \le \frac{\|d\|_2}{\|x\|_2} .$$

b) Welche Abschätzung ergibt sich aus a) für die Einheitsvektoren $x = e_k$ und $\mu = \rho_A(e_k)$, $k = 1, \ldots, n$?

c) Wenden Sie das Ergebnis von b) auf die Matrix

$$A = \begin{pmatrix} 6 & 4 & 3 \\ 4 & 6 & 3 \\ 3 & 3 & 7 \end{pmatrix}$$

mit $\mu = 6$ bzw. $\mu = 7$ an. Welcher der Eigenwerte $\lambda_1 = 13$, $\lambda_2 = 4$, $\lambda_3 = 2$ wird durch diese μ approximiert?

Hinweis: Verwenden Sie eine Orthonormalbasis $\{w_1, \ldots, w_n\}$ von Eigenvektoren.
Der Rayleigh-Quotient wird mit $\rho_A(.)$ bezeichnet (vgl. z. B. Aufg. 74).

Lösung

a) Da A symmetrisch bzw. hermitesch ist, existiert eine Orthonormalbasis $w_1, w_2 \ldots,$
w_n des $\mathbb{K}^n$, die aus Eigenvektoren von A besteht. Es sei $x = \sum_{\nu=1}^{n} \alpha_\nu w_\nu$ die Basisdarstellung eines beliebigen Vektors x. Wegen $d = \sum_{\nu=1}^{n} \alpha_\nu (\lambda_\nu - \mu) w_\nu$ erhält
man die gewünschte Abschätzung aus

$$\|d\|_2^2 = \sum_{\nu=1}^{n} |\alpha_\nu|^2 |\lambda_\nu - \mu|^2 \geq \min_\nu |\lambda_\nu - \mu|^2 \|x\|_2^2 \,.$$

b) Bekanntlich ist Ae_k die k-te Spalte von A und $\rho_A(e_k) = a_{kk}$, $k = 1, \ldots, n$. Für
$x = e_k$, $\mu = \rho_A(e_k)$ in a) erhält man für die rechte Seite der Abschätzung

$$\|d\|_2^2 = \|Ae_k - \rho_A(e_k)e_k\|_2^2 = \sum_{\substack{j=1 \\ j \neq k}}^{n} |a_{jk}|^2 \,.$$

Also gilt

$$\min_{1 \leq j \leq n} |a_{kk} - \lambda_j| \leq \left(\sum_{\substack{j=1 \\ j \neq k}}^{n} |a_{jk}|^2 \right)^{1/2} \,, \quad k = 1, \ldots, n \,.$$

c) Mit $\mu = 6 \,(= a_{11} = a_{22})$ bzw. $\mu = 7 \,(= a_{33})$ erhält man in b)

$$\text{für } k = 1,2: \underbrace{\min_j |6 - \lambda_j|}_{=2 \text{ für } \lambda_j = 4} \leq \sqrt{16 + 9} = 5$$

bzw.

$$\text{für } k = 3: \underbrace{\min_j |7 - \lambda_j|}_{=3 \text{ für } \lambda_j = 4} \leq \sqrt{18} \approx 4{,}243 \,.$$

Damit wird durch die Diagonalelemente der Eigenwert $\lambda_2 = 4$ approximiert; $\lambda_3 = 2$ liegt auch noch im Kreis um $\mu = 6$ mit Radius 5.

Aufgabe 76

▶ **Eigenwertnäherungen mit der Potenzmethode**

Sei A eine symmetrische bzw. hermitesche $n \times n$-Matrix. Eigenwertnäherungen erhält man mit Hilfe der Potenzmethode durch die Rayleigh-Quotienten,

$$\rho_A\left(z_\pm^{(t)}\right) = \frac{\left\langle Az_\pm^{(t)}, z_\pm^{(t)}\right\rangle}{\|z_\pm^{(t)}\|^2} \;\to\; \pm|\lambda|\,(t \to \infty)\,,$$

wobei $z_\pm^{(t)} = y^{(2t)} \pm y^{(2t+1)}$. Zeigen Sie für den Zähler bzw. Nenner des Rayleigh-Quotienten die Darstellungen

$$\left\langle Az_\pm^{(t)}, z_\pm^{(t)}\right\rangle = \rho_A\big(y^{(2t)}\big) + \rho_A\big(y^{(2t+1)}\big) \pm 2\|Ay^{(2t)}\|\,,$$

$$\|z_\pm^{(t)}\|^2 = 2\left(1 \pm \frac{\rho_A\big(y^{(2t)}\big)}{\|Ay^{(2t)}\|}\right),\; t = 0,1,2,\ldots$$

Lösung

Wir setzen $\rho(\cdot) = \rho_A(\cdot)$. Für den Zähler erhält man

$$\left\langle Az_\pm^{(t)}, z_\pm^{(t)}\right\rangle = \left\langle A(y^{(2t)} \pm y^{(2t+1)}),\; y^{(2t)} \pm y^{(2t+1)}\right\rangle$$

$$\overset{A\text{ symm.}}{=} \rho\big(y^{(2t)}\big) + \rho\big(y^{(2t+1)}\big) + \left\langle Ay^{(2t)}, \underbrace{\pm\, y^{(2t+1)}}_{\pm\frac{Ay^{(2t)}}{\|Ay^{(2t)}\|}}\right\rangle + \left\langle \underbrace{\pm\, y^{(2t+1)}}_{\pm\frac{Ay^{(2t)}}{\|Ay^{(2t)}\|}}, Ay^{(2t)}\right\rangle$$

$$\underbrace{}_{\pm\|Ay^{(2t)}\| \pm \|Ay^{(2t)}\|}$$

Der Nenner ergibt sich zu

$$\|z_\pm^{(t)}\|^2 = \left\langle y^{(2t)} \pm y^{(2t+1)}, y^{(2t)} \pm y^{(2t+1)}\right\rangle$$

$$= \left\langle y^{(2t)} \pm \frac{Ay^{(2t)}}{\|Ay^{(2t)}\|},\; y^{(2t)} \pm \frac{Ay^{(2t)}}{\|Ay^{(2t)}\|}\right\rangle$$

$$= \underbrace{\|y^{(2t)}\|^2}_{=1} \pm 2\left\langle \frac{Ay^{(2t)}}{\|Ay^{(2t)}\|},\, y^{(2t)}\right\rangle + \underbrace{\frac{\|Ay^{(2t)}\|^2}{\|Ay^{(2t)}\|^2}}_{=1}$$

$$= 2\left(1 \pm \frac{\rho(y^{(2t)})}{\|Ay^{(2t)}\|}\right).$$

Aufgabe 77

▶ **Eigenwerte und Eigenvektoren einer tridiagonalen Matrix**

Für $N \in \mathbb{N}, N \geq 2$, sei die folgende trdiagonale Matrix gegeben:

$$A = \begin{pmatrix} 2 & -1 & 0 & \ldots & 0 & 0 & 0 \\ -1 & 2 & -1 & \ldots & 0 & 0 & 0 \\ & & & \ldots\ldots\ldots\ldots\ldots & & & \\ 0 & 0 & 0 & \ldots & -1 & 2 & -1 \\ 0 & 0 & 0 & \ldots & 0 & -1 & 2 \end{pmatrix} \in \mathbb{R}^{N-1, N-1}$$

Zeigen Sie:

a) Die Matrix hat die Eigenwerte

$$\lambda_j = 4 \sin^2 \left(\frac{j\pi}{2N} \right) \quad , \quad j = 1, \ldots, N-1 \, ,$$

mit zugehörigen Eigenvektoren

$$v^{(j)} = \left(\sin\left(\frac{j\pi}{N}\right), \sin\left(\frac{j\pi \, 2}{N}\right), \ldots, \sin\left(\frac{j\pi(N-1)}{N}\right) \right)^\top$$

$$= \left(\sin\left(j\pi \frac{k}{N} \right) \right)^\top_{k=1,\ldots,N-1} \quad , \quad j = 1, \ldots, N-1 \, .$$

b) Die Eigenvektoren bilden ein Orthogonalsystem.

Bemerkungen:
i) Die Matrix A ist symmetrisch und alle Eigenwert sind positiv, so dass A damit positiv definit ist.
ii) Als alternative Lösung kann man zeigen, dass der Ansatz

$$\left(\exp\left(ij\pi \frac{k}{N} \right) \right)^\top_{k=1,\ldots,N-1} \, , \quad j = 1, \ldots, N-1 \, ,$$

auch die Eigenwertgleichungen erfüllt. Dies gilt dann auch für den Realteil sowie den Imaginärteil, also für die entsprechenden Kosinus- und Sinusfunktionen. Für $(\cos(j\pi \frac{k}{N}))^\top_{k=1,\ldots,N-1}$ gelten die EW-Gleichungen sogar für $j = 0, \ldots, N$. Für die gegebene $(N-1) \times (N-1)$-Matrix A muss der Wert für $j = 0$ und $j = N$ gleich null sein, so dass hier nur der Sinus in Frage kommt.

Hinweis: Das gegebene Eigenwertproblem entsteht z. B. durch Diskretisierung der Differentialgleichung der „schwingenden Saite" $-w'' = \lambda\, w$ in $(0,1)$, $w(0) = w(1) = 0$, über einem äquidistanten Gitter $I_h = \{x_j = jh \mid j = 0, \ldots, N\}$, $hN = 1$, mithilfe des zentralen Differenzquotienten 2. Ordnung δ_h^2 (nach Multiplikation mit h^2): $-\delta_h^2 w_h = \lambda_h w_h$, $w_h(0) = w_h(1) = 0$ („diskrete schwingende Saite"). Die Eigenwerte λ_j in a) müssen dann entsprechend noch durch h^2 geteilt werden. Durch den Ansatz mit Sinus-Funktionen sind auch die homogenen Randbedingungen erfüllt.

Lösung

a) Sei $1 \le j \le N - 1$ beliebig, aber fest. Für $1 \le k \le N - 1$ ist zu zeigen:

$$-\sin\left(\frac{j\pi(k-1)}{N}\right) + 2\sin\left(\frac{j\pi k}{N}\right) - \sin\left(\frac{j\pi(k+1)}{N}\right)$$
$$= 4\sin^2\left(\frac{j\pi}{2N}\right)\sin\left(\frac{j\pi k}{N}\right)$$

Unter Benutzung der Additionstheoreme für sin und cos erhält man

$$-\sin\left(\frac{j\pi(k-1)}{N}\right) + 2\sin\left(\frac{j\pi k}{N}\right) - \sin\left(\frac{j\pi(k+1)}{N}\right)$$
$$= -\left(\sin\left(\frac{j\pi k}{N}\right)\cos\left(\frac{j\pi}{N}\right) - \sin\left(\frac{j\pi}{N}\right)\cos\left(\frac{j\pi k}{N}\right)\right) + 2\sin\left(\frac{j\pi k}{N}\right)$$
$$- \left(\sin\left(\frac{j\pi k}{N}\right)\cos\left(\frac{j\pi}{N}\right) + \sin\left(\frac{j\pi}{N}\right)\cos\left(\frac{j\pi k}{N}\right)\right)$$
$$= 2\sin\left(\frac{j\pi k}{N}\right)\left(1 - \cos\left(\frac{j\pi}{N}\right)\right)$$
$$= 2\sin\left(\frac{j\pi k}{N}\right)\left(1 - \left(1 - 2\sin^2\left(\frac{j\pi}{2N}\right)\right)\right)$$
$$= 4\sin^2\left(\frac{j\pi}{2N}\right)\sin\left(\frac{j\pi k}{N}\right)$$

b) Wir zeigen, dass

$$S_{p,p'} := \sum_{m=1}^{N-1} \sin\left(\pi m \frac{p}{N}\right)\sin\left(\pi m \frac{p'}{N}\right) = \gamma_p \delta_{p,p'}\,, \ p,\, p' = 1, \ldots, N - 1\,.$$

Für $p = p'$ ist offensichtlich

$$S_{p,p} = \sum_{m=1}^{N-1} \sin^2\left(\pi m \frac{p}{N}\right) =: \gamma_p > 0\,.$$

Seien nun $1 \leq p, p' \leq N - 1$, $p' = p + s$ mit $s \neq 0$, also $p \neq p'$. Mit

$$\sin(\phi_1)\sin(\phi_2) = -\frac{1}{2}\{\cos(\phi_1 + \phi_2) - \cos(\phi_1 - \phi_2)\}$$

folgt

$$S_{p,p'} = \sum_{m=0}^{N-1} \sin\left(\pi m \frac{p}{N}\right) \sin\left(\pi m \frac{p'}{N}\right)$$

$$= -\frac{1}{2} \sum_{m=0}^{N-1} \left\{\cos\left(\pi m \frac{2p+s}{N}\right) - \cos\left(\pi m \frac{s}{N}\right)\right\}.$$

Nun gilt mit $z := e^{i\pi\frac{2p+s}{N}}$ (endliche geom. Reihe!)

$$\sum_{m=0}^{N-1} \cos\left(\pi m \frac{2p+s}{I}\right) = \frac{1}{2}\left(\sum_{m=0}^{N-1} z^m + \sum_{m=0}^{N-1} \overline{z}^m\right)$$

$$= \frac{1}{2}\left(\frac{1-z^N}{1-z} + \frac{1-\overline{z}^N}{1-\overline{z}}\right)$$

$$= \frac{1}{2}(1 - (-1)^s)\left(\frac{1}{1-z} + \frac{1}{1-\overline{z}}\right)$$

$$= \frac{1}{2}(1 - (-1)^s),$$

da $z^N = \overline{z}^N = (-1)^s$ wegen $e^{\pm i\pi} = -1$ und $e^{\pm i2p\pi} = 1$ gilt, und weil noch

$$\frac{1}{1-z} + \frac{1}{1-\overline{z}} = \left(1 + \frac{1-z}{1-\overline{z}}\right) = \frac{1-z}{1-\overline{z}} = 1$$

wegen $z\overline{z} = 1$ und

$$\frac{1-z}{1-\overline{z}} \overset{!}{=} -z \iff 1 - z \overset{!}{=} -z(1-\overline{z}) = -z + z\overline{z} = 1 - z.$$

Für die zweite Summe in der Darstellung von $S_{p,p'}$ setzen wir $\hat{z} := e^{i\pi\frac{s}{N}}$, dann ist wieder $\hat{z}^N = \overline{\hat{z}}^N = (-1)^s$ und deshalb (wie oben)

$$\sum_{m=0}^{N-1} \cos\left(\pi m \frac{s}{N}\right) = \frac{1}{2}\left(\sum_{m=0}^{N-1} \hat{z}^m + \sum_{m=0}^{N-1} \overline{\hat{z}}^m\right)$$

$$= \frac{1}{2}\left(\frac{1-\hat{z}^N}{1-\hat{z}} + \frac{1-\overline{\hat{z}}^N}{1-\overline{\hat{z}}}\right) = \frac{1}{2}(1 - (-1)^s)\left(\frac{1}{1-\hat{z}} + \frac{1}{1-\overline{\hat{z}}}\right)$$

$$= \frac{1}{2}(1 - (-1)^s).$$

Insgesamt folgt für $p \neq p'$, dass

$$S_{p,p'} = -\frac{1}{4}((1 - (-1)^s) - (1 - (-1)^s)) = 0 \, .$$

Aufgabe 78

▶ **Eigenwerte und Eigenvektoren einer singulären tridiagonalen Matrix**

Für $N \in \mathbb{N}, N \geq 2$, sei die folgende tridiagonale Matrix gegeben:

$$B = \begin{pmatrix} 2 & -2 & 0 & \ldots & 0 & 0 & 0 \\ -1 & 2 & -1 & \ldots & 0 & 0 & 0 \\ & & \ldots\ldots\ldots\ldots & & & \\ 0 & 0 & 0 & \ldots & -1 & 2 & -1 \\ 0 & 0 & 0 & \ldots & 0 & -2 & 2 \end{pmatrix} \in \mathbb{R}^{N+1,N+1}$$

Zeigen Sie:

a) Die Matrix hat die Eigenwerte

$$\lambda_j = 4\sin^2\left(\frac{j\pi}{2N}\right) \quad , \quad j = 0, \ldots, N \, ,$$

mit zugehörigen Eigenvektoren

$$\begin{aligned} c^{(j)} &= \left(1, \cos\left(\frac{j\pi}{N}\right), \cos\left(\frac{j\pi\,2}{N}\right), \cdots, \cos\left(\frac{j\pi(N-1)}{N}\right), \cos(j\pi)\right)^{\top} \\ &= \left(\cos\left(j\pi\frac{k}{N}\right)\right)^{\top}_{k=0,\ldots,N} \quad , \quad j = 0, \ldots, N \, . \end{aligned}$$

b) Der Kern (oder Nullraum) von B ist gegeben durch

$$\ker(B)(= N(B)) = [\hat{U}] \text{ wobei } \hat{U} := (1, 1, \ldots, 1)^{\top} \, .$$

c) Die gegebene Matrix B ist einer symmetrischen Matrix $\widetilde{B}$ ähnlich.
d) Geben Sie eine (notwendige und hinreichende) Lösbarkeitsbedingung für die Gleichung $Bx = c$ an.
e) Zeigen Sie durch ein geeignetes Beispiel, dass unter der Lösbarkeitsbedingung aus d) die Lösungen nicht eindeutig sind.

Hinweise:
i) (zu a)) Sie können die Bemerkung ii) zu Aufg. 77 verwenden.
ii) (zu b)) Für $j = 0$ hat man hier den Eigenwert $\lambda_0 = 0$ mit zugehörigen Eigenvektor $\hat{U} = (1,1,\ldots,1)^\top$.
iii) (zu d)) Sie können benutzen, dass für den Bildbereich einer symmetrischen Matrix $\widetilde{B}$ gilt $R(\widetilde{B}) = N(\widetilde{B})^\perp$ (zur Definition von $N(\widetilde{B})^\perp$ siehe Aufg. 79).

Lösung

a) Wie schon bei Aufg. 77 bemerkt, gelten die Eigenwertgleichungen für $j = 1,\ldots,N-1$ auch für die Kosinusfunktionen $c^{(j)}$. Wir müssen also die EW-Gleichungen noch für $j = 0$ und $j = N$ nachprüfen.
j=0: Es muss gelten $2(c_0^{(j)} - c_1^{(j)}) = \lambda_j c_0^{(j)} \,\forall\, j$. Wegen $c_0^{(j)} = 1$, $c_1^{(j)} = \cos\left(j\pi \frac{1}{N}\right)$ erhält man

$$2\left(c_0^{(j)} - c_1^{(j)}\right) = 2\left(1 - \cos\left(\frac{j\pi}{N}\right)\right) = \frac{4}{2}\left(1 - \cos\left(\frac{j\pi}{N}\right)\right)$$

$$= 4\sin^2\left(\frac{j\pi}{2N}\right) = \lambda_j c_0^{(j)}.$$

j=N: Es muss gelten $2(c_N^{(j)} - c_{N-1}^{(j)}) = \lambda_j c_N^{(j)} \,\forall\, j$. Hier ist

$$c_N^{(j)} = \cos\left(j\pi \frac{N}{N}\right) = (-1)^j \quad\text{und}$$

$$c_{N-1}^{(j)} = \cos\left(j\pi \frac{N-1}{N}\right) = \cos\left(j\pi \frac{N}{N} + j\frac{\pi}{N}\right)$$

$$= \underbrace{\cos(j\pi)}_{=(-1)^j}\cos\left(\frac{j\pi}{N}\right) - \underbrace{\sin(j\pi)}_{=0}\sin\left(\frac{j\pi}{N}\right) = (-1)^j\cos\left(\frac{j\pi}{N}\right),$$

und man erhält

$$2\left(c_N^{(j)} - c_{N-1}^{(j)}\right) = 2\left((-1)^j - (-1)^j\cos\left(\frac{j\pi}{N}\right)\right)$$

$$= 2(-1)^j\left(1 - \cos\left(\frac{j\pi}{N}\right)\right) = 4\sin^2\left(\frac{j\pi}{2N}\right)(-1)^j$$

$$= \lambda_j c_N^{(j)}.$$

b) Für die $(N+1) \times (N+1)$-Matrix B hat man $N+1$ paarweise verschiedene Eigenwerte. Damit sind die zugehörigen Eigenvektoren linear unabhängig und bilden entsprechende eindimensionale Eigenräume. Der Eigenraum zum Eigenwert $\lambda_0 = 0$, d. h. der Kern, ist also gegeben durch $\ker(B) = [c^{(0)}] = [\hat{U}]$.

c) Die Matrix B ist ähnlich der Matrix

$$\widetilde{B} = \begin{pmatrix} 2 & -\sqrt{2} & 0 & & & & 0 \\ -\sqrt{2} & 2 & -1 & & & & 0 \\ 0 & -1 & 2 & -1 & & & 0 \\ & & \cdot & \cdot & \cdot & \cdot & \\ 0 & & 0 & -1 & 2 & -1 & 0 \\ 0 & & & 0 & -1 & 2 & -\sqrt{2} \\ 0 & & & & 0 & -\sqrt{2} & 2 \end{pmatrix},$$

da mit

$$D = \begin{pmatrix} \sqrt{2} & 0 & \cdots & & 0 \\ 0 & 1 & \ddots & & \vdots \\ \vdots & \ddots & \ddots & & 0 \\ 0 & & \cdots & 1 & 0 \\ 0 & & \cdots & 0 & \sqrt{2} \end{pmatrix} \quad \text{und} \quad D^{-1} = \begin{pmatrix} \frac{1}{\sqrt{2}} & 0 & \cdots & & 0 \\ 0 & 1 & \ddots & & \vdots \\ \vdots & \ddots & \ddots & & 0 \\ 0 & & \cdots & 1 & 0 \\ 0 & & \cdots & 0 & \frac{1}{\sqrt{2}} \end{pmatrix}$$

offenbar gilt $D^{-1}BD = \widetilde{B}$. Folglich ist B der symmetrischen Matrix $\widetilde{B}$ ähnlich, und das Gleichungssystem $Bx = c$ ist äquivalent zu $\widetilde{B}\tilde{x} = \tilde{c}$ mit $\tilde{c} := D^{-1}c$. Umgekehrt erhält man aus einer Lösung von $\widetilde{B}\tilde{x} = \tilde{c}$ die Lösung von $Bx = c$ durch $c = D\tilde{c}$.

d) Offenbar ist $\hat{\tilde{U}} = D^{-1}\hat{U}$ Lösung von $\widetilde{B}\hat{\tilde{U}} = 0$, denn $\widetilde{B}\hat{\tilde{U}} = D^{-1}BDD^{-1}\hat{U} = D^{-1}B\hat{U} = 0$. Umgekehrt zeigen wir noch, dass jede Lösung von $\widetilde{B}\tilde{U} = 0$, für ein $\tilde{U}$, ein skalares Vielfaches von $\hat{\tilde{U}}$ ist. Sei $\widetilde{B}\tilde{U} = 0$, dann folgt für $\hat{U} := D\tilde{U}$, dass

$$0 = \widetilde{B}\tilde{U} = D^{-1}BD\tilde{U} = D^{-1}B\hat{U} \implies B\hat{U} = 0.$$

Wegen Beh. b) und der Definition von $\hat{U}$ bekommt man

$$\hat{U} = \alpha\hat{U} \implies \tilde{U} = D^{-1}\hat{U} = \alpha D^{-1}\hat{U} = \alpha\hat{\tilde{U}}.$$

Wir zeigen nun abschließend die folgende **Behauptung**:

$$\widetilde{B}\tilde{x} = \tilde{c} \quad \text{ist d.u.n.d. lösbar, wenn} \quad \langle\tilde{c}, \hat{\tilde{U}}\rangle = 0.$$

Wegen $R(\widetilde{B}) = N(\widetilde{B})^{\perp}$ (s. Hinweis) folgt aus $\langle\tilde{c}, \hat{\tilde{U}}\rangle = 0$, dass $\tilde{c} \in R(\widetilde{B})$. Erfülle umgekehrt $\tilde{x}$ das System $\widetilde{B}\tilde{x} = \beta\tilde{c}$ mit $\beta \neq 0$. Es folgt wegen der Symmetrie von $\widetilde{B}$

$$\langle\widetilde{B}\tilde{x}, v\rangle = \beta\langle\tilde{c}, v\rangle \implies \langle\tilde{c}, \widetilde{B}v\rangle = \beta\langle\tilde{c}, v\rangle \ \forall v.$$

Speziell für $v = \tilde{U}$ folgt:

$$0 = \left\langle \tilde{c}, B\tilde{U} \right\rangle = \beta \left\langle \tilde{c}, \tilde{U} \right\rangle \overset{\beta \neq 0}{\Longrightarrow} \left\langle \tilde{c}, \tilde{U} \right\rangle = 0\,.$$

Entsprechend der Definitionen von $\tilde{c}$, $\tilde{U}$ erhält man also als Lösbarkeitsbedingung

$$\left(\frac{1}{2} c_0 + \sum_{k=1}^{N-1} c_k + \frac{1}{2} c_N \right) = 0\,.$$

e) Wir wählen speziell $c = (-c_0, 0, \ldots, 0, c_N)^\top$ mit $c_0, c_N \in \mathbb{R}$. Dann bedeutet die Lösbarkeitsbedingung, dass $\frac{1}{2}(-c_0 + c_N) = 0 \Leftrightarrow c_N = c_0$. Die Lösungen von $\widetilde{B}\tilde{x} = \tilde{c}$ bzw. $Bx = c$ erhält man dann wie folgt:

$$x_1 : 2\tilde{x}_0 - \sqrt{2}\tilde{x}_1 = -\tilde{c}_0 \iff \sqrt{2}x_1 = \sqrt{2}x_0 + \frac{1}{\sqrt{2}} c_0$$

$$\iff x_1 = x_0 + \frac{1}{2} c_0 \text{ (setze } x_0 = \gamma \text{ Parameter)}$$

$$x_2 : -\sqrt{2}\tilde{x}_0 + 2\tilde{x}_1 - \tilde{x}_2 = 0 \iff x_2 = 2x_1 - x_0 = 2x_1 - \gamma$$

$$x_j : x_j = 2x_{j-1} - x_{j-2}, \ j = 3, \ldots, N-1,$$

$$x_N : -\tilde{x}_{N-2} + 2\tilde{x}_{N-1} - \sqrt{2}\tilde{x}_N = 0 \iff \sqrt{2}\tilde{x}_N = -\tilde{x}_{N-2} + 2\tilde{x}_{N-1}$$

$$\iff x_N = 2x_{N-1} - x_{N-2}$$

Wir müssen jetzt nur noch sicherstellen, dass für die obigen x_j auch die Gleichung für $j = N$ erfüllt ist:

$$j = N : -\sqrt{2}\tilde{x}_{N-1} + 2\tilde{x}_N = \tilde{c}_N \iff -\sqrt{2}x_{N-1} + \sqrt{2}x_N = \frac{1}{\sqrt{2}} c_N$$

$$\iff x_N - x_{N-1} = \frac{1}{2} c_N\,.$$

Da offenbar $x_j - x_{j-1} = \frac{1}{2} c_0 \ \forall \, j = 1, \ldots, N$, ist die Gleichung für $j = N$ erfüllt, wenn die Lösbarkeitsbarkeitsbedingung $c_N = c_0$ gilt. Der Parameter γ in der obigen Darstellung der x_j ist frei wählbar, so dass es unendliche viele Lösungen für dieses Beispiel gibt.

Aufgabe 79

▶   **Eigenwertdarstellung hermitescher Matrizen**

Sei $A \in \mathbb{K}^{n,n}$ symmetrisch bzw. hermitesch mit Eigenwerten $\lambda_1 \geq \lambda_2 \geq \ldots \geq \lambda_n$ und zugehörigen orthonormierten Eigenvektoren $w_1, \ldots, w_n$. Zeigen Sie:

$$\lambda_1 = \max \{\rho_A(x) \mid 0 \neq x \in \mathbb{K}^n\}$$
$$\lambda_{k+1} = \max \{\rho_A(x) \mid 0 \neq x \in [w_1, \ldots, w_k]^\perp\} \, , k = 1, \ldots, n-1 \, .$$

Hierbei bezeichnet $\rho_A(\cdot)$ den Rayleigh-Quotienten $\rho_A(x) = \langle Ax, x \rangle / \|x\|^2$, $\langle \cdot, \cdot \rangle$ das euklidische Skalarprodukt, $\|\cdot\|$ die euklidische Norm, und

$$M^\perp = \{x \in \mathbb{K}^n \mid \langle x, v \rangle = 0 \, \forall \, v \in M\}$$

das *orthogonale Komplement* von M.

Hinweis: Man kann die Abbildungen $A_0 = A$, $A_k = A_{k-1} - \lambda_k P_k$, $k \geq 1$, des Abspaltungsverfahrens in Verbindung mit Aufg. 74 benutzen. Hierbei sind die Projektionen P_k wie folgt erklärt: $P_k x = \langle x, w_k \rangle w_k$, $x \in \mathbb{K}^n$, $k \geq 1$.

Lösung

Sei $\{w_j\}_{j=1,\ldots,n}$ die zu den $\{\lambda_j\}_j$ gehörige ONB von Eigenvektoren. Für λ_1 gilt die Behauptung (nach Aufg. 74, b)). Für die Abbildungen A_k der Abspaltungsmethode

$$A_0 = A \, , A_k = A_{k-1} - \lambda_k P_k \, , \quad k = 1, \ldots, n \, ,$$

hat man die Eigenwerte $0, \ldots, 0, \lambda_{k+1}, \ldots, \lambda_n$ mit zugehörigen Eigenvektoren $w_1, \ldots, w_n$; also ist 0 k-facher Eigenwert von A_k.

Wegen

$$\frac{\langle A_k w_j, w_j \rangle}{\|w_j\|^2} = 0 \, , j = 1, \ldots, k \, ,$$

gilt wieder nach Aufg. 74 b), dass

$$\rho_{A_k}(x) = \frac{\langle A_k x, x \rangle}{\|x\|^2} \leq \lambda_{k+1} \, , x \in \mathbb{K}^n \, .$$

Da $P_k x = \langle x, w_k \rangle w_k = 0 \, \forall x \in [w_1, \ldots, w_k]^\perp$, ist

$$\rho_{A_k}(x) = \frac{\langle (A - \lambda_k P_k) \, x, x \rangle}{\|x\|^2} = \frac{\langle Ax, x \rangle}{\|x\|^2} = \rho_A(x) \, , 0 \neq x \in [w_1, \ldots, w_k]^\perp \, .$$

Da $\lambda_{k+1} = \rho_A(w_{k+1})$, wird das Maximum von $\rho_A(\cdot)$ über $[w_1, \ldots, w_k]^\perp$ bei w_{k+1} angenommen,

$$\lambda_{k+1} = \max_{0 \neq x \in [w_1, \ldots, w_k]^\perp} \rho_A(x) .$$

Aufgabe 80

▶ **Potenzmethode für Diagonalmatrizen**

Untersuchen Sie die Konvergenz der Potenzmethode für Diagonalmatrizen der Gestalt

$$A = \begin{pmatrix} \lambda_1 & & 0 \\ & \ddots & \\ 0 & & \lambda_n \end{pmatrix}$$

mit reellen Eigenwerten $(\lambda_1, \ldots, \lambda_n) \neq (0, \ldots, 0)$.

a) Bestimmen Sie für diesen speziellen Fall und für den Anfangsvektor $x^{(0)} = (1, 1, \ldots, 1)^\top$ die iterierten bzw. normierten iterierten Vektoren

$$x^{(t)} = A^t x^{(0)}, \quad y^{(t)} = \frac{x^{(t)}}{\|x^{(t)}\|_2}, \quad t = 0, 1, 2, \ldots,$$

und die zugehörigen Zahlenfolgen

$$\rho_A\big(y^{(t)}\big) = \big\langle Ay^{(t)}, y^{(t)} \big\rangle, \quad \|Ay(t)\|_2, \quad t = 0, 1, 2, \ldots.$$

b) Wann sind diese Folgen konvergent und gegen welchen Limes konvergieren sie dann?

c) Bestimmen Sie weiter die Limites z_+, z_- der Folgen

$$z_+^{(t)} = y^{(2t)} + y^{(2t+1)} \to z_+, \quad z_-^{(t)} = y^{(2t)} - y^{(2t+1)} \to z_- \, (t \to \infty)$$

und

d) zeigen Sie die Konvergenz der Rayleigh-Quotienten

$$\rho_A\big(z^{(t)}\big) = \frac{\big\langle Az^{(t)}, z^{(t)} \big\rangle}{\|z^{(t)}\|_2^2}, \quad t = 0, 1, 2, \ldots$$

für $t \to \infty$ und $z^{(t)} = z_+^{(t)}, z_+ \neq 0$, oder $z^{(t)} = z_-^{(t)}, z_- \neq 0$.

Lösung

Es bezeichne wieder $\langle \cdot, \cdot \rangle$ bzw. $\|.\|_2$ das euklidische Skalarprodukt bzw. die euklidische Norm.

a) Für $x^{(0)} = (1, \dots, 1)^\top$ gilt:

$$x^{(t)} = A^t x^{(0)} = (\lambda_1^t x_1^{(0)}, \dots, \lambda_n^t x_n^{(0)})^\top = (\lambda_1^t, \dots, \lambda_n^t)^\top,$$

$$y^{(t)} = \frac{x^{(t)}}{\|x^{(t)}\|_2} = \frac{(\lambda_1^t, \dots, \lambda_n^t)^\top}{\left(\sum\limits_{j=1}^{n} \lambda_j^{2t} \right)^{\frac{1}{2}}},$$

$$\rho_A\left(y^{(t)}\right) = \left\langle Ay^{(t)}, y^{(t)} \right\rangle = \frac{\left\langle Ax^{(t)}, x^{(t)} \right\rangle}{\|x^{(t)}\|_2^2} = \frac{\left\langle x^{(t+1)}, x^{(t)} \right\rangle}{\|x^{(t)}\|_2^2}$$

$$= \frac{\sum\limits_{j=1}^{n} \lambda_j^{2t+1}}{\sum\limits_{j=1}^{n} \lambda_j^{2t}},$$

$$Ay^{(t)} = \frac{(\lambda_1^{t+1}, \dots, \lambda_n^{t+1})^\top}{\left(\sum\limits_{j=1}^{n} \lambda_j^{2t} \right)^{\frac{1}{2}}}$$

$$\|Ay^{(t)}\|_2 = \left(\frac{\sum\limits_{j=1}^{n} \lambda_j^{2t+2}}{\sum\limits_{j=1}^{n} \lambda_j^{2t}} \right)^{\frac{1}{2}}.$$

b) Sei $\lambda_{\max}$ so gewählt, dass $|\lambda_{\max}| = \max\{|\lambda_j| \,|\, j \in 1, \dots, n\}$ (betragsgrößter Eigenwert). Die Rayleigh-Quotienten lassen sich unter Verwendung der Bezeichnungen

$$I_0 := \{j \,|\, \lambda_j = \lambda_{\max}\}$$
$$I_1 := \{j \,|\, \lambda_j = -\lambda_{\max}\}$$
$$I_2 := \{j \,|\, |\lambda_j| < |\lambda_{\max}|\}$$

folgendermaßen zerlegen:

$$\rho_A(y^{(t)}) = \frac{\sum\limits_{j \in I_0} \lambda_j^{2t+1} + \sum\limits_{j \in I_1} \lambda_j^{2t+1} + \sum\limits_{j \in I_2} \lambda_j^{2t+1}}{\sum\limits_{j \in I_0} \lambda_j^{2t} + \sum\limits_{j \in I_1} \lambda_j^{2t} + \sum\limits_{j \in I_2} \lambda_j^{2t}}$$

$$= \frac{\lambda_{\max}^{2t+1}\left(\sum_{j\in I_0} 1 + \sum_{j\in I_1}(-1)^{2t+1} + \sum_{j\in I_2}\left(\frac{\lambda_j}{\lambda_{\max}}\right)^{2t+1}\right)}{\lambda_{\max}^{2t}\left(\sum_{j\in I_0} 1 + \sum_{j\in I_1}(-1)^{2t} + \sum_{j\in I_2}\left(\frac{\lambda_j}{\lambda_{\max}}\right)^{2t}\right)}.$$

Nun konvergiert

$$\sum_{j\in I_2}\left(\frac{\lambda_j}{\lambda_{\max}}\right)^{2t+\nu} \to 0 \quad (t\to\infty)\,,\ \nu = 0,1\,.$$

Es folgt

$$\rho_A(y^{(t)}) \to \frac{|I_0| - |I_1|}{|I_0| + |I_1|}\,\lambda_{\max}\ (t\to\infty)\,.$$

Für die Folge $\|Ay^{(t)}\|_2$ ergibt sich ganz analog

$$\|Ay^{(t)}\|_2 = \left(\frac{\displaystyle\sum_{j=1}^{n}\lambda_j^{2t+2}}{\displaystyle\sum_{j=1}^{n}\lambda_j^{2t}}\right)^{\frac{1}{2}}$$

$$= \left(\frac{\lambda_{\max}^{2t+2}\left(\displaystyle\sum_{j\in(I_0\cup I_1)} 1 + \sum_{j\in I_2}\left(\frac{\lambda_j}{\lambda_{\max}}\right)^{2t+2}\right)}{\lambda_{\max}^{2t}\left(\displaystyle\sum_{j\in(I_0\cup I_1)} 1 + \sum_{j\in I_2}\left(\frac{\lambda_j}{\lambda_{\max}}\right)^{2t}\right)}\right)^{\frac{1}{2}}$$

$$\to \left(\lambda_{\max}^2\frac{|I_0| + |I_1|}{|I_0| + |I_1|}\right)^{\frac{1}{2}} = |\lambda|_{\max}\ (t\to\infty)\,.$$

c) Es ist

$$z_\pm^{(t)} = y^{(2t)} \pm y^{(2t+1)} = \left(\frac{\lambda_k^{2t}}{\left(\displaystyle\sum_{j=1}^{n}\lambda_j^{4t}\right)^{1/2}} \pm \frac{\lambda_k^{2t+1}}{\left(\displaystyle\sum_{j=1}^{n}\lambda_j^{4t+2}\right)^{1/2}}\right)_{k=1,\ldots,n}.$$

Für die beiden Summanden hat man zum einen

$$\frac{\lambda_k^{2t}}{\left(\sum_{j=1}^{n}\lambda_j^{4t}\right)^{1/2}} = \frac{\lambda_k^{2t}}{\lambda_{\max}^{2t}\left(\sum_{j\in(I_0\cup I_1)}1 + \sum_{j\in I_2}\left(\frac{\lambda_j}{\lambda_{\max}}\right)^{4t}\right)^{1/2}}$$

$$\overset{t\to\infty}{\to} \begin{cases} 0 \text{ , falls } k \in I_2 \\ \dfrac{1}{(|I_0| + |I_1|)^{1/2}} \text{ , falls } k \in I_0 \cup I_1 \end{cases}$$

und zum anderen

$$\frac{\lambda_k^{2t+1}}{\left(\sum_{j=1}^{n}\lambda_j^{4t+2}\right)^{1/2}} = \frac{\lambda_k^{2t+1}}{|\lambda_{\max}|^{2t+1}\left(\sum_{j\in(I_0\cup I_1)}1 + \sum_{j\in I_2}\left(\frac{\lambda_j}{\lambda_{\max}}\right)^{4t+2}\right)^{1/2}}$$

$$\overset{t\to\infty}{\to} \begin{cases} 0 \text{ , falls } k \in I_2 \\ \dfrac{\text{sign}(\lambda_k)}{(|I_0| + |I_1|)^{1/2}} \text{ , falls } k \in I_0 \cup I_1 \text{ .} \end{cases}$$

Damit folgt für die Komponenten von $z_{\pm}^{(t)}$:

$$(z_{\pm}^{(t)})_k \overset{t\to\infty}{\to} \left.\begin{cases} 0 & \text{, falls } k \in I_2 \\ \dfrac{1 \pm \text{sign}(\lambda_k)}{(|I_0| + |I_1|)^{\frac{1}{2}}} & \text{, falls } k \in (I_0 \cup I_1) \end{cases}\right\} =: (z_{\pm})_k$$

d) Wir betrachten nun noch die Rayleigh-Quotienten, für die man im Fall $z_+ \neq 0$ unter Ausnutzung der Stetigkeit des euklidischen Skalarprodukts und der zugehörigen Norm

$$\lim_{t\to\infty} \rho_A\big(z^{(t)}\big) = \lim_{t\to\infty} \rho_A\big(z_+^{(t)}\big)$$

$$= \frac{\lim_{t\to\infty}\langle Az_+^{(t)}, z_+^{(t)}\rangle}{\lim_{t\to\infty}\|z_+^{(t)}\|_2^2}$$

$$= \frac{\langle Az_+, z_+\rangle}{\|z_+\|_2^2}$$

$$= \frac{\langle |\lambda_{\max}|z_+, z_+\rangle}{\|z_+\|_2^2}$$

$$= |\lambda_{\max}| \underbrace{\frac{\langle z_+, z_+\rangle}{\|z_+\|_2^2}}_{=1} = |\lambda_{\max}|$$

gewinnt. (Beachte hierbei, dass nach [23], Satz 10.1.(20), z_+ ein Eigenvektor zum Eigenwert $|\lambda_{\max}|$ und z_- ein Eigenvektor zum Eigenwert $-|\lambda_{\max}|$ ist, falls die entsprechenden Vektoren z_+ bzw. z_- nicht verschwinden.)

Im Fall $z_- \neq 0$ erhält man ganz analog

$$
\begin{aligned}
\lim_{t \to \infty} \rho_A\big(z_-^{(t)}\big) &= \lim_{t \to \infty} \rho_A\big(z_-^{(t)}\big) \\
&= \frac{\lim\limits_{t \to \infty} \langle A z_-^{(t)}, z_-^{(t)} \rangle}{\lim\limits_{t \to \infty} \|z_-^{(t)}\|_2^2} \\
&= \frac{\langle A z_-, z_- \rangle}{\|z_-\|_2^2} \\
&= \frac{\langle -|\lambda_{\max}| z_-, z_- \rangle}{\|z_-\|_2^2} \\
&= -|\lambda_{\max}| \underbrace{\frac{\langle z_-, z_- \rangle}{\|z_-\|_2^2}}_{=1} = -|\lambda_{\max}|
\end{aligned}
$$

Aufgabe 81

▶ **Drehung in der *zy*-Ebene**

Die Drehung des Koordinatensystems um den Winkel ϕ in der zy-Ebene wird beschrieben durch die Matrix

$$
D_\phi = \begin{pmatrix} \cos(\phi) & -\sin(\phi) & 0 \\ \sin(\phi) & \cos(\phi) & 0 \\ 0 & 0 & 1 \end{pmatrix}
$$

Zeigen Sie, dass $D_\phi^{-1} = D_{-\phi}$, $E = D_{\phi=0}$, $D_\alpha D_\beta = D_{\alpha+\beta}$ und $D_\alpha D_\beta = D_\beta D_\alpha$.

Hinweis: Benutzen Sie die Additionstheoreme

$$
\cos(\alpha + \beta) = \cos(\alpha)\cos(\beta) - \sin(\alpha)\sin(\beta)
$$
$$
\sin(\alpha + \beta) = \sin(\alpha)\cos(\beta) + \cos(\alpha)\sin(\beta) \, .
$$

Lösung

Da D_ϕ orthogonal ist, hat man

$$
D_\phi^{-1} = D_\phi^\top = \begin{pmatrix} \cos(\phi) & +\sin(\phi) & 0 \\ -\sin(\phi) & \cos(\phi) & 0 \\ 0 & 0 & 1 \end{pmatrix} .
$$

Wegen $\cos(-\phi) = \cos(\phi)$ und $\sin(-\phi) = -\sin(\phi)$ folgt

$$D_{-\phi} = \begin{pmatrix} \cos(-\phi) & -\sin(-\phi) & 0 \\ +\sin(-\phi) & \cos(-\phi) & 0 \\ 0 & 0 & 1 \end{pmatrix} = \begin{pmatrix} \cos(\phi) & +\sin(\phi) & 0 \\ -\sin(\phi) & \cos(\phi) & 0 \\ 0 & 0 & 1 \end{pmatrix} = D_{\phi}^{-1}.$$

Weiter gilt

$$D_{\phi}|_{\phi=0} = \begin{pmatrix} 1 & 0 & 0 \\ 0 & 1 & 0 \\ 0 & 0 & 1 \end{pmatrix} = E$$

$$D_{\alpha} D_{\beta} = \begin{pmatrix} \cos(\alpha) & -\sin(\alpha) & 0 \\ +\sin(\alpha) & \cos(\alpha) & 0 \\ 0 & 0 & 1 \end{pmatrix} \begin{pmatrix} \cos(\beta) & -\sin(\beta) & 0 \\ +\sin(\beta) & \cos(\beta) & 0 \\ 0 & 0 & 1 \end{pmatrix}$$

$$= \begin{pmatrix} \cos(\alpha)\cos(\beta) - \sin(\alpha)\sin(\beta) & -\cos(\alpha)\sin(\beta) - \sin(\alpha)\cos(\beta) & 0 \\ +\sin(\alpha)\cos(\beta) + \cos(\alpha)\sin(\beta) & -\sin(\alpha)\sin(\beta) + \cos(\alpha)\cos(\beta) & 0 \\ 0 & 0 & 1 \end{pmatrix}$$

$$= \begin{pmatrix} \cos(\alpha + \beta) & -\sin(\alpha + \beta) & 0 \\ +\sin(\alpha + \beta) & \cos(\alpha + \beta) & 0 \\ 0 & 0 & 1 \end{pmatrix} = D_{\alpha+\beta}$$

Damit ist gezeigt, dass $D_{\beta} D_{\alpha} = D_{\beta+\alpha} = D_{\alpha+\beta} = D_{\alpha} D_{\beta}$.

Aufgabe 82

▶ **Singuläres System**

Berechnen Sie das singuläre System der Matrix

$$A = \begin{pmatrix} 1 & 0 & 1 & 1 \\ 0 & 1 & -1 & 0 \\ 1 & 1 & 0 & 1 \end{pmatrix} \in \mathbb{R}^{3,4}$$

Stellen Sie damit die „Lösung" des unterbestimmten Gleichungssystems $Ax = y$ dar, d. h. die Lösung der Pseudoinversen-Gleichung $x = A^{\dagger} y$.

Hinweise:

1) Für ein singuläres System $\{(\sigma_j; e^{(j)}, f^{(j)})\}_{j \in J}$ sind die folgenden Gleichungen erfüllt:

$$A^* A e^{(j)} = \sigma_j^2 e^{(j)} \text{ und } A A^* f^{(j)} = \sigma_j^2 f^{(j)}, \; j \in J,$$

für positive σ_j, wobei hier $J = \{1, 2\}$ ist. Aus diesen Eigenwertproblemen lässt sich das singuläre System berechnen.

2) Mithilfe eines singulären Systems ergibt sich die Lösung $x = A^\dagger y$ durch

$$A^\dagger y = \sum_{j \in J} \sigma_j^{-1} \langle y, f^{(j)} \rangle e^{(j)},$$

wobei $A^\dagger$ die sog. Matrix-Pseudoinverse bezeichnet (auch: Moore-Penrose-Inverse), und im Endlichdimensionalen $J = \{1, \dots, \ell\}$ mit $\ell = \mathrm{rg}(A)$ ist (vgl. z.B. [4], III.12, [20], 2.9, [21], 2.1).

3) Mit $\langle \cdot, \cdot \rangle$ bzw. $\| \cdot \|_2$ wird das euklidische Skalarprodukt bzw. die euklidische Norm bezeichnet.

Lösung

Man hat

$$A^* A = \begin{pmatrix} 1 & 0 & 1 \\ 0 & 1 & 1 \\ 1 & -1 & 0 \\ 1 & 0 & 1 \end{pmatrix} \begin{pmatrix} 1 & 0 & 1 & 1 \\ 0 & 1 & -1 & 0 \\ 1 & 1 & 0 & 1 \end{pmatrix} = \begin{pmatrix} 2 & 1 & 1 & 2 \\ 1 & 2 & -1 & 1 \\ 1 & -1 & 2 & 1 \\ 2 & 1 & 1 & 2 \end{pmatrix}$$

und bestimmt folglich die Eigenwerte von $A^* A$ mittels $\det(A^* A - \lambda E) = 0$; die Berechnung erfolgt mithilfe des Gaußschen Eliminationsverfahrens:

$$0 = \begin{vmatrix} 2 - \lambda & 1 & 1 & 2 \\ 1 & 2 - \lambda & -1 & 1 \\ 1 & -1 & 2 - \lambda & 1 \\ 2 & 1 & 1 & 2 - \lambda \end{vmatrix}$$

$$\overset{1.Z. \leftrightarrow 2.Z.}{=} - \begin{vmatrix} 1 & 2 - \lambda & -1 & 1 \\ 2 - \lambda & 1 & 1 & 2 \\ 1 & -1 & 2 - \lambda & 1 \\ 2 & 1 & 1 & 2 - \lambda \end{vmatrix}$$

$$\overset{\text{Elim. in 1.Sp.}}{=} - \begin{vmatrix} 1 & 2 - \lambda & -1 & 1 \\ 0 & 1 - (2 - \lambda)^2 & 3 - \lambda & \lambda \\ 0 & -3 + \lambda & 3 - \lambda & 0 \\ 0 & -3 + 2\lambda & 3 & -\lambda \end{vmatrix}$$

$$= - \begin{vmatrix} -3 + 4\lambda - \lambda^2 & 3 - \lambda & \lambda \\ \lambda - 3 & 3 - \lambda & 0 \\ -3 + 2\lambda & 3 & -\lambda \end{vmatrix}$$

$$\overset{1.Sp.\leftrightarrow 3.Sp.}{=} \begin{vmatrix} \lambda & 3 - \lambda & -3 + 4\lambda - \lambda^2 \\ 0 & 3 - \lambda & \lambda - 3 \\ -\lambda & 3 & -3 + 2\lambda \end{vmatrix}$$

$$\overset{\text{Elim. in 1.Sp.}}{=} \begin{vmatrix} \lambda & 3 - \lambda & -3 + 4\lambda - \lambda^2 \\ 0 & 3 - \lambda & \lambda - 3 \\ 0 & 6 - \lambda & -6 + 6\lambda - \lambda^2 \end{vmatrix}$$

$$= \lambda \begin{vmatrix} 3 - \lambda & \lambda - 3 \\ 6 - \lambda & -6 + 6\lambda - \lambda^2 \end{vmatrix}$$

$$= \lambda \big((3 - \lambda)(-6 + 6\lambda - \lambda^2) - (6 - \lambda)(\lambda - 3) \big)$$

$$= \lambda(-18 + 18\lambda - 3\lambda^2 + 6\lambda - 6\lambda^2 + \lambda^3 - 6\lambda + \lambda^2 + 18 - 3\lambda)$$

$$= \lambda(\lambda^3 - 8\lambda^2 + 15\lambda)$$

$$= \lambda^2(\lambda - 3)(\lambda - 5)$$

Als Nullstellen bzw. Eigenwerte erhält man $\lambda_0 = 0$ (doppelt) sowie $\lambda_1 = 3$ und $\lambda_2 = 5$.

Bestimmung eines Eigenvektors $x^{(1)}$ zu λ_1:

Die Gleichung

$$A^* A x^{(1)} = \lambda_1 x^{(1)}$$

bedeutet ausführlich aufgeschrieben das folgende Gleichungssystem:

$$2x_1^{(1)} + x_2^{(1)} + x_3^{(1)} + 2x_4^{(1)} = 3x_1^{(1)}$$

$$x_1^{(1)} + 2x_2^{(1)} - x_3^{(1)} + x_4^{(1)} = 3x_2^{(1)}$$

$$x_1^{(1)} - x_2^{(1)} + 2x_3^{(1)} + x_4^{(1)} = 3x_3^{(1)}$$

$$2x_1^{(1)} + x_2^{(1)} + x_3^{(1)} + 2x_4^{(1)} = 3x_4^{(1)}$$

$$\Longleftrightarrow -x_1^{(1)} + x_2^{(1)} + x_3^{(1)} + 2x_4^{(1)} = 0$$

$$x_1^{(1)} - x_2^{(1)} - x_3^{(1)} + x_4^{(1)} = 0$$

$$x_1^{(1)} - x_2^{(1)} - x_3^{(1)} + x_4^{(1)} = 0$$

$$2x_1^{(1)} + x_2^{(1)} + x_3^{(1)} - x_4^{(1)} = 0$$

Addition der ersten und zweiten Gleichung ergibt $x_4^{(1)} = 0$ und auf dieselbe Weise erhält man durch Addition der dritten und vierten Gleichung $x_1^{(1)} = 0$. Die zweite und dritte Gleichung sind identisch und liefern die Bedingung $x_2^{(1)} = -x_3^{(1)}$. Ein möglicher Eigenvektor ist also $x^{(1)} = (0,1,-1,0)^\top$. Normiert erhält man

$$e^{(1)} = \frac{x^{(1)}}{\|x^{(1)}\|_2} = \frac{1}{\sqrt{2}}\begin{pmatrix} 0 \\ 1 \\ -1 \\ 0 \end{pmatrix}.$$

Bestimmung eines Eigenvektors $x^{(2)}$ zu λ_2:
  Die Gleichung

$$A^* A x^{(2)} = \lambda_2 x^{(2)}$$

bedeutet ausführlich aufgeschrieben das folgende Gleichungssystem:

$$\begin{aligned}
2x_1^{(2)} + x_2^{(2)} + x_3^{(2)} + 2x_4^{(2)} &= 5x_1^{(2)} \\
x_1^{(2)} + 2x_2^{(2)} - x_3^{(2)} + x_4^{(2)} &= 5x_2^{(2)} \\
x_1^{(2)} - x_2^{(2)} + 2x_3^{(2)} + x_4^{(2)} &= 5x_3^{(2)} \\
2x_1^{(2)} + x_2^{(2)} + x_3^{(2)} + 2x_4^{(2)} &= 5x_4^{(2)} \\
\Longleftrightarrow \quad -3x_1^{(2)} + x_2^{(2)} + x_3^{(2)} + 2x_4^{(2)} &= 0 \\
x_1^{(2)} - 3x_2^{(2)} - x_3^{(2)} + x_4^{(2)} &= 0 \\
x_1^{(2)} - x_2^{(2)} - 3x_3^{(2)} + x_4^{(2)} &= 0 \\
2x_1^{(2)} + x_2^{(2)} + x_3^{(2)} - 3x_4^{(2)} &= 0
\end{aligned}$$

Zieht man die dritte Zeile von der zweiten ab, so folgt $-2x_2^{(2)} + 2x_3^{(2)} = 0$ und daraus $x_2(2) = x_3^{(2)}$. Wir eliminieren $x_3^{(2)}$ und erhalten das Gleichungssystem

$$\begin{aligned}
-3x_1^{(2)} + 2x_2^{(2)} + 2x_3^{(2)} &= 0 \\
x_1^{(2)} - 4x_2^{(2)} + x_3^{(2)} &= 0 \\
2x_1^{(2)} + 2x_2^{(2)} - 3x_3^{(2)} &= 0
\end{aligned}$$

Auflösen der zweiten Gleichung dieses Systems nach $x_1^{(2)}$ liefert $x_1^{(2)} = 4x_2^{(2)} - x_4^{(2)}$. Dieses Ergebnis setzt man in die erste und dritte Gleichung ein, was auf das 2×2-System

$$\begin{aligned}
-10x_2^{(2)} + 5x_4^{(2)} &= 0 \\
10x_2^{(2)} - 5x_4^{(2)} &= 0
\end{aligned}$$

führt und die Bedingung $x_4^{(2)} = 2x_2^{(2)}$ liefert. Es folgt durch Einsetzen in den Ausdruck für $x_1^{(2)}$, dass $x_1^{(2)} = 2x_2^{(2)}$ gelten muss. Ein möglicher Eigenvektor ist also $x^{(2)} = (2,1,1,2)^\top$. Normiert man auch hier, so ergibt sich

$$e^{(2)} = \frac{x^{(2)}}{\|x^{(2)}\|_2} = \frac{1}{\sqrt{10}} \begin{pmatrix} 2 \\ 1 \\ 1 \\ 2 \end{pmatrix}.$$

Zur Bestimmung der Eigenwerte und Eigenvektoren von AA^* nutzt man aus, dass die Vektoren

$$y^{(j)} = Ax^{(j)} = \begin{cases} (-1,2,1)^\top & , \quad j = 1 \\ (5,0,5)^\top & , \quad j = 2 \end{cases}$$

nicht verschwinden, die Gleichung

$$(AA^*)y^{(j)} = A(A^*A)x^{(j)} = A(\lambda_j x^{(j)}) = \lambda_j Ax^{(j)} = \lambda_j y^{(j)}, j = 1,2,$$

erfüllen, und daher AA^* sowie A^*A die (von 0 verschiedenen) Eigenwerte λ_1 und λ_2 mit zugehörigen Eigenvektoren $y^{(j)}$, $j = 1,2$, besitzen.

Normierung der $y^{(j)}$, $j = 1,2$, ergibt

$$f^{(1)} = \frac{y^{(1)}}{\|y^{(1)}\|} = \frac{1}{\sqrt{6}} \begin{pmatrix} -1 \\ 2 \\ 0 \end{pmatrix}, f^{(2)} = \frac{y^{(2)}}{\|y^{(2)}\|} = \frac{1}{\sqrt{2}} \begin{pmatrix} 1 \\ 0 \\ 1 \end{pmatrix}.$$

Das singuläre System stellt sich somit im Überblick wie folgt dar:

$$\sigma_j = \begin{cases} \sqrt{3} & , \quad j = 1 \\ \sqrt{5} & , \quad j = 2 \end{cases}$$

$$e^{(j)} = \begin{cases} \frac{1}{\sqrt{2}}(0,1-1,0)^\top & , \quad j = 1 \\ \frac{1}{\sqrt{10}}(2,1,1,2)^\top & , \quad j = 2 \end{cases}$$

$$f^{(j)} = \begin{cases} \frac{1}{\sqrt{6}}(-1,2,1)^\top & , \quad j = 1 \\ \frac{1}{\sqrt{2}}(1,0,1)^\top & , \quad j = 2 \end{cases}$$

Damit erhält man für die Lösung $x = A^{\dagger} y$ (s. Hinweis 2))

$$
\begin{aligned}
A^{\dagger} y &= \sum_{j=1}^{2} \sigma_j^{-1} \langle y, f^{(j)} \rangle e^{(j)} \\
&= \frac{1}{\sqrt{3}} \frac{1}{\sqrt{6}} \frac{1}{\sqrt{2}} \langle y, (-1, 2, 1)^{\top} \rangle (0, 1, -1, 0)^{\top} \\
&\quad + \frac{1}{\sqrt{5}} \frac{1}{\sqrt{2}} \frac{1}{\sqrt{10}} \langle y, (1, 0, 1)^{\top} \rangle (2, 1, 1, 2)^{\top} \\
&= \begin{pmatrix} \frac{1}{5}(y_1 + y_3) \\ (-\frac{1}{6} + \frac{1}{10}) y_1 + \frac{1}{3} y_2 + (\frac{1}{10} + \frac{1}{6}) y_3 \\ (\frac{1}{6} + \frac{1}{10}) y_1 - \frac{1}{3} y^2 + (\frac{1}{10} - \frac{1}{6}) y_3 \\ \frac{1}{5}(y_1 + y_3) \end{pmatrix} \\
&= \frac{1}{15} \begin{pmatrix} 3 & 0 & 3 \\ -1 & 5 & -4 \\ 4 & -5 & -1 \\ 3 & 0 & 3 \end{pmatrix}.
\end{aligned}
$$

Bem.: Dadurch wird das Ergebnis aus Aufgabe 159, c) in [20] bestätigt, wo die Matrix-Pseudoinverse auf anderem Weg berechnet wurde.

Numerik gewöhnlicher Differentialgleichungen

2

2.1 Einschrittverfahren für Anfangswertprobleme

Aufgabe 83

▶ **Verbessertes Verfahren von Euler–Cauchy**

Wenden Sie für das lineare AWP (in $\mathbb{K}^1$ oder $\mathbb{K}^n, n \in \mathbb{N}$, $\mathbb{K} = \mathbb{R}$ oder $\mathbb{K} = \mathbb{C}$)

$$u(t_0) = \alpha, \, u'(t) = A(t)u(t) + b(t), \, t \in I := [t_0, t_0 + T],$$

das verbesserte Verfahren von Euler–Cauchy an und schreiben es in der Form

$$u_h(t_0) = \alpha_h, \, u_h(t + h) = C_h(t)u_h(t) + h d_h(t), \, t \in I'_h,$$

wobei $I'_h = \{t \in I \mid t = t_0 + jh, j = 0, \ldots, N_h - 1\}$, $N_h h = T$, mit Schrittweite $h > 0$. Geben Sie $C_h(t)$ und $d_h(t)$ mit Hilfe von $A(t) \in \mathbb{K}^{n,n}$ und $b(t) \in \mathbb{K}^n$ an.

Lösung

Schreibt man ein allgemeines explizites Einschrittverfahren (Abk.: ESV) in der Form

$$\frac{1}{h}(u_h(t + h) - u_h(t)) = f_h(u, u_h(t)), \, t \in I'_h, \tag{2.1}$$

dann ist die Verfahrensfunktion des verbesserten Verfahrens von Euler-Cauchy bekanntlich gegeben durch

$$f_h(t, y) = \frac{1}{2}(f(t, y) + f(t + h, y + h f(t, y))).$$

© Springer-Verlag GmbH Deutschland 2017
H.-J. Reinhardt, *Aufgabensammlung Numerik*, https://doi.org/10.1007/978-3-662-55453-1_2

Für das gegebene lineare AWP erhält man deshalb

$$u_h(t+h) = u_h(t) + \frac{h}{2}(A(t)u_h(t) + b(t)$$

$$+ A(t+h)(u_h(t) + h(A(t)u_h(t) + b(t))) + b(t+h))$$

$$= \overbrace{\left(I + \frac{h}{2}A(t) + \frac{h}{2}A(t+h) + \frac{h^2}{2}A(t+h)A(t) \right)}^{=:C_h(t)} u_h(t)$$

$$+ h\underbrace{\left(\frac{1}{2}b(t) + \frac{1}{2}b(t+h) + \frac{h}{2}A(t+h)b(t) \right)}_{=:d_h(t)},$$

womit die gesuchten $C_h(t)$ und $d_h(t)$ gefunden sind.

Aufgabe 84

▶ **Lineare Einschrittverfahren**

Seien $C_m \in \mathbb{K}^{n \times n}$, $m = 0, \ldots, N-1$, wobei $\mathbb{K} = \mathbb{R}$ oder $\mathbb{K} = \mathbb{C}$. Zeigen Sie (durch vollständige Induktion), dass sich die Lösung des linearen Einschrittverfahrens

$$u_{m+1} = C_m u_m + h\, d_m, \; m = 0, \ldots, N-1, (N \in \mathbb{N})$$

explizit darstellen lässt als

$$u_{m+1} = \prod_{\nu=0}^{m} C_\nu u_0 + h\sum_{\mu=0}^{m} \prod_{\nu=\mu+1}^{m} C_\nu d_\mu, \; m = 0, \ldots, N-1.$$

Hierbei ist $\sum_{\nu=n}^{m} C_\nu = 0$ und $\prod_{\nu=n}^{m} C_\nu = E$ (= Einheitsmatrix), falls $n > m$, $n, m \in \mathbb{N}$.

Lösung

(mit Hilfe vollständiger Induktion)

I. A. $m = 0$: Man erhält für $m = 0$

$$u_1 = C_0 u_0 + h d_0 = \prod_{\nu=0}^{0} C_\nu u_0 + h\sum_{\mu=0}^{0} \prod_{\nu=\mu+1}^{0} C_\nu d_\mu,$$

da $\prod_{\nu=1}^{0} C_\nu = E$.

I. V.: Die Behauptung gelte bis $m - 1$, d. h.

$$u_m = \prod_{\nu=0}^{m-1} C_\nu u_0 + h \sum_{\mu=0}^{m-1} \prod_{\nu=\mu+1}^{m-1} C_\nu \, d_\mu \, .$$

I. S. $m - 1 \to m$: Es gilt

$$u_{m+1} = C_m u_m + h \, d_m$$

$$\overset{\text{I.V.}}{=} C_m \prod_{\nu=0}^{m-1} C_\nu u_0 + h C_m \sum_{\mu=0}^{m-1} \prod_{\nu=\mu+1}^{m-1} C_\nu \, d_\mu + h d_m$$

$$= \prod_{\nu=0}^{m} C_\nu u_0 + h \sum_{\mu=0}^{m-1} \prod_{\nu=\mu+1}^{m} C_\nu \, d_\mu + h d_m$$

$$= \prod_{\nu=0}^{m} C_\nu u_0 + h \sum_{\mu=0}^{m} \prod_{\nu=\mu+1}^{m} C_\nu \, d_\mu \, ,$$

weil $d_m = \prod_{\nu=m+1}^{m} C_\nu \, d_m$.

Aufgabe 85

▶ **Crank-Nicolson-Verfahren oder Implizite Mittelpunktregel**

Zur näherungsweisen Lösung eines nicht notwendig linearen AWP (in $\mathbb{K}^n, n \in \mathbb{N}, \mathbb{K} = \mathbb{R}$ oder $\mathbb{K} = \mathbb{C}$)

$$u(0) = \alpha \, , \ u'(t) = f(t, u(t)) \, , \ t \in [0, T] \, (:= I) \, , \qquad (2.2)$$

sei das folgende einstufige implizite Gauß-Verfahren betrachtet

$$u_h(t + h) = u_h(t) + h k_1 \, , \quad k_1 = f\left(t + \frac{h}{2}, u_h(t) + \frac{h}{2} k_1 \right), \ t \in I'_h,$$

das sich auch durch das folgende Schema beschreiben lässt (vgl. [18], Beispiel 2.25)

$$\begin{array}{c|c} 1/2 & 1/2 \\ \hline & 1 \end{array}$$

Hierbei sei $I'_h = \{ t \in I \mid t = jh, \ j = 0, \dots, N_h - 1 \}$, $N_h h = T$, mit Schrittweite $h > 0$. Zeigen Sie:

a) Dieses Verfahren lässt sich auch in zwei Halbschritten berechnen,

$$\eta_1 = u_h(t) + \frac{h}{2} f\left(t + \frac{h}{2}, \eta_1\right),$$

$$u_h(t+h) = \eta_1 + \frac{h}{2} f\left(t + \frac{h}{2}, \eta_1\right).$$

D. h. im ersten Schritt berechnet man η_1 implizit (analog dem impliziten Euler-Verfahren mit halber Schrittweite $h/2$) und dann in einem zweiten Halbschritt $u_h(t+h)$ mit dem expliziten Euler-Verfahren.

b) Das obige Verfahren hat Konsistenzordnung $p = 2$, wobei hinreichende Glattheit der Lösung das AWP vorausgesetzt werden kann.

Bemerkung: Dieses Verfahren heißt *Crank-Nicolson-Verfahren* oder *Implizite Mittelpunktregel.*

Hinweise:

1) Beweisen Sie in a) auch, dass die Gleichungen für k_1 d. u. n. d eindeutig lösbar ist, wenn dies auch für η_1 gilt. Zeigen Sie in b) zuerst, dass sich das Verfahren auch schreiben lässt als

$$u_h(t+h) = u_h(t) + h f\left(t + \frac{h}{2}, \frac{1}{2}\left(u_h(t+h) + u_h(t)\right)\right), \ t \in I_h'.$$

2) Der *Abschneidefehler* eines allgemeinen impliziten Verfahrens der Form

$$\frac{1}{h}(u_h(t+h) - u_h(t)) = f_h(t, u_h(t), u_h(t+h)), \ t \in I_h', \tag{2.3}$$

ist gegeben durch

$$\tau_h(t+h) = \frac{1}{h}(u(t+h) - u(t)) - f_h(t, u(t), u(t+h)), \ t \in I_h', \tag{2.4}$$

wobei u die Lösung des AWP darstellt (vgl. z. B. [18], 2.2, 2.5, [5], 2.2). *Konsistenz der Ordnung* $p > 0$ liegt vor, wenn $\max_{t \in I_h'} \|\tau_h(t+h)\| = O(h^p)$ ist.

3) Mit „hinreichender Glattheit" ist hier und in den folgenden Aufgaben immer gemeint, dass eine Umgebung G der Lösung u des AWP der folgenden Form existiert (i. e. „Streifen" um u),

$$G = G_\rho(u) := \left\{(t, y) \in I \times \mathbb{K} \,\middle|\, |y - u(t)| \leq \rho, \ t \in I\right\},$$

und dass die Funktion f des AWP in G hinreichend oft stetig differenzierbar ist. Ist nämlich $f \in C^m(G)$, dann ist $u \in C^{m+1}(I)$ mit $m \in \mathbb{N}_0$.

Lösung

a) „$\Longrightarrow$" k_1 erfülle die Gleichung $k_1 = f\left(t + \frac{h}{2}, u_h(t) + \frac{h}{2}k_1\right)$, $t \in I_h'$. Setze

$$\eta_1 := u_h(t) + \frac{h}{2} \underbrace{f\left(t + \frac{h}{2}, u_h(t) + \frac{h}{2}k_1\right)}_{=k_1}.$$

Es gilt

$$u_h(t) + \frac{h}{2} f\left(t + \frac{h}{2}, \eta_1\right)$$

$$= u_h(t) + \frac{h}{2} f\left(t + \frac{h}{2}, u_h(t) + \frac{h}{2} f\left(t + \frac{h}{2}, u_h(t) + \frac{h}{2}k_1\right)\right)$$

$$= u_h(t) + \frac{h}{2} f\left(t + \frac{h}{2}, u_h(t) + \frac{h}{2}k_1\right)$$

$$= \eta_1.$$

D. h. η_1 ist die Lösung von $\eta_1 = u_h(t) + \frac{h}{2} f\left(t + \frac{h}{2}, \eta_1\right)$ und

$$u_h(t + h) = u_h(t) + h k_1$$

$$= u_h(t) + h f\left(t + \frac{h}{2}, u_h(t) + \frac{h}{2}k_1\right)$$

$$= u_h(t) + \frac{h}{2} f\left(t + \frac{h}{2}, u_h(t) + \frac{h}{2}k_1\right) + \frac{h}{2} f\left(t + \frac{h}{2}, u_h(t) + \frac{h}{2}k_1\right)$$

$$= \eta_1 + \frac{h}{2} f\left(t + \frac{h}{2}, u_h(t) + \frac{h}{2} f\left(t + \frac{h}{2}, u_h(t) + \frac{h}{2}k_1\right)\right)$$

$$= \eta_1 + \frac{h}{2} f\left(t + \frac{h}{2}, \eta_1\right)$$

„$\Longleftarrow$" η_1 erfülle die Gleichung $\eta_1 = u_h(t) + \frac{h}{2} f\left(t + \frac{h}{2}, \eta_1\right)$, $t \in I_h'$, und setze

$$k_1 := f\left(t + \frac{h}{2}, \eta_1\right).$$

Es gilt

$$f\left(t + \frac{h}{2}, u_h(t) + \frac{h}{2}k_1\right) = f\left(t + \frac{h}{2}, u_h(t) + \frac{h}{2} f\left(t + \frac{h}{2}, \eta_1\right)\right)$$

$$= f\left(t + \frac{h}{2}, \eta_1\right)$$

$$= k_1$$

D. h. k_1 ist die Lösung von $k_1 = f\left(t + \frac{h}{2}, u_h(t) + \frac{h}{2}k_1\right)$ und

$$
\begin{aligned}
u_h(t+h) &= \eta_1 + \frac{h}{2} f\left(t + \frac{h}{2}, \eta_1\right) \\
&= u_h(t) + \frac{h}{2} f\left(t + \frac{h}{2}, \eta_1\right) + \frac{h}{2} f\left(t + \frac{h}{2}, \eta_1\right) \\
&= u_h(t) + h f\left(t + \frac{h}{2}, \eta_1\right) \\
&= u_h(t) + h k_1
\end{aligned}
$$

Zur Lösbarkeit der impliziten Gleichungen:
Es gilt:

$$
k = f\left(t + \frac{h}{2}, u_h(t) + \frac{h}{2}k\right) \qquad\qquad \text{eindeutig lösbar}
$$

$$
\iff \eta = u_h(t) + \frac{h}{2} f\left(t + \frac{h}{2}, \eta\right) \qquad\qquad \text{eindeutig lösbar}
$$

Beweis: „$\Longrightarrow$" Sei k_1 die eindeutige Lösung von

$$
k = f\left(t + \frac{h}{2}, u_h(t) + \frac{h}{2}k\right) \tag{$*$}
$$

Setze $\eta_1 := u_h(t) + \frac{h}{2}k_1$. Damit erfüllt η_1

$$
\begin{aligned}
\eta_1 &= u_h(t) + \frac{h}{2} f\left(t + \frac{h}{2}, u_h(t) + \frac{h}{2}k_1\right) \quad \text{(da } k_1 \text{ Lösung von } (*)) \\
&= u_h(t) + \frac{h}{2} f\left(t + \frac{h}{2}, \eta_1\right).
\end{aligned}
$$

D. h. η_1 ist eine Lösung von

$$
\eta = u_h(t) + \frac{h}{2} f\left(t + \frac{h}{2}, \eta\right) \tag{$**$}
$$

$\hat{\eta}_1$ erfülle ebenfalls die Gleichung $(**)$ und setze $\hat{k}_1 := \frac{2}{h}(\hat{\eta}_1 - u_h(t))$.
Es gilt

$$
\begin{aligned}
\hat{k}_1 &= \frac{2}{h}\left(u_h(t) + \frac{h}{2} f\left(t + \frac{h}{2}, \hat{\eta}_1\right) - u_h(t)\right) \quad \text{(da } \hat{\eta}_1 \text{ Lösung von } (**)) \\
&= f\left(t + \frac{h}{2}, u_h(t) + \frac{h}{2}\hat{k}_1\right).
\end{aligned}
$$

D.h. $\hat{k}_1$ löst $(*) \Rightarrow \hat{k}_1 = k_1$ (da k_1 eindeutige Lösung von $(*)$

$$\Rightarrow \eta_1 = u_h(t) + \frac{h}{2}k_1 = u_h(t) + \frac{h}{2}\hat{k}_1 = \hat{\eta}_1$$

„$\Longleftarrow$" Sei η_1 die eindeutige Lösung von $(**)$. Setze $k_1 := f\left(t + \frac{h}{2}, \eta_1\right)$.
Damit erfüllt k_1

$$k_1 = f\left(t + \frac{h}{2}, u_h(t) + \frac{h}{2}f\left(t + \frac{h}{2}, \eta_1\right)\right) \quad \text{(da } \eta_1 \text{ Lösung von } (**))$$

$$= f\left(t + \frac{h}{2}, u_h(t) + \frac{h}{2}k_1\right).$$

D.h. k_1 ist eine Lösung von $*$.
$\hat{k}_1$ erfülle ebenfalls die Gleichung $(*)$ und setze $\hat{\eta}_1 := u_h(t) + \frac{h}{2}\hat{k}_1$.
Es gilt

$$\hat{\eta}_1 = u_h(t) + \frac{h}{2}f\left(t + \frac{h}{2}, u_h(t) + \frac{h}{2}\hat{k}_1\right) \quad \text{(da } \hat{k}_1 \text{ Lösung von } (*))$$

$$= u_h(t) + \frac{h}{2}f\left(t + \frac{h}{2}, \eta_1\right).$$

D.h. $\hat{\eta}_1$ löst $(**) \Rightarrow \hat{\eta}_1 = \eta_1$ (da η_1 eindeutige Lösung von $(**)$)

$$\Rightarrow k_1 = f\left(t + \frac{h}{2}, \eta_1\right) = f\left(t + \frac{h}{2}, \hat{\eta}_1\right) = \hat{k}_1$$

b) Sei $u \in C^3(I)$ die Lösung des AWP, was für $f \in C^2(G)$ erfüllt ist. Es gilt

$$u_h(t + h) = u_h(t) + hk_1 \Leftrightarrow k_1 = \frac{1}{h}(u_h(t + h) - u_h(t)).$$

Und somit

$$k_1 = f\left(t + \frac{h}{2}, u_h(t) + \frac{h}{2}k_1\right) \Leftrightarrow k_1 = f\left(t + \frac{h}{2}, \frac{1}{2}(u_h(t + h) + u_h(t))\right),$$

woraus für die Verfahrensfunktion folgt

$$f_h(t, u_h(t), u_h(t + h)) = f\left(t + \frac{h}{2}, \frac{1}{2}(u_h(t + h) + u_h(t))\right).$$

Durch Einsetzen der Lösung erhält man so den Abschneidefehler:

$$\tau_h(t + h) = \frac{1}{h}(u(t + h) - u(t)) - f\left(t + \frac{h}{2}, \frac{1}{2}(u(t + h) + u(t))\right), \quad t \in I_h'.$$

Taylor-Entwicklung bei $t + \frac{h}{2}$ liefert:

$$u(t + h) = u\left(t + \frac{h}{2}\right) + \frac{h}{2}u'\left(t + \frac{h}{2}\right) + \frac{h^2}{8}u''\left(t + \frac{h}{2}\right) + O(h^3)$$

$$u(t) = u\left(t + \frac{h}{2}\right) - \frac{h}{2}u'\left(t + \frac{h}{2}\right) + \frac{h^2}{8}u''\left(t + \frac{h}{2}\right) + O(h^3)$$

Daraus folgt:

$$\frac{1}{h}(u(t + h) - u(t)) = u'\left(t + \frac{h}{2}\right) + O(h^2) \; und$$

$$\frac{1}{2}(u(t + h) + u(t)) = u\left(t + \frac{h}{2}\right) + \underbrace{\frac{h^2}{8}u''\left(t + \frac{h}{2}\right) + O(h^3)}_{=O(h^2)}$$

und

$$\tau_h(t + h) = u'\left(t + \frac{h}{2}\right) - f\left(t + \frac{h}{2}, \frac{1}{2}(u(t + h) + u(t))\right) + O(h^2)$$

$$= f\left(t + \frac{h}{2}, u\left(t + \frac{h}{2}\right)\right) - f\left(t + \frac{h}{2}, \frac{1}{2}(u(t + h) + u(t))\right) + O(h^2)$$

(da u Lös.)

$$= \tilde{f}_y \cdot \left(u\left(t + \frac{h}{2}\right) - \frac{1}{2}(u(t + h) + u(t))\right) + O(h^2)$$

(wegen Mittelwertsatz)

$$= \tilde{f}_y \cdot \left(u\left(t + \frac{h}{2}\right) - u\left(t + \frac{h}{2}\right) + O(h^2)\right) + O(h^2)$$

$$= O(h^2), \; t \in I_h',$$

wobei $\tilde{f}_y$ den Wert von f_y an einer Zwischenstelle bezeichnet. Da f_y in G gleichmäßig beschränkt ist, erhält man also für die Konsistenzordnung $p = 2$.

Aufgabe 86

▶ **Implizites Verfahren von Euler–Cauchy oder Implizite Trapezregel**

Zur näherungsweisen Lösung eines AWP der Form (2.2) betrachten wir das folgende Schema in Radau-Form

$$
\begin{array}{c|cc}
0 & 0 & 0 \\
1 & 1/2 & 1/2 \\
\hline
 & 1/2 & 1/2
\end{array}
$$

das als Verfahrensfunktion $f_h(t, u_h(t)) = \frac{1}{2}(k_1 + k_2)(t, u_h(t))$, $t \in I_h'$, besitzt, wobei

$$k_1 = f(t, u_h(t)), \; k_2 = f\left(t + h, u_h(t) + \frac{h}{2}(k_1 + k_2)\right).$$

Zeigen Sie:

a) Dieses Verfahren lässt sich als implizites Verfahren ähnlich dem verbesserten Verfahren von Euler–Cauchy mit der Verfahrensfunktion f_h in folgender Form schreiben,

$$f_h(t, u_h(t), u_h(t + h)) = \frac{1}{2}(f(t, u_h(t)) + f(t + h, u_h(t + h))).$$

b) Das Verfahren hat Konsistenzordnung $p = 2$, wobei hinreichende Glattheit der Lösung das AWP vorausgesetzt werden kann.

Hinweis: Zur Konsistenz eines impliziten Verfahrens bzw. zur Glattheit des Lösung des AWP vergleiche die Hinweise 2) bzw. 3) zu Aufg. 85.

Lösung

a) Hier ist

$$k_1 = f(t, u_h(t)) \text{ und } k_2 = f\left(t + h, \, u_h(t) + h\frac{1}{2}(k_1 + k_2)\right)$$

$$\implies \frac{1}{h}(u_h(t + h) - u_h(t)) = \frac{1}{2}f(t, u_h(t)) + \frac{1}{2}k_2$$

$$\implies k_2 = \frac{2}{h}(u_h(t + h) - u_h(t)) - f(t, u_h(t))$$

Einsetzen von k_2 liefert für die Verfahrensfunktion

$$f_h(t, u_h(t), u_h(t + h)) = \frac{1}{2}f(t, u_h(t))$$
$$+ \frac{1}{2}f\left(t + h, u_h(t) + \frac{h}{2}f(t, u_h(t)) + \frac{h}{2}\left[\frac{2}{h}(u_h(t + h) - u_h(t)) - f(t, u_h(t))\right]\right)$$
$$= \frac{1}{2}f(t, u_h(t)) + \frac{1}{2}f(t + h, u_h(t + h)).$$

b) Für den Abschneidefehler erhält man deshalb für $t \in I_h'$ (vgl. (2.4))

$$\tau_h(t + h) = \frac{1}{h}(u(t + h) - u(t)) - \frac{1}{2}\big(\underbrace{f(t, u(t))}_{u'(t)} + \underbrace{f(t + h, u(t + h))}_{u'(t+h)}\big).$$

Taylorentwicklung bei $t + \frac{h}{2}$ liefert für $u \in C^3(I)$

$$\frac{1}{h}(u(t + h) - u(t)) = u'\left(t + \frac{h}{2}\right) + O(h^2)$$

$$u'(t + h) = u'\left(t + \frac{h}{2}\right) + \frac{h}{2}u''\left(t + \frac{h}{2}\right) + O(h^2)$$

$$u'(t) = u'\left(t + \frac{h}{2}\right) - \frac{h}{2}u''\left(t + \frac{h}{2}\right) + O(h^2)$$

$$\implies \frac{1}{2}\left(u'(t + h) + u'(t)\right) = u'\left(t + \frac{h}{2}\right) + O(h^2)$$

$$\implies \tau_h(t + h) = u'\left(t + \frac{h}{2}\right) - u'\left(t + \frac{h}{2}\right) + O(h^2) = O(h^2)$$

$$\implies p = 2.$$

Aufgabe 87

▶   **Konsistenz eines impliziten Verfahrens,
    Verfahren von Hammer & Hollingsworth**

Zeigen Sie, ohne Benutzung der Formeln aus [18], Beispiel 2.28, dass das „implizite optimale Verfahren" (in Radau-Form)

$$
\begin{array}{c|cc}
0 & 0 & 0 \\
2/3 & 1/3 & 1/3 \\
\hline
& 1/4 & 3/4
\end{array}
$$

Konsistenzordnung $p = 3$ hat, wobei hinreichende Differenzierbarkeit der Lösung des AWP der Form (2.2) vorausgesetzt werden kann.

Hinweise: Es wird vorgeschlagen, die Lösung in folgenden Schritten auszuführen:

i) Schreiben Sie das Verfahren in die Form eines impliziten Verfahrens um (s. (2.3)), und bestimmen Sie die Verfahrensfunktion f_h.

ii) Benutzen Sie das Ergebnis von Aufg. 36 zur Approximation von $\frac{1}{h} \int_t^{t+h} u'(s)\, ds$ sowie Aufg. 32 zur Darstellung von $u(t + \frac{2}{3}h)$.

iii) Setzen Sie beides in der Darstellung des Abschneidefehlers (vgl. die Hinweise zur Aufg. 85) ein und benutzen Sie noch, dass bei hinreichend glattem f in dem AWP die partielle Ableitung f_y in einer Umgebung der Lösung u des AWP gleichmäßig beschränkt bleibt.

Bemerkung: Dieses Verfahren wurde von Hammer & Hollingsworth 1955 vorgeschlagen, wobei die Radau-Formel aus Aufg. 36 und quadratische Interpolation (vgl. Aufg. 32) zugrunde gelegt wurden (vgl. z. B. [5], II.7).

Lösung

i) *Umschreiben des Verfahrens:*

Hier ist $f_h = \frac{1}{4} k_1 + \frac{3}{4} k_2$ mit

$$k_1 = f(t, u_h(t)), \quad k_2 = f\left(t + \frac{2}{3} h, u_h(t) + h\left(\frac{1}{3} k_1 + \frac{1}{3} k_2\right)\right)$$

und

$$\frac{u_h(t+h) - u_h(t)}{h} = \frac{1}{4} f(t, u_h(t)) + \frac{3}{4} k_2$$

$$\Longrightarrow k_2 = \frac{4}{3} \frac{u_h(t+h) - u_h(t)}{h} - \frac{1}{3} f(t, u_h(t)).$$

Einsetzen liefert deshalb

$$\frac{u_h(t+h) - u_h(t)}{h} = \frac{1}{4} f(t, u_h(t))$$
$$+ \frac{3}{4} f\left(t + \frac{2}{3} h, u_h(t) + h\left(\frac{1}{3} f(t, u_h(t)) + \frac{1}{3} k_2\right)\right)$$

wobei

$$u_h(t) + h\left(\frac{1}{3} f(t, u_h(t)) + \frac{1}{3} k_2\right)$$
$$= u_h(t) + \frac{h}{3} f(t, u_h(t)) + \frac{4}{9} (u_h(t+h) - u_h(t)) - \frac{h}{9} f(t, u_h(t))$$
$$= \frac{5}{9} u_h(t) + \frac{4}{9} u_h(t+h) + \frac{2}{9} h f(t, u_h(t)).$$

Das Verfahren lässt sich also auch schreiben als

$$\frac{u_h(t+h) - u_h(t)}{h} = \frac{1}{4} f(t, u_h(t))$$
$$+ \frac{3}{4} f\left(t + \frac{2}{3} h, \frac{5}{9} u_h(t) + \frac{4}{9} u_h(t+h) + \frac{2}{9} h f(t, u_h(t))\right)$$

ii) *Geeignete Quadraturformel und quadratische Interpolation:*

Nach Aufg. 35 gilt (mit $h := b - a$)

$$\int_a^b g(s)\, ds = \underbrace{\frac{1}{4} g(a) + \frac{3}{4} g\left(a + \frac{2}{3} h\right)}_{=: Q(g)} + \begin{cases} O(h^3), & \text{für } g \in C^2 \\ O(h^4), & \text{für } g \in C^3 \end{cases}$$

Dies wird unten benutzt für $g = u'$ und das Intervall $[t, t + h]$, $t \in I'_h$.
Zu $I_j = [t_{j-1}, t_j]$, $h_j = t_j - t_{j-1}$, ist das quadratische Polynom p mit

$$p(t_{j-1}) = u_{j-1}, \ p'(t_{j-1}) = u'_{j-1}, \ p(t_j) = u_j,$$

wie folgt gegeben (s. Aufg. 32):

$$p(t) = u_{j-1} + (t - t_{j-1})u'_{j-1} + (t - t_{j-1})^2 \left[\frac{u_j - u_{j-1}}{h_j^2} - \frac{u'_{j-1}}{h_j} \right]$$

$$= u_{j-1} + h_j z(1 - z)u'_{j-1} + z^2(u_j - u_{j-1})$$

$$= (1 - z^2)u_{j-1} + z^2 u_j + h_j z(1 - z)u'_{j-1}, \ t \in I_j,$$

wobei $z = (t - t_{j-1})/h_j$. Der Fehler ist von der Größenordnung $O(h_j^3)$, falls $u \in C^3(I_j)$ (s. Aufg. 32). Für $t = t_{j-1} + \frac{2}{3} h_j$ erhält man $z = 2/3, 1 - z = 1/3$ und

$$p\left(t_{j-1} + \frac{2}{3} h_j\right) = \frac{4}{9} u_j + \frac{5}{9} u_{j-1} + \frac{2}{9} h_j u'_j.$$

Unter Berücksichtigung der Fehlerabschätzung folgt dann ($h_j = h \ \forall j$)

$$u\left(t + \frac{2}{3}h\right) = p\left(t + \frac{2}{3}h\right) + O(h^3) = \frac{5}{9} u(t) + \frac{4}{9} u(t + h) + \frac{2}{9} hu'(t) + O(h^3)$$

für alle $t \in I'_h$, falls $u \in C^3(I)$.
iii) *Konsistenzordnung* $p = 3$: Für den Abschneidefehler mit einer Lösung $u \in C^4$ erhält man (s. (2.4))

$$\tau_h(t + h) \overset{\text{i)}}{=} \frac{1}{h} \int_t^{t+h} u'(s)\, ds - \frac{1}{4}\left(\underbrace{f(t, u(t))}_{u'(t)} + 3f\left(t + \frac{2}{3}h, \tilde{u}\left(t + \frac{2}{3}h\right)\right)\right),$$

$$t \in I'_h,$$

wobei $\tilde{u}(t + \frac{2}{3}h) := \frac{5}{9}u(t) + \frac{4}{9}u(t + h) + \frac{2}{9}h \underbrace{f(t, u(t))}_{u'(t)}$

$$\Longrightarrow |\tau_h(t + h)| \leq \left| \frac{1}{h} \int_t^{t+h} u'(s)ds - \frac{1}{4}\left(u'(t) + 3u'\left(t + \frac{2}{3}\right)\right) \right|$$

$$+ \left| \frac{1}{4}\left(u'(t) + 3u'\left(t + \frac{2}{3}h\right)\right) - \frac{1}{4}\left(\underbrace{f(t, u(t))}_{u'(t)} + 3f\left(t + \frac{2}{3}h, \tilde{u}\left(t + \frac{2}{3}h\right)\right)\right) \right|$$

wobei der erste Term auf der rechten Seite – nach ii) – durch $O(h^3)$ für $g = u' \in C^3$, also $u \in C^4$, abgeschätzt werden kann. Für den zweiten Term erhält man – wenn f als Lipschitz-stetig bzw. f_y in einer Umgebung der Lösung als gleichmäßig beschränkt vorausgesetzt wird, und wenn vorher $\frac{1}{4}u'$ eliminiert wird,

$$\frac{3}{4}\left|f\left(t + \frac{2}{3}h, u\left(t + \frac{2}{3}h\right)\right) - f\left(t + \frac{2}{3}h, \tilde{u}\left(t + \frac{2}{3}h\right)\right)\right|$$

$$\leq \frac{3}{4}L\left|u\left(t + \frac{2}{3}h\right) - \tilde{u}\left(t + \frac{2}{3}h\right)\right| \overset{\text{ii)}}{\leq} Ch^3.$$

Aufgabe 88

▶ **Lipschitz-Stetigkeit, verbessertes Polygonzugverfahren**

Zeigen Sie, dass das verbesserte Polygonzugverfahren Lipschitz-stetig ist, wenn die Bedingung

$$(L_0) \qquad |f(t, y) - f(t, z)| \leq L_0|y - z| \quad \forall\, (t, y), (t, z) \in G_\rho\,,$$

mit $L_0 \geq 0$ erfüllt und h hinreichend klein ist, wobei mit der Lösung $u \in C^2(I)$ des AWP

$$G_\rho = G_\rho(u) := \left\{(t, y) \in I \times \mathbb{K} \,\middle|\, |y - u(t)| \leq \rho,\ t \in I\right\}.$$

Hinweise:
1) Ein Einschrittverfahren der Form (2.1) heißt *Lipschitz-stetig* in einer Umgebung der Lösung u des AWP der Form (2.2), wenn es eine Lipschitz-Konstante $L \geq 0$ und positive Zahlen h_1, ρ_1 gibt, sodass die folgende Lipschitz-Bedingung gilt (vgl. z. B. [18], 2.6):

$$|f_h(t, y) - f_h(t, y')| \leq L\,|y - y'| \quad \forall\, 0 < h \leq h_1,\, (t, y), (t, y') \in G_{\rho_1} \cup (I_h' \times \mathbb{K})\,.$$

2) Vgl. die Lösung von Aufgabe B.7 in [18].

Lösung

Für das verbesserte Polygonzugverfahren hat man als Verfahrensfunktion

$$f_h(t, y) = f\left(t + \frac{h}{2},\ y + \frac{h}{2}f(t, y)\right),\ (t, y) \in I \times \mathbb{K}\,,$$

und mit (L_0) erhält man die Abschätzungen

$$\begin{aligned}
&\left| f_h(t, y) - f_h(t, y') \right| \\
&\quad = \left| f\left(t + \frac{h}{2}, y + \frac{h}{2} f(t, y) \right) - f\left(t + \frac{h}{2}, y' + \frac{h}{2} f(t, y') \right) \right| \\
&\quad \leq L_0 \left| y + \frac{h}{2} f(t, y) - \left(y' + \frac{h}{2} f(t, y') \right) \right| \\
&\quad \leq L_0 \left(|y - y'| + \frac{h}{2} L_0 |y - y'| \right) \\
&\quad \leq L_0 \left(1 + \frac{h}{2} L_0 \right) |y - y'|
\end{aligned}$$

vorausgesetzt (t, y), $(t, y') \in G_\rho$ und

$$\left(t + \frac{h}{2}, y + \frac{h}{2} f(t, y) \right), \left(t + \frac{h}{2}, y' + \frac{h}{2} f(t, y') \right) \in G_\rho, \qquad 0 < h \leq h_1.$$

Dies wird im Folgenden für eine geeignete Umgebung von u und geeignete h bewiesen.
Mit Hilfe der Taylorformel gilt für die Lösung der Differentialgleichung

$$u\left(t + \frac{h}{2} \right) = u(t) + \frac{h}{2} f(t, u(t)) + \frac{h^2}{4} u''(\xi), \, \xi \in \left(t, t + \frac{h}{2} \right)$$

und

$$\left| u\left(t + \frac{h}{2} \right) - \left(u(t) + \frac{h}{2} f(t, u(t)) \right) \right| \leq \frac{h^2}{4} M_2$$

wenn $M_2 := \max_I |u''(x)|$ ist. Ist nun

$$\left| y - u(t) \right| \leq \rho_1 \leq \rho,$$

dann folgt

$$\begin{aligned}
&\left| y + \frac{h}{2} f(t, y) - u\left(t + \frac{h}{2} \right) \right| \\
&\quad \leq \left| y - u(t) \right| + \left| u(t) + \frac{h}{2} f(t, u(t)) - u\left(t + \frac{h}{2} \right) \right| + \frac{h}{2} \left| f(t, y) - f(t, u(t)) \right| \\
&\quad \leq \rho_1 + \frac{h^2}{4} M_2 + h L_0 \underbrace{\left| y - u(t) \right|}_{\leq \rho_1} \\
&\quad \leq \rho_1 (1 + h L_0) + \underbrace{\frac{h^2}{4} M_2}_{\leq \rho_1} \\
&\quad \leq \rho_1 (2 + h_1 L_0) \leq \rho \qquad \forall \, 0 \leq h \leq h_1,
\end{aligned}$$

wenn $\rho_1 \le \rho/(2 + h_1 L_0)$ und $h_1 \le \sqrt{\frac{4\rho_1}{M_2}}$ gewählt werden. Analoges gilt für $(t, y') \in G_{\rho_1}$ mit den genannten ρ_1 und h_1. Insgesamt folgt dann die behauptete Lipschitz-Stetigkeit mit

$$L = L_0\left(1 + \frac{h_1}{2}L_0\right), \quad \rho_1 = \frac{\rho}{2 + h_1 L_0}, \quad h_1 = \sqrt{\frac{4\rho_1}{M_2}}.$$

Um auch den Fall $\|u''\|_\infty = 0$ zu berücksichtigen, setzt man besser $M_2 = \max(1, \|u''\|_\infty)$.

Bemerkung: Es reicht aus, $u \in C^1(I)$ zu fordern, wobei sich dann andere Schranken für h_1 und ρ_1 ergeben (vgl. die Lösung der folgenden Aufgabe 89).

Aufgabe 89

▶   **Lipschitz-Stetigkeit, klassisches Runge-Kutta-Verfahren**

Zeigen Sie, dass das klassische Runge-Kutta-Verfahren (vgl. z. B. [18], 2.4) Lipschitz-stetig ist, wenn h klein und die Bedingung

$$(L_0) \quad |f(t, y) - f(t, z)| \le L_0 |y - z|, \quad (t, y), (t, z) \in G_\rho,$$

mit $L_0 \ge 0$ erfüllt ist, wobei mit der Lösung $u \in C^1(I)$ des AWP

$$G_\rho := \{(t, y) \in I \times \mathbb{K} : |y - u(t)| \le \rho, \ t \in I\}.$$

Geben Sie die Lipschitzkonstante L genau an.

Hinweis: Zur Definition der Lipschitz-Stetigkeit vgl. die Hinweise zu Aufgabe 88.

Lösung

Die Lösung erfolgt in zwei Schritten: Zuerst wird die Lipschitzkonstante L bestimmt, und dann werden eine geeignete Umgebungskonstante ρ_1 sowie eine Schranke h_1 für die Schrittweiten angegeben.

i) Für das klassische Runge-Kutta-Verfahren ergibt sich die Verfahrensfunktion bekanntlich durch $f_h(t, y) = \frac{1}{6}(k_1 + 2k_2 + 2k_3 + k_4)(t, y)$, $(t, y) \in I'_h \times \mathbb{K}^n$, wobei

$$k_1(t, y) = f(t, y), \qquad\qquad k_2(t, y) = f\left(t + \frac{h}{2}, y + \frac{h}{2}k_1(t, y)\right)$$

$$k_3(t, y) = f\left(t + \frac{h}{2}, y + \frac{h}{2}k_2(t, y)\right), \quad k_4(t, y) = f(t + h, y + hk_3(t, y)).$$

Setze

$$t_0 = t, \, t_1 = t + \frac{h}{2}, \, t_2 = t + \frac{h}{2}, \, t_3 = t + h,$$

$$y_0 = y, \, y_1 = y + \frac{h}{2} f(t, y), \, y_2 = y + \frac{h}{2} k_2(t, y), \, y_3 = y + h k_3(t, y),$$

analog

$$y_0' = y', \, y_j' = 1, \dots, 3 \,.$$

Es ist

$$\left| f_h(t, y) - f_h(t, y') \right|$$

$$= \frac{1}{6} \left| \underbrace{k_1}_{f}(t, y) - \underbrace{k_1}_{f}(t, y') + 2\big(k_2(t, y) - k_2(t, y')\big) \right.$$

$$+ 2\big(k_3(t, y) - k_3(t, y')\big) + k_4(t, y) - k_4(t, y') \left. \right|,$$

wobei

$$\left| k_1(t, y) - k_1(t, y') \right| \le \left| f(t, y) - f(t, y') \right| \le L_0 \left| y - y' \right| \, \forall \, (t, y), (t, y') \in G_\rho \,,$$

$$\left| k_2(t, y) - k_2(t, y') \right| = \left| f\left(t + \frac{h}{2}, y + \frac{h}{2} f(t, y)\right) \right.$$

$$- f\left(t + \frac{h}{2}, y' + \frac{h}{2} f(t, y')\right) \left. \right|$$

$$\le L_0 \left| y + \frac{h}{2} f(t, y) - y' - \frac{h}{2} f(t, y') \right|$$

$$\le L_0 \left(\left| y - y' \right| + \frac{L_0 h}{2} \left| y - y' \right| \right) = \left(1 + \frac{L_0 h}{2}\right) L_0 \left| y - y' \right|,$$

falls $(t, y), (t, y') \in G_\rho$ und

$$\underbrace{\left(t + \frac{h}{2}, y + \frac{h}{2} f(t, y)\right)}_{(t_1, y_1)}, \quad \underbrace{\left(t + \frac{h}{2}, y' + \frac{h}{2} f(t, y')\right)}_{(t_1, y_1')} \in G_\rho \,.$$

Weiter ist

$$\left| k_3(t, y) - k_3(t, y') \right| = \left| f\left(t + \frac{h}{2}, y + \frac{h}{2} k_2(t, y) \right) \right.$$

$$\left. - f\left(t + \frac{h}{2}, y' + \frac{h}{2} k_2(t, y') \right) \right|$$

$$\le L_0 \left| y + \frac{h}{2} k_2(t, y) - y' - \frac{h}{2} k_2(t, y') \right|$$

$$\le L_0 \left(1 + \frac{L_0 h}{2} \left(1 + \frac{L_0 h}{2} \right) \right) |y - y'|$$

$$= L_0 \left(1 + \frac{L_0 h}{2} + \frac{(L_0 h)^2}{4} \right) |y - y'|,$$

falls noch

$$\underbrace{\left(t + \frac{h}{2}, y + \frac{h}{2} k_2(t, y) \right)}_{(t_2, y_2)}, \quad \underbrace{\left(t + \frac{h}{2}, y' + \frac{h}{2} k_2(t, y') \right)}_{(t_2, y_2')} \in G_\rho$$

und

$$\left| k_4(t, y) - k_4(t, y') \right| = \left| \overbrace{f\left(t + h, y + h k_3(t, y) \right)}^{f(t_3, y_3)} - \overbrace{f\left(t + h, y' + h k_3(t, y') \right)}^{f(t_3, y_3')} \right|$$

$$\le L_0 \left| y + h k_3(t, y) - y' - k_3(t, y') \right|$$

$$\le L_0 \left(1 + L_0 h \left(1 + \frac{L_0 h}{2} + \frac{(L_0 h)^2}{4} \right) \right) |y - y'|$$

$$= L_0 \left(1 + L_0 h + \frac{(L_0 h)^2}{2} + \frac{(L_0 h)^3}{4} \right) |y - y'|$$

falls noch $(t + h, y + h k_3(t, y)), (t + h, y' + h k_3(t, y')) \in G_\rho$.
Insgesamt folgt unter den genannten Bedingungen

$$\left| f_h(t, y) - f_h(t, y') \right|$$

$$\le \frac{L_0}{6} \left(1 + 2\left(1 + \frac{L_0 h}{2} \right) + 2\left(1 + \frac{L_0 h}{2} + \frac{(L_0 h)^2}{4} \right) \right.$$

$$\left. + \left(1 + L_0 h + \frac{(L_0 h)^2}{2} + \frac{(L_0 h)^3}{4} \right) \right) |y - y'|$$

$$= L_0 \left(1 + \frac{1}{2} L_0 h + \frac{1}{6} (L_0 h)^2 + \frac{1}{24} (L_0 h)^3 \right) |y - y'|$$

$$= L_0 \underbrace{\left(1 + \frac{1}{2!} L_0 h + \frac{1}{3!} (L_0 h)^2 + \frac{1}{4!} (L_0 h)^3 \right)}_{\le e^{L_0 h}} |y - y'|.$$

ii) Es bleibt zu zeigen, dass (t_j, y_j), $(t_j, y_j') \in G_\rho$, $j = 0,1,2,3$, falls (t, y) bzw. $(t, y') \in G_{\rho_1}$ und $0 < h \leq h_1$ mit geeigneten ρ_1, h_1. D. h. es soll gelten

$$|y_j - u(t_j)| \leq \rho, \ j = 1,2,3, \ \forall \, 0 < h \leq h_1, \ (t, y) \in G_{\rho_1} \,,$$

für geeignetes ρ_1, h_1. Es ist $y_j - y = h' k_j(t, y)$ mit $h' = h/2$ für $j = 1,2$, und $h' = h$ für $j = 3$, und $k_j(t, y) = f(t_{j-1}, y_{j-1})$, $j = 1,2,3,4$. Wegen $u \in C^1(I)$ ist

$$|u'| = |f(t, u)| \leq M, \qquad t \in I,$$

mit $M > 0$, und für $(t, y) \in G_{\rho_1}$ haben wir die allgemeine Abschätzung

$$
\begin{aligned}
|y_j - u(t_j)| &\leq |y_j - y| + |y - u(t)| + |u(t) - u(t_j)| \\
&\leq h' |k_j(t, y)| + \rho_1 + \underbrace{|t - t_j|}_{\leq h'} \underbrace{\max |u'|}_{\leq M} \\
&\leq h'(|f(t_{j-1}, y_{j-1})| + M) + \rho_1 \,, \ j = 1,2,3 \,.
\end{aligned}
$$

Für $j = 1$ erhalten wir

$$|y_1 - u(t_1)| \leq \frac{h}{2}(|f(t, y)| + M) + \rho_1 \leq \frac{h}{2}(L_0 \rho_1 + 2M) + \rho_1 \,,$$

da

$$|f(t, y)| \leq |f(t, y) - f(t, u(t))| + |f(t, u(t))|$$

$$\leq L_0 |y - u(t)| + |u'(t)| \leq L_0 \rho_1 + M \,, \ (t, y) \in G_{\rho_1} \,,$$

vorausgesetzt $\rho_1 \leq \rho$. Fordert man nun von ρ_1 und h_1, dass

$$\rho_1 \leq \rho/2 \ \text{und} \ h_1 \leq \rho \left(L_0 \frac{\rho}{2} + 2M \right)^{-1} \,,$$

dann ist

$$h_1 \leq \frac{\rho}{L_0 \frac{\rho}{2} + 2M} \leq \frac{\rho}{L_0 \rho_1 + 2M} \implies \frac{h_1}{2}(L_0 \rho_1 + 2M) \leq \frac{\rho}{2} \,,$$

und deshalb

$$|y_1 - u(t_1)| \leq \frac{h}{2}(L_0 \rho_1 + 2M) + \rho_1 \leq 2\frac{\rho}{2} = \rho \quad \forall \, 0 < h \leq h_1, \ (t, y) \in G_{\rho_1} \,.$$

Für den Fall $j = 2$ stellt man zunächst fest, dass

$$|k_2(t, y)| = |f(t_1, y_1)| \leq |f(t_1, y_1) - f(t_1, u(t_1))| + |\underbrace{f(t_1, u(t_1))}_{u'(t_1)}|$$

$$\leq L_0|y_1 - u(t_1)| + M \leq L_0\rho + M \ \forall \, 0 < h \leq h_1, \, (t, y) \in G_{\rho_1} \,,$$

unter den obigen Voraussetzungen an ρ_1, h_1. Damit folgt

$$|y_2 - u(t_2)| \leq \frac{h}{2} \left(|k_2(t, y)| + M\right) + \rho_1$$

$$\leq \frac{h}{2} \left(L_0\rho + 2M\right) + \frac{\rho}{2} \leq \rho, \quad 0 < h \leq h_1 \,,$$

wenn zusätzlich $(h_1/2)(L_0\rho + 2M) \leq \rho/2$ gilt; letzteres ist äquivalent zu

$$h_1 \leq \frac{2\rho}{2(L_0\rho + 2M)} = \frac{\rho}{L_0\rho + 2M} \,.$$

Diese Einschränkung für h_1 ist offenbar stärker als im Fall $j = 1$ – d. h. die Schranke für h_1 ist kleiner (oder gleich) – da

$$\frac{\rho}{L_0\rho + 2M} \leq \frac{\rho}{L_0(\rho/2) + 2M} \,.$$

Für den Fall $j = 3$ schätzt man zuerst wieder k_3 ab,

$$|k_3(y, t)| = |f(t_2, y_2)| \leq |f(t_2, y_2) - f(t_2, u(t_2))| + |\underbrace{f(t_2, u(t_2))}_{u'(t_2)}|$$

$$\leq L_0|y_2 - u(t_2)| + M \leq L_0\rho + M \ \forall \, 0 < h \leq h_1, \, (t, y) \in G_{\rho_1} \,,$$

unter den obigen Voraussetzungen an ρ_1, h_1 (für den Fall $j = 2$). Damit erhält man schließlich

$$|y_3 - u(t_3)| \leq h\left(|k_3(t, y)| + M\right) + \rho_1$$

$$\leq h\left(L_0\rho + 2M\right) + \frac{\rho}{2} \leq \rho, \quad 0 < h \leq h_1 \,,$$

wenn h_1 der folgenden Bedingung genügt,

$$h_1\left(L_0\rho + 2M\right) \leq \frac{\rho}{2} \iff h_1 \leq \frac{\rho}{2(L_0\rho + 2M)} \,.$$

Diese Einschränkung für h_1 ist offensichtlich stärker als die im Fall $j = 2$, so dass die Behauptung

$$|y_j - u(t_j)| \leq \rho, \ j = 1, 2, 3, \ \forall \, 0 < h \leq h_1, \, (t, y) \in G_{\rho_1} \,,$$

gezeigt ist, wenn

$$\rho_1 \le \frac{\rho}{2} \text{ und } h_1 \le \frac{\rho}{2(L_0\rho + 2M)} .$$

Analog wird für (t_j, y'_j) argumentiert. Die Lipschitz-Konstante kann dann wie folgt gewählt werden, $L := L_0 e^{L_0 h_1}$.

Aufgabe 90

▶ **Stabilitätsfunktion, A-Stabilität, Implizite Mittelpunktregel**

Zeigen Sie, dass

a)

$$R_0(z) = \frac{1 + z/2}{1 - z/2}, \ z \in \mathbb{C},$$

die Stabilitätsfunktion der Impliziten Mittelpunktregel (vgl. Aufg. 85)

$$u_h(t + h) = u_h(t) + h\,f\left(t + \frac{h}{2}, \frac{1}{2}(u_h(t) + u_h(t + h))\right)$$

ist;

b) die Bedingung der A-Stabilität erfüllt ist, d. h. dass $|R_0(z)| \le 1$ für alle $z \in \mathbb{C}$: $Re(z) \le 0$ ist.

Hinweis: Zur Definition der Stabilitätsfunktion und der A-Stabilität vgl. z. B. [18], 2.9.3.

Lösung

a) Bei Anwendung auf die skalare Testgleichung

$$y' = \lambda y$$

nimmt das Verfahren folgende Form an (hier ist $y_n := u_h(t_n)$):

$$y_{n+1} = y_n + \frac{1}{2}h\lambda(y_n + y_{n+1})$$

$$\Longleftrightarrow \left(1 - \frac{1}{2}h\lambda\right)y_{n+1} = \left(1 + \frac{1}{2}h\lambda\right)y_n$$

$$\overset{h\lambda\neq2}{\Longleftrightarrow} y_{n+1} = \frac{1 + \frac{1}{2}h\lambda}{(1 - \frac{1}{2}h\lambda)}\,y_n .$$

Mit $z := \lambda h$ folgt die Behauptung:

$$R_0(z) = \frac{1 + z/2}{1 - z/2} , \; z \in \mathbb{C} .$$

b) Dazu sei $z := a + ib$, $a, b \in \mathbb{R}$, $a \leq 0$. Dann gilt

$$|z|^2 + 4 \underbrace{+4a}_{\leq 0} \leq |z|^2 + 4 \underbrace{-4a}_{\geq 0} \quad \Longleftrightarrow \quad \frac{|z|^2 + 4 + 4a}{|z|^2 + 4 - 4a} \leq 1 ,$$

und damit

$$\begin{aligned}
|R_0(z)|^2 &= \frac{|2 + z|^2}{|2 - z|^2} = \frac{|2 + a + ib|^2}{|2 - a - ib|^2} \\
&= \frac{(2 + a)^2 + b^2}{(2 - a)^2 + b^2} = \frac{4 + 4a + a^2 + b^2}{4 - 4a + a^2 + b^2} \\
&= \frac{4 + 4a + |z|^2}{4 - 4a + |z|^2} \leq 1 \quad \text{(s. oben)}. \\
&\Longrightarrow \; |R_0(z)| \leq 1 \; \forall z : \; Re(z) \leq 0 .
\end{aligned}$$

Aufgabe 91

▶   **A-Stabilität, implizites Runge–Kutta-Verfahren 2. Ordnung**

Zeigen Sie, dass die implizite Runge–Kutta Formel 2-ter Ordnung

$$y_k = y_{k-1} + \frac{1}{2} h\{k_1 + k_2\}, \; k_1 = f(t_{k-1}, y_{k-1}), \; k_2 = f\left(t_k, y_{k-1} + \frac{1}{2} hk_1 + \frac{1}{2} hk_2 \right),$$

A-stabil ist.

Hinweis: Bestimmen Sie zuerst die Stabilitätsfunktion $R_0(z)$ für dieses Verfahren und zeigen Sie, dass $|R_0(z)| \leq 1$ für alle $z \in \mathbb{C} : Re(z) \leq 0$. Es wird wieder die Abkürzung $y_k = u_h(t_k)$ benutzt.

Lösung

i) Das angegebene Verfahren hat für die Testgleichung $y' = \lambda y$ die folgende Form:

$$\begin{aligned}
k_1 &= \lambda y_{k-1} , \\
k_2 &= \lambda \left(y_{k-1} + \frac{1}{2} h\lambda y_{k-1} + \frac{1}{2} hk_2 \right) = \lambda y_{k-1} + \frac{1}{2} h\lambda^2 y_{k-1} + \frac{1}{2} h\lambda k_2 .
\end{aligned}$$

Daher gilt

$$\left(1 - \frac{1}{2}h\lambda\right)k_2 = \lambda\left(1 + \frac{1}{2}h\lambda\right)y_{k-1},$$

woraus folgt (für $h\lambda \neq 2$)

$$\begin{aligned}
y_k &= y_{k-1} + \frac{1}{2}h\left(\lambda y_{k-1} + \lambda\frac{1 + \frac{1}{2}h\lambda}{1 - \frac{1}{2}h\lambda}y_{k-1}\right) \\
&= y_{k-1}\left(1 + \frac{1}{2}h\lambda + \frac{1}{2}h\lambda\frac{1 + \frac{1}{2}h\lambda}{1 - \frac{1}{2}h\lambda}\right) \\
&= y_{k-1}\frac{\left(1 + \frac{1}{2}h\lambda\right)\left(1 - \frac{1}{2}h\lambda\right) + \frac{1}{2}h\lambda\left(1 + \frac{1}{2}h\lambda\right)}{1 - \frac{1}{2}h\lambda} \\
&= y_{k-1}\frac{1 + \frac{1}{2}h\lambda}{1 - \frac{1}{2}h\lambda}\left(1 - \frac{1}{2}h\lambda + \frac{1}{2}h\lambda\right) \\
&= y_{k-1}\frac{1 + \frac{1}{2}h\lambda}{1 - \frac{1}{2}h\lambda}\,.
\end{aligned}$$

Für das Stabilitätsfunktional ergibt sich also

$$R_0(z) = \frac{1 + \frac{z}{2}}{1 - \frac{z}{2}} = \frac{2 + z}{2 - z}\,,\quad z \in \mathbb{C}\,.$$

ii) Z.z: $|R_0(z)| \leq 1 \quad \forall z :\ Re(z) \leq 0.$
Dazu sei $z := a + ib$, $a, b \in \mathbb{R}$, $a \leq 0$. Dann gilt

$$|z|^2 + 4 \underbrace{+4a}_{\leq 0} \leq |z|^2 + 4 \underbrace{-4a}_{\geq 0} \iff \frac{|z|^2 + 4 + 4a}{|z|^2 + 4 - 4a} \leq 1$$

und damit

$$\begin{aligned}
|R_0(z)|^2 &= \frac{|2 + z|^2}{|2 - z|^2} = \frac{|2 + a + ib|^2}{|2 - a - ib|^2} \\
&= \frac{(2 + a)^2 + b^2}{(2 - a)^2 + b^2} = \frac{4 + 4a + a^2 + b^2}{4 - 4a + a^2 + b^2} \\
&= \frac{4 + 4a + |z|^2}{4 - 4a + |z|^2} \leq 1 \quad \text{(s. oben)}. \\
&\Rightarrow |R_0(z)| \leq 1 \quad \forall z :\ Re(z) \leq 0\,.
\end{aligned}$$

Aufgabe 92

► **Rosenbrock-Methode, A-Stabilität**

Für das lineare AWP mit konstanter Matrix $A \in \mathbb{K}^{n \times n}$,

$$u' = Au, \ t \in [0, T], \ u(0) = \alpha \,,$$

sei mit einem (freien) Parameter $\gamma > 0$ ein Einschrittverfahren wie folgt definiert,

$$(E - \gamma h A) k_1 = Au_h(t)$$
$$u_h(t + h) = u_h(t) + hk_1, \ t \in [0, T]'_h \,.$$

Voraussetzung dafür ist, dass $E - \gamma h A$ regulär ist, damit das Gleichungssystem für k_1 eindeutig lösbar ist. Zeigen Sie:

a) Die Stabilitätsfunktion ist gegeben durch

$$R_0(z) = \frac{1 + (1 - \gamma)z}{1 - \gamma z} \,, \ z \in \mathbb{C} \,.$$

b) Das Verfahren ist A-stabil, d.u.n.d. wenn $\gamma \geq 1/2$ ist.

Bemerkung: Das obige Verfahren ist ein Spezialfall einer einstufigen *Rosenbrock-Methode* (vgl. [6], Example 11.7, [18], Beispiel 2.66).

Lösung

a) Das Verfahren angewendet auf die skalare Testgleichung $y' = \lambda y$ $(\lambda \in \mathbb{C})$ hat die folgende Gestalt (für $1/\gamma \neq h\lambda$),

$$y_{j+1} = y_j + hk_1 = y_j + h(1 - \gamma h\lambda)^{-1}\lambda y_j$$

$$= \left(1 + \frac{h\lambda}{1 - \gamma h\lambda}\right)y_j = \frac{1 + (1 - \gamma)h\lambda}{1 - \gamma h\lambda} y_j \,, \ j = 0, \ldots, N_h - 1 \,.$$

Setzt man $z = h\lambda$, dann folgt die behauptete Form der Stabilitätsfunktion.

b) Die folgende Äquivalenz ist zu zeigen:

$$|R_0(z)| \leq 1 \ \forall z \in \mathbb{C} : Re(z) \leq 0 \iff \gamma \geq \frac{1}{2} \,.$$

Dazu sei $z = a + ib$, $a, b \in \mathbb{R}$. Dann ist

$$|R_0(z)| \leq 1 \iff |1 + (1 - \gamma)(a + ib)|^2 \leq |1 - \gamma(a + ib)|^2 \,,$$

und wegen

$$|1 + (1 - \gamma)(a + ib)|^2 = (1 + (1 - \gamma)a)^2 + (1 - \gamma)^2 b^2$$
$$= 1 + 2a - 2\gamma a + |z|^2 - 2\gamma|z|^2 + \gamma^2|z|^2$$

$$\text{bzw. } |1 - \gamma(a + ib)|^2 = (1 - \gamma a)^2 + \gamma^2 b^2 = 1 - 2\gamma a + \gamma^2|z|^2$$

erhält man weiter

$$|R_0(z)| \leq 1 \iff 1 + 2a - 2\gamma a + |z|^2 - 2\gamma|z|^2 + \gamma^2|z|^2 \leq 1 - 2\gamma a + \gamma^2|z|^2$$
$$\iff 2a + |z|^2 - 2\gamma|z|^2 \leq 0.$$

Es genügt also die folgende Äquivalenz zu beweisen:

$$2a + (1 - 2\gamma)|z|^2 \leq 0 \ \forall z = a + ib \in \mathbb{C} : a \leq 0 \iff \gamma \geq \frac{1}{2}.$$

„$\Longrightarrow$": Für $z = i$ erhält man $0 \geq 1 - 2\gamma \Rightarrow \gamma \geq \frac{1}{2}$.
„$\Longleftarrow$": Falls $\gamma \geq \frac{1}{2}$ ist, folgt

$$2a + (1 - 2\gamma)|z|^2 \leq 2a + |z|^2 - 2\frac{1}{2}|z|^2 = 2a \leq 0$$
$$\forall z = a + ib \in \mathbb{C} : a \leq 0, a, b \in \mathbb{R}.$$

Aufgabe 93

▶   **Stabilität von Einschrittverfahren, lineare autonome Systeme**

Es werden Einschrittverfahren betrachtet, die angewendet auf ein lineares (autonomes) System $y'(t) = Ay(t)$, $y(0) = \alpha$ die Form $y_k = g(hA)y_{k-1}$ annehmen, mit einer rationalen Funktion $g(\cdot)$ und mit $A \in \mathbb{K}^{n \times n}$.

a) Für den Fall, dass die Matrix A symmetrisch ist, zeigen Sie bzgl. der euklidischen Norm die Abschätzung

$$\|y_k\| \leq \max_{1 \leq i \leq n} |g(h\lambda_i)|^k \|y_0\|$$

mit den Eigenwerten λ_i von A.

b) Bestimmen Sie die maximale Schrittweite h, für die das „klassische" 4-stufige Runge–Kutta-Verfahren das System

$$u'(t) = -10u(t) + 9v(t), \quad v'(t) = 9u(t) - 10v(t)$$

noch numerisch stabil integriert, d. h. es muss gelten $h\lambda_i \in \mathcal{I}_{RK}$, $i = 1,2$, mit den Eigenwerten $\lambda_i = \lambda_i(A)$ des angegebenen Systems und dem Stabilitätsintervall $\mathcal{I}_{RK} = [-2{,}78\,,\,0]$ des klassischen Runge–Kutta-Verfahrens.

Hinweise:

1) Hier ist $g = R_0$ = Stabilitätsfunktion, $y_k = u_h(t_k)$, $y_0 = \alpha_h$ in [18], 2.9.3.
2) Beweisen Sie die Aussage in a) nur für den Fall, dass g ein Polynom ist, $g(z) = \sum_{j=0}^{m} \alpha_j z^j$. Z.B. ist

$$g(z) = 1 + z \text{ für das explizite Euler-Verfahren},$$

$$g(z) = 1 + z + \frac{z^2}{2} + \frac{z^3}{6} + \frac{z^4}{24} \text{ für das klass. Runge–Kutta-Verfahren}.$$

Benutzen Sie, dass symmetrische Matrizen ein Orthonormalsystem von Eigenvektoren besitzen.

3) Das angegebene Stabilitätsintervall in b) ist mithilfe der Stabilitätsfunktion des klassischen Runge–Kutta-Verfahrens $R_0(z) = \sum_{j=0}^{4} z^j / j!$ bestimmt worden (vgl. Abb. 2.4 in [18], 2.9.3).

Lösung

a) Für eine symmetrische $n \times n$-Matrix A, den zugehörigen Eigenwerten λ_i und den Eigenvektoren w_i, $i = 1, \ldots, n$, und ein Polynom $g(z) = \sum_{j=0}^{m} \alpha_j z^j$ erhält man $A^j y = \sum_{i=1}^{n} \lambda_i^j \langle y, w_i \rangle w_i$, $y \in \mathbb{K}^n$, und

$$g(hA)y = \sum_{j=0}^{m} \alpha_j h^j A^j y$$

$$= \sum_{j=0}^{m} \alpha_j h^j \sum_{i=1}^{n} \lambda_i^j \langle y, w_i \rangle w_i$$

$$= \sum_{j=0}^{m} \sum_{i=1}^{n} \alpha_j \lambda_i^j h^j \langle y, w_i \rangle w_i$$

$$= \sum_{i=1}^{n} \langle y, w_i \rangle w_i \sum_{j=0}^{m} \alpha_j \lambda_i^j h^j$$

$$= \sum_{i=1}^{n} g(\lambda_i h) \langle y, w_i \rangle w_i, \quad y \in \mathbb{K}^n.$$

Für ein Verfahren der Form $y_k = g(hA)y_{k-1}$, $k = 1,2,\ldots$ gilt also (s. oben) $y_k = \sum_{i=1}^{n} g(\lambda_i h)\langle y_{k-1}, w_i\rangle w_i$ und für dessen Norm

$$||y_k||^2 = \sum_{i=1}^{n} |g(\lambda_i h)|^2 |\langle y_{k-1}, w_i\rangle|^2$$

$$\leq \max_{1\leq l\leq n} |g(\lambda_l h)|^2 \sum_{i=1}^{n} |\langle y_{k-1}, w_i\rangle|^2$$

$$= \max_{1\leq l\leq n} |g(\lambda_l h)|^2 ||y_{k-1}||^2 , \quad k = 1,2,\ldots$$

Induktiv folgt daraus die Behauptung

$$||y_k|| \leq \max_{1\leq l\leq n} |g(\lambda_l h)|^k ||y_0|| , \quad k = 1,2,\ldots$$

b) Hier ist $y' = Ay$ mit $y = (u,v)^\top$ und $A = \begin{pmatrix} -10 & 9 \\ 9 & -10 \end{pmatrix}$.

Die Eigenwerte von A erhält man bekanntlich durch $\det(A - zE) = 0$, d. h.

$$0 = \begin{vmatrix} -10 - z & 9 \\ 9 & -10 - z \end{vmatrix} = (10 + z)^2 - 81$$

$$= 100 + 20z + z^2 - 81 = z^2 + 20z + 19$$

Damit erhält man für die Eigenwerte:

$$\lambda = \lambda_i(A): \ \lambda = -10 \pm \sqrt{100 - 19} = -10 \pm 9 \Rightarrow \lambda_1 = -1, \ \lambda_2 = -19$$

Gesucht ist das maximale h mit

$$h\lambda_i(A) \in \mathcal{I}_{RK} = [-2{,}78\,, 0] , \ i = 1,2.$$

Diese Forderung ergibt:

$$h \leq \frac{2{,}78}{19} = 0{,}1463.$$

Aufgabe 94

▶   **Logarithmische Matrixnormen**

Zeigen Sie, dass sich die logarithmische Matrixnorm zur Maximumnorm einer quadratischen Matrix A,

$$\mu_\infty[A] := \lim_{\delta \longrightarrow +0} \frac{\|E + \delta A\|_\infty - 1}{\delta},$$

wie folgt berechnen lässt,

$$\mu_\infty[A] = \max_{i=1,\dots,n} \left(a_{ii} + \sum_{\substack{j=1 \\ j \neq i}}^{n} |a_{ij}| \right).$$

Hierbei bezeichnet

$$\|A\|_\infty = \max_{i=1,\dots,n} \sum_{j=1}^{n} |a_{ij}|$$

die „maximale Zeilensumme", die bekanntlich die natürliche Matrixnorm zur Maximumnorm ist.

Hinweis: Verwenden Sie die Idee des Beweises in [18], Beispiel 2.54, für $\mu_1[A]$ und führen Sie das für $\mu_\infty[A]$ aus.

Lösung

Z. z.: $\mu_\infty[A] = \max\limits_{i} \left(a_{ii} + \sum\limits_{\substack{j=1 \\ j \neq i}}^{n} |a_{ij}| \right)$ mit $\|A\|_\infty = \max\limits_{i} \sum\limits_{j=1}^{n} |a_{ij}|$

Sei $\|\cdot\| = \|\cdot\|_\infty$, dann erhält man

$$\frac{\|E + \delta A\|}{\delta} = \frac{1}{\delta} \left(|1 + \delta a_{ii}| + \sum_{\substack{j=1 \\ j \neq i}}^{n} \delta |a_{ij}| \right) \text{ für } \delta > 0.$$

Für kleine δ gilt: $1 + \delta a_{ii} = |1 + \delta a_{ii}| > 0 \Longrightarrow |1 + \delta a_{ii}| - 1 = \delta a_{ii}$

$$\Longrightarrow \frac{\|E + \delta A\| - 1}{\delta} = \frac{1}{\delta} \max_{i} \left(\delta a_{ii} + \delta \sum_{\substack{j=1 \\ j \neq i}}^{n} |a_{ij}| \right)$$

$$\Longrightarrow \lim_{\substack{\delta \to 0 \\ \delta > 0}} \frac{\|E + \delta A\| - 1}{\delta} = \max_{i} \left(a_{ii} + \sum_{\substack{j=1 \\ j \neq i}}^{n} |a_{ij}| \right)$$

Aufgabe 95

▶ **Steife Differentialgleichungen**

Für $A = \begin{pmatrix} -10 & 12 \\ 12 & -20 \end{pmatrix}$ berechnen Sie die logarithmischen Matrixnormen (vgl. Aufg. 94)
bzw. die Matrixnormen

$$\mu_\infty[A],\ \mu_1[A],\ \mu_2[A],\ \|A\|_\infty,\ \|A\|_1,\ \|A\|_2$$

mit Hilfe der Formeln aus [18], Bspl. 2.54, und beantworten Sie die Frage, ob das System
$u' = Au$, $u(0) = u_0$, steif ist.

Hinweis: Für die Definition von „steif" können Sie Definitionen 2.56 – oder auch 2.43
bis 2.45 – in [18], Abschnitt 2.9.2 bzw. 2.9.1, verwenden.

Lösung

Hier ist (vgl. [18], Beispiel 2.54)

$$\mu_\infty[A] = \mu_1[A] = 2,\quad \|A\|_\infty = \|A\|_1 = 32.$$

Da A symmetrisch ist, gilt $\|A\|_2 = \max_{i=1,2} |\lambda_i(A)|$ und $\mu_2[A] = \lambda_{max}(A)$. Hier ist
$\|A\|_2 = 28$ und $\mu_2[A] = -2$, da $\lambda_1 = -2$, $\lambda_2 = -28$ die Eigenwerte von A sind. Das
System $u' = Au$ ist daher nach [18], Def. 2.56, (moderat) steif, da

$$\frac{\mu_\infty[A]}{\|A\|_\infty} = \frac{1}{16}.$$

2.2 Mehrschrittverfahren für Anfangswertprobleme

Aufgabe 96

▶ **Konsistenzordnung eines linearen Mehrschrittverfahrens**

Bestimmen Sie mit Hilfe der folgenden Bedingung (a) aus [18], Satz 3.11,

$$(a)\quad \sum_{k=0}^{s} a_k = 0 \text{ und } \sum_{k=0}^{s}(k^\ell a_k - \ell k^{\ell-1} b_k) = 0 \text{ für } \ell = 1,\ldots,p,$$

die von $\gamma \in \mathbb{R}$ abhängige Konsistenzordnung p des linearen Mehrschrittverfahrens

$$\frac{1}{h}(u_h(t_3) + \gamma(u_h(t_2) - u_h(t_1)) - u_h(t_0)) = \frac{3+\gamma}{2}(f_2 + f_1),$$

für $t_j = t + jh$, $f_j = f(t_j, u_h(t_j))$, $j = 0,1,2,3$, $t \in I'_h$ $(s = 3)$.

Hinweise: Lineare Mehrschrittverfahren zur näherungsweisen Lösung von Anfangswert-
aufgaben der Gestalt (2.2) haben die allgemeine Form

$$\frac{1}{h}\sum_{k=0}^{s}a_k u_h(t_{j-s+k}) = \sum_{k=0}^{s} b_k f\left(t_{j-s+k}, u_h(t_{j-s+k})\right), \qquad t_j \in I_h^0, \qquad (2.5)$$

wobei s die *Schrittzahl* bezeichnet und die zugehörigen Gitterpunktmengen wie folgt erklärt sind (mit N_h: $hN_h = T$),

$$I_h = [0,T]_h = \{t \in [0,T] \,|\, t = jh, j = 0,\ldots, N_h\},$$
$$I_h' = \{t \in [0,T]_h \,|\, t = jh, j = 0,\ldots, N_h - s\},$$
$$I_h^0 = \{t \in [0,T]_h \,|\, t = jh, j = s,\ldots, N_h\}.$$

Die Lösung des AWP kann als hinreichend glatt vorausgesetzt werden. Die Anlaufrechnung sei mit hinreichender Ordnung konvergent.

Lösung

Hier ist

$$a_0 = -1, \qquad a_1 = -\gamma, \qquad a_2 = \gamma, \qquad a_3 = 1 \ (s = 3),$$
$$b_0 = 0, \qquad b_1 = \frac{3+\gamma}{2}, \qquad b_2 = \frac{3+\gamma}{2}, \qquad b_3 = 0.$$

Wir prüfen die obige Bedingung (a) für $\ell = 0,1,2,3,4,5$ nach.

$$\ell = 0 : \sum_{k=0}^{3} a_k = 0 \quad \text{ist klar}$$

$$\ell = 1 : \sum_{k=0}^{3} k a_k - b_k = (0-0) + \left(-\gamma - \frac{3+\gamma}{2}\right) + \left(2\gamma - \frac{3+\gamma}{2}\right) + 3$$

$$= \frac{1}{2}(-2\gamma - 3 - \gamma + 4\gamma - 3 - \gamma) + 3$$

$$= \frac{1}{2}(0\gamma - 6) + 3 = 0$$

$$\ell = 2 : \sum_{k=0}^{3} k^2 a_k - 2k\, b_k$$

$$= (0-0) + (-\gamma - (3+\gamma)) + (4\gamma - 2(3+\gamma)) + 9$$

$$= -\gamma - 3 - \gamma + 4\gamma - 6 - 2\gamma + 9$$

$$= 0\gamma - 9 + 9 = 0$$

$$\ell = 3 : \sum_{k=0}^{3} k^3 a_k - 3k^2 b_k$$

$$= (0 - 0) + \left(-\gamma - 3\frac{3+\gamma}{2}\right) + \left(8\gamma - 12\frac{3+\gamma}{2}\right) + 27$$

$$= -\gamma - \frac{9}{2} - \frac{3}{2}\gamma + 8\gamma - 18 - 6\gamma + 27$$

$$= -\frac{1}{2}\gamma + \frac{9}{2} \overset{!}{=} 0 \iff \gamma = 9$$

$$\ell = 4 : \sum_{k=0}^{3} k^4 a_k - 4k^3 b_k$$

$$= (0 - 0) + \left(-\gamma - 4\frac{3+\gamma}{2}\right) + \left(16\gamma - 32\frac{3+\gamma}{2}\right) + 81$$

$$= -\gamma - 6 - 2\gamma + 16\gamma - 48 - 16\gamma + 81$$

$$= -3\gamma + 27 = 0 \iff \gamma = 9$$

$$\ell = 5 : \sum_{k=0}^{3} k^5 a_k - 5k^4 b_k$$

$$= (0 - 0) + \left(-\gamma - 5\frac{3+\gamma}{2}\right) + \left(32\gamma - 80\frac{3+\gamma}{2}\right) + 243$$

$$= -\gamma - \frac{15}{2} - \frac{5}{2}\gamma + 32\gamma - 120 - 40\gamma + 243$$

$$= -11{,}5\,\gamma + 115{,}5 \neq 0, \ \text{falls } \gamma = 9$$

Das Verfahren mit $\gamma = 9$ lautet also ($v_j := u_h(t_j)$)

$$v_{j+3} + 9\,(v_{j+2} - v_{j+1}) - v_j = 6h\,(f_{j+2} - f_{j+1})$$

und hat Konsistenzordnung $p = 4$. Falls $\gamma \neq 9$ ist, hat man nur eine Konsistenzordnung von $p = 2$.

Aufgabe 97

▶   **Konsistenzordnung eines expliziten Mehrschrittverfahrens**

Berechnen Sie die Konsistenzordnung des folgenden expliziten linearen Mehrschrittverfahrens zur numerischen Lösung von $u' = f(t, u)\,, u(0) = \alpha$,

$$3u_h(t_{j+4}) - 3u_h(t_j) = h(8f_{j+3} - 4f_{j+2} + 8f_{j+1}).$$

Hinweis: Die Lösung des AWP kann als hinreichend glatt vorausgesetzt werden. Die Anlaufrechnung sei mit hinreichender Ordnung konvergent. Ansonsten vgl. die Hinweise zu Aufg. 96.

Lösung

Gesucht ist die größte Zahl $p \in \mathbb{N}$, so dass die Bedingungen (vgl. [18], Satz 3.11 (a))

$$\sum_{k=0}^{s} a_k = 0 \quad \text{und} \quad \sum_{k=0}^{s} (k^\ell a_k - \ell k^{\ell-1} b_k) = 0 \quad \text{für } \ell = 1, \dots, p$$

erfüllt werden.

Hier ist $a_0 = -3$, $a_1 = a_2 = a_3 = 0$, $a_4 = 3$ und $b_0 = 0$, $b_1 = 8$, $b_2 = -4$, $b_3 = 8$, $b_4 = 0$, $s = 4$.

Überprüfung der Bedingungen:

$$\sum_{k=0}^{4} a_k = -3 + 3 = 0 \quad (\ell = 0)$$

$$\sum_{k=0}^{4} k a_k - b_k = (0-0) + (0-8) + (0+4) + (0-8) + (3 \cdot 4 - 0)$$

$$= -8 + 4 - 8 + 12 = 0 \quad (\ell = 1)$$

$$\sum_{k=0}^{4} k^2 a_k - 2k b_k = (0-0) + (0-16) + (0+16) + (0-48) + 48$$

$$= -16 + 16 - 48 + 48 = 0 \quad (\ell = 2)$$

$$\sum_{k=0}^{4} k^3 a_k - 3k^2 b_k = (0-0) + (0-24) + (0+48) + (0 - 27 \cdot 8) + 64 \cdot 3$$

$$= -24 + 48 - 216 + 192 = 0 \quad (\ell = 3)$$

$$\sum_{k=0}^{4} k^4 a_k - 4k^3 b_k = (0-0) + (0-32) + (0+128) + (0 - 4 \cdot 27 \cdot 8) + 4^4 \cdot 3$$

$$= -32 + 128 - 864 + 768 = 0 \quad (\ell = 4)$$

$$\sum_{k=0}^{4} k^5 a_k - 5k^4 b_k = (0-0) + (0-40) + (0 + 80 \cdot 4) + (0 - 5 \cdot 81 \cdot 8) + 4^5 \cdot 3$$

$$= -40 + 320 - 3240 + 3072 = 112 \neq 0 \quad (\ell = 5)$$

$\implies p = 4 \; \forall f \in C^4(G)$, falls für die Anlaufrechnung gilt $\tau_h(t_j) = O(h^4)$ für $j = 0, 1, 2, 3$.

Aufgabe 98

▶ **Wurzelbedingung**

Die sogenannte *Wurzelbedingung* für Polynome p in einer komplexen Veränderlichen lautet: Das Polynom p besitzt nur Wurzeln vom Betrage höchstens Eins und die Wurzeln mit dem Betrage Eins sind einfach. Bestimmen Sie die Wurzeln der folgenden Polynome der Gestalt

$$p(z) = a_m z^m + \ldots + a_1 z + a_0, \qquad z \in \mathbb{C},$$

und untersuchen Sie, ob sie der Wurzelbedingung genügen oder nicht:

(i)	$(a_m, a_{m-1}, \ldots, a_1, a_0) = (3/2, -2, 1/2),$	$m = 2,$
(ii)	$= (1, 9, -9, -1),$	$m = 3,$
(iii)	$= (11/6, -3, 3/2, -1/3),$	$m = 3.$

Bemerkung: Weitere Beispiele finden sich in [18], Aufg. B.11.

Lösung

(i) Man hat für p und seine Wurzeln $z_{1,2}$

$$p(z) = \frac{3}{2}z^2 - 2z + \frac{1}{2},$$

$$z_{1,2} = \frac{2 \pm \sqrt{4-3}}{3} = \frac{2}{3} \pm \frac{1}{3}.$$

Beide Wurzeln sind einfach mit Betrag $|z_1| = \frac{1}{3}$ bzw. $|z_2| = 1$. Also ist die Wurzelbedingung erfüllt.

(ii) Hier ist $p(z) = z^3 + 9z^2 - 9z - 1$ und $z_1 = 1$ ist (einfache) Nullstelle.
Abspalten von $(z-1)$ liefert das Restpolynom $z^2 + 10z + 1 =: q(z)$.
Nullstellen von q : $z_{2,3} = -5 \pm \sqrt{25-1} = -5 \pm 2\sqrt{6}$.
Da $|z_3| = 5 + 2\sqrt{6} > 1$, ist die Wurzelbedingung nicht erfüllt.

(iii) $p(z) = \frac{11}{6}z^3 - 3z^2 + \frac{3}{2}z - \frac{1}{3}$, und $z_1 = 1$ ist (einfache) Nullstelle.
Abspalten von $(z-1)$ liefert das Restpolynom $q(z) = \frac{11}{6}z^2 - \frac{7}{6}z + \frac{1}{3}$.
Nullstellen von q : $z_{2,3} = \dfrac{7/6 \pm \sqrt{49/36 - 22/9}}{11/3} = \frac{1}{22}(7 \pm i\sqrt{39})$; wobei $|z_{2,3}| = \frac{1}{22}\sqrt{49+39} = \frac{1}{22}\sqrt{88} \approx 0{,}4264$.
Die Wurzelbedingung ist also erfüllt.

Aufgabe 99

▶ **Konsistenz und Stabilität eines 4-Schrittverfahrens**

Zeigen Sie, dass durch

$$\rho(z) = (z^2 - 1)(z^2 + 2\mu z + 1),$$

$$\sigma(z) = \frac{1}{45}(14 - \mu)(z^4 + 1) + \frac{1}{45}(64 + 34\mu)z(z^2 + 1) + \frac{1}{15}(8 + 38\mu)z^2$$

für $|\mu| < 1$ ein nullstabiles 4-Schrittverfahren der Konsistenzordnung $p = 6$ gegeben ist.

Hinweise:
a) Die Polynome ρ, σ definieren ein lineares Mehrschrittverfahren (vgl. z. B. [18], 3.2)
b) Das Verfahren ist genau dann *nullstabil*, wenn die Wurzeln z_j von $\rho(z) = (z^2-1)(z^2 + 2\mu z + 1)$, $|\mu| < 1$, der Wurzelbedingung genügen, d. h. die Bedingung $|z_j| \leq 1$ ist erfüllen, und falls $|z_j| = 1$, ist die Wurzel einfach (s. z. B. [18], 3.4, und Aufg. 98).
c) Zum Nachweis der Konsistenz kann die Lösung des AWP als hinreichend glatt vorausgesetzt werden, und die Anlaufrechnung sei mit hinreichender Ordnung konvergent.

Lösung

Hier ist

$$\rho(z) = (z^2 - 1)(z^2 + 2\mu z + 1)$$
$$= z^4 + 2\mu z^3 + z^2 - z^2 - 2\mu z - 1 = z^4 + 2\mu z^3 - 2\mu z - 1$$
$$\sigma(z) = \frac{1}{45}(14z^4 + 14 - \mu z^4 - \mu + 64z^3 + 64z + 34\mu z^3 + 34\mu z) + \frac{1}{45}(24 + 114\mu)z^2$$
$$= \frac{1}{45}\left((14 - \mu)z^4 + (64 + 34\mu)z^3 + (24 + 114\mu)z^2 + (64 + 34\mu)z + 14 - \mu\right).$$

Zur *Konsistenzordnung:*

Nach [18], Satz 3.10, hat das Verfahren die Konsistenzordnung $p = 6$, wenn $\sum\limits_{k=0}^{4} a_k = 0$

und $\sum\limits_{k=0}^{4} k^\ell a_k - \ell k^{\ell-1} b_k = 0$, $\ell = 1, 2, 3, 4, 5, 6$, wobei hier

$$a_0 = -1, \ a_1 = -2\mu, \ a_2 = 0, \ a_3 = 2\mu, \ a_4 = 1$$
$$b_0 = \frac{14 - \mu}{45}, \ b_1 = \frac{64 + 34\mu}{45}, \ b_2 = \frac{24 + 114\mu}{45}, \ b_3 = \frac{64 + 34\mu}{45}, \ b_4 = \frac{14 - \mu}{45}.$$

$$\ell = 0 : \sum_{k=0}^{4} a_k = -1 - 2\mu + 0 + 2\mu + 1 = 0.$$

$$\ell = 1 : \sum_{k=0}^{4} k a_k - b_k = -b_0 + a_1 - b_1 + 2a_2 - b_2 + 3a_3 - b_3 + 4a_4 - b_4$$

$$= -2\frac{14 - \mu}{45} - 2\frac{64 + 34\mu}{45} - \frac{24 + 114\mu}{45} + 4\mu + 4$$

$$= \frac{1}{45}(-28 + 2\mu - 128 - 68\mu - 24 - 114\mu) + 4\mu + 4$$

$$= \frac{1}{45}(-180 - 180\mu) + 4\mu + 4 = -4 - 4\mu + 4\mu + 4 = 0.$$

$$\ell = 2 : \sum_{k=0}^{4} k^2 a_k - 2k b_k = a_1 - 2b_1 + 4a_2 - 4b_2 + 9a_3 - 6b_3 + 16a_4 - 8b_4$$

$$= -8\frac{14 - \mu}{45} - 8\frac{64 + 34\mu}{45} - 4\frac{24 + 114\mu}{45} + 16\mu + 16$$

$$= \frac{1}{45}(-512 - 272\mu - 96 - 456\mu - 112 + 8\mu) + 16\mu + 16$$

$$= \frac{1}{45}(-720 - 720\mu) + 16\mu + 16 = -16 - 16\mu + 16\mu + 16 = 0.$$

$$\ell = 3 : \sum_{k=0}^{4} k^3 a_k - 3k^2 b_k = a_1 - 3b_1 + 8a_2 - 12b_2 + 27a_3 - 27b_3 + 64a_4 - 48b_4$$

$$= -48\frac{14 - \mu}{45} - 30\frac{64 + 34\mu}{45} - 12\frac{24 + 114\mu}{45} + 52\mu + 64$$

$$= \frac{1}{45}(-672 + 48\mu - 1920 - 1020\mu - 288 - 1368\mu) + 52\mu + 64$$

$$= \frac{1}{45}(-2880 - 2340\mu) + 52\mu + 64 = -64 - 52\mu + 52\mu + 64 = 0.$$

$$\ell = 4 : \sum_{k=0}^{4} k^4 a_k - 4k^3 b_k = a_1 - 4b_1 + 16a_2 - 32b_2 + 81a_3 - 108b_3 + 256a_4 - 256b_4$$

$$= -2\mu - 112\frac{64 + 34\mu}{45} - 32\frac{24 + 114\mu}{45} + 162\mu + 256 - 256\frac{14 - \mu}{45}$$

$$= \frac{1}{45}(-7168 - 3808\mu - 768 - 3648\mu - 3584 + 256\mu) + 160\mu + 256$$

$$= \frac{1}{45}(-11520 - 7200) + 160\mu + 256 = -256 - 160\mu + 160\mu + 256 = 0.$$

$$\ell = 5 : \sum_{k=0}^{4} k^5 a_k - 5k^4 b_k$$

$$= a_1 - 5b_1 + 32a_2 - 80b_2 + 243a_3 - 405b_3 + 1024a_4 - 1280b_4$$

$$= -2\mu - 410\frac{64 + 34\mu}{45} - 80\frac{24 + 114\mu}{45} + 243 \cdot 2\mu + 1024 - 1280\frac{14 - \mu}{45}$$

$$= \frac{1}{45}(-26240 - 13940\mu - 1920 - 9120\mu - 17920 + 1280\mu) + 484\mu + 1024$$

$$= \frac{1}{45}(-46080 - 21780\mu) + 484\mu + 1024 = -1024 - 484\mu + 484\mu + 1024 = 0.$$

$$\ell = 6 : \sum_{k=0}^{4} k^6 a_k - 6k^5 b_k$$

$$= a_1 - 6b_1 + 64a_2 - 192b_2 + 729a_3 - 1458b_3 + 4096a_4 - 6144b_4$$

$$= -2\mu - 1464\frac{64 + 34\mu}{45} - 192\frac{24 + 114\mu}{45} + 1458\mu + 4096 - 6144\frac{14 - \mu}{45}$$

$$= \frac{1}{45}(-93696 - 49776\mu - 4608 - 21888\mu - 86016 + 6144\mu) + 4096\mu + 1456$$

$$= \frac{1}{45}(-184320 - 65520\mu) + 4096 + 1456\mu = -4096 - 1456\mu + 4096 + 1456\mu$$

$$= 0.$$

Also hat das angegebene Verfahren Konsistenzordnung $p = 6$.

Zur *Nullstabilität:*
Wie man direkt sieht, sind $z_1 = 1$ und $z_2 = -1$ Wurzeln von ρ.
Die Wurzeln von $\tilde{\rho}(z) = z^2 + 2\mu z + 1$ erhält man wie folgt:
$$\tilde{\rho}(z) = 0 \iff z^2 + 2\mu z + 1 = 0, \text{ also } z_{3,4} = \frac{-2\mu \pm \sqrt{4\mu^2 - 4}}{2} = -\mu \pm \sqrt{\mu^2 - 1}.$$
Nach Voraussetzung ist $|\mu| < 1$, also $\mu^2 - 1 < 0$. Damit erhält man zwei komplexe Wurzeln:

$$z_3 = -\mu + i\sqrt{1 - \mu^2}, \quad z_4 = -\mu - i\sqrt{1 - \mu^2}.$$

Ferner gilt: $|z_3| = |z_4|$, da $z_3 = \overline{z_4}$. Also ist

$$|z_4| = |z_3| = |-\mu + i\sqrt{1 - \mu^2}| = (\mu^2 + (1 - \mu^2)) = 1.$$

Damit ist $|z_1| = |z_2| = |z_3| = |z_4| = 1$, und alle z_i ($i = 1, 2, 3, 4$) sind einfache Wurzeln von ρ. Damit ist die Wurzelbedingung erfüllt, und das Verfahren somit nullstabil.

Aufgabe 100

▶ **Nullstabilität**

Untersuchen Sie das Mehrschrittverfahren aus Aufgabe 96 auf Nullstabilität,

$$\frac{1}{h}(u_h(t_3) + \gamma(u_h(t_2) - u_h(t_1)) - u_h(t_0)) = \frac{3 + \gamma}{2}(f_2 + f_1).$$

Hinweise: Das Verfahren ist genau dann nullstabil, wenn das zugehörige Polynom ρ (vgl. [18], 3.2) die Wurzelbedingung erfüllt (vgl. auch Aufg. 99 oder Aufg. 98). Machen Sie Fallunterscheidungen für γ.

Lösung

Hier ist

$$a_0 = -1, \quad a_1 = -\gamma, \quad a_2 = \gamma, \quad a_3 = 1 \qquad (s = 3) \text{ und}$$
$$\rho(z) = z^3 + \gamma z^2 - \gamma z - 1, \quad \rho'(z) = 3z^2 + 2\gamma z - \gamma.$$

Zur Bestimmung der Nullstellen von ρ spaltet man zunächst $(z - 1)$ ab und erhält $\rho(z) = (z - 1)(z^2 + (1 + \gamma)z + 1)$. Neben der Wurzel $z_1 = 1$ erhält man aus der p-q-Formel zur Berechnung der Nullstellen eines quadratischen Polynoms noch

$$z_{2,3} = -\frac{1 + \gamma}{2} \pm \frac{\sqrt{(1 + \gamma)^2 - 4}}{2} = -\frac{1 + \gamma}{2} \pm \frac{\sqrt{-3 + 2\gamma + \gamma^2}}{2}.$$

Die Wurzeln $z_{2,3}$ bleiben reell d. u. n. d. wenn

$$(1 + \gamma)^2 - 4 \geq 0 \iff (1 + \gamma)^2 \geq 4 \iff 1 + \gamma \geq 2 \wedge 1 + \gamma \leq -2$$
$$\iff \gamma \leq -3 \wedge \gamma \geq 1.$$

Wir machen nun Fallunterscheidungen:

- $\gamma > 1$: In diesem Fall ist

$$|z_3| = \frac{1 + \gamma}{2} + \frac{\sqrt{(1 + \gamma)^2 - 4}}{2} \geq \frac{1 + \gamma}{2} > 1;$$

  also ist die Wurzelbedingung nicht erfüllt.
- $\gamma = 1$: Da $z_{2,3} = -\frac{1+\gamma}{2} = -1$, erhält man eine Wurzel der Vielfachheit 2 vom Betrag 1; also ist die Wurzelbedingung nicht erfüllt.
- $\gamma < -3$: Für z_2 erhält man $(-\gamma > 3)$

$$|z_2| = -\frac{1 + \gamma}{2} + \frac{\sqrt{(1 + \gamma)^2 - 4}}{2} > \frac{-1 + 3}{2} = 1;$$

  also ist die Wurzelbedingung nicht erfüllt.
- $\gamma = -3$: In diesem Fall ist $z_{2,3} = 1$, und damit ist $z = 1$ eine Nullstelle der Vielfachheit 3 vom Betrag 1; also auch für diesen Fall ist die Wurzelbedingung nicht erfüllt.

- $-3 < \gamma < 1$: Für diesen Fall sind die Wurzeln $z_{2,3}$ komplex – da $(1 + \gamma)^2 < 4$ – und für ihre Beträge erhält man

$$|z_{2,3}|^2 = \frac{(1 + \gamma)^2}{4} + \frac{4 - (1 + \gamma)^2}{4} = \frac{1}{4}((1 + \gamma)^2 + 4 - (1 + \gamma)^2) = 1.$$

Man hat also drei einfache Wurzeln jeweils mit dem Betrag 1, so dass die Wurzelbedingung erfüllt ist.

Aufgabe 101

▶ **Stabilitätsgebiet eines linearen Zweischrittverfahrens**

Zeigen Sie: Für das Stabilitätsgebiet $\mathcal{S}$ des folgenden Zweischrittverfahrens

$$u_h(t_{j+2}) - 4u_h(t_{j+1}) + 3u_h(t_j) = -2hf_j \,, \ j = 2,3,\ldots,$$

gilt

$$\mathcal{S} \cap (-\infty, 0) = \emptyset.$$

Hinweise: Zu zeigen ist: Für $\mu < 0$ erfüllen die Nullstellen des „Stabilitätspolynoms" $\varphi_\mu(z) = \rho(z) - \mu\sigma(z)$ nicht die Wurzelbedingung (vgl. [18], 3.4). Dazu gehen Sie wie folgt vor:

 i) Stellen Sie das Stabilitätspolynom auf.
 ii) Bestimmen Sie die Nullstellen für $\mu < 0$, und zeigen Sie, dass für mindestens eine Nullstelle z_j gilt: $|z_j| > 1$.

Lösung

Für die Polynome ρ, σ des angegebenen 2-Schrittverfahrens erhält man

$$\rho(z) = z^2 - 4z + 3\,,$$
$$\sigma(z) = -2\,.$$

Die Nullstellen des Stabilitätspolynoms

$$\varphi_\mu(z) = z^2 - 4z + 3 + 2\mu$$

ergeben sich aus der Gleichung

$$z^2 - 4z + (3 + 2\mu) = 0\,, \text{ also } z_{1,2} = 2 \pm \sqrt{4 - 3 - 2\mu} = 2 \pm \sqrt{1 - 2\mu}\,.$$

Für $\mu < 0$ ist $1 - 2\mu > 0$. Damit ist $z_1 = 2 + \sqrt{1 - 2\mu} > 2$, was $\mathcal{S} \cap (-\infty, 0) = \emptyset$ beweist.

Aufgabe 102

▶   **Lösung impliziter Gleichungen, Adams–Moulton-Verfahren**

Zur Lösung der Anfangswertaufgabe

$$u''(t) = -20u'(t) - 19u(t), \quad t \geq 0, \quad u(0) = 1, u'(0) = -10,$$

soll das Adams–Moulton-Verfahren mit Schrittzahl $s = 2$,

$$u_h(t_j) = u_h(t_{j-1}) + \frac{1}{12} h(5f_j + 8f_{j-1} - f_{j-2}), \; j = 2, 3, \dots,$$

verwendet werden. Dazu formen Sie die Differentialgleichung zunächst in ein System erster Ordnung um. Wie klein muss dann die Schrittweite h bemessen sein, damit in jedem Zeitschritt die Konvergenz der Fixpunktiteration zur Berechnung von $u_h(t_j)$ garantiert ist?

Lösung

Durch äquivalente Umformung, erhält man aus der Differentialgleichung ein System erster Ordnung der Gestalt ($v_1 = u$, $v_2 = u'$)

$$v_1'(t) = v_2(t)$$
$$v_2'(t) = -19v_1(t) - 20v_2(t), \qquad t \geq 0, \quad v_1(0) = 1, \quad v_2(0) = -10.$$

Das Verfahren von Adams-Moulton mit Schrittzahl $s = 2$ angewandt auf das obige System ist dann von der Form (setze $v_j^{(\nu)} = v_h^{(\nu)}(t_j) = $ Näherung von $v_\nu(t_j)$, $\nu = 1,2$)

$$\begin{pmatrix} v_j^{(1)} \\ v_j^{(2)} \end{pmatrix} = \begin{pmatrix} v_{j-1}^{(1)} \\ v_{j-1}^{(2)} \end{pmatrix} + \frac{1}{12}h\left[5\begin{pmatrix} v_j^{(2)} \\ -19v_j^{(1)} - 20v_j^{(2)} \end{pmatrix} + 8\begin{pmatrix} f_{j-1}^{(1)} \\ f_{j-1}^{(2)} \end{pmatrix} - \begin{pmatrix} f_{j-2}^{(1)} \\ f_{j-2}^{(2)} \end{pmatrix}\right],$$

wobei $f_\nu^{(1)} = v_\nu^{(2)}, f_\nu^{(2)} = -19v_\nu^{(1)} - 20v_\nu^{(2)}, \nu = j - 1, j - 2$. Offenbar sind die Lösungen $(v_j^{(1)}, v_j^{(2)})$ dieser impliziten Gleichungen Fixpunkte der Funktionen $g_j(x, y) = (g_j^{(1)}(x, y), g_j^{(2)}(x, y))$,

$$\begin{pmatrix} g_j^{(1)}(x, y) \\ g_j^{(2)}(x, y) \end{pmatrix} = \begin{pmatrix} v_{j-1}^{(1)} \\ v_{j-1}^{(2)} \end{pmatrix} + \frac{1}{12}h\left[5\begin{pmatrix} y \\ -19x - 20y \end{pmatrix} + 8\begin{pmatrix} f_{j-1}^{(1)} \\ f_{j-1}^{(2)} \end{pmatrix} - \begin{pmatrix} f_{j-2}^{(1)} \\ f_{j-2}^{(2)} \end{pmatrix}\right]$$

mit den dazugehörigen Funktionalmatrizen

$$g_j'(x, y) = \frac{5h}{12}\begin{pmatrix} 0 & 1 \\ -19 & -20 \end{pmatrix} =: B_h, \quad (x, y) \in \mathbb{R}^2 \; \forall \; j.$$

Da die partiellen Ableitungen erster Ordnung von $g_j^{(1)}$ und $g_j^{(2)}$ offensichtlich auf ganz $\mathbb{R}^2$ stetig und beschränkt sind, genügen die g_j der Lipschitzbedingung

$$\|g_j(x, y) - g_j(\tilde{x}, \tilde{y})\| \leq q\|(x, y) - (\tilde{x}, \tilde{y})\|, \quad (x, y), (\tilde{x}, \tilde{y}) \in \mathbb{R}^2, \ q = \|B_h\| \quad (L)$$

mit einer zur gewählten Vektornorm auf $\mathbb{R}^2$ verträglichen Matrixnorm.

Um die Konvergenz der Fixpunktiteration zur Berechnung der $v_j = \left(v_j^{(1)}, v_j^{(2)}\right)^\top$ in jedem Zeitschritt zu garantieren müssen die g_j die Voraussetzungen des Banachschen Fixpunktsatzes erfüllen. D. h. für $G = \mathbb{R}^2$ muss gelten (vgl. z. B. [23], 9.1.2)

(i) G ist abgeschlossen,
(ii) $g_j : G \to G$,
(iii) g_j ist eine Kontraktion auf G.

Mit $G = \mathbb{R}^2$ sind die Bedingungen (i) und (ii) offenbar erfüllt. Um die Voraussetzung (iii) zu erfüllen, muss $q < 1$ in der Kontraktionsbedingung (L) gelten. Mit den Matrixnormen $\|\cdot\| = \|\cdot\|_p$ erhält man somit Bedingungen für h,

$$p = \infty \ : \ q = \frac{5}{12}h \cdot 39 < 1 \quad \Longleftrightarrow \quad h < \frac{4}{65} \approx 0{,}0615$$

$$p = 1 \ : \ q = \frac{5}{12}h \cdot 21 < 1 \quad \Longleftrightarrow \quad h < \frac{4}{35} \approx 0{,}1143$$

$$p = 2 \ : \ q = \frac{5}{12}h \cdot \sqrt{762} < 1 \quad \Longleftrightarrow \quad h < \frac{12}{5\sqrt{762}} \approx 0{,}0869 \,,$$

wobei $\|\cdot\|_p$ für $p = 1, \infty$ die bekannten Normen und $\|\cdot\|_2$ die Quadratsummennorm bezeichnet. Für $h < 4/35$ ist das Gleichungssystem des Adams–Moulton-Verfahrens für jedes $j \geq 2$ also sicher lösbar.

Aufgabe 103

▶ **Differenzengleichungen**

Zeigen Sie: Betrachtet man die Differenzengleichungen

$$v_j = \alpha^{(j)}, j = 0, \dots, s-1, \quad \sum_{k=0}^{s} a_k v_{j-s+k} = w_j, j = s, \dots, N \,,$$

($a_k \in \mathbb{C}, a_s \neq 0, \ s \in \mathbb{N}, \ N \geq s, \ \alpha^{(j)}, v_j, w_j \in \mathbb{C}$) und diskrete Funktionen $S(j), P^{(\ell)}(j), j \in \mathbb{Z}, \ell = 0, \dots, s-1$, mit den Eigenschaften

$$S(j) = 0, j < s, \quad \sum_{k=0}^{s} a_k S(j+k) = \delta_{j0}, \ j \in \mathbb{Z} \,,$$

und

$$P^{(\ell)}(j) = \delta_{\ell j}, \ j, \ell = 0, \ldots, s-1, \quad \sum_{k=0}^{s} a_k P^{(\ell)}(j+k) = 0, j \geq 0,$$

dann hat die Lösung v_j (bei gegebenen $w_j, \alpha^{(j)}$) die Darstellung

$$v_j = \alpha^{(j)}, \ j = 0, \ldots, s-1,$$

$$v_j = \sum_{k=s}^{N} w_k S(j+s-k) + \sum_{\ell=0}^{s-1} \alpha^{(\ell)} P^{(\ell)}(j), \ j = s, \ldots, N.$$

Hinweis: Machen Sie Fallunterscheidungen für j, setzen Sie die Lösungsdarstellung in die Differenzengleichungen ein und verifizieren Sie diese für die betrachteten j.

Lösung

Für $0 \leq j < s$ ist die Behauptung richtig.

Sei $s \leq j < 2s$ ($j < N$) : Setze

$$Q := \sum_{k=0}^{2s-j-1} a_k \underbrace{v_{j-s+k}}_{=\alpha^{(j-s+k)}} \quad \text{und} \quad V := \sum_{k=0}^{s} a_k v_{j-s+k} = Q + \sum_{k=2s-j}^{s} a_k v_{j+s-k}.$$

Wir setzen die Lösungsdarstellung ein und zeigen, dass $V = w_j$:

$$V = Q + \sum_{k=2s-j}^{s} a_k \left(\sum_{i=s}^{N} w_i\, S(j-s+k+s-i) + \sum_{\ell=0}^{s-1} \alpha^{(\ell)} P^{(\ell)}(j-s+k) \right)$$

$$= Q + \sum_{i=s}^{N} w_i \sum_{k=2s-j}^{s} a_k\, S(j-i+k) + \sum_{\ell=0}^{s-1} \alpha^{(\ell)} \sum_{k=2s-j}^{s} a_k P^{(\ell)}(j-s+k)$$

$$= Q + \sum_{i=0}^{N-s} w_{i+s} \sum_{k=2s-j}^{s} a_k\, S(j-i-s+k) + \sum_{\ell=0}^{s-1} \alpha^{(\ell)} \sum_{k=2s-j}^{s} a_k P^{(\ell)}(j-s+k)$$

$$= Q + \sum_{i=0}^{N-s} w_{i+s} \left(\underbrace{\sum_{k=0}^{s} a_k\, S(j-i-s+k)}_{=\delta_{j-i-s,0}} - \sum_{k=0}^{2s-j-1} a_k\, \underbrace{S(j-i-s+k)}_{<s} \right)$$

$$+ \sum_{\ell=0}^{s-1} \alpha^{(\ell)} \left(\underbrace{\sum_{k=0}^{s} a_k P^{(\ell)}(\underbrace{j-s}_{\geq 0}+k)}_{=0} - \sum_{k=0}^{2s-j-1} a_k\, P^{(\ell)}(\underbrace{j-s+k}_{0 \leq j-s+k \leq s-1}) \right)$$

da $j - i - s + k \leq j - s + k \leq j - s + 2s - j - 1 = s - 1 < s$ ist. Also ist

$$V = Q + \sum_{i=0}^{N-s} w_{i+s} \delta_{j-i-s,0} - \sum_{\ell=0}^{s-1} \alpha^{(\ell)} \sum_{k=0}^{2s-j-1} a_k \, \delta_{\ell, j-s+k}$$

$$= Q + w_j - \underbrace{\sum_{k=0}^{2s-j-1} \alpha^{(j-s+k)} a_k}_{=Q} = w_j \, .$$

Sei nun $2s \leq j \leq N$: Durch Einsetzen erhält man

$$\sum_{k=0}^{s} a_k \underbrace{v_{j-s+k}}_{\geq s} = \sum_{k=0}^{s} a_k \left(\sum_{i=s}^{N} w_i S(j - s + k + s - i) + \sum_{\ell=0}^{s-1} \alpha^{(\ell)} P^{(\ell)}(j - s + k) \right)$$

$$= \sum_{i=s}^{N} w_i \sum_{k=0}^{s} a_k \, S(j - i + k) + \sum_{\ell=0}^{s-1} \alpha^{(\ell)} \underbrace{\sum_{k=0}^{s} a_k P^{(\ell)}(j - s + k)}_{=0}$$

$$= \sum_{i=s}^{N} w_i \delta_{j-i,0} = w_j \, .$$

Aufgabe 104

▶   **Differenzengleichungen, Milne-Simpson-Verfahren**

Betrachten Sie das Milne-Simpson-Verfahren (mit $s = 3$):

$$u_h(t_{j+2}) - u_h(t_j) = \frac{h}{3} (f_{j+2} + 4f_{j+1} + f_j), \quad j = 0, ..., N_h - 2.$$

a) Geben Sie die Lösung des Verfahrens für die Testgleichung $u' = \lambda u$, $u(0) = 1$ an; verwenden Sie die Startwerte $u_0 = 1$, $u_1 = e^{\lambda h}$ mit Schrittweite $h > 0$ und $\lambda = -1$.

b) Diskutieren Sie das Verhalten der Lösung für $h \longrightarrow 0$.

Hinweise: Verwenden Sie für die Lösung den Ansatz (setze hier $v_j = u_h(t_j)$)

$$v_j = \alpha \lambda_1^j + \beta \lambda_2^j, \quad j = 0, 1, \ldots, \text{ mit } \lambda_{1,2} = \frac{-2h \pm \sqrt{9 + 3h^2}}{3 + h} \, .$$

Sie können analog zu Aufgabe B.13, Teil (ii), in [18] vorgehen.

Lösung

a) Wir zeigen, dass $v_j = \alpha\lambda_1^j + \beta\lambda_2^j$ mit $\lambda_{1,2} = \frac{-2h \pm \sqrt{9+3h^2}}{3+h}$ die Verfahrensgleichung für $u' = -u$ erfüllt. Es gilt

$$\lambda_1 + \lambda_2 = -\frac{4h}{3+h} \quad \text{und} \quad \lambda_1\lambda_2 = \frac{4h^2 - 9 - 3h^2}{(3+h)^2} = \frac{h^2 - 9}{(3+h)^2} = \frac{h-3}{3+h},$$

woraus mit dem Satz von Vieta (vgl. z. B. [24], 8.4) folgt, dass λ_1, λ_2 die Gleichung

$$\lambda^2 + \frac{4h}{3+h}\lambda + \frac{h-3}{3+h} = 0 \iff (3+h)\lambda^2 + 4h\lambda + h - 3 = 0$$

lösen. Für $\alpha, \beta \in \mathbb{R}$ und $j \in \mathbb{N}$ gilt somit

$$\alpha\lambda_1^j \underbrace{\left((3+h)\lambda_1^2 + 4h\lambda_1 + h - 3\right)}_{=0} = 0, \quad \beta\lambda_2^j \underbrace{\left((3+h)\lambda_2^2 + 4h\lambda_2 + h - 3\right)}_{=0} = 0$$

und durch Addition

$$\alpha\left((3+h)\lambda_1^{j+2} + 4h\lambda_1^{j+1} + (h-3)\lambda_1^j\right)$$
$$+ \beta\left((3+h)\lambda_2^{j+2} + 4h\lambda_2^{j+1} + (h-3)\lambda_2^j\right) = 0$$
$$\iff 3\left(\alpha\lambda_1^{j+2} + \beta\lambda_2^{j+2} - \alpha\lambda_1^j - \beta\lambda_2^j\right)$$
$$= h\left(-\alpha\lambda_1^{j+2} - \beta\lambda_2^{j+2} - 4\left(\alpha\lambda_1^{j+1} + \beta\lambda_2^{j+1}\right) - \alpha\lambda_1^j - \beta\lambda_2^j\right)$$

Mit $v_j = \alpha\lambda_1^j + \beta\lambda_2^j$ (s. Hinweis) erhalten wir

$$v_{j+2} - v_j = \frac{h}{3}\left(-v_{j+2} - 4v_{j+1} - v_j\right) \underset{(f_j = -v_j)}{=} \frac{h}{3}\left(f_{j+2} + 4f_{j+1} + f_j\right),$$

d. h. die v_j erfüllen die Verfahrensgleichung. Mit den Startwerten $v_0 = 1$, $v_1 = e^{-h}$ lassen sich nun α und β bestimmen:

$$1 = \alpha + \beta \qquad\qquad \beta = 1 - \alpha \qquad\qquad \beta = \frac{\lambda_1 - e^{-h}}{\lambda_1 - \lambda_2}$$

$$\iff \qquad\qquad\qquad \iff$$

$$e^{-h} = \alpha\lambda_1 + \beta\lambda_2 \qquad e^{-h} = \alpha\lambda_1 + (1-\alpha)\lambda_2 \qquad \alpha = \frac{e^{-h} - \lambda_2}{\lambda_1 - \lambda_2}.$$

Die Lösung hat somit die Gestalt

$$v_0 = 1, \quad v_1 = e^{-h}, \quad v_j = \frac{e^{-h} - \lambda_2}{\lambda_1 - \lambda_2}\lambda_1^j + \frac{\lambda_1 - e^{-h}}{\lambda_1 - \lambda_2}\lambda_2^j, \qquad j \geq 2.$$

b) Es gilt

$$\lambda_1 = \frac{-2h + \sqrt{9 + 3h^2}}{3 + h} \longrightarrow 1, \quad \lambda_2 = \frac{-2h - \sqrt{9 + 3h^2}}{3 + h} \longrightarrow -1 \ (h \to 0)$$

und damit

$$\alpha = \frac{e^{-h} - \lambda_2}{\lambda_1 - \lambda_2} \longrightarrow \frac{1 + 1}{1 - (-1)} = 1, \quad \beta = \frac{\lambda_1 - e^{-h}}{\lambda_1 - \lambda_2} \longrightarrow \frac{1 - 1}{1 - (-1)} = 0 \ (h \to 0)$$

$$\Longrightarrow v_j = \alpha \lambda_1^j + \beta \lambda_2^j \longrightarrow 1 \cdot 1^j + 0 \cdot (-1)^j = 1 \ (h \to 0).$$

Für jedes feste j strebt also die Lösung v_j des Verfahrens gegen 1. Für die Lösung e^{-t} des AWP gilt ebenfalls für festes j, dass

$$\exp(-t_j) = \exp(-jh) \longrightarrow 1 \ (h \to 0).$$

2.3 Differenzenapproximationen von Randwertproblemen

Aufgabe 105

▶ **Differenzenapproximation, singulär gestörtes Randwertproblem**

Gegeben sei das **singulär gestörte RWP** ($\varepsilon > 0$)

$$-\varepsilon u''(x) + u'(x) = 0, \quad x \in I = [0,1],$$
$$u(0) = 1, \quad u(1) = 0.$$

a) Geben Sie die exakte Lösung an.

b) Die Differenzenapproximation mit zentralen Differenzenquotienten hat die Form

$$-\left(\varepsilon + \frac{h}{2}\right) u_{j-1} + 2\varepsilon u_j - \left(\varepsilon - \frac{h}{2}\right) u_{j+1} = 0, \qquad j = 1, \dots, N-1,$$
$$u_0 = 1, \qquad u_N = 0,$$

für eine äquidistante Unterteilung von I mit Schrittweite $h = 1/N$. Hierbei bezeichnen u_j die Näherungen von $u(x_j)$ für die Gitterpunkte in

$$I_h := \{x_j = jh \mid j = 0, \dots, N\}.$$

Zeigen Sie: Eine Lösung der Differenzengleichung erhält man durch den Ansatz

$$u_j = \alpha \lambda_1^j + \beta \lambda_2^j, \ j = 0, 1, \dots, N,$$

wobei $\lambda_{1,2}$ die Wurzeln der Gleichung

$$\lambda^2 + \frac{2\varepsilon\lambda}{\frac{1}{2}h - \varepsilon} - \frac{\frac{1}{2}h + \varepsilon}{\frac{1}{2}h - \varepsilon} = 0$$

sind, und α, β sich durch die Randbedingungen ergeben. (Berechnen Sie $\lambda_1, \lambda_2, \alpha, \beta$ und geben Sie u_j an.)

c) Welche Form hat die Lösung u_j für den Fall $\varepsilon \ll h/2$?

Lösung

a) Das charakteristische Polynom der Differentialgleichung ist $p(\gamma) = -\varepsilon\gamma^2 + \gamma$, mit den Nullstellen $\gamma_1 = 0$ und $\gamma_2 = 1/\varepsilon$. Ein Fundamentalsystem ist $\{e^{\gamma_1 x}, e^{\gamma_2 x}\}$. Damit erhält man die allgemeine Lösung (vgl. z. B. [1], 2.1, [18], A.6)

$$u(x) = c_1 e^{\gamma_1 x} + c_2 e^{\gamma_2 x} = c_1 + c_2 e^{x/\varepsilon}, \qquad c_1, c_2 \in \mathbb{R} \text{ konstant,}$$

wobei man c_1, c_2 aus den Randbedingungen $u(0) = 1$, $u(1) = 0$ erhält,

$$c_1 + c_2 = 1 \qquad\qquad c_2 = 1 - c_1 \qquad\qquad c_2 = \frac{1}{1 - e^{1/\varepsilon}}$$

$$\Longleftrightarrow \qquad\qquad\qquad \Longleftrightarrow$$

$$c_1 + c_2 e^{1/\varepsilon} = 0 \qquad c_1 + (1 - c_1)e^{1/\varepsilon} = 0 \qquad c_1 = -\frac{e^{1/\varepsilon}}{1 - e^{1/\varepsilon}}$$

Also ist $u(x) = \dfrac{e^{1/\varepsilon} - e^{x/\varepsilon}}{e^{1/\varepsilon} - 1}$ die Lösung des RWP.

b) Seien λ_1, λ_2 die Lösungen der Gleichung

$$\lambda^2 + \frac{2\varepsilon\lambda}{\frac{1}{2}h - \varepsilon} - \frac{\frac{1}{2}h + \varepsilon}{\frac{1}{2}h - \varepsilon} = 0 \iff (\frac{h}{2} - \varepsilon)\lambda^2 + 2\varepsilon\lambda - \frac{h}{2} - \varepsilon = 0. \qquad (*)$$

Mit $u_j = \alpha\lambda_1^j + \beta\lambda_2^j$, $\alpha, \beta \in \mathbb{R}$, $j \in \mathbb{N}$, erhält man

$$-\left(\varepsilon + \frac{1}{2}h\right)u_{j-1} + 2\varepsilon u_j - \left(\varepsilon - \frac{1}{2}h\right)u_{j+1}$$

$$= -\left(\varepsilon + \frac{1}{2}h\right)(\alpha\lambda_1^{j-1} + \beta\lambda_2^{j-1}) + 2\varepsilon(\alpha\lambda_1^j + \beta\lambda_2^j) - \left(\varepsilon - \frac{1}{2}h\right)(\alpha\lambda_1^{j+1} + \beta\lambda_2^{j+1})$$

$$= \alpha\left[-\left(\varepsilon + \frac{1}{2}h\right)\lambda_1^{j-1} + 2\varepsilon\lambda_1^j + \left(\frac{1}{2}h - \varepsilon\right)\lambda_1^{j+1}\right]$$

$$+ \beta\left[-\left(\varepsilon + \frac{1}{2}h\right)\lambda_2^{j-1} + 2\varepsilon\lambda_2^j + \left(\frac{1}{2}h - \varepsilon\right)\lambda_2^{j+1}\right]$$

$$= \alpha \lambda_1^{j-1} \underbrace{\left[-\varepsilon - \frac{1}{2}h + 2\varepsilon\lambda_1 + \left(\frac{1}{2}h - \varepsilon\right)\lambda_1^2 \right]}_{=0}$$

$$+ \beta \lambda_2^{j-1} \underbrace{\left[-\varepsilon - \frac{1}{2}h + 2\varepsilon\lambda_2 + \left(\frac{1}{2}h - \varepsilon\right)\lambda_2^2 \right]}_{=0} = 0$$

$\Longrightarrow u_j = \alpha\lambda_1^j + \beta\lambda_2^j$, $j \in \mathbb{N}$, löst die Differenzengleichung.

Die Lösungen λ_1, λ_2 von $(*)$ erhält man nach der p–q–Formel wie folgt

$$\left(\frac{1}{2}h - \varepsilon\right)\lambda^2 + 2\varepsilon\lambda - \frac{1}{2}h - \varepsilon = 0$$

$$\Longleftrightarrow \lambda_{1,2} = -\frac{2\varepsilon}{h - 2\varepsilon} \pm \frac{2}{h - 2\varepsilon}\sqrt{\varepsilon^2 + \left(\frac{1}{2}h - \varepsilon\right)\left(\frac{1}{2}h + \varepsilon\right)}$$

$$\Longleftrightarrow \lambda_{1,2} = -\frac{2\varepsilon}{h - 2\varepsilon} \pm \frac{2}{h - 2\varepsilon}\sqrt{\varepsilon^2 + \frac{1}{4}h^2 - \varepsilon^2}$$

$$\Longleftrightarrow \lambda_{1,2} = -\frac{2\varepsilon}{h - 2\varepsilon} \pm \frac{h}{h - 2\varepsilon} = \frac{-2\varepsilon \pm h}{h - 2\varepsilon}$$

$$\Longrightarrow \lambda_1 = 1 \quad \text{und} \quad \lambda_2 = \frac{2\varepsilon + h}{2\varepsilon - h}.$$

Anschließend lassen sich noch α, β aus den Bedingungen $u_0 = 1$, $u_N = 0$ berechnen,

$$\alpha + \beta = 1 \qquad\qquad \beta = 1 - \alpha$$

$$\Longleftrightarrow$$

$$\alpha\lambda_1^N + \beta\lambda_2^N = 0 \qquad \alpha\lambda_1^N + (1 - \alpha)\lambda_2^N = 0$$

$$\beta = \frac{\lambda_1^N}{\lambda_1^N - \lambda_2^N} = \frac{1}{1 - \lambda_2^N}$$

$$\Longleftrightarrow$$

$$\alpha = \frac{\lambda_2^N}{\lambda_2^N - \lambda_1^N} = \frac{\lambda_2^N}{\lambda_2^N - 1}$$

$$\Longrightarrow u_j = \frac{\lambda_2^j - \lambda_2^N}{1 - \lambda_2^N}, \ j \in \mathbb{N}, \text{ sind die Lösungen der Differenzengleichungen.}$$

c) Im Fall $\varepsilon \ll \frac{h}{2}$ liegt ε für kleine h dicht bei 0, und es gilt somit $\lambda_2 \sim -1$. Ferner ist für $0 < \varepsilon < \frac{h}{2}$

$$\varepsilon > -\varepsilon \iff \varepsilon + \frac{h}{2} > -\varepsilon + \frac{h}{2} \iff \frac{\varepsilon + \frac{h}{2}}{\varepsilon - \frac{h}{2}} < -1,$$

also $\lambda_2 < -1$. D. h. λ_2 lässt sich mit $\delta_\varepsilon := \frac{h/2+\varepsilon}{h/2-\varepsilon} - 1 (> 0)$ darstellen als $\lambda_2 = -(1 + \delta_\varepsilon)$, wobei $\delta_\varepsilon \to 0$ für $\varepsilon \to 0$, und die Lösung u_j hat damit die Gestalt

$$u_j = \frac{(-1)^j (1 + \delta_\varepsilon)^j - (-1)^N (1 + \delta_\varepsilon)^N}{1 - (-1)^N (1 + \delta_\varepsilon)^N},$$

wobei $(1 + \delta_\varepsilon)^j < (1 + \delta_\varepsilon)^N$ für $j < N$ (da $1 + \delta_\varepsilon > 1$).

Fall: N **gerade.** Man hat

$$0 > \overbrace{(1 + \delta_\varepsilon)^{2j}}^{>1} - (1 + \delta_\varepsilon)^N > \overbrace{1 - (1 + \delta_\varepsilon)^N}^{<0}$$

$$\underbrace{\phantom{(1 + \delta_\varepsilon)^{2j} - (1 + \delta_\varepsilon)^N}}_{=u_{2j}}$$

$$\Longrightarrow \quad \overbrace{\frac{(1 + \delta_\varepsilon)^{2j} - (1 + \delta_\varepsilon)^N}{1 - (1 + \delta_\varepsilon)^N}} < 1$$

und

$$\underbrace{-(1 + \delta_\varepsilon)^{2j+1}}_{<-1} - (1 + \delta_\varepsilon)^N < -1 - (1 + \delta_\varepsilon)^N = \underbrace{1 - (1 + \delta_\varepsilon)^N}_{<0} - 2$$

$$\Longrightarrow \quad \underbrace{\frac{-(1 + \delta_\varepsilon)^{2j+1} - (1 + \delta_\varepsilon)^N}{1 - (1 + \delta_\varepsilon)^N}}_{=u_{2j+1}} > 1 - \frac{2}{1 - (1 + \delta_\varepsilon)^N}$$

$$= 1 + \frac{2}{(1 + \delta_\varepsilon)^N - 1} > 1.$$

Fall: N **ungerade.** Man hat

$$\overbrace{(1 + \delta_\varepsilon)^{2j}}^{>1} + (1 + \delta_\varepsilon)^N > \overbrace{1 + (1 + \delta_\varepsilon)^N}^{>0}$$

$$\underbrace{\phantom{(1 + \delta_\varepsilon)^{2j} + (1 + \delta_\varepsilon)^N}}_{=u_{2j}}$$

$$\Longrightarrow \quad \frac{(1 + \delta_\varepsilon)^{2j} + (1 + \delta_\varepsilon)^N}{1 + (1 + \delta_\varepsilon)^N} > 1$$

und

$$0 < \underbrace{-(1 + \delta_\varepsilon)^{2j+1}}_{<-1} + (1 + \delta_\varepsilon)^N < -1 + (1 + \delta_\varepsilon)^N = \underbrace{1 + (1 + \delta_\varepsilon)^N}_{>0} - 2$$

$$\Longrightarrow \quad \underbrace{\frac{-(1 + \delta_\varepsilon)^{2j+1} + (1 + \delta_\varepsilon)^N}{1 + (1 + \delta_\varepsilon)^N}}_{=u_{2j+1}} < 1 - \frac{2}{1 + (1 + \delta_\varepsilon)^N} < 1.$$

D. h. im Fall $\varepsilon < \frac{h}{2}$ erhält man eine um 1 oszillierende Lösung u_j (s. Abb. 2.1 und 2.2), welche qualitativ nicht den richtigen Lösungsverlauf wiedergibt, da die exakte Lösung monoton fällt.

Abb. 2.1 Lösungsverlauf für $N = 100, \varepsilon = \frac{h}{100}$

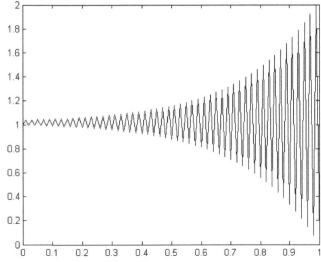

Abb. 2.2 Lösungsverlauf für $N = 100, \varepsilon = \frac{h}{4}$

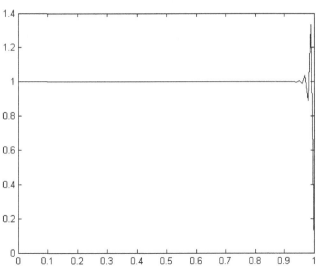

Zur feineren Analyse der Oszillationen betrachten wir für das Beispiel eines geraden N die Differenzen

$$u_{2j+1} - 1 = \frac{(1 + \delta_\varepsilon)^{2j+1} + 1}{(1 + \delta_\varepsilon)^N - 1} \quad \text{und} \quad u_{2j} - 1 = -\frac{(1 + \delta_\varepsilon)^{2j} - 1}{(1 + \delta_\varepsilon)^N - 1}.$$

Für $\varepsilon \ll h/2$ ist $\delta_\varepsilon = 2\alpha + O(\alpha^2)$ mit $\alpha = \frac{\varepsilon}{h/2}$, und mit $\beta := 1 + 2\alpha$ erhält man

$$u_{2j} - 1 \approx -\frac{\beta^{2j} - 1}{\beta^N - 1},$$

was auf Oszillationen schon für kleine j führt (wie in Abb. 2.1). Für $2j = N$ erhält man $u_{2j} - 1 \approx -1$, was auch in dem Beispiel gut zu erkennen ist. Analoges gilt für $u_{2j+1} - 1$.

Ist ε nicht so klein – aber noch kleiner als $h/2$ – z. B. $\varepsilon = h/4$, dann ist in diesem Fall $\delta_\varepsilon = 2$, und man erhält $u_{2j} - 1 = -\dfrac{3^{2j} - 1}{3^N - 1}$. Ist $N = 100$ (wie im Beispiel von Abb. 2.2), dann wird diese Differenz kleiner (oder gleich) $3^{-8} \approx 1{,}5 * 10^{-4}$ für $2j \leq N - 8$. D. h. für $\nu(= 2j) = 2, \ldots, 92$ ist $u_\nu - 1$ praktisch null und erst für die letzten Werte $\nu = 94, \ldots, 100$ sieht man die Oszillationen (s. Abb. 2.2). Für $\nu = 2j = 100$ hat man wieder $u_{2j} - 1 = -1$. Analoge Beobachtungen gelten für $u_{2j+1} - 1$.

Aufgabe 106

▶   **Differenzenapproximation, Besselsche Differentialgleichung**

Die *Besselsche Differentialgleichung* der Ordnung $\nu \geq 0$,

$$x^2 u'' + x u' + (x^2 - \nu^2)u = 0, \quad x \in (0,2),$$

besitzt genau eine Lösung $u \in C^2[0,2]$ mit Randwert $u(2) = 1$. (Darüber hinaus existieren noch weitere Lösungen, die im Nullpunkt jedoch unbeschränkt sind.)

a) Mit dem Ansatz $u(x) = x^\nu \sum_{j=0}^\infty a_j x^j$, $a_0 \neq 0$, lässt sich diese beschränkte Lösung darstellen. Berechnen Sie die Koeffizienten a_j.
b) Leiten Sie aus der Differentialgleichung eine Randbedingung in $x = 0$ her. Unterscheiden Sie die Fälle $\nu = 0$ und $\nu \neq 0$.
c) Diskretisieren Sie das Randwertproblem mit zentralen Differenzenquotienten auf einem äquidistanten Gitter und stellen Sie das zugehörige Gleichungssystem auf. Verwenden Sie die Randbedingung aus b). Zur Lösbarkeit prüfen Sie die Eigenschaft „positiver Typ" nach (vgl. z. B. [18], 5.3).

Hinweis: Verwenden Sie für a) die Gamma-Funktion und ihre Funktionalgleichung $\Gamma(x + 1) = x\Gamma(x)$, $x > 0$ (vgl. z. B. [8], 150.).

Lösung

a) Es sei $\nu \in \mathbb{R}$ mit $\nu \geq 0$. Zur Bestimmung einer Lösung der Besselschen Differentialgleichung

$$x^2 u'' + x u' + (x^2 - \nu^2)u = 0, \qquad x \in (0,2),$$

wird der Ansatz $u(x) = x^\nu \sum_{j=0}^{\infty} a_j x^j$ mit $a_0 \neq 0$ verwendet. Es ergeben sich die Darstellungen

$$x^2 u(x) = x^\nu \sum_{j=2}^{\infty} a_{j-2} x^j \,,$$

$$x u'(x) = x^\nu \sum_{j=0}^{\infty} a_j (j + \nu) x^j \,,$$

$$x^2 u''(x) = x^\nu \sum_{j=0}^{\infty} a_j (j + \nu)(j + \nu - 1) x^j \,.$$

Für alle $\nu \geq 0$ folgt nach Einsetzen des Ansatzes in die Differentialgleichung und nach Koeffizientenvergleich die Rekursionsgleichung

$$a_1 = 0 \,, \quad a_j = \frac{-a_{j-2}}{j^2 + 2j\nu} \,, \quad j \geq 2 \,.$$

Der Koeffizient a_0 kann beliebig in $\mathbb{R} \setminus \{0\}$ gewählt werden.
Für alle ungeraden j folgt sofort $a_j = 0$. Für gerades $j = 2m$, $m \in \mathbb{N}$, folgt

$$a_{2m} = a_0 \prod_{\ell=1}^{m} \frac{a_{2\ell}}{a_{2(\ell-1)}}$$

$$= a_0 \prod_{\ell=1}^{m} \frac{-1}{(2\ell)^2 + 2(2\ell)\nu} = \frac{(-1)^m a_0}{\prod_{\ell=1}^{m}(4\ell^2 + 4\ell\nu)} \,.$$

Weiteres Umformen ergibt

$$a_{2m} = \frac{(-1)^m a_0}{\prod_{\ell=1}^{m} 4\ell(\ell + \nu)}$$

$$= \frac{(-1)^m a_0}{2^{2m}\left(\prod_{\ell=1}^{m} \ell\right)\left(\prod_{\ell=1}^{m}(\ell + \nu)\right)} = \frac{(-1)^m a_0}{2^{2m} m! \prod_{\ell=1}^{m}(\ell + \nu)} \,.$$

Da laut Aufgabenstellung ν im Allgemeinen keine natürliche Zahl ist, wird folgende Notation eingeführt:

$$(\nu + 1)_m := (\nu + 1) \cdot \ldots \cdot (\nu + m) \,.$$

Allgemein folgt aus der Funktionalgleichung $z\Gamma(z) = \Gamma(z + 1)$ der Gammafunktion die Darstellung

$$(\nu + 1)_m = \frac{\Gamma(m + \nu + 1)}{\Gamma(\nu + 1)} \,,$$

und speziell für ganzzahliges v

$$(v + 1)_m = \frac{(m + v)!}{v!} \, .$$

Mit dieser Notation erhalten wir die Darstellung

$$a_{2m} = \frac{(-1)^m a_0}{2^{2m} m! \, (v + 1)_m} = \frac{(-1)^m \Gamma(v + 1) \, a_0}{2^{2m} m! \, \Gamma(m + v + 1)} \, .$$

Für jede Wahl $a_0 \in \mathbb{R}$ ist somit

$$u(x) = 2^v \Gamma(v + 1) \, a_0 \sum_{m=0}^{\infty} \frac{(-1)^m}{2^{2m+v} m! \, \Gamma(m + v + 1)} x^{2m+v}$$

eine Lösung der Besselschen Differentialgleichung ($v \geq 0$). Die spezielle Wahl $a_0 = \frac{1}{2^v \Gamma(v+1)}$ führt auf die bekannte Bessel-Funktion erster Art

$$J_v(x) = \sum_{m=0}^{\infty} \frac{(-1)^m}{m! \, \Gamma(m + v + 1)} \left(\frac{x}{2}\right)^{2m+v} \, .$$

Bei Wahl von $a_0 = \frac{1}{2^v \Gamma(v+1)}$ erhält man nämlich

$$a_{2m} = \frac{(-1)^m}{2^{2m+v} m! \, \Gamma(v + m + 1)} \, , \quad m \in \mathbb{N}.$$

b) Aus der Lösungsdarstellung sieht man sofort, dass

$$u(0) = 0 \qquad \text{im Fall } v > 0$$
$$u(0) = a_0 \qquad \text{im Fall } v = 0 \, .$$

c) Als Differenzenschema erhält man auf einem äquidistanten Gitter $x_j = jh$, $j = 1, \ldots, N$, $Nh = 2$ (neben $u_0 = u(0) = \alpha, u_N = u(2) = 1$, wobei $\alpha = 0$ im Fall $v > 0$, $\alpha = a_0$ im Fall $v = 0$)

$$x_j^2 \frac{u_{j-1} - 2u_j + u_{j+1}}{h^2} + x_j \frac{u_{j+1} - u_{j-1}}{2h} + (x_j^2 - v^2)u_j = 0, j = 1, \ldots, N - 1 \, ,$$

$$\Longleftrightarrow x_j \left(x_j - \frac{1}{2}h\right) u_{j-1} - \left(2x_j^2 - (x_j^2 - v^2)h^2\right) u_j$$

$$+ x_j \left(x_j + \frac{1}{2}h\right) u_{j+1} = 0, \, j = 1, \ldots, N - 1 \, ,$$

$$\Longleftrightarrow a_{-1,h}(x_j)u_{j-1} + a_{0,h}(x_j)u_j + a_{1,h}(x_j)u_{j+1} = 0, \, j = 1, \ldots, N - 1 \, ,$$

wobei

$$a_{-1,h}(x_j) = x_j\left(x_j - \frac{1}{2}h\right), \ a_{1,h}(x_j) = x_j\left(x_j + \frac{1}{2}h\right),$$

$$a_{0,h}(x_j) = -(2 - h^2)x_j^2 - v^2h^2, \ j = 1, \dots, N-1.$$

Prüft man die Eigenschaft „positiver Typ" nach, dann erhält man $a_{-1,h}(x_j) > 0, \ a_{1,h}(x_j) > 0$, und

$$(a_{-1,h} + a_{0,h} + a_{1,h})(x_j) = (x_j^2 - v^2)h^2, \ j = 1, \dots, N-1.$$

Letzteres ist ≤ 0 für alle j, wenn $v \geq 2$. Für $v < 2$ liegt die Eigenschaft „positiver Typ" nicht vor.

Aufgabe 107

▶ **Schießverfahren für ein Randwertproblem**

Die Randwertaufgabe

$$u''(x) = 100u(x), \quad 0 \leq x \leq 3, \quad u(0) = 1, \quad u(3) = e^{-30}, \qquad (*)$$

soll mit dem einfachen Schießverfahren gelöst werden. Dazu berechnen Sie die Lösung $y(x; s)$ der Anfangswertaufgabe

$$y''(x) = 100y(x), \quad x \geq 0, \quad y(0) = 1, \quad y'(0) = s,$$

und bestimmen $s = s^*$ so, dass $y(3; s^*) = e^{-30}$ wird. Wie groß ist der relative Fehler in $y(3; s^*)$, wenn s^* mit einem relativen Fehler ε behaftet ist?

Hinweis: Benutzen Sie ein Fundamentalsystem, oder formen Sie die RWA in ein System erster Ordnung um und bestimmen dessen allgemeine Lösung durch Berechnung der Eigenwerte und Eigenvektoren der 2×2 Koeffizientenmatrix. Für das einfache (kontinuierliche) Schießverfahren vgl. z. B. [18], Beispiel 4.1.

Lösung

Mit einem Fundamentalsystem $\{e^{10x}, e^{-10x}\}$ erhält man für die Lösung u des gegebenen RWP,

$$u(x) = c_1 e^{10x} + c_2 e^{-10x}, \quad x \in [0,3],$$

wobei c_i, $i = 1,2$ durch die Randbedingungen bestimmt werden,

$$
\begin{aligned}
x = 0: && c_1 + c_2 &= 1 && \Longleftrightarrow && c_1 = 1 - c_2 \\
x = 3: && (1 - c_2)e^{30} + c_2 e^{-30} &= e^{-30} && \Longleftrightarrow && c_2(e^{-30} - e^{30}) = e^{-30} - e^{30}.
\end{aligned}
$$

Also ist $c_2 = 1$, $c_1 = 0$ und für die Lösung erhält man $u(x) = e^{-10x}$. Analog berechnet man die Lösung des einfachen Schießverfahrens,

$$
\begin{aligned}
y(x; s) &= \gamma_1 e^{10x} + \gamma_2 e^{-10x}, && x \in [0,3], \\
y'(x; s) &= 10(\gamma_1 e^{10x} - \gamma_2 e^{-10x}), && x \in [0,3],
\end{aligned}
$$

wobei γ_1, γ_2 sich ergeben durch

$$
\begin{aligned}
y(0; s) &\overset{!}{=} 1 && \Longleftrightarrow && \gamma_1 + \gamma_2 = 1 && \Longleftrightarrow && \gamma_1 = 1 - \gamma_2 \\
y'(0; s) &\overset{!}{=} s && \Longleftrightarrow && 10(\gamma_1 - \gamma_2) = s && \Longleftrightarrow && s = 10 - 20\gamma_2
\end{aligned}
$$

$\Longrightarrow \gamma_2 = \dfrac{1}{2} - \dfrac{1}{20}s$, $\gamma_1 = \dfrac{1}{2} + \dfrac{1}{20}s$ und somit

$$
y(x; s) = \left(\frac{1}{2} + \frac{1}{20}s\right)e^{10x} + \left(\frac{1}{2} - \frac{1}{20}s\right)e^{-10x}.
$$

$s = s^*$ bestimmt sich nun durch $y(3; s^*) \overset{!}{=} e^{-30}$, d. h.

$$
e^{-30} = \left(\frac{1}{2} + \frac{1}{20}s^*\right)e^{30} + \left(\frac{1}{2} - \frac{1}{20}s^*\right)e^{-30}
$$

$$
\Longleftrightarrow \quad \frac{1}{20}s^*(e^{30} - e^{-30}) = e^{-30} - \frac{1}{2}(e^{30} + e^{-30}) = \frac{1}{2}(e^{-30} - e^{30})
$$

$$
\Longleftrightarrow \quad s^* = 10\frac{e^{-30} - e^{30}}{e^{30} - e^{-30}} = -10
$$

$$
\Longrightarrow \quad y(x; s^*) = \left(\frac{1}{2} - \frac{1}{2}\right)e^{10x} + \left(\frac{1}{2} + \frac{1}{2}\right)e^{-10x} = e^{-10x}.
$$

Mit einem relativen Fehler $\pm \varepsilon$ in s^*, d. h.

$$
\frac{\tilde{s} - s^*}{s^*} = \pm \varepsilon \Longleftrightarrow \tilde{s} = s^*(1 \pm \varepsilon),
$$

erhält man (mit $s^* = -10$)

$$
\begin{aligned}
y(x; \tilde{s}) &= \left(\frac{1}{2} + \frac{1}{20} s^* (1 \pm \varepsilon) \right) e^{10x} + \left(\frac{1}{2} - \frac{1}{20} s^* (1 \pm \varepsilon) \right) e^{-10x} \\
&= \mp \frac{1}{2} \varepsilon (e^{10x} - e^{-10x}) + e^{-10x} \,,
\end{aligned}
$$

und bei $x = 3$ ergibt sich ein relativer Fehler für die Lösung wie folgt

$$
\frac{y(3; \tilde{s}) - u(3)}{u(3)} = \mp \frac{1}{2} \varepsilon \frac{e^{30} - e^{-30}}{e^{-30}} = \mp \frac{1}{2} \varepsilon (e^{60} - 1) \,.
$$

D. h. ein relativer Fehler ε bei der Berechnung von s^* multipliziert sich mit $\frac{1}{2} e^{60}$ bei der Berechnung des relativen Fehlers der Lösung des Schießverfahrens (hier bei $x = 3$).

Alternative Bestimmung der allgemeinen Lösung der Differentialgleichung:
Durch äquivalente Umformung erhält man ein System 1. Ordnung ($v_1 = u$, $v_2 = u'$)

$$
v'(x) = A v(x), \qquad A = \begin{pmatrix} 0 & 1 \\ 100 & 0 \end{pmatrix}, \qquad v(x) = \begin{pmatrix} v_1(x) \\ v_2(x) \end{pmatrix}.
$$

Die Eigenwerte der Koeffizientenmatrix erhält man wie folgt

$$
\det \begin{pmatrix} -\lambda & 1 \\ 100 & -\lambda \end{pmatrix} = \lambda^2 - 100 \overset{!}{=} 0 \iff \lambda_{1,2} = \pm 10.
$$

Eigenvektoren zu $\lambda_1 = 10$ bzw. $\lambda_2 = -10$ sind z. B. $w^{(1)} = (1,10)^\top$ bzw. $w^{(2)} = (1, -10)^\top$. Damit erhält man die allgemeine Lösung

$$
v(x) = \sum_{j=1}^{2} c_j e^{\lambda_j x} w^{(j)} = \begin{pmatrix} c_1 e^{10x} + c_2 e^{-10x} \\ 10 c_1 e^{10x} - 10 c_2 e^{-10x} \end{pmatrix}, \qquad c_1, c_2 \in \mathbb{R} \ \text{konstant,}
$$

des Systems, und die allgemeine Lösung $v_1(x) = u(x) = c_1 e^{10x} + c_2 e^{-10x}$ von $(*)$.

Aufgabe 108

▶ **Differenzenapproximation für Randwertproblem 2. Art**

Wir betrachten das Randwertproblem

$$-u''(x) = 0 \,, \quad x \in I = [0,1] \,, \; u'(0) = \eta_0, \, u'(1) = \eta_1 \,.$$

a) Stellen Sie das Differenzenverfahren für auf einem äquidistanten Gitter $I_h = \{x_j = jh \mid j = 0, \dots, N\}$, $hN = 1$, in Form einer Matrixgleichung $BU = 2hG$ auf, wobei zur Approximation der zentrale Differenzenoperator zweiter Ordnung δ_h^2 für die Differentialgleichung und der zentrale Differenzenoperator erster Ordnung δ_h für die Randbedingungen verwendet werden sollen.

b) Zeigen Sie, dass die Koeffizientenmatrix B des Gleichungssystems singulär ist, indem Sie einen nichttrivialen Vektor $\hat{U}$ angeben, für den $B\hat{U} = 0$ ist.

c) Geben Sie eine (notwendige und hinreichende) Lösbarkeitsbedingung für die Differenzengleichungen an.

Hinweis: Sie können für b) und c) die Ergebnisse von Aufg. 78 verwenden.

Lösung

a) Wir erklären eine Gitterfunktion $U = (U_{-1}, U_0, \dots, U_N, U_{N+1})^\top$ auf dem erweiterten Gitter $\hat{I}_h = \{x_j \mid j = -1, 0, \dots, N, N + 1\}$ und diskretisieren die obige Differentialgleichung und die Randbedingungen durch

$$\frac{1}{h^2}(-U_{j-1} + 2U_j - U_{j+1}) = 0 \,, \quad j = 0, \dots, N \,,$$

$$\frac{1}{2h}(U_1 - U_{-1}) = \eta_0, \; \frac{1}{2h}(U_{N+1} - U_{N-1}) = \eta_1 \,.$$

Die Werte an den Gitterpunkten außerhalb $[0,1]$ können durch die Randapproximationen eliminiert werden,

$$U_{-1} = U_1 - 2h\eta_0 \,, \quad U_{N+1} = U_{N-1} + 2h\eta_1 \,,$$

was in die Differenzengleichungen für $j = 0$ und $j = N$ eingesetzt werden kann (nach Multiplikation mit h^2),

$$2U_0 - 2U_1 = -2h\eta_0 \,, \quad -2U_{N-1} + 2U_N = 2h\eta_1 \,.$$

Multipliziert man auch die Gleichungen für $j = 1, \dots, N - 1$ mit h^2, dann kann man die Differenzengleichungen in Matrixform $BU = 2hG$ schreiben, wobei die

Matrix B bzw. die rechte Seite $2hG$ die folgende Form haben,

$$B = \begin{pmatrix} 2 & -2 & 0 & \ldots & 0 & 0 & 0 \\ -1 & 2 & -1 & \ldots & 0 & 0 & 0 \\ & & & \ldots\ldots\ldots\ldots & & & \\ 0 & 0 & 0 & \ldots & -1 & 2 & -1 \\ 0 & 0 & 0 & \ldots & 0 & -2 & 2 \end{pmatrix} \in \mathbb{R}^{N+1,N+1}$$

$$2h(G_0, G_1, \ldots, G_N)^\top = 2h(-\eta_0, 0, \ldots, 0, \eta_1)^\top \in \mathbb{R}^{N+1}.$$

Dies ist die Situation von Aufg. 78 mit der speziellen rechten Seite $2hG$. Entsprechend der Ergebnissen von Aufg. 78 erhält man Folgendes:

b) i) $B\hat{U} = 0$, für $\hat{U} = (1, 1, \ldots, 1)^\top$, und $\ker(B)(= N(B)) = [\hat{U}]$.

ii) Die Matrix B ist ähnlich der symmetrischen Matrix

$$\widetilde{B} = \begin{pmatrix} 2 & -\sqrt{2} & 0 & & & & 0 \\ -\sqrt{2} & 2 & -1 & & & & 0 \\ 0 & -1 & 2 & -1 & & & 0 \\ & & \cdot & \cdot & \cdot & \cdot & \\ 0 & & & 0 & -1 & 2 & -1 & 0 \\ 0 & & & & 0 & -1 & 2 & -\sqrt{2} \\ 0 & & & & & 0 & -\sqrt{2} & 2 \end{pmatrix},$$

wobei mit

$$D = \begin{pmatrix} \sqrt{2} & 0 & \cdots & & 0 \\ 0 & 1 & \ddots & & \vdots \\ \vdots & & \ddots & \ddots & 0 \\ 0 & & \cdots & 1 & 0 \\ 0 & & \cdots & 0 & \sqrt{2} \end{pmatrix} \quad \text{und} \quad D^{-1} = \begin{pmatrix} \frac{1}{\sqrt{2}} & 0 & \cdots & & 0 \\ 0 & 1 & \ddots & & \vdots \\ \vdots & & \ddots & \ddots & 0 \\ 0 & & \cdots & 1 & 0 \\ 0 & & \cdots & 0 & \frac{1}{\sqrt{2}} \end{pmatrix}$$

offenbar gilt $D^{-1}BD = \widetilde{B}$.

c) Mit $\tilde{U} = D^{-1}\hat{U}$ und $\tilde{G} = D^{-1}G$ lautet die notwendige und hinreichende Lösbarkeitsbedingung $\langle \tilde{G}, \tilde{U} \rangle = 0$ (s. Aufg. 78, Teil c).

Wie in Teil e) der Aufgabe 78 ausgeführt, bedeutet dies für den speziellen Vektor G, dass $\eta_1 = \eta_0$. Die Lösung von $\widetilde{B}\tilde{U} = 2h\tilde{G}$ bzw. $BU = 2hG$ kann dann wie in Aufg. 78, Teil e), berechnet werden,

$$U_0 = \gamma \ (= \text{Parameter}), \ U_1 = \gamma + h\eta_0, \ U_j = 2U_{j-1} - U_{j-2}, \ j = 2, \ldots, N.$$

Induktiv sieht man, dass dann $U_j = \gamma + \eta_0 jh, \ j = 0, \ldots, N$.

Bemerkung: Die Lösungen des kontinuierlichen Problems erhält man durch $u(x) = \gamma + \eta_0 x$, $x \in [0,1]$, mit einem (freien) Parameter γ, falls die Lösbarkeitsbedingung $\eta_0 = \eta_1$ erfüllt ist. Die Lösungen des diskreten Problems ergeben dann exakt die Lösungen des kontinuierlichen Problems, falls der Parameter γ derselbe ist.

Aufgabe 109

▶   **Differenzenapproximation für Randwertproblem 3. Art**

Seien $p, q, f \in C(I)$ und $q \leq 0$. Das Randwertproblem

$$u''(x) + p(x)u'(x) + q(x)u(x) = f(x), \quad x \in I = [a,b],$$

mit gemischten Randbedingungen

$$\alpha_0 u(a) + \alpha_1 u'(a) = \eta_0, \ \beta_0 u(b) + \beta_1 u'(b) = \eta_1$$

werde auf einem Gitter $I_h = \{x = a + jh, \ j = 0, \ldots, N\}$, $N = (b-a)/h$, durch die zentralen Differenzenquotienten 1. und 2. Ordnung in der Differentialgleichung und durch den vorwärtsgenommenen bzw. rückwärtsgenommen Differenzenquotienten 1. Ordnung in den Randbedingungen bei $x = a$ bzw. $x = b$ approximiert. Stellen Sie das zugehörige Gleichungssystem auf und geben Sie Bedingungen für dessen eindeutiger Lösbarkeit an.

Hinweise: Hier entsteht ein $(N+1) \times (N+1)$-Gleichungssystem für die Unbekannten $u_0, u_1, \ldots, u_{N_h}$, wobei $u_j = u_h(x_j)$. Setzen Sie voraus, dass $\alpha_1 < 0, \beta_1 > 0$ und machen Sie Fallunterscheidungen für α_0 und β_0. Als Lösbarkeitskriterium verwenden Sie das schwache Zeilensummenkriterium (vgl. z. B. [23], 6.2.2).

Lösung

Die Differenzengleichungen für $j = 1, \ldots, N-1$, ergeben sich wie folgt (vgl. z. B. [18], (5.10), (5.11)),

$$a_{-1,h}(x_j)u_{j-1} + a_{0,h}(x_j)u_j + a_{1,h}(x_j)u_{j+1} = f_j, \ j = 1, \ldots, N-1,$$

wobei

$$a_{\pm 1,h}(x_j) = \frac{1}{h^2}\left(1 \pm \frac{1}{2}hp(x_j)\right),$$

$$a_{0,h}(x_j) = -\frac{1}{h^2}\left(2 - h^2 q(x_j)\right), \ j = 1, \ldots, N-1.$$

Bekanntlich ist dafür das schwache Zeilensummenkriterium erfüllt, wenn $\|p\|_\infty \leq c$, $q \leq 0, h \leq 1/c$. Die Gleichungen für $j = 0$ bzw. $j = N$ ergeben sich wie folgt:

$$j = 0: \quad \alpha_0 u_0 + \alpha_1 \frac{u_1 - u_0}{h} = \eta_0$$

$$\Longleftrightarrow \left(\alpha_0 - \frac{\alpha_1}{h}\right) u_0 + \frac{\alpha_1}{h} u_1 = \eta_0$$

$$\Longleftrightarrow \frac{1}{h}(h\alpha_0 - \alpha_1) u_0 + \frac{\alpha_1}{h} u_1 = \eta_0$$

$$\underset{\alpha_1 \neq 0}{\Longleftrightarrow} \frac{\alpha_1}{h}\left(h\frac{\alpha_0}{\alpha_1} - 1\right) u_0 + \frac{\alpha_1}{h} u_1 = \eta_0$$

$$\Longleftrightarrow -\left(1 - h\frac{\alpha_0}{\alpha_1}\right) u_0 + u_1 = \frac{h}{\alpha_1} \eta_0$$

$$j = N: \quad \beta_0 u_N + \beta_1 \frac{u_N - u_{N-1}}{h} = \eta_1$$

$$\Longleftrightarrow -\frac{\beta_1}{h} u_{N-1} + \left(\beta_0 + \frac{\beta_1}{h}\right) u_N = \eta_1$$

$$\underset{\beta_1 \neq 0}{\Longleftrightarrow} -u_{N-1} + \left(1 + h\frac{\beta_0}{\beta_1}\right) u_N = \frac{h}{\beta_1} \eta_1$$

Für die nichttrivialen Fälle setzen wir $\alpha_1 \neq 0, \beta_1 \neq 0$ voraus; o.B.d.A. sei $\alpha_1 < 0$, $\beta_1 > 0$. Wir unterscheiden:

Für $j = 0$, Fall $\alpha_0 > 0$:

$$\Longrightarrow h\frac{\alpha_0}{\alpha_1} < 0 \Longrightarrow h\frac{\alpha_0}{\alpha_1} - 1 < -1 \text{ und } \left|h\frac{\alpha_0}{\alpha_1} - 1\right| > 1.$$

Dann erfüllen $a_{0,0} := -\left(1 - h\frac{\alpha_0}{\alpha_1}\right)$, $a_{0,1} := 1$ die Beziehungen $|a_{0,0}| = \left|1 - h\frac{\alpha_0}{\alpha_1}\right| > 1 = |a_{0,1}|$. Also ist das schwache Zeilensummenkriterium erfüllt.

Für $j = 0$, Fall $\alpha_0 < 0$:

$$\Longrightarrow h\frac{\alpha_0}{\alpha_1} - 1 \begin{cases} > 0, & \text{falls } h\frac{\alpha_0}{\alpha_1} > 1, \\ \leq 0, & \text{falls } h\frac{\alpha_0}{\alpha_1} \leq 1. \end{cases}$$

Die erste Bedingung ist für kleine h nicht erfüllbar; im Fall der zweiten Bedingung hat man

$$-1 \leq h\frac{\alpha_0}{\alpha_1} - 1 \leq 0 \Longrightarrow \left|h\frac{\alpha_0}{\alpha_1} - 1\right| \leq 1,$$

also ist das schwache Zeilensummenkriterium nicht erfüllt. Das gilt auch für den Fall $\alpha_0 = 0$.

Analog erhält man für $j = N$ nur im **Fall** $\beta_1 > 0, \beta_0 > 0$, dass das schwache Zeilensummenkriterium erfüllt ist. Dann ist nämlich $h(\beta_0/\beta_1)+1 > 1$, und $a_{N-1,N} :=$ -1, $a_{N,N} := 1 + h\dfrac{\beta_0}{\beta_1}$ erfüllen $|a_{N-1,N}| < |a_{N,N}|$.

Aufgabe 110

▶ **Inverse Monotonie und positiver Typ**

Sei A eine $(N + 1) \times (N + 1)$-tridiagonale Matrix der Form

$$A = \begin{pmatrix} -1 & 0 & 0 & & & & 0 \\ b_1 & a_1 & c_1 & & & & \\ 0 & b_2 & a_2 & c_2 & & & \\ & & & \ddots & & & \\ & & & b_{N-1} & a_{N-1} & c_{N-1} \\ 0 & & & 0 & 0 & -1 \end{pmatrix}$$

Zeigen Sie:
$-A$ ist invers monoton, wenn die folgende „positiver Typ"-Eigenschaft gilt:

$$b_j > 0, \ c_j > 0, \ \text{und } a_j + b_j + c_j \le 0, \ j = 1, \ldots, N - 1.$$

Hinweise:
a) Eine Matrix B heißt *invers monoton* (vgl. z. B. [11]), wenn die folgende Implikation gilt ($\le$ ist komponentenweise gemeint)

$$Bx \le 0 \implies x \le 0$$

b) Sie können benutzen, dass für Matrizen A mit der Eigenschaft „positiver Typ" das diskrete Maximumprinzip gilt (vgl. z. B. [18], 5.3), d. h. wenn für $v = (v_0, \ldots, v_N)^\top \in \mathbb{R}^{N+1}$ mit $Av \ge 0$ die Bedingung

$$v_{j_*} = \max_{j=0,\ldots,N} v_j \text{ für einen Index } 1 \le j_* \le N - 1$$

und ein nicht negatives Maximum $v_{j_*} \ge 0$ gilt, so folgt $v_0 = v_1 = \ldots = v_N$.

Lösung

Es ist zu zeigen, dass für $x \in \mathbb{R}^{n+1}$ gilt:

$$-Ax \leq 0 \implies x \leq 0$$

oder äquivalent

$$Ax \geq 0 \implies x \leq 0.$$

Sei $Ax \geq 0$ und $\max_j x_j \geq 0$. Wegen des diskreten Maximumprinzips (s. Hinweis) wird x_j maximal für $j = 0$ oder $j = N$. Andernfalls wäre nach dem diskreten Maximumprinzip $x_0 = x_1 = \ldots = x_N$. Aus $Ax \geq 0$ folgt nach der Definition von A, dass für x_0 bzw. x_N gilt $x_0 \leq 0$ und $x_N \leq 0$. Also ist $x_j \leq 0$ für alle j. Ist das Maximum negativ, $\max_j x_j < 0$, dann gilt trivialerweise $x_j \leq 0$ für alle j.

Aufgabe 111

▶ **Gleichgradige Stetigkeit von Gitterfunktionen**

Sei $[a, b]$ ein beschränktes, abgeschlossenes Intervall der reellen Zahlengeraden. Für jedes $h > 0$ sei das Punktegitter

$$[a,b]_h = \{x \in [a,b] \mid x = a + jh, \ j = 0, \ldots, N_h\}$$

sowie

$$[a,b]_h^0 = \{x \in [a,b] \mid x = a + jh, \ j = 0, \ldots, N_h - 1\}$$

mit $N_h h = b - a$ erklärt. Sei Λ eine Nullfolge von Schrittweiten h, und sei $(u_h)_{h \in \Lambda}$ eine Folge von Funktionen $u_h \in C[a,b]_h$, $h \in \Lambda$. Dann heißt diese Folge *gleichmäßig gleichgradig stetig*, wenn für jedes $\varepsilon > 0$ ein $\delta > 0$ existiert, so dass für jedes $h \in \Lambda$ mit $0 < h < \delta$ und jedes $x, x' \in [a,b]_h$ mit $|x - x'| < \delta$ gilt $|u_h(x) - u_h(x')| < \varepsilon$. Beweisen Sie:

Die Folge $(u_h)_{h \in \Lambda}$ ist gleichmäßig gleichgradig stetig, wenn mit einer Zahl $\gamma > 0$ die Abschätzung gilt

$$||D_h^+ u_h||_{0,\infty} \leq \gamma, \ h \in \Lambda,$$

mit dem vorwärtsgenommenen Differenzenquotienten D_h^+ und der Abkürzung

$$||D_h^+ u_h||_{0,\infty} := \max_{x \in [a,b]_h^0} |D_h^+ u_h(x)|.$$

Lösung

Seien $x, x' \in [a, b]_h$ und $h > 0$ beliebig. O.B.d.A. sei $x' > x$ und $x' = x + vh$. Dann gilt

$$|u_h(x') - u_h(x)| \leq |u_h(x + vh) - u_h(x + (v-1)h)| + \ldots + |u_h(x + h) - u_h(x)|$$

$$= h\left(|D_h^+ u_h(x + (v-1)h)| + \cdots + |D_h^+ u_h(x)|\right)$$

$$\leq vh \max_{x \in [a,b]_h^0} |D_h^+ u_h(x)|$$

$$\underset{\text{Vor.}}{\leq} vh\gamma = (x' - x)\gamma\,.$$

Zu beliebigem $\varepsilon > 0$ setze $\delta = \varepsilon/\gamma$. Dann gilt $\forall h : 0 < h < \delta,\ \forall x, x' \in [a, b]_h :$ $|x' - x| < \delta$ (o. B. d. A. $x' > x$), dass $|u_h(x') - u_h(x)| \leq |x' - x|\gamma < \delta\gamma = \varepsilon$.

Die Methode der Finiten Elemente

3

3.1 Funktionalanalytische Grundlagen der FEM

Aufgabe 112

▶ **L^2-Funktionen**

Zeigen Sie, dass für die Einheitskugel $\Omega = \{x \in \mathbb{R}^n : \|x\|_2 < 1\}$ und die Funktionen $g_i(x) = x_i / \|x\|_2^2, x \in \Omega, i = 1, \ldots, n$, gilt[1]:

a)

$$g_i \notin L^2(\Omega), \quad \text{falls } n = 1, 2;$$

b)

$$g_i \in L^2(\Omega), \quad \text{falls } n = 3.$$

Hinweis: Hier sind Integrale auszurechnen, was durch Variablensubstitution in Polar- bzw. Kugelkoordinaten geschehen kann (für $n = 2$ bzw. 3).

Lösung

Für $i = 1, \ldots, n$ ($n = 1, 2, 3$) ist jeweils das Integral

$$\int_\Omega g_i^2(x)\,dx$$

auf Beschränktheit zu untersuchen.

---

[1] $\|\cdot\|_2$ bezeichnet wieder die euklidische Norm.

© Springer-Verlag GmbH Deutschland 2017
H.-J. Reinhardt, *Aufgabensammlung Numerik*, https://doi.org/10.1007/978-3-662-55453-1_3

a) $n = 1$: Wegen $x = x_1$ gilt

$$g(x) := g_1(x) = \frac{x}{|x|^2} = \frac{1}{x}.$$

Es folgt

$$\int\limits_{-1}^{1} g^2(x)dx = 2\int\limits_0^1 \frac{1}{x^2}dx = -2\lim_{\varepsilon \to 0}\left[\frac{1}{x}\right]_\varepsilon^1 = -2\left(1 - \lim_{\varepsilon \to 0}\frac{1}{\varepsilon}\right) = \infty,$$

also die Behauptung für $n = 1$.
$n = 2$: Es ist $x = (x_1, x_2)^\top$, und nach Einführung von Polarkoordinaten (r, φ) durch

$$x_1 = r\cos\varphi \text{ und } x_2 = r\sin\varphi$$

mit der Funktionaldeterminante

$$\begin{vmatrix} \dfrac{\partial x_1}{\partial r} & \dfrac{\partial x_1}{\partial \varphi} \\[2ex] \dfrac{\partial x_2}{\partial r} & \dfrac{\partial x_2}{\partial \varphi} \end{vmatrix} = \begin{vmatrix} \cos\varphi & -r\sin\varphi \\ \sin\varphi & r\cos\varphi \end{vmatrix} = r$$

ergibt sich (wegen $\|x\|_2 = r$)

$$g_1(x) = \frac{1}{r}\cos\varphi \quad \text{und} \quad g_2(x) = \frac{1}{r}\sin\varphi.$$

Hiermit folgt nach der Substitutionsregel für Mehrfachintegrale (s. z. B. [8], 206.)

$$\int\limits_\Omega g_1^2(x)dx = \int\limits_0^{2\pi}\int\limits_0^1 \frac{1}{r^2}\cos^2\varphi r\,dr\,d\varphi$$

$$= \underbrace{\int\limits_0^{2\pi}\cos^2\varphi d\varphi}_{=\pi} \int\limits_0^1 \frac{1}{r}dr = \pi\lim_{\varepsilon\to 0}[\ln r]_\varepsilon^1 = \infty.$$

Ähnlich erhält man

$$\int\limits_\Omega g_2^2(x)dx = \underbrace{\int\limits_0^{2\pi}\sin^2\varphi d\varphi}_{=\pi} \int\limits_0^1 \frac{1}{r}dr = \infty.$$

b) $n = 3$: Diesmal hat man $x = (x_1, x_2, x_3)^\top$ sowie

$$x_1 = r \sin \vartheta \cos \varphi, \quad x_2 = r \sin \vartheta \sin \varphi \quad \text{und} \quad x_3 = r \cos \vartheta$$

mit der Funktionaldeterminante

$$\begin{vmatrix} \dfrac{\partial x_1}{\partial r} & \dfrac{\partial x_1}{\partial \vartheta} & \dfrac{\partial x_1}{\partial \varphi} \\[2mm] \dfrac{\partial x_2}{\partial r} & \dfrac{\partial x_2}{\partial \vartheta} & \dfrac{\partial x_2}{\partial \varphi} \\[2mm] \dfrac{\partial x_3}{\partial r} & \dfrac{\partial x_3}{\partial \vartheta} & \dfrac{\partial x_3}{\partial \varphi} \end{vmatrix} = \begin{vmatrix} \sin \vartheta \cos \varphi & r \cos \vartheta \cos \varphi & -r \sin \vartheta \sin \varphi \\ \sin \vartheta \sin \varphi & r \cos \vartheta \sin \varphi & r \sin \vartheta \cos \varphi \\ \cos \vartheta & -r \sin \vartheta & 0 \end{vmatrix}$$

$$= -r \sin \vartheta \sin \varphi \left(-r \sin^2 \vartheta \sin \varphi - r \cos^2 \vartheta \sin \varphi\right)$$
$$\quad -r \sin \vartheta \cos \varphi \left(-r \sin^2 \vartheta \cos \varphi - r \cos^2 \vartheta \cos \varphi\right)$$
$$= r \sin \vartheta \sin \varphi r \sin \varphi + r \sin \vartheta \cos \varphi r \cos \varphi$$
$$= r^2 \sin \vartheta \left(\sin^2 \varphi + \cos^2 \varphi\right) = r^2 \sin \vartheta.$$

Man erhält

$$g_1(x) = \frac{x_1}{\|x\|_2^2} = \frac{1}{r} \sin \vartheta \cos \varphi$$

und deshalb

$$\int\limits_\Omega g_1^2(x) dx = \int\limits_0^{2\pi} \int\limits_0^{\pi} \int\limits_0^1 \frac{1}{r^2} \sin^2 \vartheta \cos^2 \varphi r^2 \sin \vartheta \, dr \, d\vartheta \, d\varphi$$

$$= \int\limits_0^{2\pi} \cos^2 \varphi \, d\varphi \int\limits_0^{\pi} \sin^3 \vartheta \, d\vartheta \int\limits_0^1 dr$$

$$= \pi \left[-\cos \vartheta + \frac{1}{3} \cos^3 \vartheta\right]_0^{\pi}$$

$$= \pi \left(1 - \frac{1}{3} - \left(-1 + \frac{1}{3}\right)\right) = \frac{4}{3}\pi.$$

Ganz analog bekommt man

$$\int\limits_\Omega g_2^2(x) dx = \int\limits_\Omega g_3^2(x) dx = \frac{4}{3}\pi.$$

Aufgabe 113

▶   **H^1-Funktion**

Für die Einheitskugel $\Omega = \{x \in \mathbb{R}^2 : \|x\|_2 < 1\}$ zeigen Sie, dass die Funktion
$v(x) = \|x\|_2^\alpha$ in $H^1(\Omega)$ liegt, falls $\alpha > 0$ ist.

Hinweis: Geben Sie partielle Ableitungen von v an (möglichst in Polarkoordinaten), die
die Definitionsgleichung der schwachen Ableitungen erfüllen, da es sich um klassische
Ableitungen handelt. Es ist zu zeigen, dass die partiellen Ableitungen L^2-integrierbar sind,
was man am besten durch Variablensubstitution in Polarkoordinaten zeigt.

Lösung

Für die offene Einheitskugel $\Omega \subset \mathbb{R}^2$ gilt $H^1(\Omega) = W^{1,2}(\Omega)$ (vgl. z. B. [2], 3.1), so
dass bei Benutzung des Hinweises zu zeigen bleibt:

i) $\displaystyle\int_\Omega v^2(x)dx < \infty$, falls $\alpha > 0$;

ii) $\displaystyle\int_\Omega \left|\frac{\partial v}{\partial x_i}\right|^2 dx < \infty$ für $i = 1, 2$, falls $\alpha > 0$.

Seien (x_1, x_2) die kartesischen Koordinaten von $x \in \Omega$ und (r, φ) die zugehörigen
Polarkoordinaten, also

$$x_1 = r\cos\varphi, x_2 = r\sin\varphi \text{ bzw. } r = \sqrt{x_1^2 + x_2^2}, \varphi = \arctan\frac{x_2}{x_1}.$$

Es gilt:

$$v(x) = \|x\|_2^\alpha = (x_1^2 + x_2^2)^{\alpha/2} = r^\alpha,$$

$$\frac{\partial v}{\partial x_1} = \alpha x_1(x_1^2 + x_2^2)^{\frac{\alpha-2}{2}} = \alpha r^{\alpha-1}\cos\varphi,$$

$$\frac{\partial v}{\partial x_2} = \alpha x_2(x_1^2 + x_2^2)^{\frac{\alpha-2}{2}} = \alpha r^{\alpha-1}\sin\varphi.$$

Für die Funktionaldeterminante berechnet man

$$\begin{vmatrix} \dfrac{\partial x_1}{\partial r} & \dfrac{\partial x_1}{\partial \varphi} \\[2mm] \dfrac{\partial x_2}{\partial r} & \dfrac{\partial x_2}{\partial \varphi} \end{vmatrix} = \begin{vmatrix} \cos\varphi & -r\sin\varphi \\ \sin\varphi & r\cos\varphi \end{vmatrix} = r.$$

Für die Integrale enthält man deshalb nach Variablensubstitution

i)

$$\int_\Omega v^2(x)dx = 2\pi \int_0^1 r^{2\alpha+1}dr = \frac{\pi}{\alpha+1} < \infty \text{ für } \alpha > 0,$$

ii)

$$\int_\Omega \left|\frac{\partial v}{\partial x_1}\right|^2 dx = \alpha^2 \int_0^1 \int_0^{2\pi} r^{2\alpha-1}\cos^2\varphi d\varphi dr = \alpha^2 \int_0^1 r^{2\alpha-1} \underbrace{\int_0^{2\pi}\cos^2\varphi d\varphi}_{=\pi} dr$$

$$\overset{\alpha>0}{=} \alpha^2 \frac{\pi}{2\alpha} = \frac{\pi\alpha}{2}.$$

Analog gilt

$$\int_\Omega \left|\frac{\partial v}{\partial x_2}\right|^2 dx = \alpha^2 \int_0^1 \int_0^{2\pi} r^{2\alpha-1}\sin^2\varphi d\varphi dr = \frac{\pi\alpha}{2}.$$

Die Bedingung $\alpha > 0$ fließt wesentlich bei der Berechnung von

$$\int_0^1 r^{2\alpha-1}dr = \frac{1}{2\alpha}$$

ein.

Aufgabe 114

▶ **Testfunktionen**

Zeigen Sie, dass für eine stetige Funktion w auf $[0, 1]$ mit

$$V := \{v \in C[0,1] \mid v' \text{ stückweise stetig und beschränkt, } v(0) = v(1) = 0\}$$

aus

$$\int_0^1 wv dx = 0 \forall v \in V,$$

Abb. 3.1 Graph der
Funktion v^*

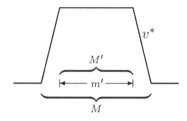

folgt, dass

$$w(x) = 0 \text{ für alle } x \in [0, 1].$$

Lösung

Annahme: $\exists x_0 \in [0, 1]$ mit $w(x_0) \neq 0$. O.B.d.A. sei $w(x_0) > 0$.

$$\Rightarrow (w \text{ stetig}) \quad \exists \delta > 0 : w(x) \geq \varepsilon_0 := \frac{w(x_0)}{2} > 0 \quad \forall x \in M := K_\delta(x_0) \cap [0, 1].$$

Sei $M' \subset M$ ein beliebiges, abgeschlossenes Teilintervall der offenen Menge M mit der Länge $m' > 0$, das weder 0 noch 1 enthält.

Wähle $v^* \in V$ so, dass

$$v^*(x) = \begin{cases} 0 & , x \in [0, 1] \setminus M \\ 1 & , x \in M' \end{cases}$$

und v^* auf $M \setminus M'$ linear verbunden ist (s. Abb. 3.1):

Es folgt:

$$\int_0^1 wv^* dx = \int_M wv^* dx \geq \varepsilon_0 \int_M v^* dx \overset{(v^* \geq 0)}{\geq} \varepsilon_0 \int_{M'} v^* dx = \varepsilon_0 m' > 0.$$

Das ist aber ein Widerspruch zu

$$\int_0^1 wv \, dx = 0 \quad \forall v \in V.$$

Aufgabe 115

▶   **Kompakte Einbettung, Satz von Arzelà-Ascoli**

Im Raum $C^r[a, b]$ aller r-mal stetig differenzierbaren Funktionen auf $[a, b]$ sind Halbnormen bzw. Normen definiert durch

$$|u|_{s,\infty} = \max_{a \leq x \leq b} \left| \frac{d^s u}{dx^s}(x) \right|, \quad \|u\|_{r,\infty} = \max_{s=0,\ldots,r} |u|_{s,\infty}.$$

Zeigen Sie, dass die Einbettung von $C^1[a, b]$ in $C^0[a, b]$ kompakt ist, wobei $\| \cdot \|_{1,\infty}$ bzw. $\| \cdot \|_{0,\infty}$ die zugrundeliegenden Normen darstellen.

Hinweis: Verwenden Sie den Satz von Arzelà-Ascoli (vgl. z. B. [10], I.3.1, [18], Satz 5.6).

Lösung

Sei die Einbettung von $C^1[a, b]$ in $C^0[a, b]$ gegeben durch

$$I : C^1[a, b] \hookrightarrow C^0[a, b], u \mapsto u.$$

Zu zeigen ist, dass I kompakt ist.

Nach der Definition der Kompaktheit einer Abbildung ist also nachzuweisen, dass die Implikation

$$\{u_n\}_{n \in \mathbb{N}} \subseteq C^1[a, b] \quad \text{ist eine beschränkte Folge} \tag{3.1}$$

$$\Longrightarrow \{Iu_n\}_{n \in \mathbb{N}} \subseteq C^0[a, b] \quad \text{ist relativ kompakt in } C^0[a, b]$$

gilt. Wegen (3.1) gibt es eine Zahl $C \in \mathbb{R}^+$, so dass

$$\|u_n\|_{1,\infty} \leq C, n \in \mathbb{N}. \tag{3.2}$$

Bezeichnungen:

- $X := [a, b]$ kompakter metrischer Raum mit der Metrik $d(x, y) = |x - y|$
- $Y := \mathbb{R}$ vollständiger normierter Raum
- $C_b(X, Y)$: Menge der stetigen und beschränkten Funktionen $f : X \to Y$
- $H := \{Iu_n : n \in \mathbb{N}\}$

Wir zeigen zunächst: $H \subseteq C_b(X, Y)$.
Iu_n ist stetig für alle $n \in \mathbb{N}$. Ferner hat man

$$\|Iu_n\|_{0,\infty} = \|u_n\|_{0,\infty} = |u_n|_{0,\infty} = \max_{a \leq x \leq b} |u_n(x)| = \|u_n\|_{0,\infty}$$

$$\leq \max_{s=0,1} |u_n|_{s,\infty} = \|u_n\|_{1,\infty} \overset{(3.2)}{\leq} C.$$

Nach dem Satz von Arzelà-Ascoli ist nun H relativ kompakt, wenn

a) H gleichgradig stetig ist, und
b)   für alle $x \in X$ die Menge $H(x) := \{f(x) : f \in H\}$ relativ kompakt in Y ist .

Zu a): Seien $\varepsilon > 0, \delta > 0$ beliebig, und $x, y \in X$ mit $|x - y| \leq \delta$. Für ein $u \in H$ existiert nach dem Mittelwertsatz ein $\xi \in (x, y)$ mit

$$u(x) - u(y) = u'(\xi)(x - y).$$

Nach Voraussetzung folgt

$$|u(x) - u(y)| = |u'(\xi)||x - y| \leq C\delta$$

mit $C \in \mathbb{R}_+$ aus (3.2). Für $\delta \leq \frac{\varepsilon}{C}$ erhält man dann

$$|u(x) - u(y)| \leq \varepsilon.$$

(Jede Funktion $u \in H$ ist sogar Lipschitz-stetig mit gleichmäßiger Lipschitz-Konstante C.)

Zu b): Sei $x \in X$. $H(x) \subseteq \mathbb{R}$ ist beschränkt, denn

$$|u_n(x)| \leq \|u_n\|_\infty = \|u_n\|_{0,\infty} \leq \|u_n\|_{1,\infty} \overset{(3.2)}{\leq} C \quad \forall n \in \mathbb{N}.$$

Da jede in $\mathbb{R}$ beschränkte Menge relativ kompakt ist, folgt die relative Kompaktheit von $H(x)$.

Aufgabe 116

▶   **Normen, Halbnormen**

Zeigen Sie, dass durch

$$|||u||| := \sum_{k=1}^{\ell} |q_k(u)| + |u|_E, \qquad u \in E,$$

eine Norm auf einem linearen Raum E erklärt wird, wobei $|\cdot|_E$ eine Halbnorm auf E mit Nullraum M und $\{q_1, \dots, q_\ell\}$ ein M-unisolventes System von stetigen Linearformen auf E ist.

Hierbei heißt $\{q_k\}$ *M-unisolvent*, wenn die verallgemeinerte Interpolationsaufgabe $q_k(u) = \lambda_k, k = 1, \ldots, \ell$, für jede rechte Seite eine eindeutige Lösung $u \in M$ besitzt.

Lösung

Definitheit:

Sei zunächst $|||u||| = \displaystyle\sum_{k=1}^{\ell} |q_k(u)| + |u|_E = 0$. Wegen $|u|_E \geq 0$ folgt

$$q_k(u) = 0, k = 1, \ldots, \ell. \tag{3.3}$$

Wegen $|u|_E = 0$ muss $u \in M$ gelten. Und da $\{q_k\} M$-unisolvent ist, ist $u = 0$ die einzige Lösung von (3.3) in M.

Für $u = 0$ gilt trivialerweise $|||u||| = 0$.

Homogenität:

$$|||\lambda u||| = \sum_{k=1}^{\ell} |q_k(\lambda u)| + |\lambda u|_E = \sum_{k=1}^{\ell} |\lambda q_k(u)| + |\lambda u|_E$$

$$= \sum_{k=1}^{\ell} |\lambda| |q_k(u)| + |\lambda| |u|_E = |\lambda| \left(\sum_{k=1}^{\ell} |q_k(u)| + |u|_E \right) = |\lambda| \cdot |||u|||$$

Dreiecksungleichung:

$$|||u + v||| = \sum_{k=1}^{\ell} |q_k(u + v)| + |u + v|_E = \sum_{k=1}^{\ell} |q_k(u) + q_k(v)| + |u + v|_E$$

$$\leq \sum_{k=1}^{\ell} (|q_k(u)| + |q_k(v)|) + |u|_E + |v|_E$$

$$= \sum_{k=1}^{\ell} |q_k(u)| + |u|_E + \sum_{k=1}^{\ell} |q_k(v)| + |v|_E = |||u||| + |||v|||$$

Aufgabe 117

▶ **Äquivalenz von Normen**

Sei E ein normierter linearer Raum, $M \subset E$ ein endlichdimensionaler Teilraum und $\{q_1, \ldots, q_\ell\}$ ein M-unisolventes System von stetigen Linearformen auf E. Durch

$$|||u||| := \sum_{k=1}^{\ell} |q_k(u)| + |u|_E, u \in E,$$

ist dann eine Norm definiert, wenn $|\cdot|_E$ eine Halbnorm auf E mit Nullraum M ist (s. Übung 116). Zeigen Sie: Eine Halbnorm $|\cdot|_E$ mit Nullraum M ist dann und nur dann äquivalent zur Halbnorm $|\cdot, M|$, wenn die zugehörige Norm $|||\cdot|||$ äquivalent zur Norm $\|\cdot\|$ von E ist.

Hinweis: Sie können benutzen, dass zu einem M-unisolventen System $\{q_k\}$ immer eine biorthonormale Basis $\{p_1, \ldots, p_\ell\}$ in M existiert. Damit lässt sich eine Projektion von E auf M durch $Pu := \sum_{k=1}^{\ell} q_k(u) p_k$ erklären und für $Ru := u - Pu$ gelten die zweiseitigen Abschätzungen

$$|u, M| \le \|Ru\| \le \|R\| |u, M|, u \in E,$$

mit der natürlichen Operatornorm $\|R\|$ und dem *Abstand* $|u, M| := \inf_{w \in M} \|u - w\|$.

Lösung

Sei zunächst die Äquivalenz der Halbnormen $|\cdot|_E$ und $|\cdot, M|$ vorausgesetzt, d. h. mit $C_1, C_2 > 0$ gilt

$$C_1 |u, M| \le |u|_E \le C_2 |u, M| \quad \text{für alle } u \in E.$$

Es folgt für $u \in E$ einerseits:

$$|||u||| = \sum_{k=1}^{\ell} |q_k(u)| + |u|_E \overset{q_k \text{ stetig}}{\le} \underbrace{\sum_{k=1}^{\ell} \beta_k \|u\|}_{=:C_3} + |u|_E$$

$$\overset{\text{Vor.}}{\le} C_3 \|u\| + C_2 |u, M| \overset{0 \in M}{\le} C_3 \|u\| + C_2 \|u\| = (C_3 + C_2) \|u\| =: C_4 \|u\|.$$

Andererseits gilt:

$$\|u\| = \|Ru + Pu\| \le \|Ru\| + \|Pu\| \overset{\text{Hinweis}}{\le} \|R\| |u, M| + \|Pu\|$$

$$\overset{\text{Vor.}}{\le} \underbrace{\|R\| C_1^{-1}}_{=:C_5} |u|_E + \left\| \sum_{k=1}^{\ell} q_k(u) p_k \right\| \le C_5 |u|_E + \sum_{k=1}^{\ell} |q_k(u)| \|p_k\|$$

$$\le C_5 |u|_E + \underbrace{\max_{1 \le k \le \ell} \|p_k\|}_{=:C_6} \sum_{k=1}^{\ell} |q_k(u)|$$

$$\le \max(C_5, C_6) \left(|u|_E + \sum_{k=1}^{\ell} |q_k(u)| \right) =: C_7 |||u|||$$

Setzt man umgekehrt die Äquivalenz der Normen $\||\cdot\||$ und $\|\cdot\|$ voraus, dann existieren Konstanten $\alpha_0, \alpha_1 > 0$ derart, dass die Ungleichungen

$$\alpha_0 \|u\| \leq \sum_{k=1}^{\ell} |q_k(u)| + |u|_E \leq \alpha_1 \|u\|, u \in E,$$

gelten. Setzt man jetzt $Ru = u - Pu$ anstelle von u, so wird $|Ru|_E = |u|_E$, $q_k(Ru) = 0$ und folglich

$$\alpha_0 \| Ru \| \leq |u|_E \leq \alpha_1 \| Ru \|, u \in E.$$

Hieraus folgt mit Hilfe von der im Hinweis angegebenen Abschätzung, dass $|\cdot|_E$ äquivalent zur Halbnorm $|\cdot, M|$ auf E ist, denn

$$|u|_E \leq \alpha_1 \|Ru\| \leq \alpha_1 \|R\| |u, M| \leq \alpha_1 \|R\| \|Ru\| \leq \alpha_1 \|R\| \frac{1}{\alpha_0} |u|_E.$$

Aufgabe 118

▶ **Punktweise Ungleichung**

Zeigen Sie die Ungleichungen

$$|u(c)| \leq \varepsilon |u|_{1,p} + \varepsilon^{-p'/p} |u|_{0,p}, u \in C^1[a,b],$$

für jede Stelle $c \in [a,b], b > a$, jedes p in $1 \leq p \leq \infty$, $p' : 1/p + 1/p' = 1$, und jedes ε in $0 < \varepsilon \leq \left(\frac{b-a}{2}\right)^{1/p'}$.

Hinweis: Benutzen Sie die Darstellung

$$u(c) = - \int\limits_c^{c+h} \frac{d}{dx} \left\{ \frac{c+h-x}{h} u(x) \right\} dx$$

$$= \frac{1}{h} \int\limits_c^{c+h} u(x)dx - \int\limits_c^{c+h} \frac{c+h-x}{h} u'(x)dx$$

für h in $0 < h \leq (b-a)/2$ oder $-(b-a)/2 \leq h < 0$. Betrachten Sie die Fälle $1 \leq p < \infty$ und $p = \infty$ sowie $c \in [a, \frac{a+b}{2}]$ bzw. $c \in [\frac{a+b}{2}, b]$.

Lösung

Sei $0 < \varepsilon \le \left(\frac{b-a}{2}\right)^{1/p'}$ beliebig vorgegeben.

Wir betrachten zunächst den Fall $1 \le p < \infty$. Ferner sei zunächst $c \in [a, \frac{a+b}{2}]$. Setze $h := \varepsilon^{p'} > 0$. Dann folgt wegen $h \le \frac{b-a}{2}$, dass

$$a \le c + h \le b. \tag{3.4}$$

Nach dem Hinweis erhält man

$$|u(c)| \overset{\text{Hinw.}}{=} \left| \frac{1}{h} \int_c^{c+h} u(x)dx - \int_c^{c+h} \underbrace{\frac{c + h - x}{h}}_{0 \le \ldots \le 1} u'(x)dx \right|$$

$$\le \frac{1}{h} \int_c^{c+h} |u(x)|dx + \int_c^{c+h} |u'(x)|dx$$

$$\overset{\text{Hölder}}{\le} \frac{1}{h} h^{\frac{1}{p'}} \cdot \left(\int_c^{c+h} |u(x)|^p dx \right)^{\frac{1}{p}} + h^{\frac{1}{p'}} \left(\int_c^{c+h} |u'(x)|^p dx \right)^{\frac{1}{p}}$$

$$\overset{(3.4)}{\le} h^{\frac{1}{p'}-1} \left(\int_a^b |u(x)|^p dx \right)^{\frac{1}{p}} + h^{\frac{1}{p'}} \left(\int_a^b |u'(x)|^p dx \right)^{\frac{1}{p}}$$

$$= h^{-\frac{1}{p}} |u|_{0,p} + h^{\frac{1}{p'}} |u|_{1,p}$$

$$\le \varepsilon |u|_{1,p} + \varepsilon^{-p'/p} |u|_{0,p}.$$

Für $c \in [\frac{a+b}{2}, b]$ kann man mit $h := -\varepsilon^{p'} < 0$ analog abschätzen.

Im Fall $p = \infty$ gilt $p' = 1$, und es ist zu zeigen:

$$|u(c)| \le \varepsilon \max_{x \in [a,b]} |u'(x)| + \max_{x \in [a,b]} |u(x)|.$$

Dies ergibt sich wie folgt, wobei wieder beide Fälle $c \in [a, \frac{a+b}{2}]$ bzw. $c \in [\frac{a+b}{2}, b]$ betrachtet werden, und $h = \varepsilon$ bzw. $h = -\varepsilon$ gesetzt wird. Für $c \in [a, \frac{a+b}{2}]$ gilt

$$|u(c)| \overset{\text{s.o.}}{\le} \frac{1}{|h|} \int_c^{c+h} |u(x)|dx + \int_c^{c+h} |u'(x)|dx$$

$$\le \frac{|h|}{|h|} \max_{x \in [c,c+h]} |u(x)| + |h| \max_{x \in [c,c+h]} |u'(x)|$$

$$\le \varepsilon \max_{x \in [a,b]} |u'(x)| + \max_{x \in [a,b]} |u(x)|.$$

Für $c \in [\frac{a+b}{2}, b]$ wird analog argumentiert.

3.2 FEM für Funktionen einer Veränderlichen

Aufgabe 119

▶ **Linearformen, Quadraturformeln**

Bestimmen Sie für die Linearform q die Koeffizienten β_k in der Darstellung

$$q(p) := \int_a^b p(x)dx = \sum_{k=0}^n \beta_k p(x_k), \, p \in \mathcal{P}_1^1(\Delta),$$

wobei $\mathcal{P}_1^1(\Delta)$ den Raum der stetigen, stückweise linearen Funktionen für ein Gitter $a = x_0 < x_1 < \ldots < x_n = b$ bezeichnet. Berechnen Sie weiter β_k für äquidistante Maschenweiten $h = x_j - x_{j-1}, j = 1, \ldots, n$.

Hinweise:
1) Hier sind einfach die Werte $\beta_k = q(p_k)$ für die Dachfunktionen als Basis in $\mathcal{P}_1^1(\Delta)$ auszurechnen.
2) Für eine *Unterteilung* $\Delta : a = x_0 < x_1 < \ldots < x_n = b$ eines Intervalls $[a,b]$ bezeichnen wir allgemein mit $\mathcal{P}_r^\nu(\Delta), r, \nu \in \mathbb{N}_0$, den Raum aller Funktionen, die auf jedem Teilintervall $I_j = [x_{j-1}, x_j], j = 1, \ldots, n$, ein Polynom höchstens r-ten Grades sind, und für die an den inneren Gitterpunkten $x_j, j = 1, \ldots, n$, alle Ableitungen bis zur Ordnung $\nu - 1$ stetig sind. Zur Abkürzung schreiben wir $\mathcal{P}_r(\Delta) = \mathcal{P}_r^0(\Delta)$ für die stückweise polynomiale Funktionen, für die an den Gitterpunkten keine Stetigkeitsbedingungen gefordert werden.

Lösung

Mit $I_k := [x_{k-1}, x_k], k = 1, \ldots, n$, ergeben sich die Dachfunktionen zu

$$p_0(x) = \begin{cases} \dfrac{x_1 - x}{x_1 - x_0} \, , & x \in I_1 \\ 0 \, , & \text{sonst,} \end{cases}$$

$$p_k(x) = \begin{cases} \dfrac{x - x_{k-1}}{x_k - x_{k-1}} \, , & x \in I_k \\ \dfrac{x_{k+1} - x}{x_{k+1} - x_k} \, , & x \in I_{k+1} \\ 0 \, , & \text{sonst} \end{cases} \quad \text{für } k = 1, \ldots, n-1,$$

und

$$p_n(x) = \begin{cases} \dfrac{x - x_{n-1}}{x_n - x_{n-1}} \, , & x \in I_n \\ 0 \, , & \text{sonst.} \end{cases}$$

Somit bekommt man

$$\beta_0 = q(p_0) = \int_{x_0}^{x_1} \frac{x_1 - x}{x_1 - x_0} dx = \frac{1}{x_1 - x_0} \left[x_1 x - \frac{1}{2} x^2 \right]_{x_0}^{x_1}$$

$$= \frac{x_1^2 - \frac{1}{2} x_1^2 - x_0 x_1 + \frac{1}{2} x_0^2}{x_1 - x_0} = \frac{\frac{1}{2}(x_1 - x_0)^2}{x_1 - x_0} = \frac{1}{2}(x_1 - x_0),$$

und durch analoge Rechnung

$$\beta_n = q(p_n) = \frac{1}{2}(x_n - x_{n-1}),$$

sowie für $k = 1, \ldots, n - 1$

$$\beta_k = q(p_k) = \int_{x_{k-1}}^{x_k} \frac{x - x_{k-1}}{x_k - x_{k-1}} dx + \int_{x_k}^{x_{k+1}} \frac{x_{k+1} - x}{x_{k+1} - x_k} dx$$

$$= \frac{1}{2}(x_k - x_{k-1}) + \frac{1}{2}(x_{k+1} - x_k) = \frac{1}{2}(x_{k+1} - x_{k-1}).$$

Bei äquidistanten Maschenweiten $h = x_j - x_{j-1}$ für $j = 1, \ldots, n$ hat man

$$x_{j+1} - x_{j-1} = (x_{j+1} - x_j) + (x_j - x_{j-1}) = 2h$$

und erhält damit in diesem speziellen Fall gerade die summierte Sehnentrapezformel,

$$\beta_k = \begin{cases} \frac{h}{2} & , \quad k = 0, n, \\ h & , \quad k = 1, \ldots, n - 1. \end{cases}$$

Aufgabe 120

▶ **Linear unabhängige Linearformen**

Zeigen Sie für eine Unterteilung $\Delta : x_0 = a < x_1 < \cdots < x_n = b$ des Intervalls $[a, b]$, dass die Linearformen

$$g_{js} := \frac{1}{2}(\delta_{j+0}^s - \delta_{j-0}^s),$$

$$s = 0, \ldots, r, \, j = 1, \ldots, n - 1,$$

$$\delta_{j+0}^s u = \frac{d^s u}{dx^s}(x_j + 0), \quad \delta_{j-0}^s u = \frac{d^s u}{dx^s}(x_j - 0),$$

linear unabhängig auf $\mathcal{P}_r(\Delta)$ sind.

Hinweis:

1) $\mathcal{P}_r(\Delta)$ bezeichnet der Raum aller stückweise polynomialen Funktionen über der Unterteilung Δ, wobei keine Stetigkeitsbedingungen an den Gitterpunkten gefordert werden (vgl. Definition in Aufg. 119, Hinweis 2).

2) Zum Nachweis der linearen Unabhängigkeit eines Systems von Linearformen genügt es, ein System von Funktionen $\{u_{kt}\} \subset \mathcal{P}_r(\Delta)$ anzugeben, so dass $\{g_{js}\}, \{u_{kt}\}$ biorthonormal sind. Wählen Sie dafür

$$u_{kt}(x) = \frac{2}{t!}(x - x_k)_+^t, \quad x \in \bigcup_{j=1}^n I_j,$$

wobei $(x - x_k)_+ := \max(x - x_k, 0) = \begin{cases} x - x_k, & x \geq x_k, \\ 0, & \text{sonst.} \end{cases}$

Lösung

Nach dem Hinweis genügt es

$$g_{js}(u_{kt}) = \delta_{jk}\delta_{st}, \; j, k = 1, \ldots, n-1, s, t = 0, \ldots, r,$$

zu zeigen. Wir schreiben $u^{(s)} = \frac{d^s u}{dx^s}$.

Zunächst ist u_{kt} selbst stetig für $t \geq 1$, so dass sich für $s = 0$ und $t > 0$ gerade $g_{j0}(u_{kt}) = 0$ ergibt (für $j, k = 1, \ldots, n-1$).

Ist $t = 0$, erhält man als Funktion u_{kt} die Treppenfunktion

$$u_{k0}(x) = \begin{cases} 2, & x \geq x_k \\ 0, & \text{sonst} \end{cases}, x \in \bigcup_{j=1}^n I_j.$$

Für $s = t = 0$ und $j \neq k$ ist deshalb offenbar $g_{j0}(u_{k0}) = 0$; ferner gilt $g_{j0}(u_{j0}) = 1$, da die halbe Sprunghöhe von u_{j0} bei x_j gerade eins beträgt.

Für beliebiges $s < t$ hat man die Beziehung $u_{kt}^{(s)} = u_{k,(t-s)}$, wodurch sich wegen der Stetigkeit der Funktionen u_{kt} für $t > 0$ die Identität

$$g_{js}(u_{kt}) = 0 \text{ für } s < t$$

ergibt. Ist $s = t$, erhält man mit $u_{ks}^{(s)}$ wieder die eben beschriebene Treppenfunktion, so dass $g_{js}(u_{ks}) = \delta_{jk}$. Schließlich ist $u_{kt}^{(s)} \equiv 0$ für $s > t$, womit sich insgesamt also die zu zeigende Behauptung ergibt.

Aufgabe 121

▶   **Lineare interpolatorische Approximation**

Für jedes $n \in \mathbb{N}$ seien $a = x_0^{(n)} < x_1^{(n)} < \ldots < x_n^{(n)} = b$ Gitterpunkte in $[a, b]$. Für eine stetige Funktion $u \in C[a, b]$ ist dann die *stetige, stückweise lineare interpolatorische Approximation* gegeben durch

$$u^{(n)}(x) = u\left(x_{j-1}^{(n)}\right) \frac{x_j^{(n)} - x}{x_j^{(n)} - x_{j-1}^{(n)}} + u\left(x_j^{(n)}\right) \frac{x - x_{j-1}^{(n)}}{x_j^{(n)} - x_{j-1}^{(n)}},$$

$$x \in I_j^{(n)} := \left[x_{j-1}^{(n)}, x_j^{(n)}\right], \quad j = 1, \ldots, n, \quad n \in \mathbb{N}.$$

Beweisen Sie: Falls

$$h^{(n)} := \max_{1 \le j \le n} \left(x_j^{(n)} - x_{j-1}^{(n)}\right) \to 0 \quad (n \to \infty),$$

dann ist $u^{(n)}$, $n = 1, 2, \ldots$, eine gleichgradig gleichmäßig stetige Folge von Funktionen.

Hinweis: $u^{(n)}$, $n \in \mathbb{N}$, heißt *gleichgradig gleichmäßig stetig*, wenn es zu jedem $\varepsilon > 0$ ein $\delta > 0$ gibt, so dass für alle $x, x' \in [a, b], |x - x'| \le \delta$, und alle $n \in \mathbb{N}$ gilt: $|u^{(n)}(x) - u^{(n)}(x')| \le \varepsilon$.

Lösung

Für $x \in I_j^{(n)}$ gilt:

$$
\begin{aligned}
u^{(n)}(x) &= \frac{u(x_{j-1}^{(n)})(x_j^{(n)} - x) + u(x_j^{(n)})(x - x_{j-1}^{(n)})}{x_j^{(n)} - x_{j-1}^{(n)}} \\
&= \frac{u(x_{j-1}^{(n)})(x_j^{(n)} - x_{j-1}^{(n)}) + u(x_j^{(n)})(x - x_{j-1}^{(n)}) - u(x_{j-1}^{(n)})(x - x_{j-1}^{(n)})}{x_j^{(n)} - x_{j-1}^{(n)}} \\
&= u(x_{j-1}^{(n)}) + \left(x - x_{j-1}^{(n)}\right) \frac{u(x_j^{(n)}) - u(x_{j-1}^{(n)})}{x_j^{(n)} - x_{j-1}^{(n)}}.
\end{aligned}
$$

Daraus folgt für alle $x \in I_j^{(n)}$, dass

$$
\begin{aligned}
\left|u(x_{j-1}^{(n)}) - u^{(n)}(x)\right| &= \left|\left(x - x_{j-1}^{(n)}\right) \frac{u(x_j^{(n)}) - u(x_{j-1}^{(n)})}{x_j^{(n)} - x_{j-1}^{(n)}}\right| \\
&= \frac{x - x_{j-1}^{(n)}}{x_j^{(n)} - x_{j-1}^{(n)}} \left|u(x_j^{(n)}) - u(x_{j-1}^{(n)})\right| \\
&\le \frac{x_j^{(n)} - x_{j-1}^{(n)}}{x_j^{(n)} - x_{j-1}^{(n)}} \left|u(x_j^{(n)}) - u(x_{j-1}^{(n)})\right|,
\end{aligned}
$$

also

$$\left|u(x_{j-1}^{(n)}) - u^{(n)}(x)\right| \leq \left|u(x_j^{(n)}) - u(x_{j-1}^{(n)})\right|. \tag{3.5}$$

Sei nun $\varepsilon > 0$ beliebig vorgegeben. Da $u \in C[a,b]$, ist u gleichmäßig stetig auf $[a,b]$, d. h.

$$\exists \delta' > 0 : |u(x) - u(x')| \leq \frac{\varepsilon}{5} \quad \text{für alle } x, x' \text{ mit } |x - x'| \leq \delta'. \tag{3.6}$$

Ferner folgt aus der Voraussetzung $h^{(n)} = \max_{1 \leq j \leq n} \left(x_j^{(n)} - x_{j-1}^{(n)}\right) \to 0$ für $n \to \infty$:

$$\exists n_0 \in \mathbb{N} : h^{(n)} \leq \delta' \quad \text{für alle } n \geq n_0. \tag{3.7}$$

Fall 1: $n < n_0$
Die Funktionen $u^{(n)}, n = 1, 2, \ldots, n_0 - 1$, sind stetig auf $[a,b]$ und damit auch gleichmäßig stetig auf $[a,b]$, d. h.

$$\forall n \in \{1, \ldots, n_0 - 1\} \exists \delta^{(n)} \forall x, x' : |x - x'| \leq \delta^{(n)} \Rightarrow \left|u^{(n)}(x) - u^{(n)}(x')\right| \leq \varepsilon.$$

Sei $\delta'' := \min_{1 \leq n < n_0} \delta^{(n)}$.

Fall 2: $n \geq n_0$
Es kann folgende Interpolationsabschätzung aufgestellt werden: Für $x \in I_j^{(n)}$ gilt

$$\begin{aligned}
\left|u(x) - u^{(n)}(x)\right| &\leq \left|u(x) - u(x_{j-1}^{(n)})\right| + \left|u(x_{j-1}^{(n)}) - u^{(n)}(x)\right| \\
&\overset{(3.7),(3.6)}{\leq} \frac{\varepsilon}{5} + \left|u(x_{j-1}^{(n)}) - u^{(n)}(x)\right| \\
&\overset{(3.5)}{\leq} \frac{\varepsilon}{5} + \left|u(x_j^{(n)}) - u(x_{j-1}^{(n)})\right| \overset{(3.7),(3.6)}{\leq} \frac{\varepsilon}{5} + \frac{\varepsilon}{5} = \frac{2\varepsilon}{5}.
\end{aligned}$$

Mit dieser Abschätzung und mit (3.6) folgt für alle x, x' mit $|x - x'| \leq \delta'$:

$$\begin{aligned}
\left|u^{(n)}(x) - u^{(n)}(x')\right| &\leq \left|u^{(n)}(x) - u(x)\right| + |u(x) - u(x')| + \left|u(x') - u^{(n)}(x')\right| \\
&\leq \frac{2\varepsilon}{5} + \frac{\varepsilon}{5} + \frac{2\varepsilon}{5} = \varepsilon.
\end{aligned}$$

Für $\delta := \min(\delta', \delta'')$ folgt somit insgesamt die Behauptung.

Aufgabe 122

▶   **Differenzenapproximationen, interpolatorische Approximation**

Gegeben seien paarweise verschiedene Punkte $x_0, \ldots, x_m \in [a, b]$ und zugehörige Zahlen $r_0, \ldots, r_m \in \mathbb{N}$, für die die zugehörige *Hermite-Interpolation* p einer Funktion $u \in C^r[a, b]$ ($r := r_0 + \cdots + r_m$) durch

$$(Pu =) p \in \mathcal{P}_{r-1} : \frac{d^s p}{dx^s}(x_j) = \frac{d^s u}{dx^s}(x_j), s = 0, \ldots, r_j - 1, j = 0, \ldots, m,$$

definiert ist. Betrachtet man die Linearform

$$f(u) := \frac{d^k u}{dx^k}(c)$$

für ein $c \in [a, b]$ und ein $k \in \{0, \ldots, r\}$, dann ergibt die zugehörige interpolatorische Approximation gerade die Differenzenapproximation

$$q(u) = f(Pu) = \sum_{j=0}^{m} \sum_{s=0}^{r_j - 1} \gamma_{js}^{(k)} \frac{d^s u}{dx^s}(x_j)$$

mit den Koeffizienten

$$\gamma_{js}^{(k)} = \frac{d^k w_{js}}{dx^k}(c), s = 0, \ldots, r_j - 1, \ j = 0, \ldots, m,$$

und den biorthonormalen Polynomen $w_{js} \in \mathcal{P}_{r-1}$, die durch

$$\frac{d^s w_{rt}}{dx^s}(x_j) = \delta_{st} \delta_{jr}$$

erklärt sind.

a) Geben Sie die Differenzenapproximation an für den Fall der *Lagrange-Interpolation* (d. h. $r_j = 1 \forall j, r = m + 1$) und der Hermite-Interpolation der Ordnung $r_j = 2$ für alle $j = 0, \ldots, m$.

b) Rechnen Sie die Differenzenapproximationen im Fall der Lagrange-Interpolation für die folgenden Fälle explizit aus:

$$k = 1, r = 2; \quad k = 2, r = 3; \quad k = 1, r = 3.$$

Hinweis: Die explizite Form der biorthonormalen Polynome w_{rt} wird als bekannt vorausgesetzt und wird der Vollständigkeit halber für die jeweiligen Fälle in der Lösung angegeben[2].

Lösung

a) Zu berechnen sind die Koeffizienten $\gamma_{js}^{(k)} = \dfrac{d^k w_{js}}{dx^k}(c)$.

  i) *Lagrange* ($r_j = 1 \forall j, r = m + 1$)

  Die biorthonormalen Polynome sind hier die Lagrange-Polynome

$$w_{js}(x) = w_{j0}(x) = L_j(x) := \prod_{\substack{l=0 \\ l \neq j}}^{m} \frac{x - x_l}{x_j - x_l}.$$

  Die Koeffizienten ergeben sich also durch $\gamma_{js}^{(k)} = \dfrac{d^k}{dx^k} L_j(c)$, so dass man als Differenzenapproximation

$$q(u) = \sum_{j=0}^{m} \frac{d^k}{dx^k} L_j(c) u(x_j)$$

  erhält.

  ii) *Hermite* ($r_j = 2 \forall j, r = 2m + 2$)

  Die folgenden Funktionen

$$p_{j0}(x) = (1 - (L_j^2)'(x_j)(x - x_j)) L_j^2(x),$$
$$p_{j1}(x) = (x - x_j) L_j^2(x), \qquad j = 0, \dots, m.$$

  bilden in diesem Fall die biorthonormalen Polynome, wie man durch Berechnung der Ableitungen erkennt.

  Mit den Koeffizienten $\gamma_{js}^{(k)} = \dfrac{d^k p_{js}}{dx^k}(c), s = 0, 1, j = 0, \dots, m$, bekommt man die Differenzenapproximation

$$q(u) = \sum_{j=0}^{m} [\gamma_{j0}^{(k)} u(x_j) + \gamma_{j1}^{(k)} u'(x_j)].$$

b) Es werden jetzt die drei Differenzenapproximationen explizit berechnet:

  i) *Lagrange* für $k = 1, r = 2$:

---

[2] Die Basisfunktionen w_{rt} werden auch als *Formfunktionen* bezeichnet (vgl. z. B. [22], 1.5).

Wegen $r_j = 1$ für $j = 0, \ldots, m$ und $r = r_0 + \cdots + r_m = 2$ gilt $m = 1$. Setze $h_1 := x_1 - x_0$, dann folgt

$$L_0(x) = \frac{x - x_1}{x_0 - x_1} = -\frac{x - x_1}{h_1}, \quad L_1(x) = \frac{x - x_0}{x_1 - x_0} = \frac{x - x_0}{h_1},$$

$$L_0'(x) = -\frac{1}{h_1}, \quad L_1'(x) = \frac{1}{h_1}$$

$$\overset{\text{a), i)}}{\Longrightarrow} q(u) = \sum_{j=0}^{1} L_j'(c) u_j = \frac{1}{h_1}(u_1 - u_0), \quad \forall c \in [a, b],$$

wobei allgemein $u_j = u(x_j)$ gesetzt ist. Es entsteht also der vorwärtsgenommene Differenzenquotient erster Ordnung.

ii) *Lagrange* für $k = 2, r = 3$:

In diesem Fall gilt $m = 2$, so dass man drei Punkte x_0, x_1, x_2 betrachtet. Setze zusätzlich $h_2 := x_2 - x_1$.

$$L_0(x) = \frac{x - x_1}{x_0 - x_1} \cdot \frac{x - x_2}{x_0 - x_2} = \frac{(x - x_1)(x - x_2)}{-h_1(-h_1 - h_2)}$$

$$= \frac{1}{h_1^2 + h_1 h_2}\{x^2 - (x_1 + x_2)x + x_1 x_2\}$$

$$L_1(x) = \frac{x - x_0}{x_1 - x_0} \cdot \frac{x - x_2}{x_1 - x_2} = \frac{(x - x_0)(x - x_2)}{h_1(-h_2)}$$

$$= \frac{-1}{h_1 h_2}\{x^2 - (x_0 + x_2)x + x_0 x_2\}$$

$$L_2(x) = \frac{x - x_0}{x_2 - x_0} \cdot \frac{x - x_1}{x_2 - x_1} = \frac{(x - x_0)(x - x_1)}{(h_1 + h_2)h_2}$$

$$= \frac{1}{h_2^2 + h_1 h_2}\{x^2 - (x_0 + x_1)x + x_0 x_1\}$$

$$L_0'(x) = \frac{-1}{h_1^2 + h_1 h_2}\{x_1 - 2x + x_2\}; \quad L_0''(x) = \frac{2}{h_1^2 + h_1 h_2}$$

$$L_1'(x) = \frac{1}{h_1 h_2}\{x_0 - 2x + x_2\}; \quad L_1''(x) = \frac{-2}{h_1 h_2}$$

$$L_2'(x) = \frac{-1}{h_2^2 + h_1 h_2}\{x_0 - 2x + x_1\}; \quad L_2''(x) = \frac{2}{h_2^2 + h_1 h_2}$$

$$\overset{\text{a), i)}}{\Longrightarrow} q(u) = \sum_{j=0}^{2} L_j''(c) u_j = \frac{2u_0}{h_1^2 + h_1 h_2} - \frac{2u_1}{h_1 h_2} + \frac{2u_2}{h_2^2 + h_1 h_2}$$

Setzt man $\widehat{h} = (h_1 + h_2)/2$, dann ergibt sich

$$q(u) = \frac{1}{h_1 h_2}\left(\frac{h_2}{\widehat{h}}u_0 - 2u_1 + \frac{h_1}{\widehat{h}}u_2\right), \quad \forall c \in [a, b].$$

Im Fall $h = h_1 = h_2$ erhält man den bekannten zentralen Differenzenquotienten zweiter Ordnung.

iii) *Lagrange* für $k = 1, r = 3$:

In diesem Fall ist wieder $m = 2$, d. h. man betrachtet wieder 3 Punkte. Mit den Bezeichnungen aus ii) erhält man:

$$
\begin{aligned}
q(u) &= \sum_{j=0}^{2} L_j'(c) u_j \\
&= -\frac{u_0 \{x_1 - 2c + x_2\}}{h_1^2 + h_1 h_2} + \frac{u_1 \{x_0 - 2c + x_2\}}{h_1 h_2} - \frac{u_2 \{x_0 - 2c + x_1\}}{h_2^2 + h_1 h_2} \\
&= \frac{1}{h_1 h_2} \left\{ -\frac{h_2}{2\widehat{h}} (x_1 - 2c + x_2) u_0 + (x_0 - 2c + x_2) u_1 - \frac{h_1}{2\widehat{h}} (x_0 - 2c + x_1) u_2 \right\}
\end{aligned}
$$

Im Fall $h = h_1 = h_2$ und $c = x_1$ erhält man den zentralen Differenzenquotienten erster Ordnung,

$$
q(u) = \frac{u_2 - u_0}{2h}.
$$

Aufgabe 123

▶   **Interpolationsabschätzungen**

Für die Lagrangesche interpolatorische Approximation $p \in \mathcal{P}_1(I_j)$ für ein Intervall $I_j = [x_{j-1}, x_j]$ gelten die Interpolationsabschätzungen

$$
|u - p|_{s,q,I_j} \leq \sigma h_j^{2-s+\frac{1}{q}-\frac{1}{p}} |u|_{2,p,I_j}, \ u \in C^2(I_j), \ s = 0, 1, \ 1 \leq p, q \leq \infty,
$$

wobei für die beste Konstante gilt (vgl. z. B. [2], 3.1)

$$
\sigma = \sup_{0 \neq y \in \hat{L}^\perp} \frac{|y|_{s,q,[0,1]}}{|y|_{2,p,[0,1]}}, \ \hat{L}^\perp = \{ y \in C^2[0, 1] \big| y(0) = y(1) = 0 \}.
$$

Zeigen Sie für den Fall $s = 0$:

a) $\sigma \leq \dfrac{1}{8}$ für $p = q = \infty$;

b) $\sigma \leq \dfrac{1}{9}$ für $p = q = 2$;

c) $\sigma \leq \dfrac{1}{12}$ für $q = 1, p = \infty$.

Hinweis: Verwenden Sie die Darstellung der Lösung von $y'' = f$ in $[0, 1]$, $y(0) = y(1) = 0$, mit Hilfe der Greenschen Funktion (siehe z. B. [18], A.7).

Lösung

Mit Hilfe der Greenschen Funktion

$$G(z,t) = \begin{cases} t(z-1), 0 \le t \le z \le 1 \\ z(t-1), 0 \le z \le t \le 1 \end{cases}$$

lässt sich die Lösung von

$$y'' = f \quad \text{in} \quad [0,1], \, y(0) = y(1) = 0,$$

darstellen als

$$y(z) = \int_0^1 G(z,t) f(t) dt. \tag{3.8}$$

Für $y \in \hat{L}^\perp$ erhält man also die Darstellung

$$y(z) = \int_0^1 G(z,t) y''(t) dt.$$

a) Zu zeigen: $|y|_{0,\infty} \le \frac{1}{8} |y|_{2,\infty} \left(= \frac{1}{8} |f|_{0,\infty} \right)$.

   Nach (3.8) gilt

$$|y(z)| \le |f|_{0,\infty} \int_0^1 |G(z,t)| dt.$$

Es muss also das Integral über den Betrag der Greenschen Funktion abgeschätzt werden:

$$\int_0^1 |G(z,t)| dt = -\left\{ (z-1) \int_0^z t \, dt + z \int_z^1 (t-1) dt \right\}$$

$$= -\left\{ (z-1) \left[\frac{1}{2} t^2 \right]_0^z + z \left[\frac{1}{2} t^2 - t \right]_z^1 \right\}$$

$$= -\left\{ \frac{1}{2} z^3 - \frac{1}{2} z^2 - \frac{1}{2} z - \frac{1}{2} z^3 + z^2 \right\} = \frac{1}{2} (z - z^2)$$

Betrachtet man $\varphi(z) := \dfrac{1}{2}(z - z^2)$, dann erhält man $\varphi'(z) = \frac{1}{2} - z, \varphi'' = -1$ und

$$\varphi'(z_0) = 0 \Longleftrightarrow z_0 = \frac{1}{2},$$

also ein Maximum bei z_0 mit Wert $\varphi(z_0) = \dfrac{1}{8},$

$$\Longrightarrow |\varphi(z)| \le \frac{1}{8} \forall z \in [0,1].$$

Aus $\dfrac{|y|_{0,\infty,[0,1]}}{|y|_{2,\infty,[0,1]}} \le \dfrac{1}{8}$ folgt schließlich $\sigma \le \dfrac{1}{8}$.

b) Zu zeigen: $|y|_{0,2} \le \dfrac{1}{9}|y|_{2,2}$.

Es gilt:

$$\int_0^1 |y(z)|^2 dz = \int_0^1 \left|\int_0^1 G(z,t)f(t)dt\right|^2 dz$$

$$\overset{\text{Hölder}}{\le} \int_0^1 \left\{\int_0^1 |G(z,t)|^2 dt \int_0^1 |f(t)|^2 dt\right\} dz$$

$$= \int_0^1 \int_0^1 |G(z,t)|^2 dt\, dz |f|_{0,2}^2.$$

Ferner ergibt sich:

$$\int_0^1 \int_0^1 |G(z,t)|^2 dt\, dz = \int_0^1 \left\{\int_0^z |G(z,t)|^2 dt + \int_z^1 |G(z,t)|^2 dt\right\} dz$$

$$= \int_0^1 \left\{(z-1)^2 \underbrace{\int_0^z t^2 dt}_{=\frac{1}{3}z^3} + z^2 \underbrace{\int_z^1 (t-1)^2 dt}_{=-\frac{1}{3}(z-1)^3}\right\} dz$$

$$= \frac{1}{3}\int_0^1 (z-1)^2 z^2 \{z - z + 1\} dz$$

$$= \frac{1}{3}\int_0^1 (z^2 - 2z + 1)z^2 dz$$

$$= \frac{1}{3}\left\{\frac{1}{5} - \frac{1}{2} + \frac{1}{3}\right\} = \frac{1}{90}.$$

Aus diesen beiden Rechnungen erhält man nach Wurzelziehen die Abschätzung

$$|y|_{0,2} \leq \frac{1}{\sqrt{90}} |y|_{2,2},$$

und somit wegen

$$\frac{1}{\sqrt{90}} \leq \frac{1}{\sqrt{81}} = \frac{1}{9} \quad \text{gerade } \sigma \leq \frac{1}{9}.$$

c) Zu zeigen: $|y|_{0,1} \leq \frac{1}{12} |y|_{2,\infty}$.
   Wegen $y'' = f$ gilt:

$$|y|_{0,1} = \int_0^1 |y(z)| dz \stackrel{(3.8)}{\leq} |y''|_{0,\infty} \int_0^1 \int_0^1 |G(z,t)| dt\, dz.$$

Weiter folgt mit $|y''|_{0,\infty} = |y|_{2,\infty}$ und mit der bereits in Teil a) nachgewiesenen Identität

$$\int_0^1 |G(z,t)| dt = \frac{1}{2}(z - z^2)$$

die Beziehung

$$\frac{|y|_{0,1}}{|y|_{2,\infty}} \leq \int_0^1 \frac{1}{2}(z - z^2) dz = \frac{1}{2}\left[\frac{1}{2}z^2 - \frac{1}{3}z^3\right]_0^1 = \frac{1}{12}$$

und damit die Abschätzung $\sigma \leq \frac{1}{12}$.

Aufgabe 124

▶ **FEM-Approximation, Randwertproblem für gewöhnliche Differentialgleichung**

Für eine nicht notwendig äquidistante Unterteilung $0 = x_0 < x_1 < \cdots < x_{M+1} = 1$ von $[0,1]$ seien die Funktionen $G_i : [0,1] \to \mathbb{R}$ durch die folgenden Variationsprobleme definiert[3]:

$$(G_i', v')_{0,2} = v(x_i) \qquad \forall v \in H_0^1(0,1), \qquad i = 1, \ldots, M. \tag{3.9}$$

---

[3] $(\cdot, \cdot)_{0,2}$ bezeichnet das L^2-Skalarprodukt.

Zeigen Sie:

a) Die Variationsprobleme (3.9) sind eindeutig lösbar.
b) Die Funktionen $G_i, i = 1, \dots, M$, haben die Darstellung

$$G_i(x) = \begin{cases} (1 - x_i)x, & 0 \le x \le x_i, \\ x_i(1 - x), & x_i \le x \le 1, \end{cases}$$

und sind Elemente von $H_0^1(0, 1)$.
c) Sei u die Lösung des Modellproblems ($f \in C[0, 1]$ gegeben)

$$(D) - u'' = f \quad \text{in} \quad I = (0, 1), \quad u(0) = u(1) = 0,$$

und u_h die FEM-Approximation im Raum aller stetigen, stückweise linearen Funktionen mit Nullrandbedingungen. Zeigen Sie mit Hilfe der Funktionen G_i, dass für den Fehler $e_h = u - u_h$ gilt

$$e_h(x_i) = (e_h', G_i')_{0,2} = 0, \quad i = 1, \dots, M.$$

Hinweis zu a): Benutzen Sie den Rieszschen Darstellungssatz und die Sobolevsche Ungleichung

$$\|v\|_{0,\infty} \le C \|v\|_{1,2}, v \in H^1(0, 1).$$

Lösung

a) Wir zeigen zunächst, dass die Variationsprobleme (3.9) eindeutig lösbar sind. Für $I = (0, 1)$ liefert der Rieszsche Darstellungssatz die eindeutige Lösbarkeit in $H_0^1(I)$, falls $l_i(v) := v(x_i), i = 1, \dots, M$, beschränkte lineare Funktionale auf $H_0^1(I)$ sind. Aufgrund der Sobolevschen Ungleichung gilt

$$\|v\|_{0,\infty} \le C \|v\|_{1,2} = C \left(\int_0^1 (v^2(x) + (v'(x))^2)dx \right)^{1/2} \quad \forall v \in H^1(I).$$

Die Abschätzung gilt insbesondere für alle $v \in H_0^1(I)$. Da $|\cdot|_{1,2}$ auf dem Raum $H_0^1(I)$ eine zu $\|\cdot\|_{1,2}$ äquivalente Norm darstellt, folgt

$$|l_i(v)| = |v(x_i)| \le \|v\|_{0,\infty} \le C' |v|_{1,2}$$

und somit die Beschränktheit der linearen Funktionale $l_i, i = 1, \dots, M$, auf dem Raum $H_0^1(I)$ versehen mit dem Skalarprodukt $(u', v')_{0,2}$ bzw. der zugehörigen Norm $|\cdot|_{1,2}$.

b) Es gilt

$$G_i'(x) = \begin{cases} 1 - x_i, & 0 \le x \le x_i \\ -x_i \ , & x_i \le x \le 1. \end{cases}$$

Somit folgt

$$(G_i', v')_{0,2} = \int_0^{x_i} G_i'(x)v'(x)dx + \int_{x_i}^1 G_i'(x)v'(x)dx$$

$$= (1 - x_i)(v(x_i) - \underbrace{v(0)}_{=0}) - x_i(\underbrace{v(1)}_{=0} -v(x_i)) = v(x_i) \forall v \in H_0^1(I),$$

d. h. G_i löst das Variationsproblem (3.9).
Zeige $G_i \in H_0^1(I)$: Offenbar ist $G_i(0) = G_i(1) = 0$, und

$$\int_0^1 (G_i(x))^2 dx = \int_0^{x_i} (1 - x_i)^2 x^2 dx + \int_{x_i}^1 x_i^2 (1 - x)^2 dx$$

$$= (1 - x_i)^2 \left[\frac{1}{3} x^3 \right]_0^{x_i} + x_i^2 \left[-\frac{1}{3}(1 - x)^3 \right]_{x_i}^1$$

$$= (1 - x_i)^2 \frac{1}{3} x_i^3 + x_i^2 \frac{1}{3}(1 - x_i)^3$$

$$= \frac{1}{3}(1 - x_i)^2 x_i^2$$

und

$$\int_0^1 (G_i'(x))^2 dx = \int_0^{x_i} (1 - x_i)^2 dx + \int_{x_i}^1 (-x_i)^2 dx$$

$$= (1 - x_i)^2 x_i + x_i^2(1 - x_i) = (1 - x_i)x_i.$$

Außerdem erfüllt G_i' die Gleichungen der schwachen Ableitung, wie leicht durch partielle Integration – angewendet auf die Teilintervalle $[0, x_i]$ bzw. $[x_i, 1]$ – folgt:

$$\int_0^1 \varphi G_i' dx = - \int_0^1 \varphi' G_i dx \quad \forall \varphi \in C_0^\infty(0, 1).$$

c) Da G_i selbst für alle $i = 1, \ldots, M$ stetig und stückweise linear ist, liegt G_i im Lösungsraum V_h der stetigen, stückweise linearen Funktion über dem gegebenen

Gitter mit Nullrandbedingungen. Über die Fehlergleichungen

$$((u - u_h)', v')_{0,2} = 0 \quad \forall v \in V_h$$

folgt – mit $v = G_i$ und wegen $V_h \subset H_0^1(0, 1)$ – dass

$$e_h(x_i) = (e_h', G_i')_{0,2} = 0 \quad \forall i = 1, \dots, M.$$

Aufgabe 125

► **Variationelle Formulierung, Randwertproblem für gewöhnliche Differentialgleichung**

Gegeben die folgende Randwertaufgabe mit gemischten Randbedingungen,

$$(D) - u'' = f \quad \text{in} \quad (0, 1), \quad u(0) = 0, \quad u'(1) = \gamma_1.$$

a) Geben Sie eine geeignete variationelle Formulierung an und zeigen Sie, dass die zugehörige Bilinearform beschränkt und elliptisch, und dass die zugehörige Linearform $l(v)$ beschränkt ist.

b) Zeigen Sie, dass die Lösung der Randwertaufgabe (D) und die Lösung des zugehörigen Variationsproblems (V) äquivalent sind in folgendem Sinne: Die Lösung von (D) löst auch (V), und eine hinreichend glatte Lösung von (V) ist auch Lösung von (D).

c) Geben Sie die Finite-Elemente-Approximation für stetige, stückweise lineare Ansatzfunktionen über einem äquidistanten Gitter an. Wie wird die Randbedingung bei $x = 1$ approximiert?

Hinweis: Als zugrundeliegende Norm benutzen Sie $\| \cdot \|_1 = \| \cdot \|_{1,2}$.

Lösung

a) Sei W eine geeignet gewählte Menge von Funktionen und u Lösung der Randwertaufgabe (D).

(Skalare) Multiplikation mit $v \in W$ und partielle Integration liefert für die linke Seite

$$-\int_0^1 u'' v \, dx \overset{\text{p.I.}}{=} \left[-u'v \right]_0^1 + \int_0^1 u'v' \, dx$$

$$= -\gamma_1 v(1) + u'(0)v(0) + \int_0^1 u'v' \, dx$$

und für die rechte Seite $\int_0^1 f v \, dx$. Durch Umstellen erhält man

$$\int_0^1 u'v' dx = \gamma_1 v(1) - u'(0)v(0) + \int_0^1 f v \, dx.$$

Für $v(0) = 0$ ist die rechte Seite unabhängig von u und hängt nur von v und den vorgegeben Größen γ_1 und f ab.

Setze (mit dem L^2-Skalarprodukt $(\cdot, \cdot)$)

$$W := \{v \in H^1(0,1) : v(0) = 0\},$$

$$a(u,v) := \int_0^1 u'v' dx = (u', v'),$$

$$l(v) := \gamma_1 v(1) + \int_0^1 f v \, dx = \gamma_1 v(1) + (f, v).$$

Die Beschränktheit von $a(\cdot, \cdot)$ folgt aus der Cauchy-Schwarzschen Ungleichung:

$$|a(u,v)| = |(u', v')| \overset{\text{C.-S.}}{\leq} \|u'\|_0 \|v'\|_0 = |u|_1 |v|_1 \leq \|u\|_1 \|v\|_1 \text{ für } u, v \in H^1(0,1).$$

Zur Elliptizität von a: Wie man leicht sieht, gilt für alle $u \in W$ (mit $(a,b) = (0,1)$)

$$|a(u,u)| = |u|_1^2 \geq C \|u\|_1^2 \quad \text{mit} \quad C = (1 + (b-a)^2)^{-1} = \frac{1}{2}.$$

Zur Beschränktheit von l: Für $v \in W$ gilt

$$|v(1)| = \left| \underbrace{v(0)}_{=0} + \int_0^1 v'(x) dx \right| \overset{\text{C.-S.}}{\leq} 1 \cdot \left(\int_0^1 (v'(x))^2 dx \right)^{1/2} = |v|_1 \leq \|v\|_1$$

und deshalb

$$|l(v)| = |\gamma_1 v(1) + (f, v)| \leq |\gamma_1 v(1)| + |(f, v)| \overset{\text{C.-S.}}{\leq} |\gamma_1| |v|_1 + \|f\|_0 \|v\|_0$$
$$\leq (|\gamma_1| + \|f\|_0) \|v\|_1.$$

b) Definiert man also das Variationsproblem durch

(V) Gesucht ist $u \in W$ mit $a(u,v) = l(v)$ für alle $v \in W$, so ist nach a) das Variationsproblem eindeutig lösbar, und es gilt – wie bereits gesehen:

$$u \text{ Lösung von } (D) \implies u \text{ Lösung von } (V).$$

Wir zeigen nun die Äquivalenz von (D) und (V), wobei für die Rückrichtung zusätzliche Glattheitseigenschaften für die Lösung u gefordert werden. Sei also umgekehrt $u \in H^2(0,1)$ eine Lösung von (V). Dann gilt für alle $v \in W$

$$\gamma_1 v(1) + (f,v) = \int_0^1 u'v'dx \overset{\text{p.I.}}{=} \left[u'v\right]_0^1 - \int_0^1 u''v\,dx$$

$$= u'(1)v(1) - \int_0^1 u''v\,dx.$$

$$\implies \int_0^1 (u'' + f)v\,dx + (\gamma_1 - u'(1))v(1) = 0 \quad \forall v \in W. \tag{3.10}$$

Daraus folgt insbesondere

$$\int_0^1 (u'' + f)v\,dx = 0 \quad \forall v \in H_0^1(0,1) \subset W.$$

Mit den Zusatzbedingungen $u \in C^2(0,1)$ und $f \in C(0,1)$ folgt nach Aufgabe 114 dann aus

$$\int_0^1 \underbrace{(u'' + f)}_{\text{stetig}} v\,dx = 0 \quad \forall v \in V,$$

dass $u'' + f = 0$ bzw. $-u'' = f$ gilt. Dabei ist

$$V = \{v \in C(0,1) : v' \text{ stückweise stetig und beschränkt}, v(0) = v(1) = 0\}$$
$$V \subseteq H_0^1(0,1).$$

Wegen (3.10) gilt damit auch

$$(\gamma_1 - u'(1))v(1) = 0 \quad \forall v \in W.$$

Wähle speziell ein $v \in W$ mit $v(1) \neq 0$. Dann folgt

$$u'(1) = \gamma_1.$$

Weiter gilt $u(0) = 0$, da $u \in W$. Also ist u auch Lösung von (D).

c) Für eine äquidistante Unterteilung $x_j = jh$, $j = 0, \ldots, n$, $nh = 1$, seien p_j, $j = 0, \ldots, n$, die zugehörigen Dachfunktionen (s. z. B. Aufg. 119). Wegen der Nullrandbedingung bei $x = 0$ wählen wir als Lösungsraum $W_n := [p_1, \ldots, p_n] \subset W$ mit den Dachfunktionen p_j, $j = 1, \ldots, n$, als Basisfunktionen und suchen eine Näherungslösung in der Form $u_n(x) = \sum_{i=1}^{n} v_i p_i(x)$, $v_i = u_n(x_i)$. Einsetzen in die Variationsform (V) liefert die Finite-Elemente-Methode (auch *Galerkin-Methode* genannt),

(V_n) Gesucht ist $u_n \in W_n$ mit $\displaystyle\sum_{i=1}^{n} v_i(p_i', p_j') = \gamma_1 p_j(1) + (f, p_j)$, $j = 1, \ldots, n$.

Die Berechnung der Koeffizienten des Gleichungssystems liefert

$$(p_i', p_j') = \begin{cases} \dfrac{2}{h} & , \quad i = j, j = 1, \ldots, n-1, \\[2mm] -\dfrac{1}{h} & , \quad i = j+1, j = 1, \ldots, n-2, \\[2mm] -\dfrac{1}{h} & , \quad i = j-1, j = 2, \ldots, n-1, \\[2mm] 0 & , \quad i : |i-j| > 1, \end{cases} \quad \text{für } i = 1, \ldots, n-1,$$

Für $i = n$ berechnet man noch

$$(p_n', p_n') = \int_{x_{n-1}}^{x_n} \frac{1}{h^2} dx = \frac{1}{h}, (p_{n-1}', p_n') = (p_n', p_{n-1}') = -\frac{1}{h}.$$

Das Gleichungssystem aus (V_n) hat also die Form eines tridiagonalen Gleichungssystems der folgenden Form

$$-\frac{1}{h} v_{j-1} + \frac{2}{h} v_j - \frac{1}{h} v_{j+1} = (f, p_j), j = 1, \ldots, n-1,$$

$$-\frac{1}{h} v_{n-1} + \frac{1}{h} v_n = \gamma_1 + (f, p_n), (j = n)$$

$$\Longleftrightarrow -\frac{1}{h^2} (v_{j-1} - 2v_j + v_{j+1}) = \frac{1}{h}(f, p_j), j = 1, \ldots, n-1,$$

$$\frac{1}{h}(v_n - v_{n-1}) = \gamma_1 + (f, p_n)(j = n).$$

Die Integrale auf der rechten Seite kann man noch durch die summierte Simpson-Formel approximieren,

$$\frac{1}{h}(f, p_j) \approx \frac{1}{3}\big(f(x_{j-1/2}) + f(x_j) + f(x_{j+1/2})\big), j = 1, \ldots, n-1,$$

$$(f, p_n) \approx \frac{h}{6}\big(2(f(x_{n-1/2}) + f(x_n))\big),$$

wobei noch $x_{j\pm1/2} = \frac{1}{2}(x_j + x_{j\pm1})$. Die letzte Zeile des Gleichungssystems (für $j = n$) stellt eine Approximation der Randbedingung bei $x = 1$ dar.

3.3   Finite Elemente in mehreren Veränderlichen

Aufgabe 126

▶   **Steifigkeitselementmatrix**

Für das Dreieck K mit den Eckpunkten $(0,0), (h,0), (0,h), h > 0$, und die linearen Basisfunktionen

$$\varphi_0(z_1, z_2) = 1 - \frac{z_1}{h} - \frac{z_2}{h}, \varphi_1(z_1, z_2) = \frac{z_1}{h}, \varphi_2(z_1, z_2) = \frac{z_2}{h},$$

berechnen Sie die „Steifigkeitselementmatrix"

$$\begin{pmatrix} a_K(\varphi_0, \varphi_0) & a_K(\varphi_0, \varphi_1) & a_K(\varphi_0, \varphi_2) \\ & a_K(\varphi_1, \varphi_1) & a_K(\varphi_1, \varphi_2) \\ \text{symm.} & & a_K(\varphi_2, \varphi_2) \end{pmatrix}$$

wobei[4]

$$a_K(\varphi_i, \varphi_j) = \int_K \langle \nabla\varphi_i, \nabla\varphi_j \rangle dz = \int_K \left(\frac{\partial\varphi_i}{\partial z_1} \frac{\partial\varphi_j}{\partial z_1} + \frac{\partial\varphi_i}{\partial z_2} \frac{\partial\varphi_j}{\partial z_2} \right) dz_1 dz_2, \quad i, j = 0, 1, 2.$$

Hinweis: Beachten Sie, dass die Ableitungen der Funktionen φ_i, $i = 0, 1, 2$, konstant sind, und dass die Fläche des Dreiecks $h^2/2$ beträgt.

Lösung

Es gilt

$$\frac{\partial\varphi_0}{\partial z_1} = -\frac{1}{h}, \quad \frac{\partial\varphi_0}{\partial z_2} = -\frac{1}{h},$$

$$\frac{\partial\varphi_1}{\partial z_1} = \frac{1}{h}, \quad \frac{\partial\varphi_1}{\partial z_2} = 0,$$

$$\frac{\partial\varphi_2}{\partial z_1} = 0, \quad \frac{\partial\varphi_2}{\partial z_2} = \frac{1}{h}.$$

---

[4] $\langle \cdot, \cdot \rangle$ bezeichnet wieder das euklidische Skalarprodukt.

Damit erhält man

$$a_K(\varphi_0, \varphi_0) = \int_K \left(\frac{\partial \varphi_0}{\partial z_1} \frac{\partial \varphi_0}{\partial z_1} + \frac{\partial \varphi_0}{\partial z_2} \frac{\partial \varphi_0}{\partial z_2} \right) dz_1 dz_2$$

$$= \int_K \left(\frac{1}{h^2} + \frac{1}{h^2} \right) dz_1 dz_2 = \frac{2}{h^2} \int_K dz_1 dz_2 = \frac{2}{h^2} \frac{h^2}{2} = 1.$$

Ebenso ergibt sich

$$a_K(\varphi_0, \varphi_1) = \frac{h^2}{2} \left(-\frac{1}{h^2} + 0 \right) = -\frac{1}{2}, \quad a_K(\varphi_0, \varphi_2) = \frac{h^2}{2} \left(-\frac{1}{h^2} + 0 \right) = -\frac{1}{2},$$

$$a_K(\varphi_1, \varphi_1) = \frac{h^2}{2} \left(\frac{1}{h^2} + 0 \right) = \frac{1}{2}, \quad a_K(\varphi_1, \varphi_2) = \frac{h^2}{2} (0 + 0) = 0,$$

sowie $a_K(\varphi_2, \varphi_2) = \frac{h^2}{2} \left(0 + \frac{1}{h^2} \right) = \frac{1}{2}.$

Als Steifigkeitselementmatrix bekommt man also

$$\begin{pmatrix} 1 & -\frac{1}{2} & -\frac{1}{2} \\ -\frac{1}{2} & \frac{1}{2} & 0 \\ -\frac{1}{2} & 0 & \frac{1}{2} \end{pmatrix}.$$

Aufgabe 127

▶   **Baryzentrische Koordinaten**

a) Bestimmen Sie die baryzentrischen Koordinaten von

$$\underline{e}_0 = (0, 0, \ldots, 0), \quad \underline{e}_1 = (1, 0, \ldots, 0), \ldots, \quad \underline{e}_n = (0, 0, \ldots, 1) \text{ in } \mathbb{R}^n.$$

b) Bestimmen Sie das Polynom $p \in \mathcal{P}_1(\mathbb{R}^2)$, das durch die Lagrange-Interpolations-aufgabe

$$p(\underline{e}_0) = 1, p(\underline{e}_1) = p(\underline{e}_2) = 0$$

definiert ist.

Hinweis: Es bezeichnet $\mathcal{P}(\mathbb{R}^n)$ dem Vektorraum aller Polynome in n reellen Veränderlichen, und $\mathcal{P}_r = \mathcal{P}_r(\mathbb{R}^n), r \in \mathbb{N}_0$, den endlichdimensionalen Vektorraum aller Polynome höchstens r-ten Grades,

$$\mathcal{P}_r := \Big\{ p \Big| p(x) = \sum_{|s| \le r} \alpha_s x^s, x \in \mathbb{R}^n \Big\},$$

wobei noch $s = (s_1, \ldots, s_n)$ einen Multiindex mit nichtnegativen ganzzahligen Komponenten s_k und $|s| = s_1 + \cdots + s_n$ dessen Betrag kennzeichnen.

Lösung

a) Die baryzentrischen Koordinaten $z_0, z_1, \ldots, z_n$ von $\underline{x} = (x_1, x_2, \ldots, x_n) \in \mathbb{R}^n$ zu affin unabhängigen Punkten[5] $\underline{a}_0, \ldots, \underline{a}_n \in \mathbb{R}^n$ sind definiert durch[6]

$$\underline{x} - \underline{a}_0 = \sum_{k=1}^{n} z_k \underline{b}_k, \quad \underline{b}_k := \underline{a}_k - \underline{a}_0,$$

$$z_0 = 1 - \sum_{k=1}^{n} z_k.$$

Für $\underline{a}_j = \underline{e}_j, j = 0, 1, \ldots, n$, folgt also $\underline{x} = \sum_{k=1}^{n} z_k \underline{e}_k$. In diesem Fall sind also die baryzentrischen Koordinaten $z_k, k = 1, \ldots, n$, gerade die kartesischen Koordinaten. Im Spezialfall $\underline{x} = \underline{e}_j$ erhält man

$$\underline{e}_j = \sum_{k=1}^{n} z_k \underline{e}_k \overset{\text{eind.}}{\Longrightarrow} z_k = \delta_{kj} \quad \text{für } j, k = 1, \ldots, n;$$

in diesen Fällen ergibt sich somit noch $z_0 = 0$.
Für $\underline{a}_0 = \underline{e}_0 = 0$ folgt $z_k = 0$ für $k = 1, \ldots, n$ und $z_0 = 1$.
In allen Fällen hat man also für die baryzentrischen Koordinaten von $\underline{e}_j$:

$$z_k = \delta_{kj}, k, j = 0, \ldots, n.$$

b) Die zu den Punktfunktionalen $\delta_j(v) = v(\underline{a}_j), v \in \mathcal{P}_1(\mathbb{R}^2), j = 0, 1, 2$, biorthonormale Basis $\{p_0, p_1, p_2\}$ in $\mathcal{P}_1(\mathbb{R}^2)$ besteht offenbar aus den baryzentrischen Koordinaten $p_k(\underline{x}) = z_k$ der affin unabhängigen Punkte $\underline{a}_0, \underline{a}_1, \underline{a}_2$. Für jedes nichtentartete Dreieck K mit den Eckpunkten $\underline{a}_0, \underline{a}_1, \underline{a}_2$ ist eine Funktion aus $\mathcal{P}_1(\mathbb{R}^2)$

---

[5] $\underline{a}_0, \ldots, \underline{a}_n$ heißen *affin unabhängig* in $\mathbb{R}^n$, wenn die zugehörigen Differenzvektoren $\underline{b}_k = \underline{a}_k - \underline{a}_0, k = 1, \ldots, n$, linear unabhängig sind.
[6] vgl. z. B. [2], 2.2, [3], 4.2

durch die Werte an den Eckpunkten eindeutig bestimmt. Im vorliegenden Fall $\underline{a}_j = \underline{e}_j, j = 0, 1, 2$, sind nach Teil a) die Basisfunktionen gerade

$$p_0(x_1, x_2) = 1 - x_1 - x_2, \, p_1(x_1, x_2) = x_1, \, p_2(x_1, x_2) = x_2.$$

Das gesuchte Polynom ergibt sich deshalb aus der Darstellung

$$p(\underline{x}) = \sum_{k=0}^{2} p(\underline{e}_k) p_k(\underline{x}) = p_0(\underline{x}) = 1 - x_1 - x_2,$$

und es ist eindeutig bestimmt.

Aufgabe 128

▶   **Dimension von $\mathcal{Q}_r(\mathbb{R}^2)$**

Zeigen Sie, dass für die Dimensionen von

$$\mathcal{Q}_r(\mathbb{R}^2) = \left\{ p \in \mathcal{P} \,\middle|\, p(x) = \sum_{|s|_\infty \leq r} \alpha_s \underline{x}^s, \, \underline{x} \in \mathbb{R}^2 \right\}, r \in \mathbb{N}_0,$$

gilt

$$\dim \mathcal{Q}_r(\mathbb{R}^2) = (r + 1)^2$$

Hinweise: Verwenden Sie vollständige Induktion über r. Hier ist $|s|_\infty = \max\{s_1, s_2\}$ für einen Multiindex $s = (s_1, s_2) \in \mathbb{N}_0^2$. Hinsichtlich der Polynomräume $\mathcal{P}_r$ und $\mathcal{Q}_r$ sei z. B. auf [2], 2.2, verwiesen.

Lösung

I.V. $r = 0 : \mathcal{Q}_0(\mathbb{R}^2) = \left\{ p \in \mathcal{P}(\mathbb{R}^2) \,\middle|\, p(x) = \sum_{|s|_\infty \leq 0} \alpha_s x^s, x \in \mathbb{R}^2 \right\} = [1]$

$\Rightarrow \dim \mathcal{Q}_0(\mathbb{R}^2) = 1 = (0 + 1)^2$

I.V. $r = 1 : \mathcal{Q}_1(\mathbb{R}^2) = [1, x, y, xy] \Rightarrow \dim \mathcal{Q}_1(\mathbb{R}^2) = 4 = (1 + 1)^2$

I.A. Es gelte $\dim \mathcal{Q}_r(\mathbb{R}^2) = (r + 1)^2$ bis $r \geq 1$.

I.S. $r \to r + 1$: Wir beweisen die Behauptung für $r + 1$.

$$\mathcal{Q}_{r+1}(\mathbb{R}^2) = \underbrace{[(\text{Monome aus } \mathcal{Q}_r(\mathbb{R}^2))]}_{\#=(r+1)^2} \oplus \underbrace{[x^{r+1}, x^{r+1}y, \ldots, x^{r+1}y^{r+1}]}_{\#=r+2}$$

$$\oplus \underbrace{[y^{r+1}, xy^{r+1}, \ldots, x^r y^{r+1}]}_{\#=r+1}$$

$$\overset{\text{I.V.}}{\Longrightarrow} \dim \mathcal{Q}_{r+1}(\mathbb{R}^2) = (r+1)^2 + (r+2) + (r+1)$$

$$= r^2 + 2r + 1 + r + 2 + r + 1$$

$$= r^2 + 4r + 4 = (r+2)^2$$

Aufgabe 129

▶ **Quadraturformeln in $\mathcal{P}_2(\mathbb{R}^2)$**

Die zur Lagrange-Interpolationsaufgabe in $\mathcal{P}_2(\mathbb{R}^2)$ gehörigen Basispolynome $L_{s_1 s_2}$ sind durch

$$L_{s_1 s_2}(\underline{z}) = \prod_{i=0}^{2} \prod_{\ell_i=0}^{s_i-1} \frac{2z_i - \ell_i}{s_i - \ell_i}, \quad \underline{z} = (z_1, z_2), s_1 + s_2 \le 2, \qquad (3.11)$$

gegeben. Die kanonische Form von Quadraturformeln in $\mathcal{P}_2(\mathbb{R}^2)$ lautet damit

$$\int_K u(\underline{x})d\underline{x} = |K| \sum_{|t| \le 2} \alpha_t u(\underline{a}_t), u \in \mathcal{P}_2(\mathbb{R}^2), \qquad (3.12)$$

wobei $K = \text{conv}\{\underline{a}_0, \underline{a}_1, \underline{a}_2\}, |K|$ Fläche von $K, \{\underline{a}_i\}$ affin unabhängig, $t = (t_1, t_2)$ Multi-index, sowie

$$\underline{a}_t = \underline{a}_0 + \frac{t_1}{2}\underline{b}_1 + \frac{t_2}{2}\underline{b}_2, \quad t_1 + t_2 \le 2, \quad \underline{b}_i := \underline{a}_i - \underline{a}_0, \quad i = 1, 2,$$

$$\alpha_t = \frac{|\det B|}{|K|} \int_E L_t(\underline{z})d\underline{z}, \quad |t| \le 2.$$

Hierbei ist $E = \text{conv}\{(0,0), (1,0), (0,1)\}$ das Einheitsdreieck und $B = (\underline{a}_1 - \underline{a}_0 | \underline{a}_2 - \underline{a}_0) \in \mathbb{R}^{2 \times 2}$. Die Abbildung $\underline{x} = A\underline{z} \Leftrightarrow \underline{x} = \underline{a}_0 + B\underline{z}$ transformiert E auf das Dreieck K (s. Abb. 3.2). Rechnen Sie mit Hilfe der Formeln (hier ist $n = 2$)

$$|E| = \int_E 1 d\underline{z} = \frac{1}{n!}, \int_E z_j d\underline{z} = \frac{1}{(n+1)!},$$

$$\int_E z_j^2 d\underline{z} = \frac{2}{(n+2)!}, \int_E z_j z_k d\underline{z} = \frac{1}{(n+2)!}, j \ne k,$$

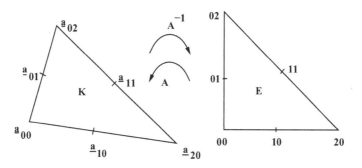

Abb. 3.2 Stützstellen für die Lagrange-Interpolation in $\mathcal{P}_2(\mathbb{R}^2)$

die Koeffizienten α_t aus, und geben Sie damit die Quadraturformel (3.12) für $u \in \mathcal{P}_2(\mathbb{R}^2)$ an.

Lösung

Der Raum der Polynome zweiten Grades in zwei Veränderlichen hat die Dimension $\dim \mathcal{P}_2(\mathbb{R}^2) = 6$. Dementsprechend wird an 6 Stützstellen interpoliert.

Zur Bestimmung der Basispolynome $L_{s_1 s_2}$ (s. (3.11)) wird zunächst die Menge aller Tripel (s_0, s_1, s_2) mit $s_0 = 2 - (s_1 + s_2)$ für die Multiindizes $s = (s_1, s_2)$ mit $|s| = s_1 + s_2 \leq 2$ angegeben. Diese Menge besteht aus den Elementen

$$(2,0,0), \quad (0,2,0), \quad (0,0,2),$$
$$(1,1,0), \quad (1,0,1), \quad (0,1,1).$$

Die zugehörigen Lagrange-Polynome ergeben sich für $\underline{z} = (z_1, z_2) \in \mathbb{R}^2$ zu

$$L_{00}(\underline{z}) = z_0(2z_0 - 1), \qquad L_{20}(\underline{z}) = z_1(2z_1 - 1), \qquad L_{02}(\underline{z}) = z_2(2z_2 - 1),$$
$$L_{10}(\underline{z}) = 4z_0 z_1, \qquad L_{01}(\underline{z}) = 4z_0 z_2, \qquad L_{11}(\underline{z}) = 4z_1 z_2,$$

wobei $z_0 = 1 - (z_1 + z_2)$. Mit den baryzentrischen Koordinaten $p_j(\underline{x}) = z_j, j = 0, 1, 2$, hat jede Funktion $u \in \mathcal{P}_2(\mathbb{R}^2)$ daher die Darstellung

$$u(\underline{x}) = \sum_{j=0}^{2} u(a_j) p_j(\underline{x})(2p_j(\underline{x}) - 1)$$
$$+ u(a_{11}) 4 p_1(\underline{x}) p_2(\underline{x}) + u(a_{10}) 4 p_1(\underline{x}) p_0(\underline{x})$$
$$+ u(a_{01}) 4 p_2(\underline{x}) p_0(\underline{x}),$$

wobei nach Definition $\underline{a}_0 = \underline{a}_{00}, \underline{a}_1 = \underline{a}_{20}, \underline{a}_2 = \underline{a}_{02}$.

Mit Hilfe der angegebenen Formeln für $n = 2$ kann man leicht die Koeffizienten der gesuchten Quadraturformel berechnen. Es ist (wegen $|E| = \frac{1}{2!}$, $|K| = |\det(B)| \cdot |E|$)

$$\alpha_{00} = \frac{|\det B|}{|K|} \int_E L_{00}(\underline{z}) d\underline{z} = \frac{1}{|E|} \int_E z_0(2z_0 - 1) d\underline{z}$$

$$= \frac{1}{|E|} \left(2 \int_E z_0^2 d\underline{z} - \int_E z_0 d\underline{z} \right) = 2! \left(\frac{4}{4!} - \frac{1}{3!} \right) = 0,$$

und analog

$$\alpha_{20} = \alpha_{02} = 2! \int_E z_k(2z_k - 1) d\underline{z} = 2! \left(\frac{4}{4!} - \frac{1}{3!} \right) = 0 \quad \text{(für } k = 1 \text{ bzw. 2).}$$

Weiter folgt

$$\alpha_{10} = \frac{1}{|E|} \int_E L_{10}(\underline{z}) d\underline{z} = 2!4 \int_E z_0 z_1 d\underline{z} = \frac{2!4}{4!} = \frac{1}{3},$$

sowie analog

$$\alpha_{01} = \alpha_{11} = 2!4 \int_E z_j z_k d\underline{z} = \frac{2!4}{4!} = \frac{1}{3} \quad \text{(für } j, k = 0, 2 \text{ bzw. } j, k = 1, 2).$$

Die Quadraturformel reduziert sich damit auf

$$\int_K u(\underline{x}) d\underline{x} = \frac{|K|}{3} \{u(\underline{a}_{10}) + u(\underline{a}_{01}) + u(\underline{a}_{11})\}$$

für alle Polynome $u \in \mathcal{P}_2(\mathbb{R}^2)$.

Aufgabe 130

▶ **Differenzenquotienten in $\mathcal{Q}_2(\mathbb{R}^2)$**

Für $b_j > a_j, j = 1, 2$, sei speziell $c_{j0} = a_j, c_{j2} = b_j, c_{j1} = \frac{a_j+b_j}{2}, j = 1, 2$. Die Stützstellen sind hier gegeben durch $\underline{c}_s, 0 \leq s_1, s_2 \leq 2$ (s. Abb. 3.3). Die zugehörigen Lagrange-Polynome besitzen die Darstellung

$$L_{j0}(x_j) = \frac{x_j - c_{j1}}{c_{j0} - c_{j1}} \cdot \frac{x_j - c_{j2}}{c_{j0} - c_{j2}}$$

$$L_{j1}(x_j) = \frac{x_j - c_{j0}}{c_{j1} - c_{j0}} \cdot \frac{x_j - c_{j2}}{c_{j1} - c_{j2}}$$

$$L_{j2}(x_j) = \frac{x_j - c_{j0}}{c_{j2} - c_{j0}} \cdot \frac{x_j - c_{j1}}{c_{j2} - c_{j1}}$$

mit $\underline{x} = (x_1, x_2) \in \mathbb{R}^2$. Berechnen Sie die Ableitungen $L'_{j\nu}, L''_{j\nu}, j = 1, 2, \nu = 0, 1, 2$, sowie die kanonische Darstellung der partiellen Ableitungen

$$\frac{\partial u}{\partial x_j}(\underline{c}_{11}) = \sum_{0 \leq s_1, s_2 \leq 2} \frac{\partial p_s}{\partial x_j}(\underline{c}_{11}) u(\underline{c}_s),$$

$$\frac{\partial^2 u}{\partial x_j^2}(\underline{c}_{11}) = \sum_{0 \leq s_1, s_2 \leq 2} \frac{\partial^2 p_s}{\partial x_j^2}(\underline{c}_{11}) u(\underline{c}_s), u \in \mathcal{Q}_2(\mathbb{R}^2), |s| \leq 2,$$

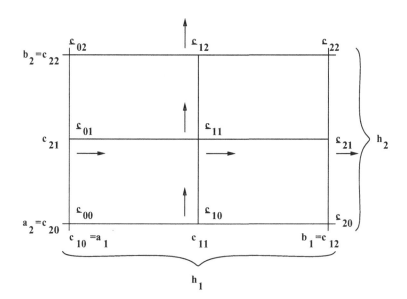

Abb. 3.3 Differenzenquotienten in $\mathcal{Q}_2(\mathbb{R}^2)$

bei $\underline{x} = \underline{c}_{11}$, wobei die biorthonormale Basis von Polynomen in $\mathcal{Q}_2(\mathbb{R}^2)$ gegeben ist durch

$$
\begin{array}{lll}
p_{00} = L_{10} \cdot L_{20}, & p_{10} = L_{11} \cdot L_{20}, & p_{20} = L_{12} \cdot L_{20}, \\
p_{01} = L_{10} \cdot L_{21}, & p_{11} = L_{11} \cdot L_{21}, & p_{21} = L_{12} \cdot L_{21}, \\
p_{02} = L_{10} \cdot L_{22}, & p_{12} = L_{11} \cdot L_{22}, & p_{22} = L_{12} \cdot L_{22}.
\end{array}
$$

Lösung

Zunächst gilt $L_{j0}(c_{j1}) = 0, L_{j1}(c_{j1}) = 1, L_{j2}(c_{j1}) = 0, j = 1, 2$.

Ferner bekommt man mit $h_j := b_j - a_j = c_{j2} - c_{j0}$

$$
L'_{j0}(x_j) = \frac{2}{h_j^2}(x_j - c_{j1} + x_j - c_{j2}), \quad L''_{j0} = \frac{4}{h_j^2},
$$

$$
L'_{j1}(x_j) = \frac{-4}{h_j^2}(x_j - c_{j0} + x_j - c_{j2}), \quad L''_{j1} = \frac{-8}{h_j^2},
$$

$$
L'_{j2}(x_j) = \frac{2}{h_j^2}(x_j - c_{j0} + x_j - c_{j1}), \quad L''_{j2} = \frac{4}{h_j^2}, \quad j = 1, 2.
$$

Man hat also bei c_{j1}:

$$
L'_{j0}(c_{j1}) = -\frac{1}{h_j},
$$

$$
L'_{j1}(c_{j1}) = -\frac{4}{h_j^2}\left\{\frac{h_j}{2} + -\frac{h_j}{2}\right\} = 0,
$$

$$
L'_{j2}(c_{j1}) = \frac{1}{h_j}, \qquad j = 1, 2.
$$

Bei $\underline{x} = \underline{c}_{11}$ erhält man

$$
\frac{\partial p_{00}}{\partial x_1} = L'_{10} \cdot \underbrace{L_{20}}_{=0} = 0, \qquad\qquad \frac{\partial p_{00}}{\partial x_2} = \underbrace{L_{10}}_{=0} \cdot L'_{20} = 0,
$$

$$
\frac{\partial p_{10}}{\partial x_1} = \underbrace{L'_{11}}_{=0} \cdot L_{20} = 0, \qquad\qquad \frac{\partial p_{10}}{\partial x_2} = \underbrace{L_{11}}_{1} \cdot L'_{20} = -\frac{1}{h_2},
$$

$$
\frac{\partial p_{20}}{\partial x_1} = L'_{12} \cdot \underbrace{L_{20}}_{=0} = 0, \qquad\qquad \frac{\partial p_{20}}{\partial x_2} = \underbrace{L_{12}}_{=0} \cdot L'_{20} = 0,
$$

$$
\frac{\partial p_{01}}{\partial x_1} = L'_{10} \cdot \underbrace{L_{21}}_{1} = -\frac{1}{h_1}, \qquad\qquad \frac{\partial p_{01}}{\partial x_2} = L_{10} \cdot \underbrace{L'_{21}}_{=0} = 0,
$$

$$
\frac{\partial p_{11}}{\partial x_1} = \underbrace{L'_{11}}_{=0} \cdot L_{21} = 0, \qquad\qquad \frac{\partial p_{11}}{\partial x_2} = L_{11} \cdot \underbrace{L'_{21}}_{=0} = 0,
$$

$$\frac{\partial p_{21}}{\partial x_1} = L'_{12} \cdot \underbrace{L_{21}}_{=1} = \frac{1}{h_1}, \qquad\qquad \frac{\partial p_{21}}{\partial x_2} = L_{12} \cdot \underbrace{L'_{21}}_{=0} = 0,$$

$$\frac{\partial p_{02}}{\partial x_1} = L'_{10} \cdot \underbrace{L_{22}}_{=0} = 0, \qquad\qquad \frac{\partial p_{02}}{\partial x_2} = \underbrace{L_{10}}_{=0} \cdot L'_{22} = 0,$$

$$\frac{\partial p_{12}}{\partial x_1} = L'_{11} \cdot \underbrace{L_{22}}_{=0} = 0, \qquad\qquad \frac{\partial p_{12}}{\partial x_2} = \underbrace{L_{11}}_{=1} \cdot L'_{22} = \frac{1}{h_2},$$

$$\frac{\partial p_{22}}{\partial x_1} = L'_{12} \cdot \underbrace{L_{22}}_{=0} = 0, \qquad\qquad \frac{\partial p_{22}}{\partial x_2} = \underbrace{L_{12}}_{=0} \cdot L'_{22} = 0.$$

Aus der kanonischen Darstellung erhält man also für $u \in \mathcal{Q}_2(\mathbb{R}^2)$

$$\frac{\partial u}{\partial x_1}(\underline{c}_{11}) = \frac{1}{h_1}(u(\underline{c}_{21}) - u(\underline{c}_{01}))$$

und
$$\frac{\partial u}{\partial x_2}(\underline{c}_{11}) = \frac{1}{h_2}(u(\underline{c}_{12}) - u(\underline{c}_{10})).$$

Für die 2. Ableitungen berechnet man:

$$\frac{\partial^2 p_{00}}{\partial x_1^2} = L''_{10} \cdot \underbrace{L_{20}}_{=0} = 0, \quad \frac{\partial^2 p_{00}}{\partial x_2^2} = \underbrace{L_{10}}_{=0} \cdot L''_{20} = 0.$$

Analog erhält man:

$$\frac{\partial^2 p_{10}}{\partial x_1^2} = \frac{\partial^2 p_{20}}{\partial x_1^2} = \frac{\partial^2 p_{02}}{\partial x_1^2} = \frac{\partial^2 p_{12}}{\partial x_1^2} = \frac{\partial^2 p_{22}}{\partial x_1^2} = 0,$$

$$\frac{\partial^2 p_{01}}{\partial x_1^2} = L''_{10} \cdot \underbrace{L_{21}}_{=1} = \frac{4}{h_1^2} \left(= \frac{\partial^2 p_{21}}{\partial x_1^2} = L''_{12} \cdot L_{21} \right),$$

$$\frac{\partial^2 p_{11}}{\partial x_1^2} = L''_{11} \cdot L_{21} = -\frac{8}{h_1^2},$$

$$\frac{\partial^2 p_{20}}{\partial x_2^2} = \frac{\partial^2 p_{01}}{\partial x_2^2} = \frac{\partial^2 p_{21}}{\partial x_2^2} = \frac{\partial^2 p_{02}}{\partial x_2^2} = \frac{\partial^2 p_{22}}{\partial x_2^2} = 0,$$

$$\frac{\partial^2 p_{10}}{\partial x_2^2} = L_{11} \cdot L''_{20} = \frac{4}{h_2^2} \left(= \frac{\partial^2 p_{12}}{\partial x_2^2} = L_{11} \cdot L''_{22} \right),$$

$$\frac{\partial^2 p_{11}}{\partial x_2^2} = L_{11} \cdot L''_{21} = -\frac{8}{h_j^2}, u \in \mathcal{Q}_2(\mathbb{R}^2).$$

Für die zweiten partiellen Ableitungen ergibt sich also aus der kanonischen Darstellung

$$\frac{\partial^2 u}{\partial x_1^2}(\underline{c}_{11}) = \frac{4}{h_1^2}\left\{u(\underline{c}_{01}) - 2u(\underline{c}_{11}) + u(\underline{c}_{21})\right\},$$

$$\frac{\partial^2 u}{\partial x_2^2}(\underline{c}_{11}) = \frac{4}{h_2^2}\left\{u(\underline{c}_{10}) - 2u(\underline{c}_{11}) + u(\underline{c}_{12})\right\}, u \in \mathcal{Q}_2(\mathbb{R}^2).$$

Aufgabe 131

▶ **Dreieck von Morley**

Betrachten Sie das Einheitsquadrat, das in zwei (Einheits-)Dreiecke unterteilt ist. Auf jedem der Dreiecke $e^{(1)}$ und $e^{(2)}$ sei die durch das „Dreieck von Morley" definierte Hermitesche Interpolationsaufgabe gestellt (vgl. z. B. [2], § 6.2),

Hierbei wird z. B. für das Dreieck $e^{(1)}$ eine Funktion $u \in \mathcal{P}_2(\mathbb{R}^2) = [1, x_1, x_2, x_1 x_2, x_1^2, x_2^2]$ gesucht mit der Eigenschaft

$$u(\underline{e}_s) = \eta_s, s = (0,0), (2,0), (0,2),$$

$$\frac{\partial u}{\partial \underline{n}_s}(\underline{e}_s) = \eta_s, s = (1,0), (1,1), (0,1).$$

Analog ist die Aufgabenstellung in $e^{(2)}$ gegeben (s. Abb. 3.4). Die Normalenableitungen an den Seitenmittelpunkten sind hier wie folgt gegeben:

$$\frac{\partial u}{\partial \underline{n}_s} = \langle \underline{n}_s, \nabla u \rangle \text{ mit } \underline{n}_{10} = (0,1)^\top, \underline{n}_{11} = -2^{-1/2}(1,1)^\top, \underline{n}_{01} = (1,0)^\top.$$

Analoge Bezeichnungen gelten für $e^{(2)}$. Man beachte, dass hierbei $\underline{n}_{11}$ die innere Normale für $e^{(1)}$ beziehungsweise die äußere Normale für $e^{(2)}$ bei $\underline{e}_{11}$ darstellt.

Die Lösung auf $e^{(1)}$ ergibt sich zu

$$u^{(1)}(\underline{x}) = \sum_{0 \leq |s| \leq 2} \eta_s P_s(\underline{x}), \tag{3.13}$$

wobei

$$P_{00}(\underline{x}) = 1 - x_1 - x_2 + 2x_1 x_2$$

$$P_{20}(\underline{x}) = \frac{1}{2}(x_1 + x_2 - 2x_1 x_2 + x_1^2 - x_2^2)$$

$$P_{02}(\underline{x}) = \frac{1}{2}(x_1 + x_2 - 2x_1 x_2 - x_1^2 + x_2^2)$$

Abb. 3.4 Aufgabenstellung
Dreieck von Morley

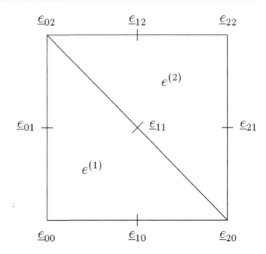

$$P_{10}(\underline{x}) = x_2(1 - x_2), \, P_{01}(\underline{x}) = x_1(1 - x_1)$$
$$P_{11}(\underline{z}) = -\frac{1}{\sqrt{2}}(-x_1 - x_2 + 2x_1x_2 + x_1^2 + x_2^2).$$

a) Geben Sie zunächst auch die Lösung $u^{(2)}$ auf $e^{(2)}$ dieser Aufgabe an. Bestimmen Sie
dann die Lösung auf dem ganzen Einheitsquadrat, wenn u stetig bei $\underline{e}_{02}$ und $\underline{e}_{20}$ und
$\partial u / \partial \underline{n}_{11}$ stetig bei $\underline{e}_{11}$ ist, d. h. für $u^{(1)}$ und $u^{(2)}$ werden dieselben Werte bei $\underline{e}_{02}$ und
$\underline{e}_{20}$ vorgeschrieben und

$$\frac{\partial u^{(1)}}{\partial \underline{n}_{11}}(\underline{e}_{11}) = \frac{\partial u^{(2)}}{\partial \underline{n}_{11}}(\underline{e}_{11}).$$

b) Ist u stetig auf der Verbindungsstrecke $\overline{\underline{e}_{02}\underline{e}_{20}}$?

Hinweise: Zur Bestimmung der Lösung auf $e^{(2)}$ transformieren Sie $e^{(1)}$ auf $e^{(2)}$ bzw. bilden Sie die Rücktransformation, und wenden Sie dann die angegebene Lösungsformel
für $e^{(1)}$ an. Die Darstellung (3.13) der Lösung auf $e^{(1)}$ sowie dessen Eindeutigkeit kann
man in einem separaten Beweis bzw. Aufgabe sicherstellen.

Lösung

a) Lösung auf $e^{(2)}$: Für ein beliebiges nichtentartetes Dreieck $e = \text{conv}\{\underline{a}_0, \underline{a}_1, \underline{a}_2\}$
im $\mathbb{R}^2$ mit affin unabhängigen Ecken wird durch die Abbildung $A\underline{x} = \underline{a}_0 + B\underline{x}$
das Einheitsdreieck $E = \text{conv}\{\underline{e}_0, \underline{e}_1, \underline{e}_2\}$ auf e transformiert, wobei die reguläre
Matrix B aus den Differenzvektoren besteht, $B = (\underline{a}_1 - \underline{a}_0 | \underline{a}_2 - \underline{a}_0)$. Dabei wird
$\underline{a}_0$ auf $\underline{e}_0$, $\underline{a}_1$ auf $\underline{e}_1$ und $\underline{a}_2$ auf $\underline{e}_2$ abgebildet.
Wir transformieren nun $E = e^{(1)}$ auf $e = e^{(2)}$ und wählen (s. Abb. 3.5)

$$\underline{a}_0 = \underline{e}_{22} = (1, 1)^\top, \underline{a}_1 = \underline{e}_{02} = (0, 1)^\top, \underline{a}_2 = \underline{e}_{20} = (1, 0)^\top.$$

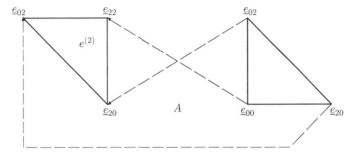

Abb. 3.5 Transformation $A : e^{(1)} \to e^{(1)}$

Außerdem ist ja in $E = e^{(1)}$: $\underline{e}_0 = \underline{e}_{00}, \underline{e}_1 = \underline{e}_{20}, \underline{e}_2 = \underline{e}_{02}$. Für die Matrix B erhält man

$$B = \left(\underline{e}_{02} - \underline{e}_{22} \middle| \underline{e}_{20} - \underline{e}_{22}\right) = -\begin{pmatrix} 1 & 0 \\ 0 & 1 \end{pmatrix} (= B^{-1})$$

Es gilt

$$A\underline{x} = \underline{e}_{22} + B\underline{x} = \underline{e}_{22} - \underline{x}$$

sowie für die Rücktransformation $A^{-1} : e^{(2)} \to e^{(1)}$

$$A^{-1}\underline{x} = B^{-1}(\underline{x} - \underline{a}_0) = \underline{e}_{22} - \underline{x}.$$

Die Basisfunktion für $e^{(2)}$ ergeben sich deshalb wie folgt:

$$p_s(\underline{x}) = P_s(A^{-1}\underline{x}) = P_s(\underline{e}_{22} - \underline{x}).$$

Durch Anwendung der Lösungsformel für $e^{(1)}$ erhält man also die Lösung auf $e^{(2)}$ durch

$$u^{(2)}(\underline{x}) = \sum_{0 \le |s| \le 2} \eta_s^{(2)} P_s(\underline{x})$$

$$= (\eta_{22} P_{00} + \eta_{02} P_{20} + \eta_{20} P_{02} + \eta_{12} P_{10} + \eta_{21} P_{01} - \eta_{11} P_{11})\big|_{\underline{e}_{22} - \underline{x}}.$$

Die Zuordnung der Multiindizes $s = (s_1, s_2)$ bzw. der Daten $\eta_s^{(2)}$ für $e^{(2)}$ ergibt sich aus der oben verwendeten Transformation A^{-1}. Außerdem tritt wegen $\eta_{11}^{(1)} = -\eta_{11}^{(2)}$ vor dem letzten Summanden ein Minuszeichen auf.

b) Auf $x_2 = 1 - x_1$ berechnet man für $u^{(1)}$:

$$P_{00}(x_1, 1 - x_1) = 2x_1(1 - x_1), \quad P_{20}(x_1, 1 - x_1) = x_1^2,$$
$$P_{02}(x_1, 1 - x_1) = (1 - x_1)^2,$$
$$P_{10}(x_1, 1 - x_1) = x_1(1 - x_1) = P_{01}(x_1, 1 - x_1), \quad P_{11}(x_1, 1 - x_1) = 0$$
$$\Rightarrow u^{(1)}(x_1, 1 - x_1) = 2\eta_{00}x_1(1 - x_1) + \eta_{20}x_1^2$$
$$+ \eta_{02}(1 - x_1)^2 + (\eta_{10} + \eta_{01})x_1(1 - x_1)$$

$u^{(2)}$: Zu bestimmen sind

$$P_s(\underline{e}_{22} - \underline{x}) = P_s(1 - x_1, 1 - (1 - x_1)) = P_s(1 - x_1, x_1)$$

für $s = (s_1, s_2), \underline{x} = (x_1, 1 - x_1)$. Es ergibt sich:

$$P_{00}(1 - x_1, x_1) = 2x_1(1 - x_1), \quad P_{20}(1 - x_1, x_1) = (1 - x_1)^2,$$
$$P_{02}(1 - x_1, x_1) = x_1^2,$$
$$P_{10}(1 - x_1, x_1) = x_1(1 - x_1) = P_{01}(1 - x_1, x_1), \quad P_{11}(1 - x_1, x_1) = 0.$$
$$\Rightarrow u^{(2)}(x_1, 1 - x_1) = 2\eta_{22}x_1(1 - x_1) + \eta_{02}(1 - x_1)^2$$
$$+ \eta_{20}x_1^2 + (\eta_{12} + \eta_{21})x_1(1 - x_1)$$
$$= (2\eta_{22} + \eta_{12} + \eta_{21})x_1(1 - x_1) + \eta_{20}x_1^2$$
$$+ \eta_{02}(1 - x_1)^2$$
$$\Rightarrow u^{(1)} - u^{(2)}\big|_{(x_1, 1 - x_1)} = \big((2\eta_{00} + \eta_{10} + \eta_{01}) - (2\eta_{22} + \eta_{12} + \eta_{21})\big)x_1(1 - x_1)$$

Diese Differenz ist null, wenn $2\eta_{00} + \eta_{10} + \eta_{01} = 2\eta_{22} + \eta_{12} + \eta_{21}$. Dies ist jedoch i. Allg. nicht der Fall, und für $x_1 \in (0, 1)$ ist $x_1(1 - x_1)$ von null verschieden. Damit ist u i. Allg. auf $(x_1, 1 - x_1)$ unstetig.

Numerik partieller Differentialgleichungen 4

4.1 Laplace- und Poisson-Gleichung

Aufgabe 132

► **Differenzenapproximation der Laplace-Gleichung**

Wir betrachten das Dirichlet-Problem für die Laplace-Gleichung

$$\triangle u(x, y) = 0 \quad , \quad (x, y) \in G \subset \mathbb{R}^2 \,,$$
$$u(x, y) = g(x, y) \,, \quad (x, y) \in \partial G \,.$$

Für ein äquidistantes Gitter in $\mathbb{R}^2$,

$$\mathbb{R}_h^2 = \{(x_i, y_j) \,|\, x_i = i\,h_1, \; y_j = j\,h_2 \,, \quad i, j \in \mathbb{Z}\} \,,$$

mit Schrittweiten $h_1 > 0$ bzw. $h_2 > 0$ in x- bzw. y-Richtung erhält man eine Differenzen-approximation mit Hilfe der bekannten 5-Punkte-Approximation

$$U_{i-1,j} + U_{i+1,j} + U_{i,j-1} + U_{i,j+1} - 4U_{i,j} = 0 \,,$$

für alle Gitterpunkte $(x_i, y_j) \in G_h := G \cap \mathbb{R}_h^2$, wobei $U_{i,j}$ Näherungen von $u(x_i, y_j)$ bezeichnen, und für die Randgitterpunkte $U_{i,j} = g(x_i, y_j)$, $(x_i, y_j) \in \partial G_h := \partial G \cap \mathbb{R}_h^2$ gesetzt wird.

Stellen Sie das zugehörige lineare Gleichungssystem auf, wobei die Reihenfolge der Gleichungen so zu wählen ist, dass die Koeffizientenmatrix möglichst günstigste Gestalt hat, d. h. möglichst minimale Bandbreite besitzt. Für die Gitterpunktmenge $G_h \cup \partial G_h$ wählen Sie nacheinander

© Springer-Verlag GmbH Deutschland 2017
H.-J. Reinhardt, *Aufgabensammlung Numerik*, https://doi.org/10.1007/978-3-662-55453-1_4

a) $h_1 = h_2 = \frac{1}{6}$

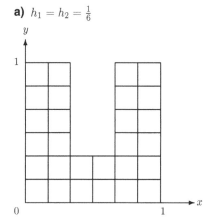

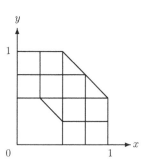

Abb. 4.1 Gitter für Beispiel a) und b)

Lösung
a) Die Nummerierung der Gitterpunkte für das Beispiel a) wird wie in Abb. 4.2 vorgenommen. Wählt man die in der Zeichnung vorgenommene Nummerierung (s. Abb. 4.2), so erhält man das lineare Gleichungssystem mit folgenden Komponenten:

Koeffizientenmatrix   rechte Seite

	1	2	3	4	5	6	7	8	9	10	11	12	13	
1	4	−1												$g_{2'} + g_{30'} + g_{32'}$
2	−1	4	−1											$g_{3'} + g_{29'}$
3		−1	4	−1										$g_{4'} + g_{28'}$
4			−1	4	−1									$g_{5'} + g_{27'}$
5				−1	4	−1								$g_{6'} + g_{8'}$
6					−1	4	−1							$g_{9'} + g_{27'}$
7						−1	4	−1						$g_{10'} + g_{26'}$
8							−1	4	−1					$g_{11'} + g_{25'}$
9								−1	4	−1				$g_{12'} + g_{14'}$
10									−1	4	−1			$g_{15'} + g_{25'}$
11										−1	4	−1		$g_{16'} + g_{24'}$
12											−1	4	−1	$g_{17'} + g_{23'}$
13												−1	4	$g_{18'} + g_{20'} + g_{22'}$

(mit 0 in den nicht besetzten Bereichen)

Dabei sei jeweils $g_{i'} = g(P_{i'})$, $P_{i'} \in \partial G_h$ Randgitterpunkt mit Nummer i'. Es ergibt sich also eine tridiagonale 13×13-Matrix für die Lösungen $U_{i,j}$ an den inneren Gitterpunkten.

b) Für Beispiel b) wählen wir die Nummerierung von Abb. 4.3.

Abb. 4.2 Nummerierung der
Gitterpunkte für a)

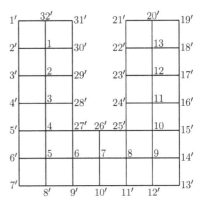

Abb. 4.3 Nummerierung der
Gitterpunkte für b)

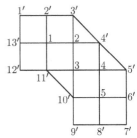

Hier erhält man gemäß der Nummerierung in der zugehörigen Zeichnung das lineare Gleichungssystem

$$
\begin{pmatrix}
4 & -1 & 0 & 0 & 0 \\
-1 & 4 & -1 & 0 & 0 \\
0 & -1 & 4 & -1 & 0 \\
0 & 0 & -1 & 4 & -1 \\
0 & 0 & 0 & -1 & 4
\end{pmatrix}
\begin{pmatrix}
u_1 \\ u_2 \\ u_3 \\ u_4 \\ u_5
\end{pmatrix}
=
\begin{pmatrix}
g_{2'} + g_{11'} + g_{13'} \\
g_{3'} + g_{4'} \\
g_{10'} + g_{11'} \\
g_{4'} + g_{5'} \\
g_{6'} + g_{8'} + g_{10'}
\end{pmatrix}.
$$

Auch hier bekommt man also eine tridiagonale Matrix.

Aufgabe 133

▶ **9-Punkte-Approximation der Laplace-Gleichung**

Zeigen Sie, dass die 9-Punkte-Approximation

$$
4\big(U_{i-1,j} + U_{i+1,j} + U_{i,j-1} + U_{i,j+1}\big) + U_{i-1,j-1} + U_{i+1,j-1}
$$
$$
+ U_{i-1,j+1} + U_{i+1,j+1} - 20U_{i,j} = 0
$$

der Laplace-Gleichung $\Delta u(x, y) = 0$, $(x, y) \in G = (0, 1) \times (0, 1)$, für ein äquidistantes quadratisches Gitter konsistent ist von der Ordnung $O(h^6)$. (Hierbei sei $h = h_1 = h_2$ für die Schrittweiten in x- bzw. y-Richtung.)

Hinweis: Für eine Differentialgleichung bzw. die zugehörige Randwertaufgabe $Lu = f$ entsteht der *Abschneidefehler* der Approximation $L_h u_h = f_h$ durch Einsetzen der Lösung u in die Näherungsgleichung: $\tau_h = Lu - L_h u$; man unterscheidet gelegentlich zwischen dem Abschneidefehler der Differentialgleichung und dem Abschneidefehler der Randbedingungen. *Konsistenz der Ordnung* $p > 0$ liegt vor, wenn für den Abschneidefehler gilt $\tau_h = O(h^p)$ $(h \to 0)$. Hinreichende Differenzierbarkeit sei für die Lösung u der Randwertaufgabe vorausgesetzt.

Lösung

Sei $u \in C^6(G)$ Lösung der Laplace-Gleichung, und $u_{i,j} = u(x_i, y_j)$, $x_i = ih$, $y_j = jh$, $0 \leq i, j \leq I$, $Ih = 1$.

Mit den Bezeichnungen

$$D_k = \frac{\partial}{\partial x_k}, \quad D_k^\nu = \frac{\partial^\nu}{\partial x_k^\nu}, \, k = 1, 2, \, \nu = 2, \dots ,$$

erhält man über die Taylorformel

$$u_{i\pm 1,j} = u_{i,j} \pm h D_1 u_{i,j} + \frac{h^2}{2} D_1^2 u_{i,j} \pm \frac{h^3}{6} D_1^3 u_{i,j} + \frac{h^4}{24} D_1^4 u_{i,j}$$
$$\pm \frac{h^5}{120} D_1^5 u_{i,j} + O(h^6),$$

$$u_{i,j\pm 1} = u_{i,j} \pm h D_2 u_{i,j} + \frac{h^2}{2} D_2^2 u_{i,j} \pm \frac{h^3}{6} D_2^3 u_{i,j} + \frac{h^4}{24} D_2^4 u_{i,j}$$
$$\pm \frac{h^5}{120} D_2^5 u_{i,j} + O(h^6),$$

$$\left.\begin{matrix} u_{i+1,j+1} \\ \\ u_{i-1,j-1} \end{matrix}\right\} = u_{i,j} \pm h(D_1 + D_2)u_{i,j} + \frac{h^2}{2}(D_1 + D_2)^2 u_{i,j} \pm \frac{h^3}{6}(D_1 + D_2)^3 u_{i,j}$$
$$+ \frac{h^4}{24}(D_1 + D_2)^4 u_{i,j} \pm \frac{h^5}{120}(D_1 + D_2)^5 u_{i,j} + O(h^6),$$

und

$$\left.\begin{matrix} u_{i+1,j-1} \\ \\ u_{i-1,j+1} \end{matrix}\right\} = u_{i,j} \pm h(D_1 - D_2)u_{i,j} + \frac{h^2}{2}(D_1 - D_2)^2 u_{i,j} \pm \frac{h^3}{6}(D_1 - D_2)^3 u_{i,j}$$
$$+ \frac{h^4}{24}(D_1 - D_2)^4 u_{i,j} \pm \frac{h^5}{120}(D_1 - D_2)^5 u_{i,j} + O(h^6).$$

Summation führt zu

$$S_1 := u_{i+1,j} + u_{i-1,j} + u_{i,j+1} + u_{i,j-1}$$

$$= 4u_{i,j} + h(D_1 - D_1 + D_2 - D_2)u_{i,j} + \frac{h^2}{2}(2D_1^2 + 2D_2^2)u_{i,j}$$

$$+ \frac{h^3}{6}(D_1^3 - D_1^3 + D_2^3 - D_2^3)u_{i,j} + \frac{h^4}{24}(2D_1^4 + 2D_2^4)u_{i,j}$$

$$+ \frac{h^5}{120}(D_1^5 - D_1^5 + D_2^5 - D_2^5)u_{i,j} + O(h^6)$$

$$= 4u_{i,j} + h^2(D_1^2 + D_2^2)u_{i,j} + \frac{h^4}{12}(D_1^4 + D_2^4)u_{i,j} + O(h^6)$$

$$= 4u_{i,j} + h^2\triangle u_{i,j} + \frac{h^4}{12}(\triangle^2 - 2D_1^2 D_2^2)u_{i,j} + O(h^6)\,,$$

wobei $\triangle = D_1^2 + D_2^2$ und $\triangle^2 = (D_1^2 + D_2^2)(D_1^2 + D_2^2) = D_1^4 + D_2^4 + 2D_1^2 D_2^2$.
Durch eine analoge Rechnung erhält man weiter

$$S_2 := u_{i+1,j+1} + u_{i-1,j-1} + u_{i+1,j-1} + u_{i-1,j+1}$$

$$= 4u_{i,j} + h^2((D_1 + D_2)^2 + (D_1 - D_2)^2)u_{i,j}$$

$$+ \frac{h^4}{12}((D_1 + D_2)^4 + (D_1 - D_2)^4)u_{i,j} + O(h^6)$$

$$= 4u_{i,j} + 2h^2\triangle u_{i,j} + \frac{h^4}{6}(\triangle^2 + 4D_1^2 D_2^2)u_{i,j} + O(h^6)\,,$$

wobei noch

$$((D_1 + D_2)^2 + (D_1 - D_2)^2) = D_1^2 + 2D_1 D_2 + D_2^2 + D_1^2 - 2D_1 D_2 + D_2^2$$

$$= 2(D_1^2 + D_2^2) = 2\triangle\,.$$

Das letzte Gleichheitszeichen in der Darstellung von S_2 ist richtig, falls

$$((D_1 + D_2)^4 + (D_1 - D_2)^4) = 2(\triangle^2 + 4D_1^2 D_2^2)\,.$$

Für die rechte Seite erhält man (s. oben) $2(D_1^4 + D_2^4 + 6D_1^2 D_2^2)$. Für die linke Seite
berechnet man

$$((D_1 + D_2)^4 + (D_1 - D_2)^4) = (D_1^2 + 2D_1 D_2 + D_2^2)^2 + (D_1^2 - 2D_1 D_2 + D_2^2)^2$$

$$= 2D_1^4 + 2D_1^2 D_2^2 + 8D_1^2 D_2^2 + 2D_1^2 D_2^2 + 2D_2^4 = 2(D_1^4 + 6D_1^2 D_2^2 + D_2^4)\,,$$

was die Darstellung von S_2 beweist. Also folgt

$$4S_1 + S_2 = 20u_{i,j} + 6h^2\triangle u_{i,j} + \frac{h^4}{2}\triangle^2 u_{i,j} + O(h^6)\,.$$

Für den Abschneidefehler erhält man also

$$4S_1 + S_2 - 20u_{i,j} = 6h^2 \triangle u_{i,j} + \frac{h^4}{2}\triangle^2 u_{i,j} + O(h^6)\,.$$

Wegen $\triangle u_{i,j} = 0$ folgt die Behauptung.

Aufgabe 134

▶ **Fehlerabschätzung, Differenzenapproximation für die Poisson-Gleichung**

Wir betrachten die Poisson-Gleichung in einem rechteckigen Gebiet $G = (a,b) \times (c,d)$, $a < b, c < d$:

$$-\Delta u(x,y) = f(x,y)\,, \quad (x,y) \in G$$
$$u(x,y) = g(x,y)\,, \quad (x,y) \in \partial G\,.$$

Das diskretisierte Problem auf den Gitterpunktmengen

$$G_h = \{(x_i,y_j)|\, x_i = a + ih_1\,,\; i = 1,\ldots,I-1\,,\; y_j = c + jh_2\,,\; j = 1,\ldots,J-1\}\,,$$
$$\partial G_h = \{(x_i,y_j)|\, i = 0, I\,,\; j = 0,\ldots,J\,, \quad \text{und} \quad j = 0, J,\, i = 0,\ldots,I\}$$

(wobei $Ih_1 = b - a$, $Jh_2 = d - c$) lautet

$$-\triangle_h U(x,y) = f(x,y)\,, \quad (x,y) \in G_h \tag{4.1}$$
$$U(x,y) = g(x,y)\,, \quad (x,y) \in \partial G_h\,.$$

Hierbei ergibt sich der *diskrete Laplace-Operator* $\triangle_h$ durch die zentralen Differenzen-quotienten zweiter Ordnung δ_x^2 bzw. δ_y^2 zur Approximation der entsprechenden partiellen Ableitungen in x- bzw. y-Richtung,

$$\triangle_h U_{i,j} = \frac{1}{h_1^2}(U_{i-1,j} + U_{i+1,j}) + \frac{1}{h_2^2}(U_{i,j-1} + U_{i,j+1}) - \frac{1}{\theta^2}U_{i,j} \tag{4.2}$$

wobei $\theta^2 = h_1^2 h_2^2/2(h_1^2 + h_2^2)$. Es soll eine a-priori-Fehlerabschätzung für die Näherungslösung U unabhängig vom Maximumprinzip hergeleitet werden.

Dazu schreibe man (4.1) in Matrixdarstellung

$$A\underline{U} = \theta^2\underline{F}\,, \tag{4.3}$$

wobei A die Koeffizientenmatrix und $\underline{F}$ die zusammengefasste rechte Seite bedeuten. Weiter ist $\underline{U} = (U_1,\ldots,U_{J-1})^\top$, $U_j = (U_{1j},\ldots,U_{I-1,j})^\top$, $j = 1,\ldots,J-1$, $U_{ij} =$

$U(x_i, y_j)$. Multipliziert man die Gleichung für den Abschneidefehler $\underline{\tau}$ mit θ^2, so erhält man

$$A(\underline{U} - \underline{u}) = \theta^2 \underline{\tau}, \tag{4.4}$$

wobei $\tau_h(x, y) = f(x, y) + \triangle_h u(x, y)$, $\underline{\tau} = $ Vektor der $\tau_h(x_i, y_j)$, $\underline{u} = $ Vektor der $u(x_i, y_j)$ (vgl. Hinweis zum Abschneidefehler in Aufg. 133). Wenn A nichtsingulär ist, so ergibt sich aus (4.4) die Fehlerabschätzung in der euklidischen Norm

$$\|\underline{U} - \underline{u}\|_2 \le \theta^2 \|A^{-1}\|_S \|\underline{\tau}\|_2 \tag{4.5}$$

wobei für die Spektralnorm gilt

$$\|A^{-1}\|_S = \max_{1 \le v \le (I-1)(J-1)} \frac{1}{|\lambda_v|} = \frac{1}{\min_{1 \le v \le (I-1)(J-1)} |\lambda_v|}$$

(λ_v sind die Eigenwerte von A).

a) Zeigen Sie, dass A positiv definit ist und bestimmen Sie $\|A^{-1}\|_S$.
b) Geben Sie für kleine h_1 und h_2 eine a-priori-Fehlerabschätzung für $\|\underline{U} - \underline{u}\|_2$ unter Benutzung von (4.5) an.

Hinweise:
i) Zur Bestimmung von $\|A^{-1}\|_S$ bzw. der Eigenwerte von A schreiben Sie das Eigenwertproblem $A\underline{W} = \lambda \underline{W}$ äquivalent um in ein endliches Differenzen-Eigenwertproblem der Form $-\triangle_h W(x, y) = \frac{\lambda}{\theta^2} W(x, y)$ für $(x, y) \in G_h$ und $W(x, y) = 0$, $(x, y) \in \partial G_h$, und bestimmen Sie die Eigenwerte durch Separation der Variablen! Sie können benutzen, dass die Eigenwerte und Eigenfunktionen der „diskreten schwingenden Saite" (vgl. Aufg. 77 und Hinweis dazu)

$$-\delta_x^2 v_h = \lambda_h v_h \quad \text{in} \quad (a, b)_h, \quad v_h(a) = v_h(b) = 0,$$

gegeben sind durch ($\delta_x^2 = $ zentraler Differenzenquotient 2. Ordnung in x-Richtung)

$$\lambda_h^{(m)} = \frac{4}{h^2} \sin^2\left(\frac{m\pi}{2I}\right)$$

$$v_h^{(m)}(x_j) = \sin\left(\frac{jm\pi}{I}\right), \quad j = 1, \ldots, I-1, \, m = 1, \ldots, I-1.$$

Wie üblich ist $(a, b)_h = \{x_j = a + jh \mid j = 1, \ldots, I-1\}$, $Ih = b - a$.
ii) Sie können benutzen (s. Aufg. 77, c)), dass

$$\left\langle v_h^{(p)}, v_h^{(p')} \right\rangle = \sum_{m=1}^{I-1} \sin\left(\pi m \frac{p}{I}\right) \sin\left(\pi m \frac{p'}{I}\right) = \gamma_p \delta_{p,p'}, \quad p, p' = 1, \ldots, I-1.$$

$$\tag{4.6}$$

Lösung

Das diskrete Randwertproblem (4.1) hat mit $\triangle_h$ aus (4.2) offenbar die Form

$$-\triangle_h U_{i,j} = f(x_j, y_j), \quad (x_i, y_j) \in G_h, \quad U_{i,j} = g(x_i, y_j), (x_i, y_j) \in \partial G_h.$$

Nach Multiplikation mit θ^2 erhält man an den inneren Gitterpunkten

$$-\frac{\theta^2}{h_1^2}(U_{i-1,j} + U_{i+1,j}) - \frac{\theta^2}{h_2^2}(U_{i,j-1} + U_{i,j+1}) + U_{i,j} = \theta^2 f(x_i, y_j),$$

$$i = 1, \ldots, I - 1, \ j = 1, \ldots, J - 1.$$

Ersetzen der Werte auf ∂G_h durch die Randbedingungen und Verbringen der Randwerte auf die rechte Seite führt auf die Form (4.3) mit einer $(I - 1)(J - 1) \times (I - 1)(J - 1)$-Matrix A.

a) Wir betrachten das Eigenwertproblem

$$A\underline{W} = \lambda \underline{W} = \theta^2 \left(\frac{\lambda}{\theta^2} \underline{W}\right)$$

$$\Longleftrightarrow \quad \begin{cases} -\triangle_h W(x, y) = \dfrac{\lambda}{\theta^2} W(x, y) \quad \forall \ (x, y) \in G_h, \\[2mm] W(x, y) = 0, \quad (x, y) \in \partial G_h. \end{cases}$$

und lösen das Differenzeneigenwertproblem zur Bestimmung der λ mittels Separationsansatz

$$W(x, y) = \varphi(x)\psi(y).$$

Damit erhält man:

$$-\triangle_h W_{m,n} =$$

$$= -\frac{1}{h_1^2}(\varphi_{m-1}\psi_n - 2\varphi_m\psi_n + \varphi_{m+1}\psi_n) - \frac{1}{h_2^2}(\varphi_m\psi_{n-1} - 2\varphi_m\psi_n + \varphi_m\psi_{n+1})$$

$$= -\frac{1}{h_1^2}(\varphi_{m-1} - 2\varphi_m + \varphi_{m+1})\psi_n - \frac{1}{h_2^2}\varphi_m(\psi_{n-1} - 2\psi_n + \psi_{n+1})$$

$$= \frac{\lambda}{\theta^2}\varphi_m\psi_n, \quad m = 1, \ldots, I - 1, \quad n = 1, \ldots, J - 1.$$

Division durch $W_{m,n} = \varphi_m\psi_n$ führt auf

$$\frac{1}{h_1^2}(\varphi_{m-1} - 2\varphi_m + \varphi_{m+1})\frac{1}{\varphi_m} + \frac{1}{h_2^2}\varphi_m(\psi_{n-1} - 2\psi_n + \psi_{n+1})\frac{1}{\psi_n} = -\frac{\lambda}{\theta^2},$$

$$m = 1, \ldots, I - 1, \quad n = 1, \ldots, J - 1.$$

Sucht man Eigenwerte λ in der Form $\lambda = \xi + \eta$, dann ist die EW-Gleichung erfüllt, falls

$$\frac{1}{h_1^2}(\varphi_{m-1} - 2\varphi_m + \varphi_{m+1}) = -\frac{\xi}{\theta^2}\varphi_m , \quad m = 1, \ldots, I-1 ,$$

$$\frac{1}{h_2^2}(\psi_{n-1} - 2\psi_n + \psi_{n+1}) = -\frac{\eta}{\theta^2}\psi_n , \quad n = 1, \ldots, J-1 .$$

Weiter gilt:

$$W_{0,n} = \varphi_0\psi_n = 0 \ \forall n \implies \varphi_0 = 0 ,$$
$$W_{I,n} = \varphi_I\psi_n = 0 \ \forall n \implies \varphi_I = 0 ,$$

und analog $\psi_0 = 0 = \psi_J$.

Als Lösung ergibt sich (s. Hinweis zur „diskreten schwingenden Saite")

$$\varphi_m^{(p)} = \sin\left(\pi m\frac{p}{I}\right) , \quad m, p = 1, \ldots, I-1 ,$$

und

$$\xi^{(p)} = 4\frac{\theta^2}{h_1^2}\sin^2\left(\frac{\pi}{2}\frac{p}{I}\right) , \quad p = 1, \ldots, I-1 .$$

Analog (für die „diskrete schwingende Saite" in y-Richtung)

$$\psi_n^{(q)} = \sin\left(\pi n\frac{q}{J}\right) , \quad n, q = 1, \ldots, J-1 ,$$

$$\eta^{(q)} = 4\frac{\theta^2}{h_2^2}\sin^2\left(\frac{\pi}{2}\frac{q}{J}\right) , \quad q = 1, \ldots, J-1 .$$

Kombination dieser Ergebnisse liefert die Lösungen des Eigenwertproblems

$$W_{m,n}^{(p,q)} = \alpha_{p,q}\sin\left(\pi m\frac{p}{I}\right)\sin\left(\pi n\frac{q}{J}\right) , \quad \begin{array}{l} p,m = 1, \ldots, I-1 \\ q,n = 1, \ldots, J-1 \end{array}$$

mit gewissen Konstanten $\alpha_{p,q}$ und den zugehörigen Eigenwerten

$$\lambda_{p,q} = \xi^{(p)} + \eta^{(q)}$$
$$= 4\theta^2\left(\frac{1}{h_1^2}\sin^2\left(\frac{\pi}{2}\frac{p}{I}\right) + \frac{1}{h_2^2}\sin^2\left(\frac{\pi}{2}\frac{q}{J}\right)\right) , \quad \begin{array}{l} p = 1, \ldots, I-1 \\ q = 1, \ldots, J-1 . \end{array}$$

Man kann zeigen (s. (4.6) und den Beweis dazu in Aufg. 77, Teil c), dass bzgl. des euklidischen Skalarprodukts gilt:

$$\left\langle \underline{W}^{(p,q)}, \underline{W}^{(p',q')} \right\rangle = \alpha_{p,q}\alpha_{p',q'} \sum_{m=1}^{I-1}\sum_{n=1}^{J-1} \sin\left(\pi m \frac{p}{I}\right)\sin\left(\pi n \frac{q}{J}\right)$$

$$\cdot \sin\left(\pi m \frac{p'}{I}\right)\sin\left(\pi n \frac{q'}{J}\right)$$

$$= \alpha_{p,q}\alpha_{p',q'} \underbrace{\left(\sum_{m=1}^{I-1}\sin^2\left(\pi m \frac{p}{I}\right)\right)}_{=\gamma_p}\delta_{p,p'} \underbrace{\left(\sum_{n=1}^{J-1}\sin^2\left(\pi n \frac{q}{J}\right)\right)}_{=\gamma_q}\delta_{q,q'}.$$

Wählt man die Normierungskonstanten zu

$$\alpha_{p,q} = \left(\sum_{m=1}^{I-1}\sin^2\left(\pi m \frac{p}{I}\right)\right)^{-\frac{1}{2}}\left(\sum_{n=1}^{J-1}\sin^2\left(\pi n \frac{q}{J}\right)\right)^{-\frac{1}{2}},$$

so erhält man $(I-1)(J-1)$ orthonormale Eigenvektoren $\underline{W}^{(p,q)}$, $p = 1,\ldots,I-1$, $q = 1,\ldots,J-1$, zu den Eigenwerten $\lambda_{p,q}$.

Damit sind alle (orthonormalen) Eigenvektoren und die zugehörigen Eigenwerte von A gefunden.

Aus

$$\lambda_{p,q} = 4\theta^2\left(\frac{1}{h_1^2}\sin^2\left(\frac{\pi}{2}\frac{p}{I}\right) + \frac{1}{h_2^2}\sin^2\left(\frac{\pi}{2}\frac{q}{J}\right)\right), \quad \begin{matrix} p = 1,\ldots,I-1 \\ q = 1,\ldots,J-1 \end{matrix}$$

erkennt man, dass

$$\lambda_{p,q} > 0 \quad \forall\ p,q.$$

Also ist A nichtsingulär und sogar positiv definit. Für die Spektralnorm von A^{-1} gilt:

$$\|A^{-1}\|_S = \left[\min_{\substack{1\leq p\leq I-1 \\ 1\leq q\leq J-1}}\lambda_{p,q}\right]^{-1} = \frac{1}{\lambda_{1,1}} = \left[4\theta^2\left(\frac{1}{h_1^2}\sin^2\left(\frac{\pi}{2I}\right) + \frac{1}{h_2^2}\sin^2\left(\frac{\pi}{2J}\right)\right)\right]^{-1}.$$

b) A-priori-Fehlerabschätzung für $\|\underline{U} - \underline{u}\|_2$:

Es gilt (vgl. (4.5))

$$\|\underline{U} - \underline{u}\|_2 \leq \theta^2\|A^{-1}\|_S\|\underline{\tau}\|_2$$

$$= \frac{1}{4}\left(\frac{1}{h_1^2}\sin^2\left(\frac{\pi}{2}\frac{h_2}{b-a}\right) + \frac{1}{h_2^2}\sin^2\left(\frac{\pi}{2}\frac{h_2}{d-c}\right)\right)^{-1}\|\underline{\tau}\|_2.$$

Setze $\alpha := b - a$, $\beta := d - c$.

Da für kleine $\gamma > 0$ gilt

$$\sin(\gamma) = \sum_{\nu=0}^{\infty} \frac{(-1)^\nu}{(2\nu+1)!}\gamma^{2\nu+1} = \gamma - \frac{\gamma^3}{6} + \underbrace{\sum_{\nu=2}^{\infty} \frac{(-1)^\nu \gamma^{2\nu+1}}{(2\nu+1)!}}_{\geq 0}$$

$$\geq \gamma - \frac{\gamma^3}{6} = \gamma\left(1 - \frac{\gamma^2}{6}\right)$$

und

$$\sin^2(\gamma) \geq \left(\gamma - \frac{\gamma^3}{6}\right)^2 = \gamma^2 - \frac{\gamma^4}{3} + \frac{\gamma^6}{36} \geq \gamma^2 - \frac{\gamma^4}{3} = \gamma^2\left(1 - \frac{\gamma^2}{3}\right),$$

folgt für hinreichend kleine h_1 bzw. h_2:

$$\|\underline{U} - \underline{u}\|_2 \leq$$

$$\leq \frac{1}{4}\left\{\frac{1}{h_1^2}\left(\frac{\pi^2}{4}\frac{h_1^2}{\alpha^2}\right)\left(1 - \frac{\pi^2 h_1^2}{12\alpha^2}\right) + \frac{1}{h_2^2}\left(\frac{\pi^2}{4}\frac{h_2^2}{\beta^2}\right)\left(1 - \frac{\pi^2 h_2^2}{12\beta^2}\right)\right\}^{-1}\|\underline{\tau}\|_2$$

$$= \frac{1}{\pi^2}\left\{\frac{1}{\alpha^2}\left(1 - \frac{\pi^2 h_1^2}{12\alpha^2}\right) + \frac{1}{\beta^2}\left(1 - \frac{\pi^2 h_2^2}{12\beta^2}\right)\right\}^{-1}\|\underline{\tau}\|_2$$

$$= \frac{1}{\pi^2}\alpha^2\beta^2\left\{\beta^2 - \frac{\pi^2\beta^2}{12\alpha^2}h_1^2 + \alpha^2 - \frac{\pi^2\alpha^2}{12\beta^2}h_2^2\right\}^{-1}\|\underline{\tau}\|_2$$

$$= \frac{1}{\pi^2}\frac{\alpha^2\beta^2}{\alpha^2 + \beta^2}\left\{1 - \underbrace{\frac{\pi^2}{12(\alpha^2 + \beta^2)}\left(\frac{\beta^2}{\alpha^2}h_1^2 + \frac{\alpha^2}{\beta^2}h_2^2\right)}_{<1}\right\}^{-1}\|\underline{\tau}\|_2$$

$$= \frac{1}{\pi^2}\frac{\alpha^2\beta^2}{\alpha^2 + \beta^2}\sum_{\nu=0}^{\infty}\left\{\frac{\pi^2}{12(\alpha^2 + \beta^2)\alpha^2\beta^2}(\beta^4 h_1^2 + \alpha^4 h_2^2)\right\}^\nu\|\underline{\tau}\|_2$$

$$= \frac{1}{\pi^2}\frac{\alpha^2\beta^2}{\alpha^2 + \beta^2}\{1 + O(h_1^2 + h_2^2)\}\|\underline{\tau}\|_2$$

Aufgabe 135

▶   **Differenzenapproximation der Laplace-Gleichung, Neumann-Problem**

Wir betrachten das Neumann-Problem

$$\triangle u(x, y) = 0 \,, \quad (x, y) \in G = [0, 1] \times [0, 1] \,,$$

mit der Randbedingung

$$\frac{\partial u}{\partial n}(x, y) = g(x, y) \,, \quad (x, y) \in \partial G = \{x = 0, 1 \,, \, y \in [0, 1] \,; \, y = 0, 1 \,, \, x \in [0, 1]\}$$

wobei $\int_{\partial G} g \, ds = 0$; n bezeichne die äußere Normale bzgl. ∂G.

a) Stellen Sie das Differenzenverfahren für $h = h_1 = h_2$ in Form einer Matrixgleichung
    $\mathbb{B} U = 2hG$ auf, wobei zur Approximation der diskrete Laplace-Operator $\triangle_h$ (vgl.
    Aufg. 134) und für die Randbedingungen zentrale Differenzenquotienten 1. Ordnung
    verwendet werden sollen.
b) Zeigen Sie, dass die Koeffizientenmatrix $\mathbb{B}$ des Gleichungssystems singulär ist, indem
    Sie einen nichttrivialen Vektor $\hat{U}$ angeben, für den $\mathbb{B}\hat{U} = 0$ ist.
c) Wie muss das Integral über die Randwerte diskretisiert werden, damit das Gleichungs-
    system lösbar ist?

Hinweis: Die Lösung zu c) verläuft ähnlich wie die für Aufg. 78 (vgl. auch Aufg. 108)
und wird in 4 Teilbehauptungen aufgeteilt, die jeweils für sich auch als Aufgaben gestellt
werden könnten.

Abb. 4.4 Erweiterte Gitterpunktmenge

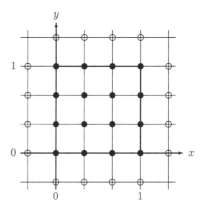

Lösung

a) Zur Formulierung der Differenzenapproximation sei ein äquidistantes Punktegitter erklärt durch

$$\mathbb{R}_h^2 = \{(ih, jh) \in \mathbb{R}^2 \mid i, j \in \mathbb{Z}\} \,, \text{ wobei } hI = 1 \,.$$

Um die Normalenableitung mit der Ordnung $O(h^2)$ approximieren zu können (mithilfe der zentralen Differenzenquotienten 1. Ordnung), sei die Differentialgleichung auf allen Gitterpunkten diskretisiert, die auf $[0, 1] \times [0, 1]$ liegen. Dies erfordert die Erklärung der Gitterfunktion U auf der folgenden Gitterpunktmenge (s. Abb. 4.4):

$$\{(ih, jh) \mid i, j = -1, \ldots, I + 1\} \backslash \{(-h, -h), (-h, 1 + h), (1 + h, -h),$$
$$(1 + h, 1 + h)\}$$

Damit erhält man die Differenzenapproximation mit Hilfe des diskreten Laplace-Operators (vgl. z. B. Aufg. 134):

$$\triangle_h U(x, y) = 0 \,, \quad (x, y) = (ih, jh) \,, \quad i, j = 0, \ldots, I \,,$$

und (setze $G_{ij} := g(x_i, y_j)$, $(x_i, y_j) \in \partial G_h := \mathbb{R}_h^2 \cap \partial G$)

$$\frac{1}{2h} \Big[U(-h, jh) - U(h, jh) \Big] = G_{0j} \,, \quad j = 0, \ldots, I \,,$$
$$\frac{1}{2h} \Big[U(1 + h, jh) - U(1 - h, jh) \Big] = G_{Ij} \,, \quad j = 0, \ldots, I \,,$$

sowie

$$\frac{1}{2h} \Big[U(ih, -h) - U(ih, h) \Big] = G_{i0} \,, \quad i = 0, \ldots, I \,,$$
$$\frac{1}{2h} \Big[U(ih, 1 + h) - U(ih, 1 - h) \Big] = G_{iI} \,, \quad i = 0, \ldots, I \,.$$

Es ergeben sich also insgesamt $(I + 1)^2 + 4(I + 1)$ Gleichungen für $(I + 3)^2 - 4$ unbekannte Funktionswerte. Damit liegt ein quadratisches Gleichungssystem vor. Mit Hilfe der Randbedingungen können die Werte von U an den Gitterpunkten, die außerhalb von $[0, 1] \times [0, 1]$ liegen, eliminiert werden. Fasst man die verbleibenden Gleichungen in Form eines Gleichungssystems zusammen, so ergibt sich bei der zeilenweisen Anordnung der unbekannten Funktionswerte beginnend bei $j = 0$:

$$\mathbb{B}U = \begin{pmatrix} B & -2E & & & & \\ -E & B & -E & & & 0 \\ & & \cdot & \cdot & \cdot & \\ & & & \cdot & \cdot & \cdot \\ & & & & \cdot & \cdot & \cdot \\ & 0 & & & -E & B & -E \\ & & & & & -2E & B \end{pmatrix} \begin{pmatrix} U_0 \\ \cdot \\ \cdot \\ \cdot \\ \cdot \\ \cdot \\ U_I \end{pmatrix} = 2h \begin{pmatrix} G_0 \\ \cdot \\ \cdot \\ \cdot \\ \cdot \\ \cdot \\ G_I \end{pmatrix}$$

$$= 2hG \, ,$$

wobei

$$B = \begin{pmatrix} 4 & -2 & & & & \\ -1 & 4 & -1 & & & 0 \\ & & \cdot & \cdot & \cdot & \\ & & & \cdot & \cdot & \cdot \\ & & & & \cdot & \cdot & \cdot \\ & 0 & & & -1 & 4 & -1 \\ & & & & & -2 & 4 \end{pmatrix} \qquad (I+1) \times (I+1)\text{-Matrix,}$$

$$U_j = (U_{0j}, U_{1j}, \ldots, U_{Ij})^\top \, , \quad j = 0, \ldots, I \, ,$$

und

$$G_j = (2G_{0j}, G_{1j}, \ldots, G_{I-1,j}, 2G_{Ij})^\top \, , \quad j = 0, I \, ,$$
$$G_j = (G_{0j}, 0, \ldots, 0, G_{Ij})^\top \, , \quad j = 1, \ldots, I-1 \, .$$

Das Gleichungssystem hat also insgesamt die Ordnung $(I + 1)^2$.

b) Das homogene System hat offenbar die Lösung $\hat{U} = (1, \ldots, 1)^\top$, da

$$\mathbb{B}\hat{U} = (\underbrace{4 - 2 - 2}_{=0}, \quad \underbrace{4 - 2 - 2}_{=0}, \ldots, \quad \underbrace{4 - 2 - 2}_{=0}, \quad \underbrace{-1 - 1 + 4 - 1 - 1}_{=0}, \ldots)^\top$$
$$= 0$$

Das Gleichungssystem besitzt also einen nichttrivialen Kern, so dass die Koeffizientenmatrix $\mathbb{B}$ singulär ist.

c) **1. Beh.**: Nur skalare Vielfache von $\hat{U}$ sind Lösungen von $\mathbb{B}U = 0$, d. h. $N(\mathbb{B}) = \ker(\mathbb{B}) = [\hat{U}]$.

Bew.: Wir betrachten die diskrete EW-Aufgabe:

$$-\triangle_h w_h = \lambda_h w_h \quad \text{in} \quad G_h (:= \mathbb{R}_h^2 \cap [0,1] \times [0,1])$$

$$\delta_\nu w_h = 0 \quad \text{auf} \quad \partial G_h \quad (\nu = x \text{ bzw. } y) \,.$$

δ_x, δ_x^2 bzw. δ_y, δ_y^2 bezeichnen die zentralen Differenzenquotienten 1. und 2. Ordnung in x- bzw. y-Richtung. Für Multiindizes $k = (k_1, k_2)$ erhält man über den Ansatz

$$w_h^{(k)}(x,y) = \cos(k_1 \pi x)\cos(k_2 \pi y)\,, \quad k_1, k_2 = 0, \ldots, I\,,$$

die Lösungen des Eigenwertproblems (vgl. z. B. [13])

$$-\triangle_h w_h^{(k)}(x,y) = -(\delta_x^2 + \delta_y^2) w_h^{(k)}(x,y) = \lambda_{h,k} w_h^{(k)}(x,y)\,, \quad (x,y) \in G_h\,,$$

$$\text{mit} \quad \lambda_h^{(k)} = \frac{4}{h^2}\left(\sin^2\left(\frac{k_1 \pi h}{2}\right) + \sin^2\left(\frac{k_2 \pi h}{2}\right)\right)\,, \quad k_1, k_2 = 0, \ldots, I\,.$$

Fall $k_1 = k_2 = 0$: $\lambda_h^{(0,0)} = 0$, $w_h^{(0,0)} = (1, \ldots, 1)^\top = \hat{U}$

Fall $(k_1, k_2) \neq (0,0)$: $\lambda_h^{(k)} > 0$ und paarweise verschieden; damit sind die $\{w_h^{(k)}\}$ linear unabhängig – und auch die $\{w_h^{(k)}, w_h^{(0,0)}\}$ sind lin. unabh.. Insgesamt ergibt sich, dass $[\hat{U}]$ der Eigenraum zum Eigenwert $\lambda_h = 0$ ist.

Randbed.: $\delta_x w_h^{(k)}(0, y) = \dfrac{1}{2h}\left(w_h^{(k)}(h, y) - w_h^{(k)}(-h, y)\right)$

$$= \frac{1}{2h}\Big(\underbrace{\cos(k_1 \pi h) - \cos(-k_1 \pi h)}_{=0}\Big)\cos(k_2 \pi y) = 0$$

Analog zeigt man $\delta_x w_h^{(k)}(1, y) = 0$, $y = jh$, $j = 0, \ldots, I$, sowie $\delta_y w_h^{(k)}(x, 0) = \delta_y w_h^{(k)}(x, 1) = 0$, $x = ih$, $i = 0, \ldots, I$.

$\mathbb{B}$ ist gerade die zugehörige Matrix zum EW-Problem; also ist $\hat{U}$ der einzige (lin. unabh.!) Eigenvektor zu $\lambda = 0$, d. h. $N(\mathbb{B}) = [\hat{U}]$.

2. Beh.: $\mathbb{B}$ ist einer symmetrischen Matrix ähnlich.

Bew.: Wir betrachten die $(I + 1) \times (I + 1)$−Matrix

$$D = \begin{pmatrix} \sqrt{2} & & & & & \\ & 1 & & & 0 & \\ & & \cdot & & & \\ & & & \cdot & & \\ & & & & \cdot & \\ & 0 & & & 1 & \\ & & & & & \sqrt{2} \end{pmatrix};$$

es ist $D^{-1} B D =: \widetilde{B}$ mit $\widetilde{B} = \begin{pmatrix} 4 & -\sqrt{2} & & & & \\ -\sqrt{2} & 4 & -1 & & 0 & \\ & -1 & 4 & -1 & & \\ & & \ddots & \ddots & \ddots & \\ & 0 & & -1 & 4 & -\sqrt{2} \\ & & & & -\sqrt{2} & 4 \end{pmatrix}.$

Setzt man nun

$$\mathbb{D} = \begin{pmatrix} D & & & & \\ & D & & 0 & \\ & & D & & \\ & & & \ddots & \\ & 0 & & & \ddots \\ & & & & D \end{pmatrix}, \quad (I+1)^2 \times (I+1)^2\text{-Matrix},$$

so folgt:

$$\widetilde{\mathbb{B}} := \mathbb{D}^{-1}\mathbb{B}\mathbb{D} = \begin{pmatrix} \widetilde{B} & -2E & & & \\ -E & \widetilde{B} & -E & & 0 \\ & -E & \widetilde{B} & -E & \\ & & \ddots & \ddots & \ddots \\ & 0 & & -E & \widetilde{B} & -E \\ & & & & -2E & \widetilde{B} \end{pmatrix}.$$

Jetzt betrachten wir noch die $(I+1)^2 \times (I+1)^2$-Matrix

$$\mathbb{E} = \begin{pmatrix} \sqrt{2}E & & & & \\ & E & & 0 & \\ & & \ddots & & \\ & & & \ddots & \\ & 0 & & E & \\ & & & & \sqrt{2}E \end{pmatrix}.$$

Damit wird

$$\widetilde{\widetilde{\mathbb{B}}} = \mathbb{E}^{-1}\widetilde{\mathbb{B}}\mathbb{E} = \begin{pmatrix} \widetilde{B} & -\sqrt{2}E & & & \\ -\sqrt{2}E & \widetilde{B} & -E & & 0 \\ & -E & \widetilde{B} & -E & \\ & & \ddots & \ddots & \ddots \\ & 0 & & -E & \widetilde{B} & -\sqrt{2}E \\ & & & & -\sqrt{2}E & \widetilde{B} \end{pmatrix}.$$

Folglich ist $\mathbb{B}$ der symmetrischen Matrix $\widetilde{\widetilde{B}}$ ähnlich, und das Gleichungssystem $\mathbb{B}U = 2hG$ ist äquivalent zu $\widetilde{\widetilde{\mathbb{B}}}\widetilde{U} = 2h\widetilde{G}$ mit $\widetilde{U} = \mathbb{E}^{-1}\mathbb{D}^{-1}U$ und $\widetilde{G} = \mathbb{E}^{-1}\mathbb{D}^{-1}G$.

3. Beh.: $\widehat{\widetilde{U}} := \mathbb{E}^{-1}\mathbb{D}^{-1}\hat{U}$ ist Lösung von $\widetilde{\widetilde{\mathbb{B}}}\widetilde{U} = 0$. Umgekehrt ist jede Lösung von $\widetilde{\widetilde{\mathbb{B}}}\widetilde{U} = 0$ ein skalares Vielfaches von $\widehat{\widetilde{U}}$.

Bew.: Zunächst ist

$$\widetilde{\widetilde{\mathbb{B}}}\widehat{\widetilde{U}} = \mathbb{E}^{-1}\widetilde{\mathbb{B}}\mathbb{E}\mathbb{E}^{-1}\mathbb{D}^{-1}\hat{U} = \mathbb{E}^{-1}\mathbb{D}^{-1}\underbrace{\mathbb{B}\mathbb{D}\mathbb{D}^{-1}\hat{U}}_{=0} = 0 \,.$$

Weiter sei $\widetilde{\widetilde{\mathbb{B}}}\widetilde{U} = 0$ für ein $\widetilde{U}$, und es sei $\widehat{U} := \mathbb{D}\mathbb{E}\widetilde{U}$. Dann folgt:

$$0 = \mathbb{E}^{-1}\widetilde{\mathbb{B}}\mathbb{E}\widetilde{U} = \mathbb{E}^{-1}\mathbb{D}^{-1}\mathbb{B}\underbrace{\mathbb{D}\mathbb{E}\widetilde{U}}_{=\widehat{U}} = \mathbb{E}^{-1}\mathbb{D}^{-1}\mathbb{B}\widehat{U} \implies \mathbb{B}\widehat{U} = 0$$

Wegen der 1. Beh. und der Definition von $\widehat{U}$ bekommt man

$$\widehat{U} = \alpha\hat{U} \implies \widetilde{U} = \alpha\mathbb{E}^{-1}\mathbb{D}^{-1}\hat{U} = \alpha\widehat{\widetilde{U}} \,.$$

4. Beh.: $\widetilde{\widetilde{\mathbb{B}}}\widetilde{U} = 2h\widetilde{G}$ ist d. u. n. d. lösbar, wenn $\left\langle \widehat{\widetilde{U}}, \widetilde{G} \right\rangle = 0$.

Bew.: Für symmetrische Matrizen ist zunächst $R(\widetilde{\widetilde{\mathbb{B}}})^{\perp} = N(\widetilde{\widetilde{\mathbb{B}}})$, denn es gilt

$$y \in R(\widetilde{\widetilde{\mathbb{B}}})^{\perp} \iff \left\langle y, \widetilde{\widetilde{\mathbb{B}}}v \right\rangle = 0 \ \forall \, v \iff \left\langle \widetilde{\widetilde{\mathbb{B}}}y, v \right\rangle = 0 \ \forall \, v$$
$$\iff \widetilde{\widetilde{\mathbb{B}}}y = 0 \iff y \in N(\widetilde{\widetilde{\mathbb{B}}}) \,.$$

Da nach der 3. Beh. $N(\widetilde{\widetilde{\mathbb{B}}}) = [\widehat{\widetilde{U}}]$, folgt aus $\left\langle \widetilde{G}, \widehat{\widetilde{U}} \right\rangle = 0$, dass $\widetilde{G} \in N(\widetilde{\widetilde{\mathbb{B}}})^{\perp} = R(\widetilde{\widetilde{\mathbb{B}}})$. Erfülle umgekehrt $\widetilde{U}$ das System $\widetilde{\widetilde{\mathbb{B}}}\widetilde{U} = \beta\widetilde{G}$. Es folgt

$$\left\langle \widetilde{\widetilde{\mathbb{B}}}\widetilde{U}, v \right\rangle = \beta\left\langle \widetilde{G}, v \right\rangle \ \forall \, v \implies \left\langle \widetilde{U}, \widetilde{\widetilde{\mathbb{B}}}v \right\rangle = \beta\left\langle \widetilde{G}, v \right\rangle \ \forall \, v \,.$$

Speziell für $v = \widehat{\widetilde{U}}$:

$$0 = \left\langle \widetilde{U}, \widetilde{\widetilde{\mathbb{B}}}\widehat{\widetilde{U}} \right\rangle = \beta\left\langle \widetilde{G}, \widehat{\widetilde{U}} \right\rangle \overset{\beta=2h\neq 0}{\implies} \left\langle \widetilde{G}, \widehat{\widetilde{U}} \right\rangle = 0 \,.$$

Man berechnet nun

$$\left\langle \widetilde{U}, \widetilde{G} \right\rangle =$$

$$= \left\langle \left(\frac{1}{2}, \frac{1}{\sqrt{2}}, \ldots, \frac{1}{\sqrt{2}}, \frac{1}{2}; \frac{1}{\sqrt{2}}, 1, \ldots, 1, \frac{1}{\sqrt{2}}; \ldots; \frac{1}{2}, \frac{1}{\sqrt{2}}, \ldots, \frac{1}{\sqrt{2}}, \frac{1}{2} \right), \right.$$

$$\left(G_{00}, \frac{1}{\sqrt{2}} G_{10}, \ldots, \frac{1}{\sqrt{2}} G_{I-1,0}, G_{I0}; \frac{1}{\sqrt{2}} G_{01}, 0, \ldots, 0, \frac{1}{\sqrt{2}} G_{I1}; \ldots; \right.$$

$$\left. \left. G_{0I}, \frac{1}{\sqrt{2}} G_{1I}, \ldots, \frac{1}{\sqrt{2}} G_{I-1,I}, G_{II} \right) \right\rangle$$

$$= \frac{1}{2} \left\{ \sum_{i=0}^{I} (G_{i0} + G_{iI}) + \sum_{j=1}^{I-1} (G_{0j} + G_{Ij}) \right\}$$

$$= \frac{1}{2} \left\{ \frac{1}{2} G_{00} + \sum_{i=1}^{I-1} G_{i0} + \frac{1}{2} G_{I0} + \frac{1}{2} G_{I0} + \sum_{j=1}^{I-1} G_{Ij} + \frac{1}{2} G_{II} \right.$$

$$\left. + \frac{1}{2} G_{00} + \sum_{j=1}^{I-1} G_{0j} + \frac{1}{2} G_{0I} + \frac{1}{2} G_{0I} + \sum_{i=1}^{I-1} G_{iI} + \frac{1}{2} G_{II} \right\} .$$

Demnach ist das System $\mathbb{B}U = 2hG$ genau dann lösbar, wenn die Summe der Funktionswerte von g an den auf dem Rand liegenden Gitterpunkten verschwindet.

Bemerkungen: Die genannte Lösbarkeitsbedingung kann interpretiert werden als Diskretisierung der Gleichung

$$\int_{\partial G} g(s)\, ds = 0 ,$$

die übrigens auch notwendig für die Lösbarkeit des kontinuierlichen Problems ist.

Der Ausdruck für $2h\left\langle \widetilde{U}, \widetilde{G} \right\rangle$ ist gleich dem Ausdruck, der sich durch Anwendung der summierten Sehnentrapezformel auf das Randintegral – und zwar auf jede der vier Seiten des Quadrats – ergibt.

Aufgabe 136

▶ **Diskreter Laplace-Operator in $\mathbb{R}^n$**

Für ein äquidistantes, achsenparalleles Gitter $\mathbb{R}_h^n$ im $\mathbb{R}^n$ und ein beschränktes Gebiet $G \subset \mathbb{R}^n$ seien (e_j Einheitsvektor in x_j-Richtung)

$$G_h = \left\{ x \in G \cap \mathbb{R}_h^n \,\middle|\, [x - he_j, x + he_j] \subset \overline{G}, \quad j = 1, \ldots, n \right\},$$

$$H(G_h) = \left\{ v \in H(\mathbb{R}_h^n) \,\middle|\, v(x) = 0, \quad x \in \mathbb{R}_h^n \smallsetminus G_h \right\},$$

$$(v, w)_{0,h} = h^n \sum_{x \in \mathbb{R}_h^n} v(x) w(x), \quad v, w \in H(G_h),$$

$$(v, w)_{1,h} = h^n \sum_{j=1}^n \sum_{x \in \mathbb{R}_h^n} (D_{j,h}^+ v)(x)(D_{j,h}^- w)(x), \quad v, w \in H(G_h).$$

wobei die *vorwärtsgenommenen* bzw. *rückwärtsgenommenen Differenzenquotienten 1. Ordnung* erklärt sind durch

$$D_{j,h}^+ v(x) = \frac{1}{h}\big(v(x + e_j) - v(x)\big) \text{ bzw. } D_{j,h}^- v(x) = \frac{1}{h}\big(v(x) - v(x - e_j)\big),$$

$j = 1, \ldots, n$, $x \in \mathbb{R}_h^n$. Durch $(\cdot, \cdot)_{0,h}$, $(\cdot, \cdot)_{1,h}$ werden Skalarprodukte auf $H(G_h)$ erklärt. Durch die Differenzenapproximation des Laplaceoperators $\triangle$,

$$\triangle_h v(x) = \frac{1}{h^2}\left\{ \sum_{\substack{j=-n \\ j \neq 0}}^n v(x + he_j) - 2n v(x) \right\}, \quad x \in \mathbb{R}_h^n,$$

wird eine lineare Abbildung $L_h : H(G_h) \longrightarrow H(G_h)$ erklärt,

$$L_h v(x) = -\triangle_h v(x), \quad x \in G_h, \quad L_h v(x) = 0, \quad x \in \mathbb{R}_h^n \smallsetminus G_h.$$

Zeigen Sie:

a) $(L_h v, w)_{0,h} = (v, L_h w)_{0,h} = (v, w)_{1,h}$,
b) $(L_h v, v)_{0,h} = \|v\|_{1,h}^2 \quad \forall v, w \in H(G_h)$,

wobei $\| \cdot \|_{1,h}$ die zu $(\cdot, \cdot)_{1,h}$ gehörige Norm bezeichnet.

Lösung

Zur Abkürzung sei $(\cdot, \cdot)_\nu = (\cdot, \cdot)_{\nu,h}$, $\nu = 0, 1$. Mit dem vorwärts- bzw. rückwärtsgenommenen Differenzenquotienten 1. Ordnung in x_j-Richtung, $D_{j,h}^+$ bzw. $D_{j,h}^-$, gilt

$$(D_{j,h}^+ v, w)_0 = -(v, D_{j,h}^- w)_0, \quad j = 1, \ldots, n,$$

und für den *zentralen Differenzenquotienten 2. Ordnung* erhält man

$$D_{j,h}^- D_{j,h}^+(x) = \delta_j^2(x) := \frac{1}{h^2}\left(v(x+e_j) - 2v(x) - v(x-e_j)\right), \quad j = 1,\dots,n.$$

Daher folgt für L_h,

$$(L_h v, w)_0 = -\sum_{j=1}^{n}(D_{j,h}^- D_{j,h}^+ v, w)_0 = \sum_{j=1}^{n}(D_{j,h}^+ v, D_{j,h}^- w)_0 = (v,w)_1$$

und entsprechend

$$(v, L_h w)_0 = -\sum_{j=1}^{n}(v, D_{j,h}^- D_{j,h}^+ w)_0 = \sum_{j=1}^{n}(D_{j,h}^+ v, D_{j,h}^- w)_0 = (v,w)_1.$$

Daher ist L_h symmetrisch oder selbstadjungiert in $H(G_h)$. Schließlich gilt

$$(L_h v, v)_0 = \|v\|_1^2 > 0, \quad 0 \neq v \in H(G_h),$$

womit L_h positiv definit ist.

4.2   Anfangsrandwertprobleme

Aufgabe 137

▶   **Semidiskrete Wärmeleitungsgleichung, Crank-Nicolson-Verfahren**

a) In dem linearen System von N gewöhnlichen Differentialgleichungen

$$\frac{du}{dt} = Au, \quad t > 0,$$

habe die Matrix $A \in \mathbb{K}^{N,N}$ N Eigenwerte λ_i und zugehörige linear unabhängige Eigenvektoren $v^{(i)}$, $i = 1,\dots,N$. Zeigen Sie:

$$u(0) = \sum_{i=1}^{N}\alpha_i v^{(i)} \quad \Longrightarrow \quad u(t) = \sum_{i=1}^{N}\alpha_i v^{(i)} \exp(\lambda_i t), \quad t > 0.$$

b) Wir betrachten die homogene Wärmeleitungsgleichung

$$u_t = u_{xx} \text{ in } (0,1) \times (0,T]$$

mit homogenen Randbedingungen $u(0,t) = u(1,t) = 0$ und einer gegebenen Anfangsbedingung $u(\cdot, 0) = g$. Die Ortsableitung werde durch den zentralen Differenzenquotienten 2. Ordnung approximiert; die Maschenweite in x-Richtung sei $h = \frac{1}{I}$,
und das Gitter sei $I_h = [0,1]_h = \{x_i = ih \mid i = 0, \ldots, I\}$.
Zeigen Sie, dass dies ein System wie in a) ergibt, und bestimmen Sie die Eigenwerte
und Eigenvektoren von A.

c) Zeigen Sie für das in Teil b) sich ergebene System, dass für die Lösung $u(\cdot)$ gilt
$\dfrac{d(\|u(t)\|^2)}{dt} \le 0$, und deshalb $\|u(t)\| \le \|u(0)\|, t \in (0,T]$ (wobei $\|\cdot\| = $ eukl. Norm).

d) Diskretisiert man noch äquidistant in Zeitrichtung, $t_n = n\Delta t$, $n = 0,1,2,\ldots$, dann
lässt sich das bekannte *Crank-Nicolson-Verfahren* (Abk.: *CN-Verfahren*) für die homogene Wärmeleitungsgleichung in folgender Form schreiben,

$$\frac{1}{\Delta t}(U_j^n - U_j^{n-1}) = \frac{1}{2}(\delta_x^2 U_j^n + \delta_x^2 U_j^{n-1}), \quad j = 1,\ldots,I-1, n = 0,1,2,\ldots .$$

Dabei bezeichnet U_j^n die Approximation von $u(x_j, t_n)$ und δ_x^2 den zentralen Differen-
zenquotienten 2. Ordnung in Ortsrichtung. Zeigen Sie, dass $\|u^{n+1}\| \le \|u^n\| \; \forall n \ge 0$,
wobei $u^n = (U_1^n, \ldots, U_{I-1}^n)^\top$ bezeichnet.

Hinweise:

i) Sie können in b) benutzen, dass die Eigenwerte bzw. zugehörigen Eigenvektoren der
tridiagonalen $(I-1) \times (I-1)$-Matrix

$$\Gamma = \begin{pmatrix} 2 & -1 & & & 0 \\ -1 & 2 & -1 & & \\ & & -1 & 2 & -1 \\ 0 & & & -1 & 2 \end{pmatrix}$$

gegeben sind durch (s. Aufg. 77)

$$4\sin^2\left(\frac{\pi i}{2I}\right), \; i = 1,\ldots,I-1, \text{ bzw. } \left(\sin\left(\frac{ij\pi}{I}\right)\right)_{j=1,\ldots,I-1}, \; i = 1,\ldots,I-1.$$

ii) Schreiben Sie das CN-Verfahren in der Form $u^n = Cu^{n-1}$, $n = 1,2\ldots$, und zeigen
Sie, dass für Spektralnorm der Matrix $C \in \mathbb{K}^{N,N}$ gilt $\|C\|_S \le 1$. Hinsichtlich der
Spektralnorm und des Spektralradius vgl. Aufg. 64.

iii) Aufgrund von d) ist das CN-Verfahren bei Störungen der Anfangswerte stabil. Man hat
nämlich $\|u^n\| \le \|u^0\| \; \forall n \ge 0$. (Vgl. auch die Hinweise zur Stabilität in Aufg. 139.)

Lösung

a) Da die Eigenvektoren $v^{(i)}$, $i = 1, \ldots, I - 1$, eine Basis des zugrundeliegenden Vektorraums bilden, gibt es eine eindeutige Darstellung

$$u(t) = \sum_{i=1}^{I-1} \beta_i(t) v^{(i)} \,.$$

Damit gilt

$$\frac{du}{dt}(t) = \sum_{i=1}^{I-1} \left(\frac{d}{dt} \beta_i(t) \right) v^{(i)}$$

und

$$Au(t) = \sum_{i=1}^{I-1} \beta_i(t) A v^{(i)} = \sum_{i=1}^{I-1} \beta_i(t) \lambda_i v^{(i)} \,.$$

Wegen $\dfrac{du}{dt} = Au$ folgt $\displaystyle\sum_{i=1}^{I-1} \left(\frac{d}{dt} \beta_i(t) \right) v^{(i)} = \sum_{i=1}^{I-1} \beta_i(t) \lambda_i v^{(i)}$

$$\implies \sum_{i=1}^{I-1} \left(\frac{d}{dt} \beta_i(t) - \lambda_i \beta_i(t) \right) v^{(i)} = 0$$

$$\implies \frac{d}{dt} \beta_i(t) - \lambda_i \beta_i(t) = 0 \,, \quad i = 1, \ldots, I - 1$$

$$\implies \beta_i(t) = \widetilde{\beta}_i e^{\lambda_i t} \,, \quad \widetilde{\beta}_i \in \mathbb{R} \,, \quad i = 1, \ldots, I - 1 \,.$$

Es existieren also eindeutige $\widetilde{\beta}_i \in \mathbb{R}$, so dass

$$u(t) = \sum_{i=1}^{I-1} \widetilde{\beta}_i e^{\lambda_i t} v^{(i)} \,.$$

Mit der Voraussetzung $u(0) = \sum_i \alpha_i v^{(i)}$ folgt

$$u(0) = \sum_{i=1}^{I-1} \widetilde{\beta}_i v^{(i)} = \sum_{i=1}^{I-1} \alpha_i v^{(i)} \,.$$

Da die $v^{(i)}$ linear unabhängig sind, ergibt sich $\widetilde{\beta}_i = \alpha_i$ für $i = 1, \ldots, I - 1$ und somit

$$u(t) = \sum_{i=1}^{I-1} \alpha_i v^{(i)} \exp(\lambda_i t) \,.$$

b) Approximation von u_{xx} durch $\delta_x^2 u$, d. h. durch

$$\frac{1}{h^2}\Big(u(x+h,t) - 2u(x,t) + u(x-h,t)\Big) = \frac{1}{h^2}\Big[u_{j+1}(t) - 2u_j(t) + u_{j-1}(t)\Big]$$

mit Näherungen $u_j(t)$ für $u(x_j,t)$, $x = x_j$, $j = 0, 1, \ldots, I$, führt auf

$$\frac{du_j}{dt}(t) = \frac{1}{h^2}\Big[u_{j+1}(t) - 2u_j(t) + u_{j-1}(t)\Big], \quad j = 1, \ldots, I-1,$$

oder als System geschrieben

$$\frac{du}{dt}(t) = Au(t), \ t \in (0, T],$$

mit der $(I-1) \times (I-1)$-Matrix

$$A = \frac{-1}{h^2}\begin{pmatrix} 2 & -1 & 0 & & & 0 \\ -1 & 2 & -1 & & & \\ & \cdot & \cdot & \cdot & & \\ & & \cdot & \cdot & \cdot & \\ & & & -1 & 2 & -1 \\ 0 & & & 0 & -1 & 2 \end{pmatrix},$$

wobei noch die Randbedingungen $u_0(t) = u_I(t) = 0$ eingegangen sind.
Nach dem Hinweis ergeben sich die Eigenwerte von A zu

$$\lambda_i = -\frac{4}{h^2}\sin^2\left(\frac{\pi i}{2I}\right) < 0, \quad i = 1, \ldots, I-1,$$

und zugehörige Eigenvektoren sind gegeben durch

$$v_j^{(i)} = \sin\left(\frac{i\,j\,\pi}{I}\right), \quad i, j = 1, \ldots, I-1.$$

Die $v^{(i)}$ bilden ein Orthogonalsystem bezüglich des euklidischen Skalarproduktes $\langle \cdot, \cdot \rangle$ (s. Aufg. 77), d. h. $\langle v^{(i)}, v^{(j)} \rangle = \delta_{ij}\|v^{(i)}\|^2, i, j = 1, \ldots, I-1$. Die Eigenwerte sind paarweise verschieden und negativ, $\lambda_i < 0 \ \forall i$, so dass die Matrix A negativ definit ist.

c) Sei $u(0)$ wie in a) gegeben durch

$$u(0) = \sum_{i=1}^{I-1} \alpha_i v^{(i)}.$$

Mit $a = \big(g(x_i)\big)_{i=1,\dots,I-1}^{\top}$ kann man $u(0) = a$ wegen der Orthogonalität der $v^{(i)}$ immer in dieser Weise darstellen. Dann ist die Lösung des Systems eindeutig bestimmt und hat die Form (s. Teil b))

$$u(t) = \sum_{i=1}^{I-1} \alpha_i v^{(i)} \exp(\lambda_i t) ,$$

und es gilt für die eukl. Norm $\| \cdot \|$, dass

$$\|u(t)\|^2 = \langle u(t), u(t) \rangle = \sum_{i,j=1}^{I-1} \alpha_i \overline{\alpha_j} \langle v^{(i)}, v^{(j)} \rangle \exp((\lambda_i + \lambda_j)t)$$

$$= \sum_{i=1}^{I-1} |\alpha_i|^2 \|v^{(i)}\|^2 \exp(2\lambda_i t) .$$

Also gilt für die Ableitung nach der Zeit

$$\frac{d}{dt}\|u(t)\|^2 = \sum_{i=1}^{I-1} \underbrace{|\alpha_i|^2 \|v^{(i)}\|^2 \exp(2\lambda_i t)\, 2}_{\geq 0} \underbrace{\lambda_i}_{<0} \leq 0 .$$

Damit folgt nach der Taylor-Formel (bis zur 1. Ableitung)

$$\|u(t)\|^2 = \|u(0)\|^2 + t \underbrace{\frac{d}{dt}\big(\|u(t)\|^2\big)\Big|_{t=\tau}}_{\leq 0} \leq \|u(0)\|^2 , \quad t \in (0, T],$$

für eine Zwischenstelle $\tau \in (0, t)$. Somit ist

$$\|u(t)\| \leq \|u(0)\| , \quad t \in (0, T].$$

gezeigt.

d) Das Crank-Nicolson-Verfahren angewandt auf die homogene Wärmeleitungsgleichung lässt sich beschreiben durch (vgl. z. B. [3], 2.6.1, [17], 12.1)

$$u^0 = a , \quad u^n = C u^{n-1} , \quad n = 1, 2, \dots,$$

mit $u^n = (U_1^n, \dots, U_{I-1}^n)^{\top}$, $U_0^n = U_I^n = 0$, $n = 1, 2, \dots$, und

$$a = \big(g(x_i)\big)_{i=1,\dots,I-1}^{\top} , \quad C := C_0^{-1} C_1 = \Big(E - \frac{\Delta t}{2}\delta_x^2\Big)^{-1}\Big(E + \frac{\Delta t}{2}\delta_x^2\Big).$$

Beh.: Die Matrix C ist symmetrisch, und für die zur euklidischen Norm gehörige Matrixnorm (i. e. die Spektralnorm) gilt

$$\|C\|_S = \max_{1 \leq j \leq I-1} \left| \mu_j^C \right| (=: \rho(C)) \leq 1 \, ,$$

wobei μ_j^C die Eigenwerte der Matrix C sind.

Bew.: Da C_0, C_1 vertauschbar sind, sind auch C_0^{-1}, C_1 vertauschbar, und somit ist C symmetrisch. Die Matrizen $C_0 = E - \frac{\Delta t}{2} \delta_x^2$, $C_1 = E + \frac{\Delta t}{2} \delta_x^2$ haben die Eigenwerte

$$\mu_j^{(0)} = 1 + \frac{\Delta t}{2} \mu_j, \quad \mu_j^{(1)} = 1 - \frac{\Delta t}{2} \mu_j, \quad j = 1, \dots, I-1 \, ,$$

mit $\mu_j = -\lambda_j$, und zugehörigen Eigenvektoren $v^{(j)}$ aus b); die $v^{(j)}$ sind auch Eigenvektoren für C_0 und C_1. Daher ergibt sich für C

$$C v^{(j)} = C_0^{-1} C_1 v^{(j)} = \frac{\mu_j^{(1)}}{\mu_j^{(0)}} v^{(j)}, \quad j = 1, \dots, I-1 \, .$$

Also besitzt auch die Matrix C ein vollständiges Orthonormalsystem von Eigenvektoren, und die zugehörigen reellen Eigenwerte

$$\gamma_j := \frac{\mu_j^{(1)}}{\mu_j^{(0)}} = \frac{1 - \frac{\Delta t}{2} \mu_j}{1 + \frac{\Delta t}{2} \mu_j}, \, j = 1, \dots, I-1 \, .$$

Da $\mu_j > 0 \, \forall j$ ist, sind alle Eigenwerte von C dem Betrage nach kleiner oder gleich eins, und somit gilt für den Spektralradius

$$\max_{j=1,\dots,I-1} |\gamma_j| = \rho(C) \leq 1 \, .$$

Die bezüglich der euklidischen Norm gebildete natürliche Norm von C, die sogenannte Spektralnorm, liefert dann für die symmetrische Matrix C

$$\|C^n\|_S = \max_{j=1,\dots,I-1} |\gamma_j^n| = (\rho(C))^n \leq 1 \, ,$$

womit die Behauptung beweisen ist.
Also gilt schließlich

$$\|u^{n+1}\|^2 = \|C u^n\|^2 \leq \|C\|_S^2 \|u^n\|^2 \leq \|u^n\|^2 \, ,$$

woraus folgt

$$\|u^{n+1}\| \leq \|u^n\| \, \forall n \geq 0 \, .$$

Aufgabe 138

▶   **Instabilität, Differenzenverfahren mit zentralen Differenzen**

Es werden in der homogenen Wärmeleitungsgleichung (vgl. Aufg. 137, Teil b))

$$u_t = u_{xx} \quad \text{in} \quad (0,1) \times (0,T]$$

$$u(x,t) = r(x,t) \,, \quad (x,t) \in \{0,1\} \times (0,T] \quad \text{und}$$

$$u(x,0) = g(x) \,, \quad x \in (0,1) \,.$$

sowohl die Zeitableitung als auch die Ortsableitung durch zentrale Differenzenquotienten approximiert. (Die äquidistanten Orts- bzw. Zeitschrittweiten seien h bzw. Δt. Die entsprechenden Gitterpunkte werden wie folgt bezeichnet: $x_j = jh$, $j = 0, \ldots, I$, $t_n = n\Delta t$, $n = 0, \ldots, N$, wobei $Ih = 1$, $N\Delta t = T$.)

Zeigen Sie, dass das entsprechende Differenzenverfahren für alle Werte von $q := \frac{\Delta t}{h^2}$ bei Störungen der Anfangswerte instabil ist.

Dazu führen Sie folgende Schritte aus:

a) Stellen Sie das Differenzenverfahren mithilfe von zentralen Differenzenquotienten auf, betrachten Sie homogene Randbedingungen und eine Anfangsbedingung in der Form $g(x) = \varepsilon \sin(l\pi x)$ mit kleinem $\varepsilon > 0$. Man benötigt für $n = 1$ bzw. $t = \Delta t$ noch eine Anlaufrechnung, für die ein explizites Verfahren verwendet werden kann.

b) Lösen Sie die Differenzengleichungen mithilfe die Methode der Separation der Variablen, $u_h(x,t) = v_h(x) w_h(t)$, indem Sie die Lösungen des Ortsanteils mithilfe des Hinweises zur Aufg. 137 bzw. durch die Lösungen des Problems der diskreten schwingenden Saite (vgl. Aufg. 77) angeben und für den Zeitanteil $w_h(t)$ eine 3-gliedrige Rekursion aufstellen.

c) Lösen Sie für $w^n = w_h(t_n)$ die dreigliedrige Rekursion der Form

$$w^{n+1} - 2pw^n - w^{n-1} = 0 \,, \quad n = 1, 2, \ldots,$$

für die man eine allgemeine Lösung mit Hilfe der Wurzeln $\mu_{1,2}$ des zugehörigen charakteristischen Polynoms $\mu^2 - 2p\mu - 1$ in der Form $w^n = \alpha \mu_1^n + \beta \mu_2^n$ erhält. Bestimmen Sie α und β im vorliegenden Fall durch die Anfangsbedingung bzw. die Anlaufrechnung.

d) Zeigen Sie dann schließlich die Instabilität durch

$$|u_h(x_{j,h}, t_n)| \longrightarrow \infty \quad (n \to \infty, \ x_{j,h} \longrightarrow x \in (0,1))$$

für jedes Schrittweitenverhältnis q und die angegebene Störung g in der Anfangsbedingung.

Hinweise: Eine allgemeine Störung in der Anfangsbedingung lässt sich in Form einer Linearkombination von Sinus-Funktionen der in a) angegebenen Form entwickeln. Es reicht daher, sich auf den angegebenen Fall zu beschränken. Die in d) behauptete Instabilität bedeutet, dass das die Lösungen bei beschränkter Anfangsbedingung nicht gleichmäßig beschränkt für alle Gitterpunkte x, t und alle h, Δt sind. Die Wahl der verwendeten Anlaufrechnung (siehe Teil a) und b)) bei dem vorliegenden 3-stufigen Verfahren ist für die hier vorgenommene Stabilitätsuntersuchung (für $n \to \infty$) nicht relevant.

Lösung

a) Für Anfangswerte g^1, g^2 und für $i = 0, 1$ sei

$$u_t^i = u_{xx}^i \quad \text{in} \quad (0, 1) \times (0, T] \,,$$

$$u^i(x, t) = r(x, t) \,, \quad (x, t) \in \{0, 1\} \times (0, T] \quad \text{und}$$

$$u^i(x, 0) = g^i(x) \,, \quad x \in (0, 1) \,.$$

Betrachte für die Differenzfunktion $u := u^1 - u^0$ das Anfangsrandwertproblem

$$\frac{\partial u}{\partial t} = \frac{\partial^2 u}{\partial x^2} \quad \text{in} \quad (0, 1) \times (0, T] \,,$$

$$u(0, t) = u(1, t) = 0 \,, \quad t \in (0, T] \,,$$

$$u(x, 0) = g(x) \,, \quad x \in (0, 1) \,,$$

wobei $g := g^1 - g^0$ sei.

Die Approximation der Wärmeleitungsgleichung durch zentrale Differenzenquotienten ergibt

$$\frac{u_j^{n+1} - u_j^{n-1}}{2\Delta t} = \frac{1}{h^2}\left(u_{j-1}^n - 2u_j^n + u_{j+1}^n\right) \,,$$

$$j = 1, \ldots, I - 1, \quad n = 1, 2, \ldots \,,$$

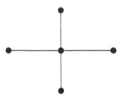

mit dem abgebildeten Differenzenstern, wobei $u_j^n = u_h(x_j, t_n)$ Approximationen von $u(x_j, t_n)$ darstellen. Man erhält also die folgende (bzgl. n) 3-gliedrige Rekursion

$$u_j^{n+1} = 2q\left(u_{j-1}^n + u_{j+1}^n\right) - 4qu_j^n + u_j^{n-1} \,, n = 1, 2, \ldots, j = 1, \ldots, M \,,$$

mit $M := I - 1$ und gegebenen

$$u_j^0 = g_j \; ; \quad u_j^1 : \text{z. B. durch ein expl. Verfahren .}$$

Die Störung der Anfangswerte sei mit kleinem $\varepsilon > 0$ durch

$$u_h(x, 0) = g(x) := \varepsilon \sin(l\pi x)$$

gegeben.

b) Der Ansatz mit Hilfe der Methode der Separation der Variablen liefert für $u_h(x, t) = v_h(x) w_h(t)$ die Gleichungen

$$v_h(x_j) \frac{w_h(t_{n+1}) - w_h(t_{n-1})}{2\Delta t} = w_h(t_n)\delta_x^2 v_h(x_j) \,, n = 1, 2, \ldots, \; j = 1, \ldots, M \,.$$

Mit $v_j := v_h(x_j)$ und $w^n := w_h(t_n)$ folgt

$$\frac{w^{n+1} - w^{n-1}}{2\,\Delta t\, w^n} = \frac{\delta_x^2 v_j}{v_j} = -\lambda_h \, (= \text{konst.}) \,, n = 1, 2, \ldots, \; j = 1, \ldots, M \,.$$

Für den Ortsanteil ergibt sich also ein Eigenwertproblem mit Lösungen (siehe Hinweis zu Aufg. 137)

$$\lambda_h^{(m)} = \frac{4}{h^2} \sin^2\left(\frac{m\pi h}{2}\right), \quad m = 1, \ldots, M \,, \quad \text{und}$$

$$v_j^{(m)} = \sin\left(\frac{jm\pi}{M+1}\right) = \sin(m\pi x_j) \,, \quad m, j = 1, \ldots, M \,.$$

Alle $\lambda_h^{(m)}$ sind paarweise verschieden und positiv, und die zugehörigen Eigenvektoren $v^{(m)}$ sind orthogonal und damit linear unabhängig.

Der Ortsanteil ergibt sich also als geeignete Linearkombination der Eigenvektoren, also wegen der vorgegebenen Anfangsfunktion gerade zu $v_h(x) = \varepsilon \sin\left(l\pi j/I\right) = \varepsilon v_j^{(l)} \, (x = x_j)$.

Der Zeitanteil $w_h(t_n) = w^n$ erfüllt weiter die folgenden Beziehungen (mit $\lambda_h = \lambda_h^{(l)}$):

$$w^0 = w_h(0) = 1 \,, \quad w^{n+1} + 2\lambda_h \Delta t w^n - w^{n-1} = 0 \,, \quad n = 1, 2, \ldots \,,$$

Als Anlaufrechnung, d. h. für $t = \Delta t$ bzw. im Fall $n = 0$, kann das folgende, einfache explizite Verfahren verwendet werden:

$$\frac{1}{\Delta t}(w^1 - w^0) = \lambda_h w^0 \iff w^1 = (1 - \lambda_h \Delta t)w^0 = 1 - \lambda_h \Delta t \,.$$

c) Zur Lösung der Differenzengleichungen für w^n betrachtet man nach dem Hinweis das charakteristische Polynom

$$\mu^2 \underbrace{+2\lambda_h \Delta t}_{-2p} \mu - 1 = 0$$

mit $p := -\lambda_h \Delta t < 0$ und reellen Wurzeln $\mu_{1,2} = p \pm \sqrt{p^2 + 1}$.
Es gilt

$$|\mu_2| = |p| + \sqrt{p^2 + 1} > 1 + |p| > 1 \,,$$
$$|\mu_1| = \left| p - \sqrt{p^2 + 1} \right| = \sqrt{p^2 + 1} - |p| < 1 \quad \text{wegen } |p| > 0 \,.$$

Für die Lösung der Differenzengleichung ergibt sich also nach dem Hinweis $w^n = \alpha \mu_1^n + \beta \mu_2^n$.
Bestimmung von α und β:

$$n = 0: \quad 1 = w^0 = \alpha + \beta \implies \beta = 1 - \alpha$$
$$n = 1: \quad w^1 = 1 + p = \alpha \mu_1 + \beta \mu_2 = \alpha \mu_1 + (1 - \alpha)\mu_2 = \alpha(\mu_1 - \mu_2) + \mu_2$$

$$\implies \alpha = \frac{1 + p - \mu_2}{\mu_1 - \mu_2} = \frac{1 + p - (p - \sqrt{p^2 + 1})}{2\sqrt{p^2 + 1}} = \frac{1}{2} + \frac{1}{2\sqrt{p^2 + 1}}$$

$$\implies \beta = 1 - \alpha = \frac{1}{2} - \frac{1}{2\sqrt{p^2 + 1}}$$

d) Damit gilt

$$|w^n| = |\alpha\mu_1^n + \beta\mu_2^n| \geq |\beta| \underbrace{|\mu_2|^n}_{\longrightarrow \infty} - |\alpha| \underbrace{|\mu_1|^n}_{\longrightarrow 0} \longrightarrow \infty \quad (n \to \infty) \,.$$

Für $n \to \infty$ bzw. $\Delta t \to 0$ geht bei festem $q = \Delta t / h^2$ auch $h \to 0$. Für jedes feste $x \in (0, 1)$ ist $\sin(l\pi x) > 0$, und es gibt eine Folge von Gitterpunkten $x_{j,h} \to x$ ($h \to 0$). Damit folgt schließlich für $u_h(x_{j,h}, t_n) = \varepsilon v^{(l)}(x_{j,h})w^n$, dass

$$|u_h(x_{j,h}, t_n)| = \varepsilon |\sin(l\pi x_{j,h})||w^n| \longrightarrow \infty \quad (n \to \infty \,, h \to 0),$$

d. h. das Differenzenverfahren ist für beliebiges q instabil.

Aufgabe 139

▶   **Stabilitätsbedingung und Spektralradius**

Wir betrachten wieder die homogene Wärmeleitungsgleichung

$$u_t = u_{xx} \text{ in } (0,1) \times (0,T]$$

mit homogenen Randbedingungen $u(0,t) = u(1,t) = 0$ und einer gegebenen Anfangs-bedingung $u(\cdot,0) = g$. Zur Approximation werde wieder das Differenzenschema aus Aufg. 138 mit zentralen Differenzenquotienten in x- und t-Richtung verwendet. (Die äqui-distanten Orts- bzw. Zeitschrittweiten seien wieder mit h bzw. Δt bezeichnet.)

Schreibt man das Differenzenschema aus Aufg. 138 als

$$\underline{u}^1 = \underline{a}, \quad C_0\,\underline{u}^n = C_1\,\underline{u}^{n-1}, \quad n = 2,3,\ldots, \tag{4.7}$$

dann heißt ein Zeitschrittverfahren dieser Form *stabil*, wenn für $C = C_0^{-1}C_1$ gilt

$$\sup_n \|C^n\| < \infty \tag{4.8}$$

bzgl. einer verträglichen Matrixnorm $\|\cdot\|$. Zeigen Sie, dass für das hier betrachtete Ver-fahren bzgl. der eukl. Norm bzw. der zugehörigen Spektralnorm gilt:

$$\|C^n\|_S \longrightarrow \infty\,(n \to \infty).$$

Dazu führen Sie die folgenden Schritte aus:

a) Schreiben Sie das Differenzenschema aus Aufg. 138 in der Form (4.7) indem Sie $\underline{u}^n = (u_1^n,\ldots,u_M^n,v_1^n,\ldots,v_M^n)^\top$ wählen, wobei $v_j^n = u_j^{n-1}$, $j = 1,\ldots,M$.
b) Zeigen Sie, dass C symmetrisch ist, und bestimmen Sie die Eigenwerte von C.
c) Zeigen Sie, dass der Spektralradius von C für jedes Schrittweitenverhältnis $q = \Delta t/h^2$ und alle hinreichend kleinen h die Abschätzung erfüllt,

$$\rho(C) \geq 1 + \rho_0$$

mit $\rho_0 > 0$.

Hinweise:
i) Durch Einführung der Vektoren $\underline{u}^n$ erreicht man, dass ein eigentlich 3-stufiges Verfah-ren als 2-stufiges Verfahren geschrieben werden kann. Aus (4.7) folgt, dass $\underline{u}^{n+1} = C^n\underline{a}$, $n = 0,1,\ldots$

ii) Die Eigenwerte von C genügen einer gewissen quadratischen Gleichung, worin die Eigenwerte von $-\delta_x^2$ auftreten (δ_x^2 = zentraler Differenzenquotient 2. Ordnung in x-Richtung). Letztere sind bekanntlich durch $(4/h^2)\sin^2(m\pi h/2)$ gegeben (s. Aufg. 77 sowie Aufg. 137).

iii) Zur Lösung der auftretenden 3-gliedrigen Rekursion verwenden Sie auch den Hinweis bzw. die Lösung von Aufg. 138.

iv) Die Aussage dieser Aufgabe bedeutet, dass das betrachtete Differenzenverfahren bzgl. der eukl. Norm **nicht stabil** ist – unabhängig von der Größe des Schrittweitenverhältnisses q. Der Nachweis der Instabilität bzgl. der Max.-Norm wurde schon in Aufgabe 138 erbracht.

Bemerkung:

i) Das in Aufgabe 137, Teil d), betrachte CN-Verfahren ist im Gegensatz zum hier betrachteten Verfahren stabil (auch bzgl. der eukl. Norm) und zwar für jedes Schrittweitenverhältnis q.

ii) Betrachtet man anstelle des halbhomogenen Zeitschrittverfahrens (4.7) ein voll inhomogenes Verfahren der Form

$$\underline{u}^1 = \underline{a}, \quad C_0\underline{u}^n = C_1\underline{u}^{n-1} + \Delta t\underline{c}^n, \quad n = 2, 3, \ldots,$$

dann lässt sich dessen Lösung bekanntlich in der Form

$$\underline{u}^{n+1} = C^n\underline{a} + \Delta t \sum_{j=1}^{n} C^{n-j}\underline{d}^{j+1}, \quad n = 0, 1, \ldots, \quad,$$

mit $C = C_0^{-1}C_1$, $\underline{d}^1 = \underline{a}$, $\underline{d}^n = C_0^{-1}\underline{c}^n$, $n = 2, 3, \ldots$, schreiben (vgl. auch Aufg. 84). Für ein stabiles Verfahren erhält man dafür mit einer positiven Konstanten γ die Abschätzung

$$\|\underline{u}^n\| \leq \gamma\left(\|a\| + \Delta t \sum_{j=1}^{n} \|\underline{c}^n\|\right).$$

iii) Bei manchen Zeitschrittverfahren kann man Stabilität erzwingen, indem man das Schrittweitenverhältnis $q = \Delta t/h^2$ einschränkt (vgl. z. B. [3], 2.6.1). Solche Verfahren nennt man auch *bedingt stabil*. Wenn die Stabilitätsbedingung (4.8) für jedes Schrittweitenverhältnis q gilt, dann heißt das Verfahren *unbedingt stabil*. Das hier betrachtete Verfahren ist also nicht (einmal) bedingt stabil, was man auch als „unbedingt instabil" bezeichnen könnte.

Lösung

a) Zunächst wird das Differenzenverfahren aus Aufgabe 138 in der Form (4.7) geschrieben. Setze dazu (s. Hinweis) $v_j^n = u_j^{n-1}$ und

$$\underline{u}^n = (u_1^n, \ldots, u_M^n, v_1^n, \ldots, v_M^n)^\top \in \mathbb{R}^{2M}, \quad n = 1, 2, \ldots$$

Der Startvektor $\underline{a} = \underline{u}^1$ ist durch die Anfangsbedingung $u_j^0 = g(x_j)$ und durch u_j^1 mithilfe einer Anlaufrechnung gegeben. Das Verfahren aus Aufg. 138 lässt sich dann wie folgt schreiben:

$$\begin{cases} u_j^n = 2\,\Delta t\,\delta_x^2 u_j^{n-1} + v_j^{n-1} \\ v_j^n = u_j^{n-1}, \quad j = 1, \ldots, M \end{cases} \quad \Longleftrightarrow \quad C_0\,\underline{u}^n = C_1\,\underline{u}^{n-1}, \; n = 2, \ldots$$

Dabei sind $u_0^n = u_I^n = 0$, $n = 0, 1, \ldots$, und $M = I - 1$, sowie

$$C_0 = C_0^{-1} = \left(\begin{array}{cc} E & 0 \\ \text{---} & \text{---} \\ 0 & E \end{array} \right) \quad \text{und} \quad C_1 = \left(\begin{array}{cc} -2q\,\Gamma & E \\ \text{---} & \text{---} \\ E & 0 \end{array} \right) \in \mathbb{R}^{2M \times 2M}$$

mit der Einheitsmatrix $E \in \mathbb{R}^{M \times M}$ und

$$\Gamma = \left(\begin{array}{ccccccc} 2 & -1 & & & & \\ -1 & 2 & -1 & & & 0 & \\ & & \cdot & \cdot & \cdot & & \\ & & & \cdot & \cdot & \cdot & \\ & 0 & & -1 & 2 & -1 \\ & & & & -1 & 2 \end{array} \right) \in \mathbb{R}^{M \times M}.$$

b) Es gilt $C = C_0^{-1} C_1 = C_1$, und C ist symmetrisch. Wir betrachten die Eigenwerte $\mu \neq 0$ von C_1:

$$C_1 u = \mu u$$

$$\Longleftrightarrow \quad \begin{cases} 2\,\Delta t\,\delta_x^2 u_j + v_j = \mu u_j \\ u_j = \mu v_j \end{cases}, \quad j = 1, \ldots, M$$

$$\overset{\mu \neq 0}{\Longleftrightarrow} \quad 2\,\Delta t\,\delta_x^2 u_j + \frac{1}{\mu} u_j - \mu u_j = 0, \quad j = 1, \ldots, M$$

$$\Longleftrightarrow \quad -\delta_x^2 u_j = \frac{1}{2\,\Delta t\,\mu}(1 - \mu^2) u_j, \quad j = 1, \ldots, M$$

$$= \lambda_h u_j.$$

Die letzte Beziehung ist richtig für die M paarweise verschiedenen Eigenwerte von Γ (s. Aufg. 77),

$$\lambda_h = \lambda_h^{(m)} = \frac{4}{h^2} \sin^2\left(\frac{m\pi h}{2}\right), \quad m = 1, \ldots, M.$$

Für die Eigenwerte von B ergibt sich also die Beziehung

$$\mu^2 + 2\, \Delta t\, \lambda_h \mu - 1 = 0.$$

Dies ist das charakteristische Polynom der dreigliedrigen Rekursion aus Aufgabe 138 mit $p = -\Delta t \lambda_h$. (Hier ist $p = p^{(m)} = -\Delta t \lambda_h^{(m)}$.)
Es folgt

$$\mu_{1,2} = p \pm \sqrt{p^2 + 1}.$$

Weiter gilt wegen $p < 0$, dass

$$|\mu_1| = \left| p + \sqrt{p^2 + 1} \right| = \sqrt{p^2 + 1} - |p| < 1$$

sowie

$$|\mu_2| = \left| p - \sqrt{p^2 + 1} \right| = |p| + \sqrt{p^2 + 1} > 1 + |p|. \tag{4.9}$$

Man hat also $2M$ paarweise verschiedene Eigenwerte von B, die alle nicht verschwinden. Es gibt also keinen Eigenwert null.

c) Zur Bestimmung des betragsgrößten Eigenwertes von B ist

$$|p| = \Delta t\, \lambda_h = 4q \sin^2\left(\frac{m\pi h}{2}\right), \quad m = 1, \ldots, M.$$

Für $m = M$ erhält man $Mh = 1 - h$ und deshalb $\sin(M\pi h/2) = \cos(\pi h/2)$. Für kleine $h > 0$ ist $\cos(\pi h/2)$ nahe bei 1 und sicher größer als $1/2$. Für den betragsgrößten Eigenwert $\mu_{\max}$ erhält man schließlich wegen (4.9) für hinreichend kleines h (bei festem q) die Abschätzung

$$\rho(C) = |\mu_{\max}| > 1 + \rho_0,$$

wobei $\rho_0 = 1/2\, (> 0)$ gewählt werden kann. Wegen $\rho(C^n) = \rho(C)^n$ folgt die Behauptung.

Aufgabe 140

▶ **Implizites Differenzenverfahren, Wellengleichung**

Zur Approximation der der homogenen Wellengleichung

$$u_{tt} = u_{xx}, \quad x \in \mathbb{R}, \quad t > 0,$$

wird ein achsenparalleles Gitter $G_{h,\Delta}$ mit Schrittweiten $h, \Delta t$ in Orts- und Zeitrichtung verwendet, $G_{h,\Delta} = \{(x,t) = (x_j, t_n) \,|\, x_j = jh, \, j \in \mathbb{Z}, \, t_n = n\Delta t, \, n = 0, 1, \ldots\}$.
Berechnen Sie den Abschneidefehler[1] für das folgende implizite Differenzenverfahren

$$\delta_t^2 u_j^n = \theta \delta_x^2 u_j^{n+1} + (1 - 2\theta)\delta_x^2 u_j^n + \theta \delta_x^2 u_j^{n-1}, \quad j \in \mathbb{Z}, n \in \mathbb{N},$$

wobei $0 \le \theta \le 1$. Untersuchen Sie das Verhalten des Abschneidefehlers für $h, \Delta t \longrightarrow 0$ für die folgenden 3 Verfahren,

$$\text{(a)} \quad \theta = 0; \quad \text{(b)} \quad \theta = \frac{1}{2}; \quad \text{(c)} \quad \theta = 1.$$

Bemerkung: Für die Wellengleichung benötigt man noch 2 Anfangsbedingungen bei $t = 0$ – für $u(\cdot, 0)$ und $\frac{\partial u}{\partial t}(\cdot, 0)$. In dieser Aufgabe wird nur der Abschneidefehler der Differentialgleichung betrachtet.

Lösung

Für den Abschneidefehler erhält man mit der Lösung u der Wellengleichung

$$\tau_h^{(\theta)}(x,t) = \underbrace{(u_{tt} - u_{xx})(x,t)}_{=0}$$

$$- \left(\delta_t^2 u(x,t) - \theta \delta_x^2 u(x, t + \Delta t) - (1 - 2\theta)\delta_x^2 u(x,t) - \theta \delta_x^2 u(x, t - \Delta t) \right)$$

Nach der Taylorformel gilt für hinreichend glattes u

$$u(x, t \pm \Delta t) = u(x,t) \pm \Delta t\, u_t(x,t) + \frac{(\Delta t)^2}{2} u_{tt}(x,t) \pm \frac{(\Delta t)^3}{6} u_{ttt}(x,t) + O((\Delta t)^4).$$

Durch Addition erhält man hiermit für den zentralen Differenzenquotienten zweiter Ordnung in t

$$\delta_t^2 u(x,t) = \frac{u(x, t + \Delta t) - 2u(x,t) + u(x, t - \Delta t)}{(\Delta t)^2} = u_{tt}(x,t) + O((\Delta t)^2). \quad (4.10)$$

---

[1] Für eine Differentialgleichung bzw. die zugehörige Anfangs- oder Anfangsrandwertaufgabe $Lu = f$ entsteht der *Abschneidefehler* der Approximation $L_h u_h = f_h$ durch Einsetzen der Lösung u in die Näherungsgleichung: $\tau_h = Lu - L_h u$; man unterscheidet gelegentlich zwischen dem Abschneidefehler der Differentialgleichung und dem Abschneidefehler der Anfangs- bzw. Randbedingungen.

Analog bekommt man für u_{xx} die Beziehungen

$$\delta_x^2 u(x, t \pm \Delta t) = \frac{u(x+h, t \pm \Delta t) - 2u(x, t \pm \Delta t) + u(x-h, t \pm \Delta t)}{h^2}$$

$$= u_{xx}(x, t \pm \Delta t) + O(h^2) .$$

(4.11)

Ferner gilt mit der Taylorformel

$$u_{xx}(x, t \pm \Delta t) = u_{xx}(x, t) \pm \Delta t \, u_{xxt}(x, t) + O((\Delta t)^2) ,$$

womit durch Addition

$$\frac{u_{xx}(x, t + \Delta t) + u_{xx}(x, t - \Delta t)}{2} = u_{xx}(x, t) + O((\Delta t)^2)$$

(4.12)

folgt. Einsetzen von (4.11) in (4.12) ergibt

$$\frac{1}{2} \delta_x^2 u(x, t + \Delta t) + \frac{1}{2} \delta_x^2 u(x, t - \Delta t) = u_{xx}(x, t) + O(h^2 + (\Delta t)^2) .$$

(4.13)

a) $\theta = 0$:

$$\begin{aligned} \tau_h^{(0)}(x, t) &= (u_{tt} - u_{xx})(x, t) - (\delta_t^2 u(x, t) - \delta_x^2 u(x, t)) \\ &= (u_{tt} - \delta_t^2 u)(x, t) - (u_{xx} - \delta_x^2 u)(x, t) \\ &= O((\Delta_t)^2) + O(h^2) , \quad (x, t) \in G_{h,\Delta} . \end{aligned}$$

b) $\theta = \frac{1}{2}$:

Die Beziehungen (4.10) und (4.13) ergeben für $\theta = \frac{1}{2}$

$$\begin{aligned} \tau_h^{(\frac{1}{2})}(x, t) &= (u_{tt} - u_{xx})(x, t) \\ &\quad - \left(\delta_t^2 u(x, t) - \frac{1}{2} \delta_x^2 u(x, t + \Delta t) - \frac{1}{2} \delta_x^2 u(x, t - \Delta t) \right) \\ &= O(h^2 + (\Delta t)^2) , \quad (x, t) \in G_{h,\Delta} . \end{aligned}$$

c) $\theta = 1$:

Für $\theta = 1$ hat man

$$\begin{aligned} \tau_h^{(1)}(x, t) &= (u_{tt} - u_{xx})(x, t) \\ &\quad - \left(\delta_t^2 u(x, t) - \delta_x^2 u(x, t + \Delta t) + \delta_x^2 u(x, t) - \delta_x^2 u(x, t - \Delta t) \right) \\ &\overset{(4.11)}{=} u_{tt}(x, t) - \delta_t^2(x, t) - u_{xx}(x, t) + \\ &\quad + u_{xx}(x, t + \Delta t) - \delta_x^2 u(x, t) + u_{xx}(x, t - \Delta t) + O(h^2) \\ &\overset{\substack{(4.10) \\ (4.11)}}{=} O((\Delta t)^2) + u_{xx}(x, t + \Delta t) - 2u_{xx}(x, t) + u_{xx}(x, t - \Delta t) + O(h^2) \\ &\overset{(4.12)}{=} O((\Delta t)^2 + h^2) , \quad (x, t) \in G_{h,\Delta} . \end{aligned}$$

In allen Fällen $\theta = 0$, $\theta = \frac{1}{2}$ als auch $\theta = 1$ liegt also ein Abschneidefehler der Größenordnung $O(h^2 + (\Delta t)^2)$ vor.

Aufgabe 141

▶ **Abschneidefehler, hyperbolische Gleichung 1. Ordnung**

Approximieren Sie $u_x - u_t = f$ auf einem achsenparalleles Gitter $G_{h,\Delta}$ mit äquidistanten Schrittweiten h, Δt in Orts- und Zeitrichtung durch die Differenzengleichung

$$\frac{1}{h}\left[u_{j+1}^n - u_j^n\right] - \frac{1}{2\Delta t}\left[u_j^{n+1} - u_j^{n-1}\right] = f_j^n\,,\quad j \in \mathbb{Z},\, n \in \mathbb{N}\,,$$

und reduzieren Sie darin die Anzahl der Gitterpunkte, indem man u_j^n durch den Mittelwert von u_j^{n+1} und u_j^{n-1} ersetzt, d. h.

$$\frac{1}{h}\left[u_{j+1}^n - \frac{1}{2}\left(u_j^{n+1} + u_j^{n-1}\right)\right] - \frac{1}{2\Delta t}\left[u_j^{n+1} - u_j^{n-1}\right] = f_j^n\,,\quad j \in \mathbb{Z},\, n \in \mathbb{N}\,.$$

Untersuchen Sie für dieses Verfahren den Abschneidefehler für h, $\Delta t \to 0$ für ein festes Schrittweitenverhältnis $q = \frac{\Delta t}{h}$.

Lösung

Für eine hinreichend glatte Lösung u ist nach der Taylorformel

$$u(x, t \pm \Delta t) = u(x, t) \pm \Delta t\, u_t(x, t) + O((\Delta t)^2)\,.$$

Addition führt zu

$$\widetilde{u}(x, t) := \frac{u(x, t + \Delta t) + u(x, t - \Delta t)}{2} = u(x, t) + O((\Delta t)^2)\,. \tag{4.14}$$

Weiter gilt für den zentralen Differenzenquotienten erster Ordnung in t

$$u_t(x, t) = \frac{u(x, t + \Delta t) - u(x, t - \Delta t)}{2\,\Delta t} + O((\Delta t)^2) \tag{4.15}$$

sowie für den vorwärtsgenommenen Differenzenquotienten erster Ordnung in x

$$u_x(x, t) = \frac{u(x + h, t) - u(x, t)}{h} + O(h)\,. \tag{4.16}$$

Damit folgert man:

$$
\begin{aligned}
\tau_h(x,t) &= (u_x - u_t)(x,t) - \left(\frac{u(x+h,t) - \widetilde{u}(x,t)}{h} \right. \\
&\quad \left. - \frac{u(x,t+\Delta t) - u(x,t-\Delta t)}{2\,\Delta t} \right) \\
&\stackrel{(4.14),(4.15)}{=} u_x(x,t) - u_t(x,t) - \frac{u(x+h,t) - u(x,t) + O((\Delta t)^2)}{h} \\
&\quad + u_t(x,t) + O((\Delta t)^2) \\
&\stackrel{(4.16)}{=} u_x(x,t) - u_x(x,t) + O(h) + O\left(\frac{(\Delta t)^2}{h} \right) + O((\Delta t)^2) \\
&= O\left(h + \frac{(\Delta t)^2}{h} + (\Delta t)^2 \right) \\
&= O\left(h + q\,\Delta t + (\Delta t)^2 \right) \quad \text{mit} \quad q = \Delta t / h \\
&= O(h + \Delta t)\ (h,\ \Delta t \to 0).
\end{aligned}
$$

Aufgabe 142

▶ **von Neumann-Bedingung, Wellengleichung**

Es wird wieder die homogene Wellengleichung $u_{tt} = u_{xx}$ betrachtet, wobei die Lösung als 2π-periodisch in der Ortsvariablen angenommen wird. Zur Approximation mit den folgenden Verfahren a) und b) wird eine 2π-periodische Gitterfunktion auf einem äquidistanten Gitter im Ort, $[0,2\pi]' = \{x_j = 2\pi j / I,\ j = 0, \dots, J-1\}$, gesucht, wobei die Orts- und Zeitschrittweiten $h = 2\pi / J$ bzw. Δt äquidistant seien:

a) (vgl. Aufg. 140 für $\theta = 0$)

$$
\delta_t^2 u_j^n = \delta_x^2 u_j^n
$$

b) (vgl. Aufgabe 140 für $\theta = 1/2$)

$$
\delta_t^2 u_j^n = \frac{1}{2} \left(\delta_x^2 u_j^{n+1} + \delta_x^2 u_j^{n-1} \right).
$$

Zeigen Sie: Die Verfahren a) und b) erfüllen die Stabilitätsbedingung nach von Neumann für alle $q = \Delta t / h$.

Hinweise:

i) Die 3-Stufen-Verfahren in a) und b) müssen zunächst als 2-Stufen-Verfahren für ein System von 2 Gleichungen umgeschrieben werden (vgl. dazu Aufg. 137, d) und 139).

ii) Die *von Neumann-Bedingung* wird im Folgenden erläutert (s. z. B. [12], 9., oder [17], 12.2): Man schreibt die Näherungsverfahren für ein Zeitschrittverfahren in der allgemeinen Form eines 2-Stufen-Verfahrens,

$$C_0 u_h^n = C_1 u_h^{n-1} \tag{4.17}$$

mit

$$(C_\ell v)(x) = \sum_{|\mu| \leq N_\ell} B_\mu^{(\ell)} v(x + \mu h) \,, \quad x \in [0, 2\pi]' \,, \quad \ell = 0, 1 \,, \tag{4.18}$$

wobei $B_\mu^{(\ell)}$ $r \times r$-Matrizen, $N_\ell \in \mathbb{N}$, $\ell = 0, 1$, $u_h^n = u_h(\cdot, t_n)$, $t_n = n\Delta t$, $\mu \in \mathbb{Z}$. (Wir beschränken uns hier auf den 1-dimensionalen Fall und auf den Fall, dass die $B_\mu^{(\ell)}$ und damit die C_v nicht von t abhängen.) Betrachtet man periodische Gitterfunktionen auf dem äquidistanten Gitter $[0, 2\pi]'$ mit dem diskreten L^2-Skalarprodukt (vgl. Aufg. 45)

$$(f, g)_h = h \sum_{j=0}^{J-1} \langle f(x_j), g(x_j) \rangle \,,$$

dann ergeben sich die diskreten Fourierkoeffizenten von $C_\ell f$ gerade durch $S_h^{(\ell)}(mh) A_m$, $m = 0, \ldots, J - 1$, $\ell = 0, 1$, wobei die

$$A_m = (h/\sqrt{2\pi}) \sum_{j=0}^{J-1} f(x_j) \exp(-imx_j) \in \mathbb{K}^r$$

die diskreten Fourierkoeffizienten der Gitterfunktion $f : [0, 2\pi]' \to \mathbb{K}^r$ darstellen. Die Matrizen

$$S_h^{(\ell)}(y) := \sum_{|\mu| \leq N_\ell} \exp(i\mu y) B_\mu^{(\ell)} \,, \quad y \in \mathbb{R}, \ell = 0, 1,$$

heißen die zugehörigen *charakteristischen Matrizen*. Ist $S_h^{(0)}$ regulär, dann heißen die Matrizen $S_{h,m} := S_h^{(0)}(mh)^{-1} S_h^{(1)}(mh)$ die sog. *Verstärkungsmatrizen*. Die gleichmäßige Beschränktheit der Potenzen von $C = C_0^{-1} C_1$ – siehe die Stabilitätsbedingung in Aufg. 139 – ist dann äquivalent zur gleichmäßigen Beschränktheit der Potenzen von $S_{h,m}$ bzgl. der Spektralnorm. Hinreichend dafür ist die sog. *von Neumann-Bedingung*

$$\max_{0 \leq m \leq J-1} \rho(S_{h,m}) \leq 1 \,, \tag{4.19}$$

wobei $\rho(\cdot)$ den Spektralradius bezeichnet.

Lösung

Zu a): Man hat

$$\delta_t^2 u_j^n = \delta_x^2 u_j^n$$

$$\frac{1}{(\Delta t)^2}\left(u_j^{n-1} - 2u_j^n + u_j^{n+1}\right) = \frac{1}{h^2}\left(u_{j-1}^n - 2u_j^n + u_{j+1}^n\right)$$

$$u_j^{n+1} - 2u_j^n + u_j^{n-1} = q^2\left(u_{j+1}^n - 2u_j^n + u_{j-1}^n\right), \quad q = \frac{\Delta t}{h}.$$

Umformung in ein 2-Stufen-Verfahren liefert

$$\begin{cases} u_j^{n+1} = 2(1-q^2)u_j^n + q^2(u_{j+1}^n + u_{j-1}^n) - v_j^n \\ v_j^{n+1} = u_j^n . \end{cases}$$

Mit den Bezeichnungen aus dem Hinweis ii) ist hier $r = 2$, $N_0 = 0$, $N_1 = 1$ sowie

$$B_0^{(0)} = E, \quad B_0^{(1)} = \begin{pmatrix} 2(1-q^2) & -1 \\ 1 & 0 \end{pmatrix}, \quad B_{\pm 1}^{(1)} = \begin{pmatrix} q^2 & 0 \\ 0 & 0 \end{pmatrix}.$$

Die charakteristischen Matrizen ergeben sich zu

$$S_h^{(0)} = B_0^{(0)} = E$$

und

$$S_h^{(1)}(y) = B_0^{(1)} + \exp(-iy)B_{-1}^{(1)} + \exp(iy)B_1^{(1)}$$

$$= \begin{pmatrix} 2(1-q^2) & -1 \\ 1 & 0 \end{pmatrix} + \begin{pmatrix} 2q^2\cos y & 0 \\ 0 & 0 \end{pmatrix}$$

$$= \begin{pmatrix} 2 + 2q^2(\cos y - 1) & -1 \\ 1 & 0 \end{pmatrix} = \begin{pmatrix} 2\Lambda(y) & -1 \\ 1 & 0 \end{pmatrix},$$

wobei $\Lambda(y) := 1 - 2q^2\sin^2(y/2) \leq 1$. Damit erhält man die allgemeine Verstärkungsmatrix

$$S_h(y) := (S_h^{(0)})^{-1} S_h^{(1)}(y) = \begin{pmatrix} 2\Lambda(y) & -1 \\ 1 & 0 \end{pmatrix}.$$

Ihre Eigenwerte μ sind die Lösungen der Gleichung

$$\det(S_h(y) - \mu E) = \mu^2 - 2\Lambda(y)\mu + 1 = 0,$$

also

$$\mu_{1,2} = \Lambda(y) \pm \sqrt{\Lambda^2(y) - 1} = \Lambda(y) \pm i \sqrt{1 - \Lambda^2(y)} \,.$$

Betraglich bekommt man somit

$$|\mu_{1,2}| = \sqrt{\Lambda^2(y) + 1 - \Lambda^2(y)} = 1 \,.$$

Insbesondere gilt für den Spektralradius der Verstärkungsmatrizen

$$\rho(S_{h,m}) = \rho(S_h(mh)) = 1 \,,$$

so dass die von Neumann-Bedingung für alle Schrittweitenverhältnisse q erfüllt ist.

Zu b): Analog zu a) bekommt man hier:

$$\delta_t^2 u_j^n = \frac{1}{2}\left(\delta_x^2 u_j^{n+1} + \delta_x^2 u_j^{n-1}\right)$$

$$\Longleftrightarrow \quad \frac{1}{(\Delta t)^2}\left(u_j^{n-1} - 2u_j^n + u_j^{n+1}\right) = \frac{1}{2}\left(\frac{1}{h^2}\left(u_{j-1}^{n+1} - 2u_j^{n+1} + u_{j+1}^{n+1}\right)\right.$$

$$\left. + \frac{1}{h^2}\left(u_{j-1}^{n-1} - 2u_j^{n-1} + u_{j+1}^{n-1}\right)\right)$$

$$\Longleftrightarrow \quad u_j^{n+1} - 2u_j^n + u_j^{n-1} = \frac{q^2}{2}\left(u_{j+1}^{n+1} - 2u_j^{n+1} + u_{j-1}^{n+1} + u_{j+1}^{n-1} - 2u_j^{n-1} + u_{j-1}^{n-1}\right)$$

$$\Longleftrightarrow \quad (1+q^2)u_j^{n+1} - \frac{q^2}{2}\left(u_{j+1}^{n+1} + u_{j-1}^{n+1}\right) = 2u_j^n - (1+q^2)u_j^{n-1} + \frac{q^2}{2}\left(u_{j+1}^{n-1} + u_{j-1}^{n-1}\right)$$

$$\Longleftrightarrow \quad \begin{cases} (1+q^2)u_j^{n+1} - \dfrac{q^2}{2}\left(u_{j+1}^{n+1} + u_{j-1}^{n+1}\right) = 2u_j^n - (1+q^2)v_j^n + \dfrac{q^2}{2}\left(v_{j+1}^n + v_{j-1}^n\right) \\ v_j^{n+1} = u_j^n \end{cases}$$

Es gilt in der allgemeinen Darstellung (4.17), (4.18) $r = 2$, $N_0 = N_1 = 1$ und

$$B_0^{(0)} = \begin{pmatrix} 1+q^2 & 0 \\ 0 & 1 \end{pmatrix}, \quad B_{\pm 1}^{(0)} = \begin{pmatrix} -\dfrac{q^2}{2} & 0 \\ 0 & 0 \end{pmatrix}$$

sowie

$$B_0^{(1)} = \begin{pmatrix} 2 & -(1+q^2) \\ 1 & 0 \end{pmatrix}, \quad B_{\pm 1}^{(1)} = \begin{pmatrix} 0 & \dfrac{q^2}{2} \\ 0 & 0 \end{pmatrix}.$$

Für die charakteristische Matrix $S_h^{(0)}$ ergibt sich

$$
\begin{aligned}
S_h^{(0)}(y) &= B_0^{(0)} + \exp(-iy)B_{-1}^{(0)} + \exp(iy)B_1^{(0)} \\
&= \begin{pmatrix} 1+q^2 & 0 \\ 0 & 1 \end{pmatrix} + \begin{pmatrix} -q^2\cos(y) & 0 \\ 0 & 0 \end{pmatrix} \\
&= \begin{pmatrix} 1+q^2(1-\cos(y)) & 0 \\ 0 & 1 \end{pmatrix} = \begin{pmatrix} \Lambda(y) & 0 \\ 0 & 1 \end{pmatrix}
\end{aligned}
$$

mit $\Lambda(y) = 1 + 2q^2\sin^2(y/2)$, weil $\cos(2x) = 1 - 2\sin^2(x)$. Als zugehörige inverse Matrix erhält man

$$
(S_h^{(0)})^{-1} = \begin{pmatrix} \dfrac{1}{\Lambda(y)} & 0 \\ 0 & 1 \end{pmatrix}.
$$

Ferner ist

$$
\begin{aligned}
S_h^{(1)}(y) &= B_0^{(1)} + \exp(-iy)B_{-1}^{(1)} + \exp(iy)B_1^{(1)} \\
&= \begin{pmatrix} 2 & -(1+q^2) \\ 1 & 0 \end{pmatrix} + \begin{pmatrix} 0 & q^2\cos(y) \\ 0 & 0 \end{pmatrix} \\
&= \begin{pmatrix} 2 & -1-q^2(1-\cos(y)) \\ 1 & 0 \end{pmatrix} = \begin{pmatrix} 2 & -\Lambda(y) \\ 1 & 0 \end{pmatrix}.
\end{aligned}
$$

Die allgemeine Verstärkungsmatrix lautet somit

$$
S_h(y) = \begin{pmatrix} \dfrac{2}{\Lambda(y)} & -1 \\ 1 & 0 \end{pmatrix}.
$$

Für die Eigenwerte gilt

$$
\det(S_h(y) - \mu E) = \mu^2 - \frac{2}{\Lambda(y)}\mu + 1 = 0
$$

bzw.

$$
\mu_{1,2} = \frac{1}{\Lambda(y)} \pm \sqrt{\frac{1}{\Lambda^2(y)} - 1} = \frac{1}{\Lambda(y)} \pm i\sqrt{1 - \frac{1}{\Lambda^2(y)}},
$$

so dass

$$|\mu_{1,2}| = \sqrt{\frac{1}{\Lambda^2(y)} + 1 - \frac{1}{\Lambda^2(y)}} = 1 \,.$$

Da insbesondere wieder $\rho(S_{h,m}) = 1$ gilt, ist die von Neumann-Bedingung für alle q erfüllt.

Aufgabe 143

▶   **von Neumann-Bedingung, hyperbolische Gleichung 1. Ordnung**

Zur Approximation der hyperbolischen Differentialgleichung erster Ordnung,

$$u_t + cu_x = f, \quad x \in \mathbb{R}, t > 0 \quad (c \neq 0) \,,$$

betrachten wir wieder wie in Aufg. 142 2π-periodische Lösungen und zur Approximation 2π-periodische Gitterfunktionen auf $[0, 2\pi]'$ mit äquidistanten Schrittweiten in x- und t-Richtung. Es sei wieder $q = \Delta t/h$, und es werden folgende Näherungsverfahren betrachtet:

a) das Friedrichs-Verfahren (vgl. z. B. [17], 4.3)

$$u_j^{n+1} = \frac{1}{2}(1 + cq)u_{j-1}^n + \frac{1}{2}(1 - cq)u_{j+1}^n + \Delta t \; f_j^n \;;$$

b) das Verfahren aus Aufgabe 141,

$$\frac{1}{2}(1 - cq)u_j^{n+1} + cqu_{j+1}^n - \frac{1}{2}(1 + cq)u_j^{n-1} = \Delta t f_j^n \,.$$

Überprüfen Sie für beide Verfahren die von Neumann-Bedingung.

Hinweise:
i) Die 3-Stufen-Verfahren in a) und b) müssen zunächst als 2-Stufen-Verfahren für ein System von 2 Gleichungen umgeschrieben werden. Dann müssen die Matrizen $B_\mu^{(\ell)}$ in der allgemeinen Darstellung (4.17), (4.18) aufgestellt und die zugehörigen charakteristischen Matrizen berechnet werden (vgl. Hinweis ii) zu Aufg. 142).
ii) Für das Verfahren b) betrachten Sie geeignete $c \neq 0$ und q.

Lösung

a) Das Friedrichs-Verfahren lautet

$$u_j^{n+1} = \frac{1}{2}(1 + cq)u_{j-1}^n + \frac{1}{2}(1 - cq)u_{j+1}^n + \Delta t \ f_j^n \ .$$

In der allgemeinen Form (4.17), (4.18) besitzt das zweistufige Verfahren die Daten

$$r = 1 \ , \quad N_0 = 0 \ , \quad N_1 = 1$$

und

$$B_0^{(0)} = 1 \ , \quad B_0^{(1)} = 0 \ , \quad B_{\pm 1}^{(1)} = \frac{1}{2}(1 \mp cq) \ , \quad w_j^n = f_j^{n-1} \ .$$

Also gilt

$$S_h^{(0)}(y) = 1,$$

$$S_h^{(1)}(y) = \exp(-iy)\frac{1}{2}(1 + cq) + \exp(iy)\frac{1}{2}(1 - cq) = \cos(y) - icq\sin(y) \ ,$$

und somit

$$S_h(y) = (S_h^{(0)}(y))^{-1} S_h^{(1)}(y) = \cos(y) - icq\sin(y) \ .$$

Es folgt

$$\rho(S_h(y)) = \left\{\cos^2(y) + c^2q^2\sin^2(y)\right\}^{1/2} \leq \max\{1, |c|q\} \ ,$$

d. h. für $q \leq \frac{1}{|c|}$ (Courant-Friedrichs-Lewy-Bedingung) ist die von Neumann-Bedingung erfüllt. Wegen $r = 1$, d. h. im vorliegenden skalaren Fall, ist sie nicht nur notwendig für die Stabilität des Verfahrens, sondern auch hinreichend, so dass

$$q \leq \frac{1}{|c|}$$

die Stabilitätsbedingung des Friedrichs-Verfahrens ist.

b) Zunächst wird das 3-Stufen-Verfahren

$$\frac{1}{2}(1 - cq)u_j^{n+1} + cqu_{j+1}^n - \frac{1}{2}(1 + cq)u_j^{n-1} = 2\Delta t \ f_j^n$$

wieder in ein 2-Stufen-Verfahren umgeformt:

$$\begin{cases} \dfrac{1}{2}(1 - cq)u_j^{n+1} = -cqu_{j+1}^n + \dfrac{1}{2}(1 + cq)v_j^n + \Delta t \ f_j^n \\[2mm] v_j^{n+1} = u_j^n \ . \end{cases}$$

Die Daten der allgemeinen Darstellung (4.17), (4.18) sind

$$r = 2, \quad N_0 = 0, \quad N_1 = 1$$

und

$$B_0^{(0)} = \begin{pmatrix} \frac{1}{2}(1-cq) & 0 \\ 0 & 1 \end{pmatrix}, \quad B_0^{(1)} = \begin{pmatrix} 0 & \frac{1}{2}(1+cq) \\ 1 & 0 \end{pmatrix},$$

$$B_1^{(1)} = \begin{pmatrix} -cq & 0 \\ 0 & 0 \end{pmatrix}, \quad B_{-1}^{(1)} = 0, \quad w_j^n = f_j^{n-1}.$$

Die charakteristischen Matrizen ergeben also zu:

$$S_h^{(0)} = \begin{pmatrix} \frac{1}{2}(1-cq) & 0 \\ 0 & 1 \end{pmatrix}, \quad (S_h^{(0)})^{-1} = \begin{pmatrix} \frac{2}{1-cq} & 0 \\ 0 & 1 \end{pmatrix}, \quad cq \neq 1.$$

$$S_h^{(1)}(y) = \begin{pmatrix} 0 & \frac{1}{2}(1+cq) \\ 1 & 0 \end{pmatrix} + \exp(iy) \begin{pmatrix} -cq & 0 \\ 0 & 0 \end{pmatrix}$$

$$= \begin{pmatrix} -cq\exp(iy) & \frac{1}{2}(1+cq) \\ 1 & 0 \end{pmatrix}$$

Für die Verstärkungsmatrix erhält man:

$$S_h(y) = (S_h^{(0)})^{-1} S_h^{(1)}(y) = \begin{pmatrix} \dfrac{-2cq\exp(iy)}{1-cq} & \dfrac{1+cq}{1-cq} \\ 1 & 0 \end{pmatrix}$$

Für negatives $c < 0$ und $q = 1/|c|$ („Charakteristikenverfahren") erhält man

$$S_h(y) = \begin{pmatrix} \exp(iy) & 0 \\ 1 & 0 \end{pmatrix}$$

mit den Eigenwerten $\mu_1 = 0$, $\mu_2 = \exp(iy)$. Für diesen Fall ist offenbar die von Neumann-Bedingung erfüllt.

Bemerkung: Die beiden Verfahren der letzten Aufgabe sind also im Sinne der Definition der Bemerkung iii) von Aufg. 139 „bedingt stabil". Die Verfahren aus Aufgabe 142 sind „unbedingt stabil". Weitere bedingt oder unbedingt oder instabile Verfahren finden sich in [17], 12.2.

Liste von Symbolen und Abkürzungen

$\forall, \exists$	für alle, es existiert
$\vee, \wedge$	und (Konjunktion) bzw. oder (Disjunktion)
$\cap, \cup$	Durchschnitt bzw. Vereinigung von Mengen
$\Longrightarrow, \Longleftrightarrow$	daraus folgt bzw. Äquivalenz
$K_\rho(x), \overline{K}_\rho(x)$	offene Kugel bzw. abgeschlossene Kugel um x mit Radius ρ
$(a,b), [a,b], [a,b)$	offenes, abgeschlossenes, halboffenes Intervall in $\mathbb{R}$
$[a,b]_h, [a,b]'_h, [a,b]^0_h$	Gitterpunktmengen
Δ	(nicht notwendig äquidistante) Unterteilung eines Intervalls $[a,b]$
$\mathbb{N}_0$	$\mathbb{N} \cup \{0\}$
$\mathbb{K}$	$\mathbb{K} = \mathbb{R}$ oder $\mathbb{K} = \mathbb{C}$
$\mathbb{R}^+$	$\{x \in \mathbb{R} \mid x > 0\}$
$\mathbb{R}^n_h$	äquidistantes Gitter in $\mathbb{R}^n$
ab (auch: $a \cdot b$)	für die Multiplikation von Zahlen
$a \ll b, a \approx b$	a klein gegenüber b, a ungefähr gleich b
$f \sim g\,(x \to \infty)$	g asymptotische Entwicklung von f
$\overline{\lim}_{n \to \infty}$	Limes superior
$\lvert x, G\rvert$	Distanzfunktion $\inf_{y \in G} \lvert x - y\rvert$ für $x \in \mathbb{R}$, $G \subset \mathbb{R}$
$\lvert x, M\rvert$ (für $M \subset E$)	Abstandsfunktion für Teilräume M eines norm. Raumes E
$[f(x)]_a^b$ (auch: $f(x)\big\vert_a^b$)	$= f(b) - f(a)$
$\underline{x}, \underline{x}^\top$ (auch: x bzw. $x^\top$)	Vektor $(x_1, \dots, x_n)$ bzw. Spaltenvektor in $\mathbb{K}^n$
$\overline{\underline{x}\,\underline{z}}$	Verbindungsstrecke zwischen $\underline{x}$ und $\underline{z}$ im $\mathbb{R}^n$
$\lVert x\rVert_p, \lVert x\rVert_\infty$	Normen auf $\mathbb{K}^n$
$\lVert x\rVert_2$ (auch: $\lVert x\rVert$), $\langle x, y\rangle$	euklidische Norm bzw. euklidisches Skalarprodukt in $\mathbb{K}^n$
$x \geq 0$ für $x \in \mathbb{R}^n$	$x_k \geq 0 \;\forall\, k$
$M^\perp$	orthogonales Komplement eines Teilraums $M \subset \mathbb{R}^n$ (s. Aufg. 79)
$\overline{G}, \partial G$	Abschluss bzw. Rand von $G \subset \mathbb{R}^n$

© Springer-Verlag GmbH Deutschland 2017
H.-J. Reinhardt, *Aufgabensammlung Numerik*, https://doi.org/10.1007/978-3-662-55453-1

$[v_1, \ldots, v_k]$	lineare Hülle von $v_\nu \in \mathbb{K}^n$
$\mathbb{K}^{m,n}$ (auch: $\mathbb{K}^{m \times n}$)	Raum der Matrizen mit m Zeilen und n Spalten
E	Einheitsmatrix in $\mathbb{R}^n$
$A^*, A^\top$	Adjungierte bzw. Transponierte einer Matrix $A \in \mathbb{K}^{n,m}$
$A^\dagger$	Matrix-Pseudoinverse ($\in \mathbb{K}^{m,n}$) für $A \in \mathbb{K}^{n,m}$
$D(A), R(A)$	Definitionsbereich bzw. Bild einer Matrix A (oder Abb. A)
$N(A)$ (auch: $\ker(A)$)	Nullraum (oder Kern) einer Matrix A
$N_1 \oplus N_2$	direkte Summe linearer Teilräume
$\mathrm{rg}(A)$	Rang von A, i. e. Dimension von $R(A)$
$\|A\|_{\mathrm{nat}}$	natürliche Matrixnorm (s. Aufg. 40)
$\|A\|_1, \|A\|_\infty, \|A\|_G$	Matrixnormen (s. Aufg. 41)
$\mu_\nu[A]$, $\nu = 1, 2, \infty$	logarithmische Matrixnorm (zur Norm $\|\cdot\|_\nu$) (s. Aufg. 94)
$\rho(A), \|A\|_S$	Spektralradius, Spektralnorm einer Matrix A
$\langle x, y \rangle_A, \|x\|_A$	A-Skalarprodukt bzw. A-Norm (für positiv definites A)
$\rho_A(\cdot)$	Rayleigh-Quotient (s. Aufg. 74)
$\kappa(A)$	Konditionszahl einer regulären Matrix (s. Aufg. 49)
$\{(\sigma_j; e^{(j)}, f^{(j)})\}_{j \in J}$	singuläres System (s. Aufg. 82)
$C[a, b]$ (auch: $C^0[a, b]$)	Raum der stetigen Funktionen auf $[a, b]$
$C(X, \mathbb{R})$	Raum der reellwertigen, stetigen Funktionen auf X
$C^m([a, b], \mathbb{R})$ (oder $C^m([a, b])$ oder $C^m[a, b]$ od. C^m)	Raum der m-mal stetig differenzierbaren, reellwertigen Funktionen
$C_0^\infty(0, 1)$	Raum der beliebig oft differenzierbaren Funktionen auf $(0, 1)$, die mit allen ihren Ableitungen am Rand verschwinden
$\|u\|_\infty$ (oder $\|u\|_{0,\infty}$)	Maximumnorm für Funktionen aus $C[a, b]$ oder $C[a, b]_h$
$G_\rho(u)$ ($\subset [a, b] \times \mathbb{R}$)	Streifen um Funktion $u \in C[a, b]$ (s. Aufg. 85)
$L^p(G)$	Raum der Funktionen f, für die $|f|^p$ Lebesgue-integrierbar ist
$\mathcal{P}_r$ (auch: $\mathcal{P}_r(\mathbb{R}^n)$)	Vektorraum der Polynome höchstens r-ten Grades in n reellen Veränderlichen
$\mathcal{Q}_r(\mathbb{R}^n)$	Vektorraum der Polynome mit maximalem Polynomgrad r pro Variable (vgl. Aufg. 128)
$\mathcal{P}_r^s(\Delta)$	Raum der stückweise polynomialen Funktionen über einer Unterteilung Δ eines Intervalls $[a, b]$ mit Stetigkeitsbedingungen an den Gitterpunkten
$W^{m,p}(\Omega) \; H_0^1(\Omega) \; H^1(\Omega)$	Sobolev-Räume (für $\Omega \subset \mathbb{R}^n$)

$\|\cdot\|_{m,p}, \|\cdot\|_{m,p}$	zugehörige Normen bzw. Halbnormen (auch: $\|\cdot\|_p = \|\cdot\|_{0,p}$)
$\|\cdot\|_m, \|\cdot\|_m$	$= \|\cdot\|_{m,2}$ bzw. $\|\cdot\|_{m,2}$ (auch für $C^m[a,b]$)
$(\cdot,\cdot)_{0,2}$ (auch: $(\cdot,\cdot)$)	L^2-Skalarprodukt
$(\cdot,\cdot)_{\nu,h},\ \nu = 0, 1$	Skalarprodukte für Gitterfunktionen (s. Aufg. 136)
$\|\|\cdot\|\|, \|\cdot\|_E$	weitere Norm bzw. Halbnorm für linearen Raum E
$\Delta^k y_j$	k-te vorwärtsgenommene Differenz (s. Aufg. 20 u. 21)
$D^s f_j$	Differenzenquotienten höherer Ordnung (s. Aufg. 27)
D_h^+	vorwärtsgenommener Differenzenquotient 1. Ordg. (in 1-D)
$\delta_x, \delta_x^2, \delta_y, \delta_y^2, \delta_t, \delta_t^2$ (in 1-dim.: auch δ_h^2)	zentraler Differenzenquotient erster und zweiter Ordnung in x- bzw. y- bzw. t-Richtung
$D_{j,h}^+$ bzw. $D_{j,h}^-$	vorwärtsgenommener bzw. rückwärtsgenommener Differenzenquotient 1. Ordnung in x_j-Richtung
δ_j^2	zentraler Differenzenquotient 2. Ordnung in x_j-Richtung
τ_h	Abschneidefehler
$h, \Delta t$	Schrittweiten in Orts- bzw. Zeitrichtung
$q = \frac{\Delta t}{h}$ oder $q = \frac{\Delta t}{h^2}$	Schrittweitenverhältnisse
$y[x_j, \ldots, x_{j+k}], f[x_j, \ldots, x_{j+k}]$	dividierte Differenzen
$p_{0,\ldots,m}$ (auch: $p_{0,\ldots,m}^f$)	Interpolationspolynom
$Q(f)$	Quadraturformel
$S(f), T(f)$	summierte Sehnentrapez- bzw. Tangententrapezformel
$\nabla f = (\partial f/\partial x_i)_i^\top$	Gradient (auch: grad) einer Funktion $f : \mathbb{R}^n \to \mathbb{R}$
$f' = (\partial f_i/\partial x_j)_{ij}$	Funktionalmatrix (oder Jacobi-Matrix) einer Funktion $f : \mathbb{R}^n \to \mathbb{R}^m$
$H_F = (\partial^2 F/\partial x_i \partial x_j)_{ij}$	Hesse-Matrix einer Funktion $F : \mathbb{R}^n \to \mathbb{R}$ (auch: H)
$\triangle, \triangle_h$	Laplace- bzw. diskreter Laplace-Operator (s. Aufg. 134 und Aufg. 136)
D_k^ν	partielle Ableitung $\partial^\nu/\partial x_k^\nu$
$R_0(z)$	Stabilitätsfunktion eines ESV
$\rho(z), \sigma(z)\ (z \in \mathbb{C})$	Polynome zur Definition eines linearen MSV
$\varphi_\mu(z) = \rho(z) - \mu\sigma(z)$	Stabilitätspolynom eines linearen MSV
$S_h^{(\ell)}, \ell = 0,1$	charakteristische Matrizen eines 1-Stufen-Verfahrens (s. z. B. Aufg. 142)
$S_h(\cdot)$	$= (S_h^{(0)})^{-1} S_h^{(1)}$ allgemeine Verstärkungsmatrix
$S_{h,m}$	$= S_h(mh)$ Verstärkungsmatrizen eines 1-Stufen-Verfahrens

AWP, ARWP, RWP	Anfangswertproblem, Anfangsrandwertproblem bzw. Randwertproblem
C.-S.	Cauchy-Schwarz'sche Ungleichung
ESV bzw. MSV	Einschrittverfahren bzw. Mehrschrittverfahren
FEM	Methode der Finiten Elemente
FS	Fundamentalsystem
Hölder	Höldersche Ungleichung
i	imaginäre Einheit
I. A., I. V., I. S.	Induktionsanfang, -voraussetzung, -schluss
l. u.	linear unabhängig
MWS	Mittelwertsatz
$O(\cdot), o(\cdot)$	Landausche Symbole
ONB	Orthonormalbasis
p. I.	partielle Integration
s. o.	siehe oben
Re bzw. Im	Real- bzw. Imaginärteil einer komplexen Zahl
$\triangle$-Ungl.	Dreiecksungleichung
Z. z.	Zu zeigen

Literatur

1. Braun, M.: Differential Equations and Their Applications. Springer, New York (1983)
2. Ciarlet, P., G.: The Finite Element Method for Elliptic Problems. North-Holland, Amsterdam (1978)
3. Großmann, Ch., Roos, H.-G.: Numerische Behandlung partieller Differentialgleichungen. Teubner, Stuttgart (2005)
4. Hanke-Bourgeois, M.: Grundlagen der Numerischen Mathematik und des Wissenschaftlichen Rechnens. Teubner, Stuttgart (2002)
5. Hairer, E., Norsett, S. P., Wanner, G.: Solving Ordinary Differential Equations I: Nonstiff Problems. Springer, Heidelberg (2009)
6. Hairer, Wanner, G.: Solving Ordinary Differential Equations II: Stiff and Differential-Algebraic Problems. Springer, Heidelberg (2010)
7. Heuser, H.: Lehrbuch der Analysis, Teil 1. Vieweg + Teubner, Wiesbaden (2009)
8. Heuser, H.: Lehrbuch der Analysis, Teil 2. Vieweg + Teubner, Wiesbaden (2008)
9. Johnson, C.: Numerical Solution of Partial Differential Equations by the Finite Element Method. Cambridge Univ. Press, Cambridge (1987)
10. Kantorowitsch, L. W., Akilow, G. P.: Funktionalanalysis in normierten Räumen. Akademie-Verlag, Berlin (1964)
11. Knabner, P., Barth, W.: Lineare Algebra: Grundlagen und Anwendungen. Springer, Heidelberg (2013)
12. Meis, T., Marcowitz, U.: Numerical Solution of Partial Differential Equations. Applied Math. Sc. Vol. 32. Springer, New York (1981)
13. Mitchell, A. R.: Computational Methods in Partial Differential Equations. Wiley, New York (1969)
14. Opfer, G.: Numerische Mathematik für Anfänger. Vieweg, Braunschweig/Wiesbaden (1994)
15. Plato, R.: Numerische Mathematik kompakt. Vieweg, Braunschweig (2000)
16. Plato, R.: Übungsbuch zur Numerischen Mathematik. Vieweg, Braunschweig (2004)
17. Reinhardt, H.-J.: Analysis of Approximation Methods for Differential and Integral Equations. Applied Math. Sc. Vol. 57. Springer, New York (1985)
18. Reinhardt, H.-J.: Numerik gewöhnlicher Differentialgleichungen. Anfangs- u. Randwertprobleme. (2.Aufl.) De Gruyter, Berlin (2012)
19. Reinhardt, H.-J.: Aufgabensammlung Analysis 1. Springer Spektrum, Heidelberg (2016)
20. Reinhardt, H.-J.: Aufgabensammlung Analysis 2, Funktionalanalysis und Differentialgleichungen. Springer Spektrum, Heidelberg (2017)
21. Rieder, A.: Keine Probleme mit Inversen Problemen. Vieweg, Wiesbaden (2003)
22. Schwarz, H. G.: Methode der finiten Elemente. Teubner, Stuttgart (1984).
23. Stummel, F., Hainer, K.: Praktische Mathematik. Teubner, Stuttgart (1982)
24. Walter, W.: Analysis 1. Springer, Berlin/Heidelberg (2004)

Sachverzeichnis

 Springer

springer.com

Willkommen zu den Springer Alerts

Jetzt
anmelden!

● Unser Neuerscheinungs-Service für Sie:
   aktuell *** kostenlos *** passgenau *** flexibel

Springer veröffentlicht mehr als 5.500 wissenschaftliche Bücher jährlich in gedruckter Form. Mehr als 2.200 englischsprachige Zeitschriften und mehr als 120.000 eBooks und Referenzwerke sind auf unserer Online Plattform SpringerLink verfügbar. Seit seiner Gründung 1842 arbeitet Springer weltweit mit den hervorragendsten und anerkanntesten Wissenschaftlern zusammen, eine Partnerschaft, die auf Offenheit und gegenseitigem Vertrauen beruht.

Die SpringerAlerts sind der beste Weg, um über Neuentwicklungen im eigenen Fachgebiet auf dem Laufenden zu sein. Sie sind der/die Erste, der/die über neu erschienene Bücher informiert ist oder das Inhaltsverzeichnis des neuesten Zeitschriftenheftes erhält. Unser Service ist kostenlos, schnell und vor allem flexibel. Passen Sie die SpringerAlerts genau an Ihre Interessen und Ihren Bedarf an, um nur diejenigen Information zu erhalten, die Sie wirklich benötigen.

Mehr Infos unter: springer.com/alert